U0088451

電路學
原理與應用

陳永平 ◎ 著

序言

　　在大學的電機專業基礎教育中，除了微積分與物理以外，還有所謂的「三電一工」，其中「一工」是指工程數學，包括線性代數、微分方程、複數變數與機率四個科目，而「三電」則是以電路學為入門課程，之後再修習電子學與電磁學，從這「三電一工」的架構可知，電路學扮演著極其重要的角色，若是無法熟悉電路學中所介紹的原理與技巧，那麼對於往後的電子學或相關的電機專業學習，勢必產生不利的影響。

　　雖然電路學一直在電機教學中占著重要的角色，但是隨著電機科技的日新月異，有更多的新技術必須納入教材之中，在此排擠效應下，近年來電路學已由過去的兩學期課程，逐漸被壓縮為一學期，然而不論情勢如何演變，都無法改變以電路學為電機入門的事實，為了降低因教學時數減少所產生的不利影響，只好從課程的內容規劃著手，仔細斟酌如何保留原有的精華，讓學生在有限時間內熟悉電路的基本原理與技巧，俾利於爾後電機專業知識的學習。

　　依據個人多年的教學經驗，以及參考各種電路學的書籍之後，本書中將內容分為兩部分，其一為電路原理與分析技巧，其二為電路應用。在第一部分中，共計六章，依序為電路基本概念、電阻電路分析、電路基本原理、一階電路分析、二階電路分析與拉氏轉換電路分析。而第二部分則包含兩章，分別為交流電路與頻率響應，兩者所採用的基本原理稱為單頻響應(或稱為弦波響應)，此外在交流電路中，主要在介紹一種重要的應用工具—相量法，它是電力系統不可或缺的分析工具；而在頻率響應中，主要在介紹一種重要的應用技術—濾波器，它早已被廣泛地使用在通訊與控制領域中。

首先來談談前六章所編列的內容，其中前三章的內容以電阻電路為主，並未涉及到微分方程，後三章則是與微分方程息息相關的時域與頻域分析，顯然地，微分方程這門課應是電路學的先修課程，不過長期以來，礙於現實，電路學與微分方程都被安排在同一學期授課，這種安排自然對電路學的教學產生困擾，但是在適當的進度掌控下，至第三章結束後，學生通常都已對微分方程有初步的概念，因此進入第四章的一階電路分析，並不會造成學習上的障礙。由於前六章是學習各種電機專業知識的基礎，因此一定要詳加介紹並讓每個學生切實了解其中的要義。

　　在結束前六章之後，緊接著是後兩章的電路學應用，在這個階段可依據課程剩餘時數的多寡，選擇交流電路或頻率響應的部分內容來授課，由於兩者都是採用單頻響應原理，這也是爾後許多電機課程的基礎，因此有必要針對此原理詳細說明，並藉由電路的分析引發學生進一步追求電機知識的動機與興趣，這也是學習電路學最重要的目標。

　　在本書中除了各種原理的詳細介紹外，還加入相關的範例，並利用詳解來說明所使用的分析技巧，也在範例之後附加練習題，讓學生有機會經由自我訓練去體驗各種重要的分析方法，此外，在各章後面都附有習題，可做為學生作業之用，應有利於教學效果的提升。

目錄

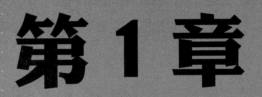

第1章

電路基本概念

1.1 電機工程發展回顧

　　根據歷史文獻記載，早在西元前六世紀，古希臘七賢之首泰勒斯(Thales, B.C.620-555)就曾觀察到琥珀經摩擦後吸引輕微絨毛的「靜電感應」，另外在西元前一世紀的小亞細亞古詩中，也曾傳誦著磁石吸鐵的故事，以上是有關電性與磁性的最早記載，只是當時的人們對這類異象只能賦予想像，並無法做進一步的研究。

　　直到十六世紀末，英國吉爾伯特(William Gilbert, 1540-1603)才真正開始從事與電性相關的實驗，他發現並非只有琥珀才具有摩擦生電的作用，有許多物質經摩擦後也能吸引輕微絨毛，為了描述這個通性，他採用「琥珀」的希臘文字"elektron"當作字根，新創了一個的詞彙—"electricity"，也就是現今所稱的「電」。

　　除了摩擦生電外，吉爾伯特還根據當代已知的磁極分布，推斷出地球宛如一塊超大的磁鐵，並於 1600 年以論文方式發表。不過，當時正處於科學的萌芽階段，大多數的科學家都專注在力學的開發，在此情勢下，電學與磁學只能以遲緩的速度伺機發展。

　　十七世紀之後，科學家們已在力學方面取得了豐碩的成果，因此在十八世紀電學開始受到科學家們更多的關注，也逐漸嶄露頭角。在 1729 年，葛利(Stephen Gary, 1666-1736)率先發現經由接觸可將電性傳導至未經摩擦的物體上，並將這類物體稱為導體；緊接著在 1733 年，杜費(Charles F. du Fay, 1698-1739)發現電性具有兩種類型，而且不同電性的物體，一經接觸後電性便相互抵消；到了 1745 年，荷蘭萊頓大學穆新布洛克(Pieter van Musschenbroek, 1692–1761)製造出世界上第一個儲電裝置—萊頓瓶，這也是最早的電容器；在 1752 年，美國的富蘭克林(Benjamin Franklin, 1706-1790)冒著生命危險在費城進行風箏實驗，成功地將雷電導引至萊頓瓶中，並證明天上的雷電與摩擦生電的電性完全相同，不僅如此，他還發明了避雷針，將雷電導入大地，使人畜和建築物得以避開雷電的襲擊。

　　以上的電學發展仍然維持在電性的探討上，未能取得量化的數據或資料，這種情況一直到 1760 年代的後期才得以突破。首先在 1766 年，普利斯特里(Joseph Priestley, 1733-1804)在牛頓萬有引力的啟發下，提出靜電力

公式的基本假設——兩電荷間的靜電力與兩者距離的平方成反比。但是他沒能獲得具體的實驗數據，歷經二十年後，才由庫倫(Charles Coulomb, 1736-1806)在 1785 年以扭力計實驗加以證實，為了紀念這項成就，後人將靜電力公式稱為庫倫定律。值得一提的是，庫倫實驗的成功，讓電學由定性分析正式步入定量分析的時代，加速了電學的發展。至於磁學，它的起步始自歐爾斯狄特(Hans Christian Oersted, 1777-1851)在 1820 年所從事的一次電學實驗，當時他無意中發現電流會造成鄰近磁針偏轉，這就是現今所稱的電生磁現象，自此以後，電學與磁學便迅速結合，朝著電磁學的領域邁進。

　　底下列出自庫倫之後，對電磁領域有卓越貢獻的人物與事蹟，其中部分人物的名字已被選為物理量的單位，用來紀念他們不朽的功勳：

瓦特(James Watt, 1736-1819)

　　改良蒸汽機，促成十八世紀的英國工業革命，並以飛球裝置控制蒸汽的排放，是世上第一個實用的負回饋控制技術；瓦特(W)是功率的單位。

伏特(Alessandro Volta, 1745-1827)

　　發明電池，成為實驗的重要能源，解決了長期電能取得不便的困擾；伏特(V)是電壓與電位的單位。

歐爾斯狄特(Hans Christian Oersted, 1777-1851)

　　1820 年從事電流實驗時，無意間發現造成磁針偏轉的電生磁現象，這是電與磁首次產生關聯的重要實驗，同時激發科學界全力探索磁生電的議題。

安培(Andre Marie Ampere, 1775-1836)

　　1823 年以數學公式發表電流與磁場的關係，被譽為電磁學中的牛頓；安培(A)是電流的單位。

高斯(Johann Karl Friedrich Gauss, 1777-1855)

　　數學史中的三大巨人之一，他也致力於天文學、電磁學、測量學等領域的研究，皆有卓著的貢獻；高斯(G)是磁通密度的單位。

歐姆(George Simon Ohm, 1789-1854)

　　利用實驗獲得電壓與電流的線性關係，稱兩者的比值為電阻；歐姆(Ω)

即電阻的單位。

法拉第(Michael Faraday, 1791-1867)

有近代電學之父的美譽，於 1831 年發現電磁感應定律，描述磁生電的現象；法拉(F)是電容的單位。

亨利(Joseph Henry, 1797-1878)

曾開發出最早的直流馬達雛型，也比法拉第早一年發現電磁感應定律，但未公開發表，並於 1831 年發現自感現象；亨利(H)是電感的單位。

韋伯(Wilhelm Eduard Weber, 1804-1891)

1833 年提出測量地球磁場的方法；韋伯(Wb)是磁通量的單位。

馬克斯威爾(James Clerk Maxwell, 1831-1879)

1864 年以精湛的數學能力歸納出馬克斯威爾方程式，確立了電磁學理論，曾推論電磁波在真空中以光速行進，並預言光也是電磁波的一種。

赫茲(Heinrich Rudolph Hertz, 1857-1894)

1888 年以實驗證實電磁波的存在；赫茲(Hz)是頻率的單位。

特斯拉(Nikola Tesla, 1856-1943)

發明感應電動機與三相交流電力系統；特斯拉(T)也是磁通密度的單位，1 特斯拉(T)=10000 高斯(G)。

經由以上眾多科學家的長期努力，終於為電機領域奠定紮實的理論基礎，也讓電機科技得以不斷地蓬勃發展，大幅改善人類的文明與物質生活。

1.2 SI 國際單位與冪次符號

現今的科技不斷創新，國際間的交流日益頻繁，為了易於溝通，國際度量衡總會於是在 1971 年制定了一套標準的國際單位—SI 國際單位，其中與電機工程相關的是 MKSA 制，所採用的四個基本單位為米(m)、公斤(kg)、秒(s)與安培(A)，分別用來代表長度、質量、時間與電流。

■ 衍生單位

在電機科技中，除了四個基本單位外，還有許多的物理單位，它們都是由基本單位所組合而成，稱為衍生單位。例如電荷的單位是庫倫(C)，SI 國際單位為安培-秒(A·s)，而電壓的單位是伏特(V)，SI 國際單位為公斤-米^2/安培-秒^3 (kg·m^2/A·s^3)，在表 1.2-1 中所列為常用衍生單位與 SI 國際單位的對照表。爾後的章節，當利用到物理單位時，都直接採用此表內所列的單位符號。

在 SI 國際單位中，電學所採用 MKSA 制，比力學的 MKS 制多出了電流的基本單位─安培(A)。在換算電學的衍生單位時，通常都藉由已熟稔的力學單位，以及電學與力學共通的物理量─能量，表示式如下：

力學 ── 能量＝力×距離＝質量×加速度×距離

電學 ── 能量＝電壓×電流×時間

亦即

$$質量(kg)×加速度(m/s^2)×距離(m)＝電壓(V)×電流(A)×時間(s)$$

其中質量、距離、電流、時間具有基本單位 kg、m、A、s，而加速度的 SI 國際單位為 m/s^2，只有電壓 V 的 SI 國際單位仍然未知，若將上式加以整理，則

$$電壓(V)＝質量(kg)×加速度(m/s^2)×距離(m)/電流(A)/時間(s)$$

比較等號兩邊的單位後，可知電壓的 SI 國際單位為 kg·m^2/A/s^3，如表 1.2-1 所示。

表 1.2-1　SI 國際單位與衍生單位

物理量	衍生單位	符號	SI 國際單位
長度(length)	米(meter)	m	m
質量(mass)	公斤(kilogram)	kg	kg
時間(time)	秒(second)	s	s
電流(current)	安培(ampere)	A	A
電壓(voltage)	伏特(volt)	V	$kg \cdot m^2 \cdot A^{-1} \cdot s^{-3}$
功率(power)	瓦特(watt)	W	$kg \cdot m^2 \cdot s^{-3}$
能量(energy)	焦耳(joule)	J	$kg \cdot m^2 \cdot s^{-2}$
電荷(charge)	庫倫(coulomb)	C	$A \cdot s$
電阻(resistance)	歐姆(ohm)	Ω	$kg \cdot m^2 \cdot A^{-2} \cdot s^{-3}$
電導(conductance)	西門子(siemens)	S	$A^2 \cdot s^3 \cdot kg^{-1} \cdot m^{-2}$
電容(capacitance)	法拉(farad)	F	$A^2 \cdot s^4 \cdot kg^{-1} \cdot m^{-2}$
電感(inductance)	亨利(henry)	H	$kg \cdot m^2 \cdot A^{-2} \cdot s^{-2}$
頻率(frequency)	赫茲(hertz)	Hz	s^{-1}

■ 冪次符號

　　所有的物理量都包括單位與數值大小，在處理不同的物理量時，經常必須面對差異甚大的數值，在此情況下，為了讓數值的表示更加簡明，通常採用冪次符號來記數，如表 1.2-2 所示，計有：$G(10^9)$、$M(10^6)$、$k(10^3)$、$m(10^{-3})$、$\mu(10^{-6})$、$n(10^{-9})$、$p(10^{-12})$，例如：電阻 $2 \times 10^6 \Omega$，寫為 $2M\Omega$，而電容 $4.7 \times 10^{-6}F$，寫為 $4.7\mu F$，由這些表示法可以看出，利用冪次符號來記數確實是相當方便。

表 1.2-2　冪次符號

冪次符號	G	M	k	m	μ	n	p
數　　值	10^9	10^6	10^3	10^{-3}	10^{-6}	10^{-9}	10^{-12}

1.3 電荷與電流

在電磁領域中，有兩種基本場源—電荷與電流，分別為電場與磁場的場源。當空間中存有電荷時，不論是處於靜止或運動狀態，都會在空間中形成電場，靜止的電荷產生靜電場，運動中的電荷則產生時變電場。事實上，運動中的電荷就是電流，它除了產生時變電場外，也會產生磁場，這種電生磁的現象是由歐爾斯狄特在 1820 年所發現的，又可分為兩種情況，當電荷以固定的速度流動時，所形成的電流稱為直流電，它會在空間中產生不隨時間變化的磁場，稱為靜磁場，可是當電荷的流動速率隨著時間變化時，所形成的電流也會跟著變動，並在空間中產生時變的磁場。

在 1831 年法拉第提出電磁感應定律，他發現不僅時變電場會產生時變磁場，時變磁場也會再產生時變電場，兩者會相互感應而生，並在空間中形成電磁場，由於電磁場具有波動性，所以也稱為電磁波。後來馬克斯威爾以其精湛的數學能力，推導電磁波在空間中的傳播速率，其結果竟然與光速相同，他就根據這個重要的理論推導，提出「光也是一種電磁波」的推論，後來在 1888 年由赫茲利用實驗證實電磁波的存在。

電荷與電流除了是基本場源以外，也是分析電路時所使用的重要物理量，底下先來介紹它們的物理特性。

■ 電荷

先由原子的組成談起，它是由帶正電的原子核以及帶負電的繞核電子所構成，由於兩者的帶電量相等，所以整個原子呈電中性。根據密立根油滴實驗的測量，每個電子帶有-1.602×10^{-19}C 的電量，屬於負電荷，且任何帶電體的電量都是 1.602×10^{-19}C 的整數倍，故稱電子為基本電荷。

一般的電路在導通時會沿著導線方向形成電場，迫使內部的自由電子沿著導線運動，如圖 1.3-1 所示。由於電場方向與電流方向都是定義在正電荷的運動方向，所以帶負電的自由電子在電場的反方向運動，與電流的方向相反。

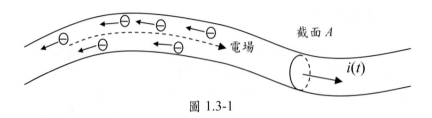

圖 1.3-1

■ 電流

　　電流為何會與電子流的方向相反？這個問題必須回溯至十八世紀的初期，當時富蘭克林與其他的科學家一樣，都還沒有電荷的概念，更遑論電荷具有正負兩種電性，此外對於電的流動現象，普遍觀念都認為是電質流體(electric fluid)所造成，這種流體會帶著電性從一個物體流向其他物體，為了說明方便，富蘭克林將失去流體的一方視為帶有負電，而「獲得流體的一方帶有正電」。過了不久，電的正負性終於在 1733 年被杜費發現了，於是根據富蘭克林當初的想法，將流體以正電荷取代，即「獲得正電荷的一方帶有正電」，換句話說，正電荷會流向帶正電的物體，也因此在物理學中將正電荷的流動方向定義為電流方向，且一直沿用至今。

■ 平均電流與瞬時電流

　　在描述電流時，可採用平均電流(average current)或瞬時電流(instantaneous current)，仍然以圖 1.3-1 為例，假設在時間 t 至 $t+\Delta t$ 的時段內，通過導線中某處截面 A 的總電荷為 Δq，通常將 Δt 時段內的平均電流定義為

$$I = \frac{\Delta q}{\Delta t} \tag{1.3-1}$$

由於 Δt 與 Δq 都是定值，所以平均電流 I 也是定值，不會隨著時間變化，單位為 A 或 C/s；若 $\Delta t \to 0$，則在時間 t 的電流定義為

$$i(t) = \lim_{\Delta t \to 0} \frac{\Delta q}{\Delta t} = \frac{dq(t)}{dt} \tag{1.3-2}$$

其值會隨著時間改變，稱為瞬時電流。此外，在直流電的情況下電流為定值，不隨時間變動，故瞬時電流等於平均電流。

在分析電路時，通常都在元件上標示箭號來代表電流 $i(t)$ 的方向，如圖 1.3-2 所示（為了說明方便，額外以虛線來代表正確的電場方向），這個預先標示的箭號可能正確，也可能錯誤；若箭號的方向是正確的，正好在電場方向，如圖 1.3-2(a) 所示，則在 $dt>0$ 內流過截面積 A 的電荷 $dq(t)>0$，由 (1.3-2) 可知電流 $i(t)>0$；反之，若箭號方向不正確，如圖 1.3-2(b) 所示，則在時間 $dt>0$ 內所通過的電荷 $dq(t)<0$，故 $i(t)<0$。換句話說，在分析電路時，若經計算後求得 $i(t)>0$ 時，則代表所標示的箭號方向即實際的電流方向，反之，若 $i(t)<0$ 時，則代表實際的電流方向與箭號相反。

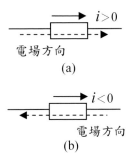

圖 1.3-2

由於電流 $i(t)$ 是電荷 $q(t)$ 的時變率，因此根據微積分的基本定理可將電荷表示如下：

$$q(t) = \int_{-\infty}^{t} i(\tau)\,d\tau \tag{1.3-3}$$

其中積分上限為時間變數 t，代表積分的結果會隨著時間 t 變動，而積分的下限為 $-\infty$，代表電荷的累積始自時間久遠之前，由於在 $t=-\infty$ 時電路通常視為未導通，故電流並不存在，即 $i(-\infty)=0$。今假設電路的運作是從起始時間 $t=t_0$ 開始，則由 (1.3-3) 可得在 $t=t_0$ 時的電荷值為

$$q(t_0) = \int_{-\infty}^{t_0} i(\tau)\,d\tau \tag{1.3-4}$$

稱 $q(t_0)$ 為電荷初值，利用此式可將 (1.3-3) 改寫為

$$q(t) = q(t_0) + \int_{t_0}^{t} i(\tau)\,d\tau \tag{1.3-5}$$

此式利用到 $\int_{-\infty}^{t} i(\tau)\,d\tau = \int_{-\infty}^{t_0} i(\tau)\,d\tau + \int_{t_0}^{t} i(\tau)\,d\tau$ 的事實。除了 (1.3-3) 與 (1.3-5) 的表示法以外，$q(t)$ 也可以設定為由 t_1 至 t 時段內通過截面積 A 的電荷總數，即

$$q(t) = \int_{t_1}^{t} i(\tau)\,d\tau \tag{1.3-6}$$

微分後可得

$$\frac{dq(t)}{dt} = \lim_{\Delta t \to 0} \frac{1}{\Delta t} \left(\int_{t_1}^{t+\Delta t} i(\tau) d\tau - \int_{t_1}^{t} i(\tau) d\tau \right)$$

$$= \lim_{\Delta t \to 0} \frac{1}{\Delta t} \int_{t}^{t+\Delta t} i(\tau) d\tau$$

(1.3-7)

因為 $\Delta t \to 0$，所以 $\int_{t}^{t+\Delta t} i(\tau) d\tau \to i(t) \cdot \Delta t$，代入上式後成為

$$\frac{dq(t)}{dt} = \lim_{\Delta t \to 0} \frac{i(t) \cdot \Delta t}{\Delta t} = i(t)$$

(1.3-8)

顯然地，仍然滿足電流在(1.3-2)的定義。此外，(1.3-6)也常用來計算 t_1 至 t_2 時段內通過截面積 A 的電荷總數 Q，其值為

$$Q = \int_{t_1}^{t_2} i(\tau) d\tau$$

(1.3-9)

此處的 Q 是一個定值，故 $\dfrac{dQ}{dt} = \dfrac{d}{dt} \displaystyle\int_{t_1}^{t_2} i(\tau) d\tau = 0$。

◀◀◀

《範例 1.3-1》

　　假設導線中流過某截面的電荷 $q(t)$ 如下圖所示，試畫出電流 $i(t)$ 與時間 t 的關係圖。

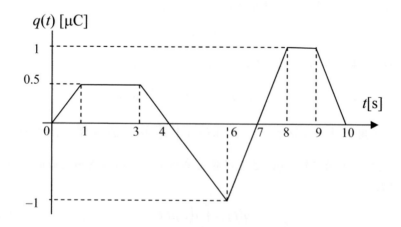

解答：

電流 $i(t)$ 與電荷 $q(t)$ 的關係為即 $i(t) = \dot{q}(t)$，故各區段電流如下：

$$
i(t) = \begin{cases}
0.5 & 0 < t < 1 \\
0.0, & 1 < t < 3 \\
-0.5, & 3 < t < 6 \\
1.0, & 6 < t < 8 \\
0.0, & 8 < t < 9 \\
-1.0, & 9 < t < 10
\end{cases}
$$

單位為 μA，與時間的關係圖為

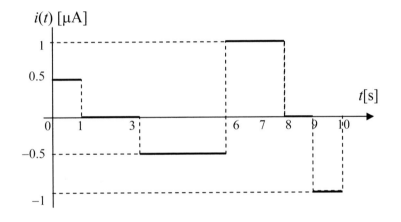

【練習 1.3-1】

通過導線截面的電荷如下：

$$
q(t) = \begin{cases}
6t & \mu C & 0 \le t < 1\,s \\
6 & \mu C & 1 \le t < 4\,s \\
14 - 2t & \mu C & 4 \le t < 8\,s \\
-26 + 3t & \mu C & 8 \le t \le 10\,s
\end{cases}
$$

試畫出 $i(t)$ 與時間 t 的關係圖，其中 $0 \le t \le 10$ s。

11

《範例 1.3-2》

(A)若通過電路某截面的電流為 $i(t) = 2\cos 2t - 5e^{-3t}$ A，則時間由 0 至 t 通過該截面的電荷 $q(t)$為何？

(B)若由 0 至 t 通過某截面的電荷為 $q(t) = 2\cos 2t - 5e^{-3t}$ C，則通過該截面的電流 $i(t)$為何？

解答：

(A)根據(1.3-6)，時間由 0 至 t 通過該截面的電荷數

$$q(t) = \int_0^t i(\tau)d\tau = \int_0^t \left(2\cos 2\tau - 5e^{-3\tau}\right)d\tau$$

$$= \sin 2t + \frac{5}{3}e^{-3t} - \frac{5}{3} \quad C$$

(B)根據(1.3-2)可得

$$i(t) = \frac{d}{dt}\left(2\cos 2t - 5e^{-3t}\right) = -4\sin 2t + 15e^{-3t} \quad A$$

【練習 1.3-2】

(A)已知電流為 $i(t) = 0.4\sin 2t + 0.5\cos t - 0.6e^{-2t}$ mA，則時間由 0 至 t 通過導線截面的電荷 $q(t)$為何？

(B)通過截面的電荷為 $q(t) = 8\sin t + 40\cos 2t - 10e^{-5t}$ μC，試求流經導線的電流 $i(t)$為何？

《範例 1.3-3》

假設導線中的電流 $i(t)$如下圖所示，試求在 $0 \le t \le 10$s 內流過導線某截面的總電荷 Q 是多少？

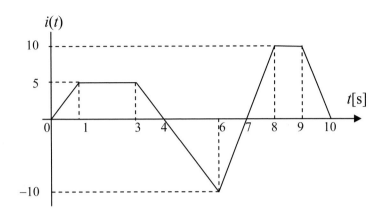

解答:

根據(1.3-9),在 $t=0$ 至 10s 間通過截面的總電荷為

$$Q = \int_0^{10} i(\tau)d\tau = \int_0^4 i(\tau)d\tau + \int_4^7 i(\tau)d\tau + \int_7^{10} i(\tau)d\tau$$

其中

$$\int_0^4 i(\tau)d\tau = \frac{1}{2}(2+4)(5\times10^{-3}) = 1.5\times10^{-2}$$

$$\int_4^7 i(\tau)d\tau = \frac{1}{2}(3)(-10\times10^{-3}) = -1.5\times10^{-2}$$

$$\int_7^{10} i(\tau)d\tau = \frac{1}{2}(1+3)(10\times10^{-3}) = 2\times10^{-2}$$

故總電荷

$$Q = 1.5\times10^{-2} - 1.5\times10^{-2} + 2\times10^{-2} = 2\times10^{-2} \ \text{C}$$

【練習 1.3-3】

令通過導線的電流如下:

$$i(t) = \begin{cases} 0.2t \ \text{mA} & 0 \le t < 2\,\text{s} \\ 1.2 - 0.4t \ \text{mA} & 2 \le t < 5\,\text{s} \\ -0.8 \ \text{mA} & 5 \le t < 8\,\text{s} \\ -1.6 + 0.1t \ \text{mA} & 8 \le t \le 10\,\text{s} \end{cases}$$

試求在 $0 \le t \le 10$s 內流過導線某截面的總電荷 Q 是多少?

■ 電荷運動速率

　　最後讓我們來探討電荷在導線中的運動快慢。在日常生活中，當我們打開電燈時，電燈瞬間就亮了起來，這個現象很容易讓人誤以為是因為電荷以極高的速率在導線中流動所造成的。然而，實際的情況並非如此，通常在導線中的電子運動速率約為 10^{-4} m/s 或更小，這種速率根本無法與光速相比，那麼，電燈為何能夠在瞬間馬上發亮？其實主要是因為在電源打開的瞬間，導線中立即產生電場，並且以近乎光速的速率將電場分布到整個電路上，因此電路上所有的電荷幾乎瞬間同時受到電場作用，沿著導線運動，也因此在電路上瞬間產生電流，換句話說，電源瞬間將電場分布到整個電路上才是電燈瞬間點亮的真正原因。

　　雖然導線中的電場是以光速形成，但是電荷本身卻只能以緩慢的速率在導線中流動。這種情況正如水管中的水一樣，雖然水管可能很長，但只要一打開水龍頭，出口處的水立刻受到壓力的作用而馬上流出，正如電燈瞬間發亮一樣；在此同時，整條水管中的水在壓力的推動下，一起以有限的速率往出口處流動，正如電荷沿著導線緩慢運動一般。

《範例 1.3-4》

　　電路中有一條實心的圓柱形長直導線，直徑為 $d=2\times10^{-3}$ m，假設電子在導線中均勻分佈，且電荷密度為 $n=10^{29}$ 個/m^3，若是電流為 $i(t)=0.1$A，則電子的運動速率為何？

解答：

　　令 $r=d/2=1\times10^{-3}$ m 為截面的半徑，且 L 為導線的長度，則體積 $V=\pi r^2 L$，內部所含的電子個數為 $N=Vn=\pi r^2 Ln$，總帶電量為 $\Delta q=Nq_e=\pi r^2 Lnq_e$，其中 $q_e=1.602\times10^{-19}$C 是一個電子的帶電量大小，若電子的速率為 v_e，則全部電子流出此導線所需的時間為 $\Delta t=L/v_e$，由於導線中的電流 $i(t)=0.1$A 為定值，可視為平均電流 I，所以根據定義

$$i(t) = I = \frac{\Delta q}{\Delta t} = \frac{\pi r^2 L n q_e}{L / v_e} = \pi r^2 n q_e v_e = 0.1 \quad \text{A}$$

整理後可得電子的速率為

$$v_e = \frac{i(t)}{\pi r^2 n q_e} = 1.987 \times 10^{-6}\,\text{m/s}$$

此速率確實遠低於光速 3×10^8m/s。

【練習 1.3-4】

電路中的實心圓柱形長直導線，半徑為 $r=1.5$mm，假設電子在導線中均勻分佈，且電荷密度為 $n=5 \times 10^{28}$ 個/m^3，若是電流為 $i(t)=250\mu$A，則電子的運動速率為何？

1.4 電壓與電功率

在空間中只要有電場存在，就會形成與位置 $P(x,y,z)$ 有關的電位分布，令點 P 的電位為 V，若將電荷 q 由無窮遠處移至此點，則電荷具有電位能 qV；應注意的是，此電位能只與位置 $P(x,y,z)$ 有關，而與電荷 q 的移動路徑無關。

■ 電壓

假設在 $P_1(x_1,y_1,z_1)$ 與 $P_2(x_2,y_2,z_2)$ 兩點的電位分別為 V_1 與 V_2，通常稱兩點間的電位差為電壓 $v=V_1-V_2$，當電荷 q 由 P_1 移動至 P_2 時，電位能的變化為 $qv=qV_1-qV_2$，這些能量正好可用來對外作功，也就是說，所作的功為 $w=qv$。若以微量的觀點來看，電荷 dq 由 P_1 移動至 P_2 時，電位能下降 $dq \cdot v$，即對外作功 $dw =dq \cdot v$，故電壓為

$$v = \frac{dw}{dq} \tag{1.4-1}$$

其中電壓 v 的單位為 V，電位能變化 dw 的單位為 J，根據此式，電壓可解釋為每單位電荷由 P_1 移動至 P_2 時對外所作的功。

■ 電功率

當電位能 $w(t)$ 隨著時間變動時，根據物理學中的定義「功率為能量的時變率」，可將電功率表為

$$p(t) = \frac{dw(t)}{dt} \tag{1.4-2}$$

單位為 W，利用微分運算，此式可再化為

$$p(t) = \frac{dw}{dt} = \frac{dw}{dq}\frac{dq}{dt} = v(t) \cdot i(t) \tag{1.4-3}$$

即電功率等於電壓與電流的乘積。利用積分運算，可得時間 t_1 至 t 的電位能

$$w(t) = \int_{t_1}^{t} p(\tau)d\tau \tag{1.4-4}$$

此電位能代表電荷對外所作的功，因此會被電路元件所吸收，故 $p(t)$ 可視為電路元件的吸收功率。

■ 被動符號

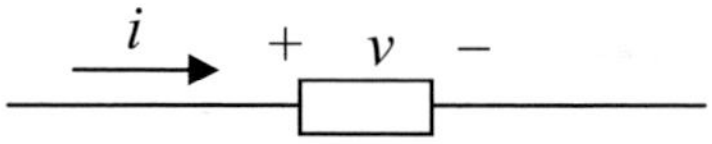

在電路分析的過程中，通常會在元件上設定電流方向，以及高(+)與低(−)的電位端，如圖 1.4-1 所示，其中電流是由元件的高(+)電位端流向低(−)電位端，此種

圖 1.4-1

標示特稱為被動符號(passive symbol)，利用被動符號之標示所求得的 $p(t)$ 稱為元件的吸收功率，當 $p(t) = v(t)i(t) > 0$ 時，代表該元件處於吸收功率的狀態，反之，當 $p(t) = v(t)i(t) < 0$ 時，代表該元件不僅沒有吸收功率，而且正在提供功率給其他的元件使用。

■ 瞬時功率與平均功率

電功率 $p(t)$ 會隨著時間 t 變動，是屬於瞬時功率(instantaneous power)，但在某些狀況下，利用平均功率(average power)是較為方便的評估值，例如已禁用的白熾燈泡，過去就是以平均電功率 40W、60W 或 100W 當作規格，而目前市售的螺旋型省電燈泡也是以平均電功率 20W~25W 當作規格，當瓦特數越高時，燈泡越亮，但也越耗電，顧客可以按照瓦特數來選購自己所需的燈泡。

平均功率的計算必須利用到(1.4-3)的瞬時功率 $p(t)$，先求得在時間 t_1 至 t_2 之間的總電能

$$W = \int_{t_1}^{t_2} p(t)dt \tag{1.4-5}$$

再計算平均功率如下：

$$P = \frac{W}{t_2 - t_1} = \frac{1}{t_2 - t_1} \int_{t_1}^{t_2} p(t)dt \tag{1.4-6}$$

其中 W 與 P 均為定值，故平均功率不是時間函數。

◀◀◀

《範例 1.4-1》

電路中有一元件以被動符號標示，其中電壓與電流分別為

$$v(t) = 2\sin\frac{\pi}{3}t \text{ 與 } i(t) = 10\cos\frac{\pi}{3}t \text{，試問}$$

　(A) 該元件所吸收的電功率為何？
　(B) 在 $0 \leq t \leq 5s$ 所吸收的平均功率為何？

解答：

(A)由於電路是以被動符號標示，故利用(1.4-3)可得元件所吸收的電功率為

$$p(t) = v(t)i(t) = \left(2\sin\frac{\pi}{3}t\right)\left(10\cos\frac{\pi}{3}t\right) = 10\sin\frac{2\pi}{3}t \quad \text{W}$$

(B)　根據(1.4-6)，代入 $t_1=0$ 與 $t_2=5$，可求得平均功率為

$$P = \frac{1}{5}\int_0^5 \left(10\,sin\frac{2\pi}{3}t\right)dt = \frac{9}{2\pi} \quad \text{W}$$

【練習 1.4-1】

電路中有一元件，電壓為 $v(t) = 3\,cos\frac{\pi}{6}t$ V，流入元件高電位端的電

荷為 $q(t) = 4\,sin\frac{\pi}{6}t+4$ C，試問(A)該元件的瞬時功率為何？(B)在

$0 \leq t \leq 9$ 秒的平均功率為何？

◀◀◀

《範例 1.4-2》

在電路中有一元件以被動符號標示，且電壓 $v(t)$ 與電流 $i(t)$ 如下圖所
示，試畫出電功率 $p(t)$，並計算元件在 $0 \leq t \leq 10$s 內所消耗的總電能。

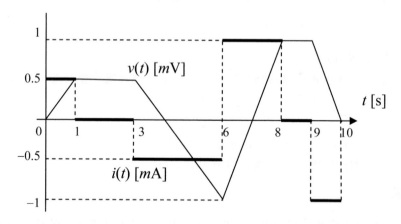

解答：

根據(1.4-3)可知電功率為 $p(t) = v(t)i(t)$，根據此式計算在 $0 \leq t \leq 10$s 內
的電功率為

$$p(t) = \begin{cases} 0.25t, & 0 < t < 1 \\ 0.0, & 1 < t < 3 \\ 0.25t - 1.0, & 3 < t < 6 \\ t - 7, & 6 < t < 8 \\ 0.0, & 8 < t < 9 \\ t - 10, & 9 < t < 10 \end{cases}$$

單位為μW，其時間函數如圖所示。此外根據(1.4-5)，吸收的電能為

$W = \int_0^{10} p(t)dt$，其值可計算上圖中曲線下之面積，即

$$W = A1 - A2 + A3 - A4 + A5 - A6$$
$$= 0.125 - 0.125 + 0.5 - 0.5 + 0.5 - 0.5 = 0 \text{ J}$$

故該元件在 $0 \le t \le 10s$ 內所吸收的總電能為 0，亦即元件所吸收的電能 (A1+A3+A5)等於所消耗的電能(A2+A4+A6)。

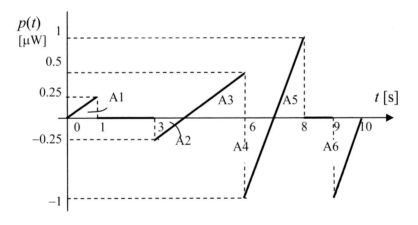

【練習 1.4-2】

電路中有一元件以被動符號標示，電壓為 $v(t) = 3e^{-t/2}$ V，電流為 $i(t) = 2\dfrac{dv(t)}{dt}$ A，試問 (A) 該元件在 $t=4s$ 時的電功率為何？ (B) 在 $4 \le t \le 5s$ 共吸收或提供多少電能？

1.5 集總電路

　　當電路加入電源後，導線中的電荷在電場的作用下，開始沿著導線方向流動，其運動速率雖然不高，但是推動整個電路運作的電場卻是以近乎光速的速率在導線中傳播，若是電源所引發的是時變電場，則在導線中將存在具有波動性的電磁波。

　　為了說明方便，假設所存在的電磁波為單一頻率，則在電路中的物理特性具有 $sin(\omega t - kx)$ 的數學模式，其中 t 為時間，ω 為頻率，x 代表電路上的位置，而波數 $k = 2\pi / \lambda$ 與電磁波的波長 λ 有關。由此物理特性可知，在不同位置的電荷，所受到的電磁波影響也會有所差異，以相距半波長的位置 x_1 與 x_2 為例，令 $x_2 - x_1 = \lambda/2$，則這兩個位置上的物理量分別具有 $sin(\omega t - kx_1)$ 與 $sin(\omega t - kx_2)$ 的形式，由於 $kx_2 = kx_1 + k\lambda/2 = kx_1 + \pi$，因此 $sin(\omega t - kx_2) = -sin(\omega t - kx_1)$，也就是說，在 x_1 與 x_2 兩處所受到的電磁波影響，正負剛好相反。

　　以圖 1.5-1 為例，元件兩端的位置分別為 x_1 與 x_2，在電磁波的波動影響下，電流 i_1 與 i_2 分別具有 $sin(\omega t - kx_1)$ 與 $sin(\omega t - kx_2)$ 的形式，造成流入元件的電流 i_1 不等於

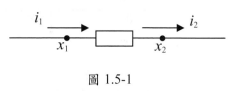

圖 1.5-1

流出元件的電流 i_2，這種情況將導致電路分析的困難度大幅提升。

■ 集總電路之尺寸

　　一般電路的尺寸通常都遠小於電磁波的波長，即 $x << \lambda$，在此條件下，可得 $sin(\omega t - kx) = sin(\omega t - 2\pi(x/\lambda)) \approx sin\omega t$，換句話說，可視為與位

置 x 無關。若是由電磁波波長的尺度來看，$x \ll \lambda$ 所代表的意義，是指可以將整個電路視為一點，因此與位置 x 無關，具有這種相對尺寸的電路稱為集總電路(lumped circuit)。

顯然地，在 $x \ll \lambda$ 的條件下，集總電路的尺寸必須「夠小」，在工程中所稱的「夠小」並沒有一定的標準，有時取寬鬆的 10%，有時則取 1%，甚至更小。以一般的電路而言，假設尺寸在 20cm×20cm 上下，若是取 1% 當標準，則電磁波的波長不得小於 20cm 的 100 倍，即不得小於 20m，根據波速的公式：光速=頻率×波長=$3×10^8$m/s，波長大於 20m 的電磁波頻率不得高於 15MHz，換句話說，在給定以上的電路尺寸條件下，只要電磁波的頻率在 15MHz 以下時，都可視為集總電路。那麼，有那些產品不能算是集總電路？例如：電腦與通訊產品，由於它們所使用的頻率通常都在 100MHz 以上，甚至更高，因此都不能算是集總電路。

應注意的是，在本書中所探討的都是集總電路，為了方便起見，在爾後各章所稱的電路就是指集總電路，不再特別聲明。

在介紹實際的電路與元件之前，有些電路結構的專用術語必須先予以說明，計有：分枝(branch)、節點(node)、路徑(path)、迴路(loop)、網目(mesh)；此外，為了說明能量守恆定律，在本節中也將介紹樹徑(tree)、樹枝(tree branch)、鏈枝(link)、鏈迴路(link loop)與樹切面(cut surface)等專有名詞。

■ 分枝與節點

首先介紹分枝與節點，以圖 1.5-2 中的電路為例，包括 9 個元件，每個元件各代表一個分枝，由 1 至 9 依序編號，任一分枝的兩端點必須與其他的分枝相連，例如分枝 6 的左端點與分枝 2 相連，而右端點則連接至分枝 3 與分枝 4。在此電路中可以找出 6 個分枝的連接點，稱為節點，由⓪至⑤依序編號，每個節點至少連接 2 個或 2 個以上的分枝，應注意的是，節點④與點 A(分枝 7 與分枝 8 之間的三叉點)只以線連結，並沒有通過任何元件，在這種情況下點 A 也算是節點④，因此不需要再予以標明；此外，節點⓪通常設定在電路中所選定的接地點上。

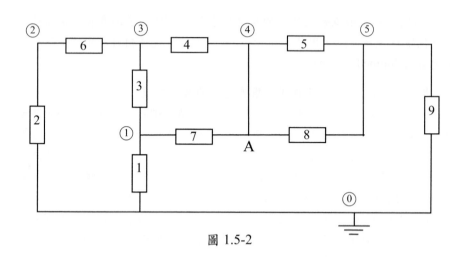

圖 1.5-2

■ 路徑、迴路與網目

　　所謂路徑是由分枝相連而成，仍然以圖 1.5-2 為例，但重畫於圖 1.5-3 中，並加入四個路徑，分別以 P_1、L_2、L_3 與 L_4 來標示，若將各路徑以節點與分枝的順序連結，則表示法如下：

P_1：　⓪-[1]-①-[3]-③-[6]-②

　　　　由節點⓪至節點②，依次經過分枝 1、3、6

L_2：　⓪-[1]-①-[3]-③-[4]-④-[8]-⑤-[9]-⓪

　　　　由節點⓪回到節點⓪，依次經過分枝 1、3、4、8、9

L_3：　⑤-[8]-④-[5]-⑤

　　　　由節點⑤回到節點⑤，依次經過分枝 8、5

L_4：　⓪-[1]-①-[3]-③-[4]-④-[5]-⑤-[9]-⓪

　　　　由節點⓪回到節點⓪，依次經過分枝 1、3、4、5、9

　　其中路徑 P_1 不會回到原來出發時的節點，但路徑 L_2、L_3 與 L_4 會回到原節點，形成封閉路徑，稱為迴路，特別以 L_i 來表示編號為 i 的迴路。若再仔細觀察 L_2、L_3 與 L_4，將可發現 L_2 與 L_3 在通過分枝 8 時，兩迴路方向相反，因此可互相抵消，其餘未抵消的部分合成後剛好可構成 L_4，即 L_4 是由 L_2 與 L_3 所合成，表為 $L_4 = L_2 + L_3$。

　　考慮由數個迴路所組合而成的集合，若是存在某個迴路可由其餘迴路所合成，則此集合稱為相關迴路組(dependent loops)，反之，若是任一迴路都無法由其餘的迴路所合成，則稱為獨立迴路組(independent loops)，如$\{L_2,$ $L_3\}$是獨立迴路組，$\{L_2，L_3，L_4\}$是相關迴路組。此外若是迴路所環繞的區域內不包含任何分枝，則此種迴路稱為網目，如L_3就是網目，在本書中以$\boxed{\text{i}}$來代表迴路L_i所形成的網目，如圖1.5-3中的$\boxed{3}$代表由迴路L_3所形成的網目，至於迴路L_2與L_4，因為內部都包含分枝7，所以都不是網目。

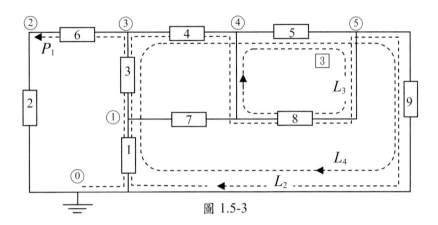

圖 1.5-3

■ 樹徑與樹枝

　　接著介紹樹徑與樹枝，這裡所稱的樹徑是一個特別的路徑，它必須滿足下列三個條件：

　　(a) 整體架構是連接的(connected)
　　(b) 不能存在任何迴路
　　(c) 必須包含電路中所有的節點

　　對於一個節點數為n且分枝數為$m(\geq n)$的電路而言，滿足以上條件的樹徑必須包括$(n-1)$個分枝，這些構成樹徑的分枝稱為樹枝，即樹徑必須包括$(n-1)$個樹枝，理由如下：由於任一樹枝的兩端都是節點，當在電路中選取第 1 個樹枝時，也同時選了兩個節點，接著再選擇第 2 個樹枝時，它的 2

個節點中，有 1 個必須與第 1 個樹枝共用，才能滿足(a)的條件，另一個節點則必須是新的節點，以滿足(b)的條件，換句話說，選擇 2 個樹枝時，必須同時選出 3 個節點，依此類推，選擇 s 個樹枝時，必須同時選出 $s+1$ 個節點，最後再根據條件(c)，樹徑必須包括全部 n 個節點，即 $s+1=n$，所以它必須擁有的樹枝個數為 $s=n-1$，故樹徑是由全部 n 個節點，以及$(n-1)$個樹枝所構成。

■ 鏈枝與鏈迴路

接著討論鏈枝與鏈迴路，所謂鏈枝是指樹枝以外的分枝，根據樹徑的定義可知樹枝數為 $n-1$，因此一個電路的鏈枝數為

$$l= m-(n-1)= m-n+1 \qquad (1.5\text{-}1)$$

即鏈枝數 l 等於全部的分枝數 m 扣除樹枝數 $n-1$。

以圖 1.5-4 為例，此電路的節點數 $n=6$，所以樹徑應該包括 $n-1=5$ 個樹枝，如圖中粗線所示，它滿足樹徑的三個條件：(a)是連接的、(b)包含所有的節點、(c)沒有任何迴路，若再仔細觀察，將可發現此樹徑是由「樹根」節點⓪向上成長，先長出樹枝 1 與節點①，再長出樹枝 2 與節點②，接著再由節點①向上長出樹枝 3 與節點③、樹枝 4 與節點④，最後是樹枝 5 與節點⑤，完成樹徑的整體架構，顯然地，除了「樹根」節點⓪外，每長出樹枝 k，必附著節點⑩，$k=1,2,\cdots,5$，故樹枝數會比總節點數少 1。

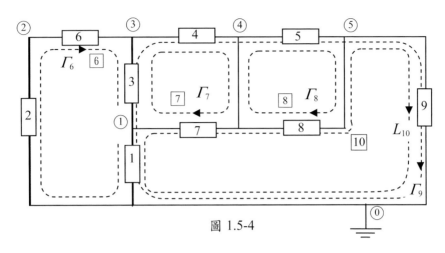

圖 1.5-4

　　若觀察其他不屬於樹徑的分枝，即鏈枝 6、7、8、9，將可發現只要將任意一個鏈枝附加至樹徑上，便會產生一個迴路，稱為鏈迴路，在鏈迴路中除了一個鏈枝外，其餘的都是樹枝。如圖 1.5-4 中的四個鏈枝 6、7、8、9 將分別產生 Γ_6、Γ_7、Γ_8 與 Γ_9 等四個鏈迴路，由於任何鏈迴路都無法由其他的鏈迴路所合成，因此鏈迴路組 $\{\Gamma_6, \Gamma_7, \Gamma_8, \Gamma_9\}$ 為獨立迴路組。應注意的是，鏈迴路組可用來合成該電路上的任一迴路，因此若在鏈迴路組中加入其他的迴路時，將不再是獨立迴路組，也就是說，鏈迴路組是迴路個數最多的獨立迴路組，其個數正好是鏈枝數 l。除了鏈迴路組以外，電路上所有的網目也會構成一個獨立迴路組，如圖 1.5-4 中的網目組 $\{\Gamma_6, \Gamma_7, \Gamma_8, L_{10}\}$，就是一個獨立迴路組。

　　總而言之，若是一個電路具有 m 個分枝與 n 個節點，則該電路所產生的鏈迴路組，具有最多的獨立迴路個數，其個數正好等於鏈枝數 l。

　　此外應注意的是，一個電路所能選擇的樹徑並不唯一，如圖 1.5-5 中之粗線也是一種樹徑，因為它也滿足形成樹徑的三個條件。

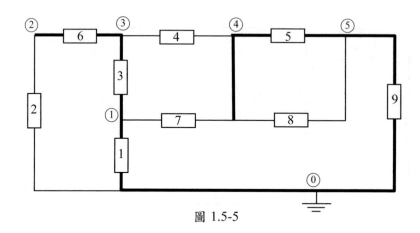

圖 1.5-5

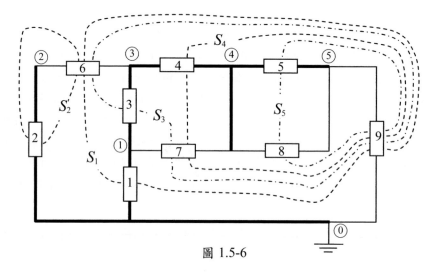

圖 1.5-6

■ 樹切面

　　最後介紹樹切面(cut surface)，仍然以圖 1.5-4 中的樹徑為例，重畫於圖 1.5-6 中，共有 5 個樹枝，根據這些樹枝，可以畫出 5 個相對應的樹切面 S_i，i=1,2,3,4,5，所謂樹切面是指一個封閉面只能切過一個樹枝，其餘所切的都是鏈枝。如 S_1 切過樹枝 1 以及鏈枝 6 與 9；S_2 切過樹枝 2 以及鏈枝 6；S_3 切過樹枝 3 以及鏈枝 6、7 與 9；S_4 切過樹枝 4 以及鏈枝 7 與 9；S_5 切過樹

枝 5 以及鏈枝 8 與 9，顯然地，樹切面的個數即樹枝數($n-1$)。

以上所介紹的分枝、節點、路徑、迴路與網目將使用在爾後各章的電路分析上，但是樹徑、樹枝、鏈枝、鏈迴路與樹切面，則只會使用在本章中，用以說明能量守恆定律。

◀◀◀

《範例 1.5-1》

在下圖中畫出一條樹徑，再找出所有的鏈迴路與樹切面。

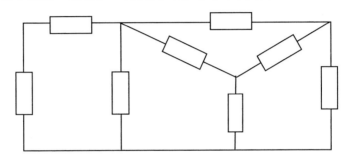

解答：

將上圖重畫，如下圖所示，圖中共有 8 個分枝與 5 個節點，即 $m=8$ 且 $n=5$，由於 $n-1=4$，所以樹徑應包含 4 個樹枝，此外根據(1.5-1)可知鏈枝數為 $l=m-n+1=4$，因此鏈迴路組應包含 4 個迴路。

為了畫出包含 4 個樹枝的樹徑，首先選取底線的點為接地點，設定為節點⓪，接著選定分枝 1 為樹枝，令其另一端點為節點①，再由節點①分出 3 個樹枝，即分枝 2、3、4，設定各分枝的另一端點為節點②、③、④，即完成一條樹徑，以粗線表示，顯然地，此樹徑是連接的，包括所有的節點，而且不存在任何迴路，即滿足樹徑的三個條件。其餘不在樹徑上的分枝，就是鏈枝 5、6、7、8。

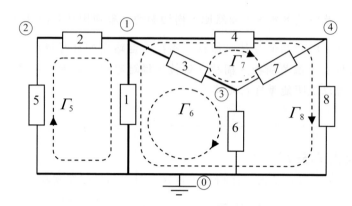

接著利用 4 個鏈枝畫出 4 個鏈迴路：

Γ_5： ⓪- 5 -②- 2 -①- 1 -⓪

Γ_6： ③- 6 -⓪- 1 -①- 3 -③

Γ_7： ④- 7 -③- 3 -①- 4 -④

Γ_8： ④- 8 -⓪- 1 -①- 4 -④

以上每個鏈迴路除了各包括 1 個鏈枝外，其餘的都是樹枝，由於 4 個鏈枝分屬不同的迴路，因此鏈迴路 $\{\Gamma_5, \Gamma_6, \Gamma_7, \Gamma_8\}$ 構成一個獨立迴路組，而且是最大的獨立迴路組。

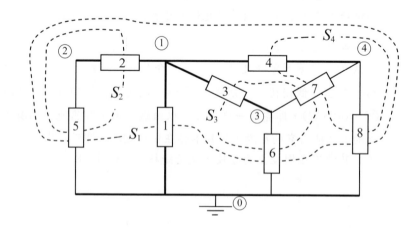

再以選取的樹徑畫出 4 個樹切面 S_1 至 S_4，如上圖所示，其中 S_1 切過樹枝 1 以及鏈枝 5、6 與 8；S_2 切過樹枝 2 以及鏈枝 5；S_3 切過樹枝 3 以及鏈枝 6 與 7；S_4 切過樹枝 4 以及鏈枝 7 與 8。

【練習 1.5-1】

考慮下圖之電路，畫出一條與範例不同之樹徑，以及相對應的鏈枝，再找出所有的鏈迴路與樹切面。

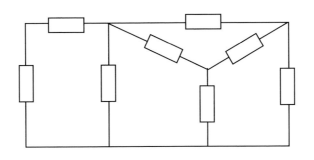

◀◀◀

1.6 柯契霍夫定律

柯契霍夫定律(Kirchhoff's Laws)包括電流與電壓兩種型式，是分析電路時最常用的基本定律，不過，在說明柯契霍夫定律之前，先來介紹分枝電壓(branch voltage)與分枝電流(branch current)。

■ 分枝電壓與分枝電流

以圖 1.6-1 為例，共有 9 個分枝與 6 個節點，為了清楚說明柯契霍夫定律的相關性質，先將分枝依序編號為 1 至 9，節點依序編號為⓪至⑤，且節點⓪為接地點，接著將分枝 k 的壓降定義為分枝電壓 $v_{bk}(t)$，通過分枝 k 的電流為分枝電流 $i_{bk}(t)$，$k=1,2,\cdots,9$，其中分枝電壓與分枝電流符合被動符

號之標示。以下利用圖 1.6-1 說明柯契霍夫的電壓定律與電流定律，分別簡稱為柯氏電壓定律與柯氏電流定律。

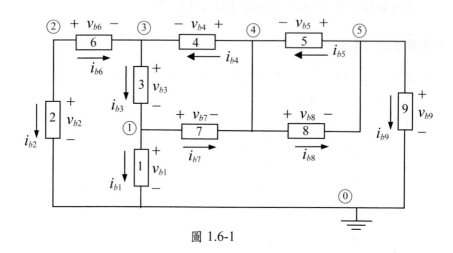

圖 1.6-1

■ 柯氏電壓定律

所謂柯氏電壓定律(Kirchhoff's Voltage Law，以 KVL 表示)是指在電路中的任一迴路，若是依迴路方向降壓，則通過迴路中所有的分枝壓降總和為 0。

以圖 1.6-2 中的三個順時針方向迴路為例，首先觀察迴路 L_1，該迴路由節點④經過分枝 5 到達節點⑤，再經由分枝 8 回到節點④，若是依迴路方向降壓，則包括分枝 5 之壓降$-v_{b5}(t)$與分枝 8 之壓降$-v_{b8}(t)$，即壓降和為 $-v_{b5}(t)-v_{b8}(t)$，根據 KVL 可知，通過迴路上所有的分枝壓降和必須為 0，故 L_1 之迴路方程式為

$$-v_{b5}(t)-v_{b8}(t)=0 \qquad (1.6\text{-}1)$$

接著觀察迴路 L_2，同樣根據 KVL，沿迴路方向的 4 個分枝壓降和必須為 0，即 L_2 迴路方程式為

$$-v_{b2}(t)+v_{b6}(t)+v_{b3}(t)+v_{b1}(t)=0 \qquad (1.6\text{-}2)$$

同理可得 L_3 迴路方程式為

$$v_{b9}(t)-v_{b1}(t)-v_{b3}(t)-v_{b4}(t)-v_{b5}(t)=0 \qquad (1.6\text{-}3)$$

從物理學的觀點來看，柯氏電壓定律事實上是描述電荷的電位能守恆定律，底下說明其原因。

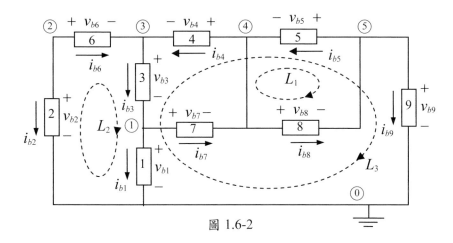

圖 1.6-2

由於任意電荷 q 經過壓降 v 後，將消耗 qv 的電位能，以迴路 L_3 為例，若在(1.6-3)乘上 q，經整理後可得

$$qv_{b9}(t) = qv_{b1}(t) + qv_{b3}(t) + qv_{b4}(t) + qv_{b5}(t) \tag{1.6-4}$$

其中 $qv_{b9}(t)$ 代表電荷 q 通過分枝 9 所消耗掉的電位能，而 $qv_{b1}(t)$、$qv_{b3}(t)$、$qv_{b4}(t)$ 與 $qv_{b5}(t)$ 則是電荷 q 通過四個分枝所獲得的電位能，也就是說，電荷 q 在經過整個迴路 L_3 之後，所消耗掉的電位能與獲得的相等，故柯氏電壓定律等同於電位能守恆定律。

◀◀◀

《範例 1.6-1》

根據 KVL 寫出下圖中四個迴路之迴路方程式。

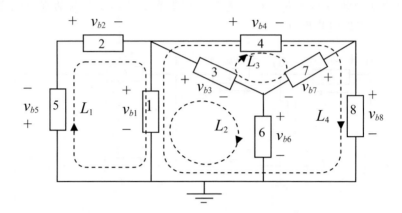

解答：

根據 KVL，依迴路方向降壓，所有分枝的壓降總和為 0，故可得 4 個
迴路方程式如下：

$$L_1: \quad v_{b5}(t) + v_{b2}(t) + v_{b1}(t) = 0$$

$$L_2: \quad v_{b6}(t) - v_{b1}(t) + v_{b3}(t) = 0$$

$$L_3: \quad v_{b7}(t) - v_{b3}(t) + v_{b4}(t) = 0$$

$$L_4: \quad v_{b8}(t) - v_{b1}(t) + v_{b4}(t) = 0$$

【練習 1.6-1】

根據 KVL 寫出下圖中兩個迴路之迴路方程式。

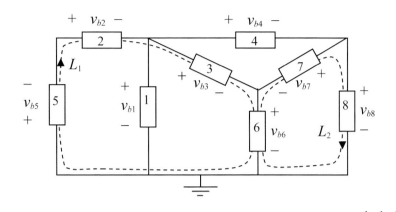

■ 柯氏電流定律

所謂柯氏電流定律(Kirchhoff's Current Law，以 KCL 表示)是指若在電路上任取一個封閉面時，則流出該封閉面的淨電流為 0，或者是說，流出該封閉面的電流等於流入該封閉面的電流。

以圖 1.6-3 中的兩個封閉面為例，首先觀察包圍節點③的封閉面 S_1，流出該封閉面的淨電流為 $i_{b3}(t)-i_{b4}(t)-i_{b6}(t)$，根據 KCL 可知此淨電流必須為 0，即

$$i_{b3}(t)-i_{b4}(t)-i_{b6}(t)=0 \tag{1.6-5}$$

同樣地，對包圍節點④與節點⑤的封閉面 S_2 而言，根據 KCL 可得

$$i_{b9}(t)+i_{b4}(t)-i_{b7}(t)=0 \tag{1.6-6}$$

由於淨電流 $i_{net}(t)$ 為淨電荷 $q_{net}(t)$ 的時變率，表為 $i_{net}(t)=\dfrac{dq_{net}(t)}{dt}$，當淨電流 $i_{net}(t)=0$ 時，代表淨電荷 $q_{net}(t)$ 時變率為 0，亦即淨電荷數維持不變，換句話說，流入封閉面的的電荷數等於流出的電荷數，故柯氏電流定律等同於電荷守恆定律。

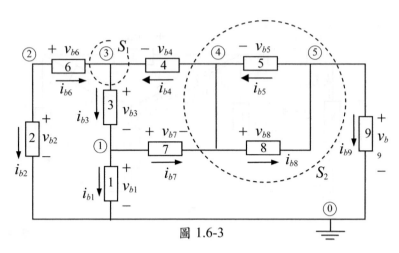

圖 1.6-3

《範例 1.6-2》

根據 KCL 寫出下圖中四個封閉面的封閉面方程式。

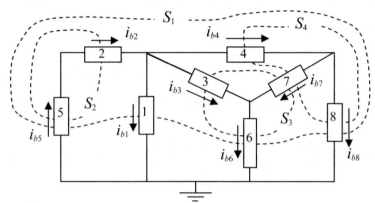

解答：

根據 KCL，電路上任一封閉面所流出的淨電流為 0，因此可得各封閉
面之方程式如下：

S_1:　$i_{b1}(t)-i_{b5}(t)+i_{b6}(t)+i_{b8}(t)=0$

S_2:　$i_{b2}(t)-i_{b5}(t)=0$

S_3:　$i_{b6}(t)-i_{b3}(t)-i_{b7}(t)=0$

S_4:　$i_{b7}(t)+i_{b8}(t)-i_{b4}(t)=0$

【練習 1.6-2】

根據 KCL 寫出下圖中兩個封閉面的封閉面方程式。

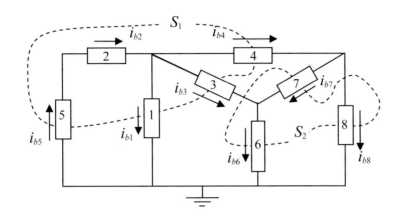

◀◀◀

1.7 能量守恆定律

在這一節中先介紹鏈枝電流(link current)與樹枝電壓(tree branch voltage)，接著再說明能量守恆定律。

■ 鏈枝電流

以圖 1.7-1 為例，包括 9 個分枝與 6 個節點，先選定樹徑如圖中粗線所示，包括由 1 至 5 依序編號的 5 個樹枝，其餘的鏈枝則由 6 至 9 依序編號，接著畫出四個順時鐘方向的鏈迴路 Γ_6 至 Γ_9，其中鏈迴路 Γ_k 是由鏈枝 k，以及數個樹枝所構成，定義鏈枝 k 的鏈枝電流為 $i_{\Gamma k}$，方向與鏈迴路相同，為了分析方便，將分枝電流設定為鏈枝電流，表示式如下：

$$i_{bi}(t)= i_{\Gamma i}(t), \quad i=6,7,8,9 \tag{1.7-1}$$

而鏈枝上的電壓仍以分枝電壓來表示，應注意的是所設定的分枝電壓必須滿足被動符號的標示。

35

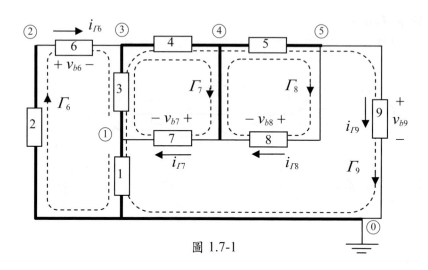

圖 1.7-1

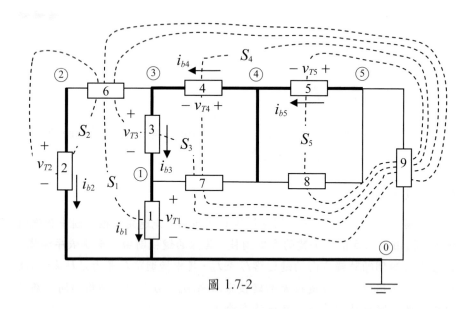

圖 1.7-2

■ 樹枝電壓

接著討論樹枝電壓,在圖 1.7-2 中,畫出五個封閉面 S_1-S_5,其中封閉面 S_k 切過樹枝 k,以及數個鏈枝,定義樹枝 k 的樹枝電壓為 v_{Tk},其低電位端

必須在封閉面外，且設定分枝電壓即樹枝電壓，表示式如下：

$$v_{bi}(t) = v_{Ti}(t), \quad i = 1,2,3,4,5 \tag{1.7-2}$$

而樹枝電流仍以分枝電流來表示，其方向為流出封閉面，以滿足被動符號之標示。

■ 鏈迴路方程式

為了方便使用系統性的描述，以下採用矩陣與向量的表示式，首先定義分枝電壓向量 $v_b(t)$、分枝電流向量 $i_b(t)$、樹枝電壓向量 $v_T(t)$ 與鏈枝電流向量 $i_r(t)$，各向量可表為

$$v_b(t) = \begin{bmatrix} v_{b1}(t) \\ v_{b2}(t) \\ \vdots \\ v_{b9}(t) \end{bmatrix}, \quad i_b(t) = \begin{bmatrix} i_{b1}(t) \\ i_{b2}(t) \\ \vdots \\ i_{b9}(t) \end{bmatrix}, \quad v_T(t) = \begin{bmatrix} v_{T1}(t) \\ v_{T2}(t) \\ \vdots \\ v_{T5}(t) \end{bmatrix}, \quad i_r(t) = \begin{bmatrix} i_{\Gamma 6}(t) \\ \vdots \\ i_{\Gamma 9}(t) \end{bmatrix}$$

$$\tag{1.7-3}$$

接著利用 KVL 與 KCL 分別寫出圖 1.7-1 的鏈迴路電壓方程式與圖 1.7-2 的封閉面電流方程式，兩者都先以(1.7-1)與(1.7-2)所設定的分枝電壓與分枝電流來表示。首先將圖 1.7-1 重畫於圖 1.7-3，並標示所有的分枝電壓，根據 KVL，可得鏈迴路方程式如下：

$$\Gamma_6: \quad v_{b6}(t) + v_{b3}(t) + v_{b1}(t) - v_{b2}(t) = 0 \tag{1.7-4}$$

$$\Gamma_7: \quad v_{b7}(t) - v_{b3}(t) - v_{b4}(t) = 0 \tag{1.7-5}$$

$$\Gamma_8: \quad v_{b8}(t) - v_{b5}(t) = 0 \tag{1.7-6}$$

$$\Gamma_9: \quad v_{b9}(t) - v_{b1}(t) - v_{b3}(t) - v_{b4}(t) - v_{b5}(t) = 0 \tag{1.7-7}$$

再利用(1.7-2)，以上四式可改寫為

$$
\begin{cases}
v_{b6}(t) = -v_{T1}(t) + v_{T2}(t) - v_{T3}(t) \\
v_{b7}(t) = v_{T3}(t) + v_{T4}(t) \\
v_{b8}(t) = v_{T5}(t) \\
v_{b9}(t) = v_{T1}(t) + v_{T3}(t) + v_{T4}(t) + v_{T5}(t)
\end{cases}
\tag{1.7-8}
$$

合併(1.7-2)與(1.7-8)可得

$$
\begin{cases}
v_{b1}(t) = v_{T1}(t) \\
v_{b2}(t) = v_{T2}(t) \\
v_{b3}(t) = v_{T3}(t) \\
v_{b4}(t) = v_{T4}(t) \\
v_{b5}(t) = v_{T5}(t) \\
v_{b6}(t) = -v_{T1}(t) + v_{T2}(t) - v_{T3}(t) \\
v_{b7}(t) = v_{T3}(t) + v_{T4}(t) \\
v_{b8}(t) = v_{T5}(t) \\
v_{b9}(t) = v_{T1}(t) + v_{T3}(t) + v_{T4}(t) + v_{T5}(t)
\end{cases}
\tag{1.7-9}
$$

其矩陣形式如下：

$$
\begin{bmatrix}
v_{b1}(t) \\
v_{b2}(t) \\
v_{b3}(t) \\
v_{b4}(t) \\
v_{b5}(t) \\
v_{b6}(t) \\
v_{b7}(t) \\
v_{b8}(t) \\
v_{b9}(t)
\end{bmatrix}
=
\begin{bmatrix}
1 & 0 & 0 & 0 & 0 \\
0 & 1 & 0 & 0 & 0 \\
0 & 0 & 1 & 0 & 0 \\
0 & 0 & 0 & 1 & 0 \\
0 & 0 & 0 & 0 & 1 \\
-1 & 1 & -1 & 0 & 0 \\
0 & 0 & 1 & 1 & 0 \\
0 & 0 & 0 & 0 & 1 \\
1 & 0 & 1 & 1 & 1
\end{bmatrix}
\cdot
\begin{bmatrix}
v_{T1}(t) \\
v_{T2}(t) \\
v_{T3}(t) \\
v_{T4}(t) \\
v_{T5}(t)
\end{bmatrix}
\tag{1.7-10}
$$

即

$$v_b(t) = \begin{bmatrix} I_5 \\ P \end{bmatrix} \cdot v_T(t) \qquad (1.7\text{-}11)$$

其中 I_5 為 5 階的單位方陣，而矩陣 P 為

$$P = \begin{bmatrix} -1 & 1 & -1 & 0 & 0 \\ 0 & 0 & 1 & 1 & 0 \\ 0 & 0 & 0 & 0 & 1 \\ 1 & 0 & 1 & 1 & 1 \end{bmatrix} \qquad (1.7\text{-}12)$$

由(1.7-11)可知 9 個分枝電壓彼此之間並不獨立，以 5 個樹枝電壓即可描述。

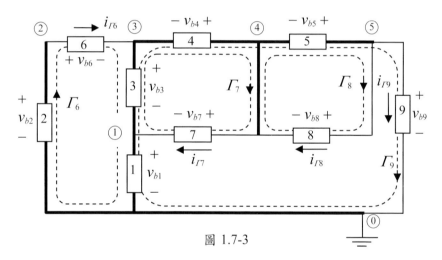

圖 1.7-3

■ 封閉面方程式

其次將圖 1.7-2 重畫於圖 1.7-4，並在圖中標示出所有的分枝電流，根據 KCL，流出封閉面的電流總和必須為 0，因此封閉面方程式為

$$S_1: \quad i_{b1}(t) - i_{b6}(t) + i_{b9}(t) = 0 \qquad (1.7\text{-}13)$$

$$S_2: \quad i_{b2}(t) + i_{b6}(t) = 0 \qquad (1.7\text{-}14)$$

$$S_3: \quad i_{b3}(t)-i_{b6}(t)+i_{b7}(t)+i_{b9}(t)=0 \tag{1.7-15}$$

$$S_4: \quad i_{b4}(t)+i_{b7}(t)+i_{b9}(t)=0 \tag{1.7-16}$$

$$S_5: \quad i_{b5}(t)+i_{b8}(t)+i_{b9}(t)=0 \tag{1.7-17}$$

再利用(1.7-1)，以上五式可改寫為

$$i_{b1}(t)=i_{\Gamma 6}(t)-i_{\Gamma 9}(t)$$
$$i_{b2}(t)=-i_{\Gamma 6}(t)$$
$$i_{b3}(t)=i_{\Gamma 6}(t)-i_{\Gamma 7}(t)-i_{\Gamma 9}(t) \tag{1.7-18}$$
$$i_{b4}(t)=i_{\Gamma 7}(t)-i_{\Gamma 9}(t)$$
$$i_{b5}(t)=i_{\Gamma 8}(t)-i_{\Gamma 9}(t)$$

合併(1.7-1)與(1.7-18)後其矩陣形式如下：

$$\begin{bmatrix} i_{b1}(t) \\ i_{b2}(t) \\ i_{b3}(t) \\ i_{b4}(t) \\ i_{b5}(t) \\ i_{b6}(t) \\ i_{b7}(t) \\ i_{b8}(t) \\ i_{b9}(t) \end{bmatrix} = \begin{bmatrix} 1 & 0 & 0 & -1 \\ -1 & 0 & 0 & 0 \\ 1 & -1 & 0 & -1 \\ 0 & -1 & 0 & -1 \\ 0 & 0 & -1 & -1 \\ 1 & 0 & 0 & 0 \\ 0 & 1 & 0 & 0 \\ 0 & 0 & 1 & 0 \\ 0 & 0 & 0 & 1 \end{bmatrix} \cdot \begin{bmatrix} i_{\Gamma 6}(t) \\ i_{\Gamma 7}(t) \\ i_{\Gamma 8}(t) \\ i_{\Gamma 9}(t) \end{bmatrix} \tag{1.7-19}$$

即

$$\boldsymbol{i}_b(t) = \begin{bmatrix} \boldsymbol{Q} \\ \boldsymbol{I}_4 \end{bmatrix} \cdot \boldsymbol{i}_\Gamma(t) \tag{1.7-20}$$

其中 $\boldsymbol{I}_4$ 為 4 階的單位方陣，而矩陣 $\boldsymbol{Q}$ 為

$$Q = \begin{bmatrix} 1 & 0 & 0 & -1 \\ -1 & 0 & 0 & 0 \\ 1 & -1 & 0 & -1 \\ 0 & -1 & 0 & -1 \\ 0 & 0 & -1 & -1 \end{bmatrix}$$

(1.7-21)

由(1.7-20)可知 9 個分枝電流並不獨立,利用 4 個鏈枝電流即可描述。此外比較(1.7-12)與(1.7-21)可知

$$Q = -P^{\mathrm{T}}$$

(1.7-22)

此式的成立主要來自樹枝電壓與鏈枝電流的特殊選法。

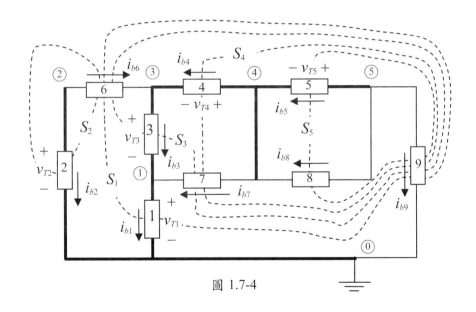

圖 1.7-4

■ 電能守恆定律

根據柯契霍夫定律所求得的(1.7-11)與(1.7-20),可將電路上所消耗的總功率表示如下:

$$p(t) = \sum_{k=1}^{9} v_{bk}(t) i_{bk}(t) = v_{b1}(t) i_{b1}(t) + \cdots + v_{b9}(t) i_{b9}(t)$$

$$= v_b^T(t) i_b(t) = \left(\begin{bmatrix} I_5 \\ P \end{bmatrix} \cdot v_T(t) \right)^T \left(\begin{bmatrix} Q \\ I_4 \end{bmatrix} \cdot i_\Gamma(t) \right) \quad (1.7\text{-}23)$$

$$= v_T^T(t) \cdot \begin{bmatrix} I_5 & P^T \end{bmatrix} \cdot \begin{bmatrix} Q \\ I_4 \end{bmatrix} \cdot i_\Gamma(t)$$

$$= v_T^T(t) \cdot (Q + P^T) \cdot i_\Gamma(t)$$

由(1.7-22)可知

$$p(t) = v_b^T(t) i_b(t) = v_T^T(t) \cdot (Q + P^T) \cdot i_\Gamma(t) = 0 \quad (1.7\text{-}24)$$

故電路上各分枝所消耗的總功率為 0，亦即元件上的功率有正有負，其中正功率表示元件在消耗功率，稱此元件為負載(load)，而負功率則表示元件在提供功率，它可能是電源或者是儲能元件。由於功率是電能的時變率，所以總功率為 0 代表電路的總電能沒有變化，亦即負載所消耗的電能等於電源所提供的電能。事實上，(1.7-24)可推廣至一般具有 m 個元件與 n 個節點的電路，表示式如下：

$$p(t) = \sum_{k=1}^{m} v_{bk}(t) i_{bk}(t) = v_b^T(t) i_b(t) = 0 \quad (1.7\text{-}25)$$

稱為電能守恆定律。

《範例 1.7-1》

在下圖電路中，包括 5 個元件以及一個次級電路，請先求出各元件所消耗的功率，再利用電能守恆定律求出次級電路所消耗的功率。

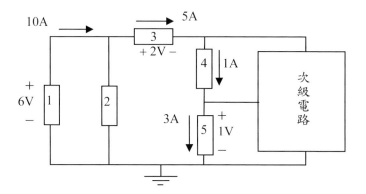

解答：

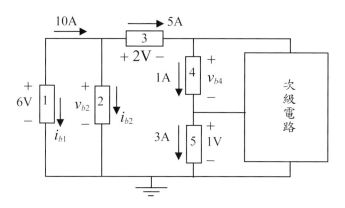

令元件 k 的分枝電壓為 v_{bk} 與分枝電流為 i_{bk}，所消耗的功率為 $p_k = v_{bk} \cdot i_{bk}$，根據上圖可知 $i_{b2} = 10-5 = 5\mathrm{A}$，$v_{b4} = 6-2-1 = 3\mathrm{V}$，故

元件 1： $v_{b1} = 6\mathrm{V}$，$i_{b1} = -10\mathrm{A}$，消耗功率 $p_1 = v_{b1}i_{b1} = -60\mathrm{W}$

元件 2： $v_{b2} = 6\mathrm{V}$，$i_{b2} = 5\mathrm{A}$，消耗功率 $p_2 = v_{b2}i_{b2} = 30\mathrm{W}$

元件 3： $v_{b3} = 2\mathrm{V}$，$i_{b3} = 5\mathrm{A}$，消耗功率 $p_3 = v_{b3}i_{b3} = 10\mathrm{W}$

元件 4： $v_{b4} = 3\mathrm{V}$，$i_{b4} = 1\mathrm{A}$，消耗功率 $p_4 = v_{b4}i_{b4} = 3\mathrm{W}$

元件 5： $v_{b5} = 1\mathrm{V}$，$i_{b5} = 3\mathrm{A}$，消耗功率 $p_5 = v_{b5}i_{b5} = 3\mathrm{W}$

令次級電路所消耗的功率為 $p_{2\mathrm{nd}}$，則根據電能守恆定律可得

$$p_{2\mathrm{nd}} = -(p_1 + p_2 + p_3 + p_4 + p_5) = -(-60+30+10+3+3) = 14 \text{ W}$$

其功率為正，代表此次級電路為消耗功率的負載。

【練習 1.7-1】

在下圖電路中,包括 5 個元件以及一個次級電路,請先求出各元件所消耗的功率,再利用電能守恆定律求出次級電路所消耗的功率。

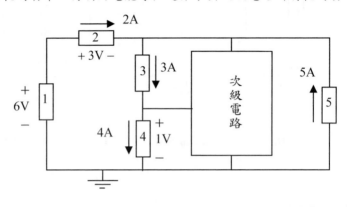

1.8 理想電源

顧名思義,理想電源並非實際電源,在真實的電路中並不存在,但是有許多的實際電源,具有與理想電源極為近似的特性,因此在設計實際電路時,都直接引用理想電源的模型以簡化電路分析,在電路學中也是採用理想電源。

一個理想電源若是本身的特性不會受到電路上其他元件的影響,則稱為獨立電源(independent source),反之,則稱為非獨立電源(dependent source)。

■ 獨立電壓源

獨立電源又可分為兩種類型:獨立電壓源(independent voltage source)與獨立電流源(independent current source),通常以圓圈來代表。首先考慮獨

立電壓源,如圖 1.8-1(a)所示,在圓圈中標上+與-,分別代表高低電位,而兩者的電位差就是電壓,它的值可能是時變函數 $v_s(t)$,也可能是固定值。

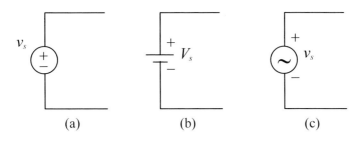

圖 1.8-1

在一般電路中經常使用兩種獨立電壓源:直流電壓源與交流電壓源,為了方便起見,這兩種電壓源都採用特殊圖示,在圖 1.8-1(b)中為直流電壓源,以一長一短的直線代表高低電位端,且電壓值 V_s 為常數,不隨時間變動,常見的乾電池就是一種直流電壓源。

圖 1.8-1(c)為交流電壓源,在圓圈中標示"~"表示電壓值 $v_s(t)$ 會隨著時間作規律性的弦波變動,並在圓圈外標+與-,代表高低電位,在日常生活中,電力公司所提供的電源就是交流電壓源。由於交流電源是頻率固定的弦波函數,所以也稱為弦波電源(sinusoidal source),例如 $v_s(t)=V\cos(\omega t)$ 為角頻率 ω 的弦波電壓源。

獨立電壓源所提供的電壓不會受到電路上其他元件的影響,不過它所提供的電流則與電路上其他的元件息息相關。

■ 獨立電流源

接著介紹獨立電流源,如圖 1.8-2 所示,在圓圈中以箭號代表電流方向。當電流為時變函數時,表為 $i_s=i_s(t)$;當電流是固定值時,表為 $i_s=I_s$,其中 I_s 為常數,此種電源也稱為直流電流源;當電流是具有角頻率為 ω 的弦波函數時,則表為 $i_s(t)=I\cos\omega t$。

圖 1.8-2

　　獨立電流源所提供的電流不會受到電路上其他元件的影響，不過它所提供的電壓則與電路上其他的元件息息相關。

　　在使用獨立電源時，應避免將電壓源並聯或是將電流源串聯，否則會產生矛盾的情況，例如在圖 1.8-3 中，並聯的獨立電壓源 $v_{s1}(t)$ 與 $v_{s2}(t)$ 必須相等，不然會違反 KVL，屬於不合理接法；同樣地，串聯的獨立電流源 $i_{s1}(t)$ 與 $i_{s2}(t)$ 也必須相等，否則無法滿足 KCL，也是不合理的接法。

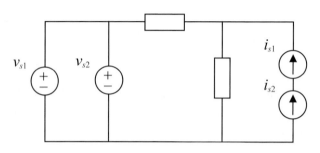

圖 1.8-3

■ 非獨立電源

　　非獨立電源與獨立電源的主要區別，在於非獨立電源本身會受到其他元件的影響，通常以菱形來代表，如圖 1.8-4 所示，可分為下列四種類型：

　　壓控電壓源(voltage-controlled voltage source, VCVS)
　　壓控電流源(voltage-controlled current source, VCCS)
　　流控電壓源(current-controlled voltage source, CCVS)
　　流控電流源(current-controlled current source, CCCS)

圖 1.8-4(a)與圖 1.8-4(b)為壓控式電源，分為壓控電壓源與壓控電流源，表示式為

$$\text{VCVS:} \quad v_s(t) = \alpha v_x(t) \tag{1.8-1}$$

$$\text{VCCS:} \quad i_s(t) = g v_x(t) \tag{1.8-2}$$

其中 $v_x(t)$ 是特定電壓，α 稱為電壓增益(voltage gain)，不具單位，g 稱為轉換電導(transconductance)，單位為 S；圖 1.8-4(c)與圖 1.8-4(d)為流控式電源，

分為流控電壓源與流控電流源，表示式為

$$\text{CCVS:} \quad v_s(t) = r i_x(t) \tag{1.8-3}$$

$$\text{CCCS:} \quad i_s(t) = \beta i_x(t) \tag{1.8-4}$$

其中 $i_x(t)$ 是特定電流，r 稱為轉換電阻(transresistance)，單位為Ω，β 稱為 CCCS 的電流增益(current gain)，不具單位。

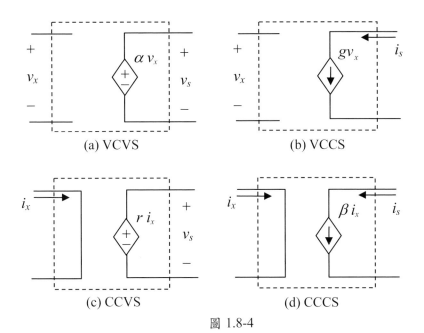

(a) VCVS   (b) VCCS

(c) CCVS   (d) CCCS

圖 1.8-4

　　以上介紹之非獨立電源都是由特殊元件或電路所組合而成，能夠主動提供能量至電路中，因此稱為主動元件(active component)，反之，無法主動提供能量的元件，稱為被動元件(passive component)。常用的主動元件計有電晶體與運算放大器，其中運算放大器的功能與應用將會在第八章中介紹；至於常用的被動元件，主要是電阻、電感與電容，將在本章中一一介紹。

《範例 1.8-1》

在下圖中有四個理想電源：獨立電壓源 A、獨立電壓流 B、壓控電流源 C 與流控電壓源 D，若 $i_2(t)=i_4(t)=1A$，$v_2(t)=v_4(t)=3V$，則 $v_1(t)$、$v_3(t)$、$i_1(t)$ 與 $i_3(t)$ 各為何？

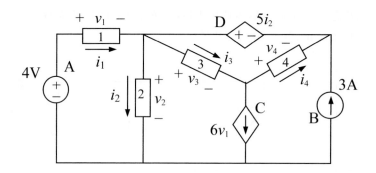

解答：

將此電路重畫如下圖，並設定迴路 L_1、L_2 與封閉面 S_1、S_2，根據 KVL 可得迴路 L_1 之方程式為

$$L_1: \ v_1(t) + v_2(t) - 4 = 0$$

因為 $v_2(t)=3V$，所以代入上式後可得 $v_1(t)=1V$。

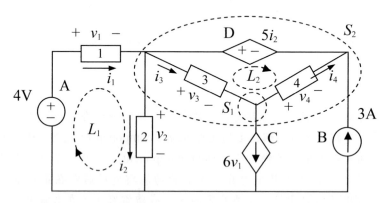

根據 KVL 可得迴路 L_2 之方程式為

$$L_2: \ -v_4(t) - v_3(t) + 5i_2(t) = 0$$

因為 $v_4(t)=3V$、$i_2(t)=1A$，所以代入上式後可得 $v_3(t)=2V$。

根據 KCL 可得封閉面 S_1 之方程式為

S_1: $6v_1(t)+i_4(t)-i_3(t)=0$

因為 $v_1(t)=1V$、$i_4(t)=1A$，所以代入上式後可得 $i_3(t)=7A$。

根據 KCL 可得封閉面 S_2 之方程式為

S_2: $i_2(t)+6v_1(t)-i_1(t)-3=0$

因為 $v_1(t)=1V$、$i_2(t)=1A$，所以代入上式後可得 $i_1(t)=4A$。

【練習 1.8-1】

在下圖有四個理想電源，求 $v_1(t)$、$v_2(t)$、$i_3(t)$ 與 $i_4(t)$ 各為何？

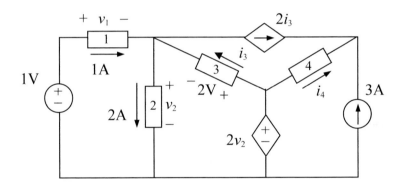

◀◀◀

1.9 電阻與歐姆定律

一個電路元件的性質通常是以電流 $i(t)$ 與電壓 $v(t)$ 的關係來描述，圖 1.9-1 為燈泡的 v-i 曲線圖，當電壓侷限在 $|v(t)| \leq V_{sat}$ 的範圍內時，電流 $i(t)$ 與電壓 $v(t)$ 呈現線性關係，而當 $|v(t)| > V_{sat}$ 時，則為非線性的飽和現象。

49

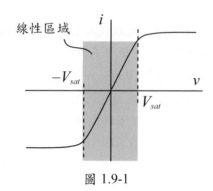

圖 1.9-1

■ 歐姆定律

由於非線性的現象經常造成電路分析的困擾,所以在設計電路時,都採用 $\left| v(t) \right| \le V_{sat}$ 的線性區域,將元件方程式表為

$$v(t) = R \cdot i(t) \tag{1.9-1}$$

其中 R 稱為電阻值(resistance),或簡稱為電阻,單位為Ω,這就是著名的歐姆定律(Ohm's law)。

遵循歐姆定律的電阻材料,如圖 1.9-2(a)所示,其電阻 R 與截面積 A 成反比,與長度 l 成正比,表為

$$R = \rho \frac{l}{A} \tag{1.9-2}$$

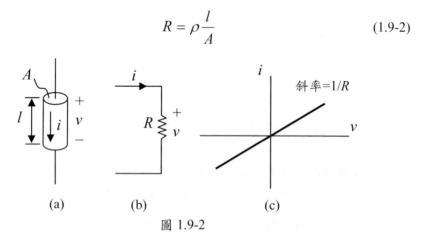

(a)   (b)   (c)

圖 1.9-2

其中 ρ 稱為電阻率(resistivity)，單位為 Ω-m；有時為了方便，也採用電阻的倒數—電導(conductance)，即電流 $i(t)$ 與電壓 $v(t)$ 的比值，表示式為

$$G = \frac{1}{R} \qquad (1.9\text{-}3)$$

單位為 S，所以歐姆定律式也可以改寫為

$$i(t) = G \cdot v(t) \qquad (1.9\text{-}4)$$

雖然歐姆定律已經被廣泛地使用在電路分析上，但是仍有許多非線性的導電材料無法利用歐姆定律。不過，在本書中並不探討這類非線性的導電材料，因此在後面章節所提及的電阻都符合歐姆定律。

■ 電阻的吸收功率

滿足歐姆定律的電阻，其元件符號如圖 1.9-2(b)所示，而 i-v 則如圖 1.9-2(c)之線性關係，其中斜率為電阻的倒數 $1/R$，當電阻通電後，元件所吸收的功率為

$$p(t) = i(t)v(t) = R \cdot i^2(t) = \frac{v^2(t)}{R} \qquad (1.9\text{-}5)$$

或者是

$$p(t) = i(t)v(t) = G \cdot v^2(t) = \frac{i^2(t)}{G} \qquad (1.9\text{-}6)$$

故電阻的吸收功率 $p(t)$ 與電流平方成正比，也與電壓平方成正比；此外 $p(t)$ 恆大於 0，換句話說，電阻是一種被動元件，因為它只會吸收功率，將電能轉換為熱能或光能，消耗在元件上。

《範例 1.9-1》

下圖中有一個 6V 的直流電壓源與電阻 R，試回答下列問題：

(A) 若 R=120Ω，則電阻上的電流 $i(t)$ 為何？消耗的功率 $p(t)$ 是多少？

(B)若 R 的額定功率為 0.5W，為避免因過熱而燒燬，則 R 的最小值應為何？

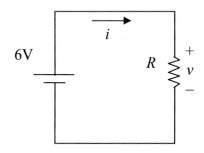

解答：

（A） 根據 KVL，跨越電阻的電壓為 $v(t)=6$V，因此利用歐姆定律可得電流

$$i(t) = \frac{v(t)}{R} = \frac{6}{120} = 0.05 \quad A$$

所消耗的功率為 $p(t) = i(t) \cdot v(t) = 0.05 \times 6 = 0.3 \quad W$

（B） 電阻消耗的功率若超過其額定功率，則電阻將被燒燬，所以

$$p(t) = \frac{v^2(t)}{R} \le \frac{1}{2}$$

可得 $R \ge 2v(t)^2 = 2 \times 6^2 = 72 \quad \Omega$，故電阻的最小值為 72Ω。

【練習 1.9-1】

在右圖有一個 5V 的直流電壓源與電阻 R，若 R 的額定功率為 1.0 W，為避免因過熱而燒燬，則 R 的最小值為何？

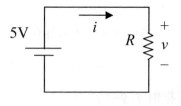

■ 開路與短路

　　當電路中有元件被拔除或導線被截斷時，就會造成電流中斷的現象，稱為開路(open circuit)，如圖 1.9-3(a)所示，在端點 A 與 B 之間，因為電流無法流通，故 $i(t)=0$。根據(1.9-1)，電阻 R 的電流為 $i(t)=v(t)/R$，當 $R \rightarrow \infty$ 時，不論跨越電阻兩端的電壓 $v(t)$ 為何，其電流都趨近於 0，因此當電路中產生開路情況時，可視為在端點 A 與 B 之間存在一個無窮大的電阻，在分析電路時，若存在一個極大的電阻時，也可將其視為開路。

　　當電路中某一元件的兩端跨接一條導線時，就會造成短路(short circuit)，此時元件的電壓 $v(t)=0$。根據(1.9-1)，電阻 R 的電壓可表為 $v(t)=R \cdot i(t)$，當 $R \rightarrow 0$ 時，不論通過電阻

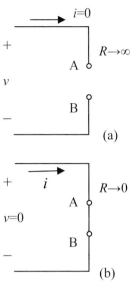

圖 1.9-3

的電流 $i(t)$ 為何，其電壓都趨近於 0，因此當電路中產生短路之情況時，可將其視為在端點 A 與 B 之間存在一個無窮小的電阻，同樣地，在分析電路時，若存在一個相當小的電阻時，可將其視為短路。

　　接著討論元件的串聯(series)，圖 1.9-4(a)中的元件連結方式就是串聯，利用 KCL 可知通過每個元件的電流都相等，故可得

$$i_1(t) = i_2(t) = \cdots = i_n(t) \tag{1.9-7}$$

這是串聯電路的基本特性。至於元件的並聯(parallel)，如圖 1.9-4(b)中的元件連結方式就是並聯，利用 KVL 可知每個元件的電壓都相等，故可得

$$v_1(t) = v_2(t) = \cdots = v_n(t) \tag{1.9-8}$$

根據以上串聯與並聯之特性，底下開始分析 n 個電阻串聯或並聯時，如何化為單一的等效電阻。

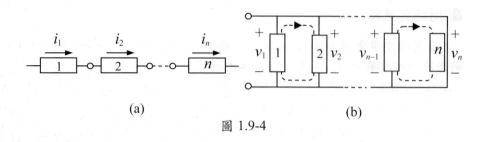

(a)   (b)

圖 1.9-4

■ 電阻串聯

考慮 n 個電阻 R_1、R_2、$\cdots$、R_n 串接至電壓源 $v(t)$，如圖 1.9-5(a)所示，此電路形成單一的封閉迴路，根據 KVL 可得

$$v(t) = v_1(t) + v_2(t) + \cdots + v_n(t) \tag{1.9-9}$$

其中 $v_k(t)$ 為第 k 個電阻的電壓，$k=1,2,\cdots,n$，在串聯的條件下，通過每一個元件的電流 $i(t)$ 都相等，故 $v_k(t)=R_k \cdot i(t)$，代入(1.9-9)可得

$$v(t) = (R_1 + R_2 + \cdots + R_n)i(t) = R_s \cdot i(t) \tag{1.9-10}$$

其中

$$R_s = R_1 + R_2 + \cdots + R_n \tag{1.9-11}$$

稱為串聯的等效電阻，圖 1.9-5(b)所示為串聯的等效電路，也就是說，將電壓 $v(t)$ 施加在 n 個串聯電阻 R_1、R_2、$\cdots$、R_n 時，所產生的電流與施加在等效電阻 R_s 的電流相等。

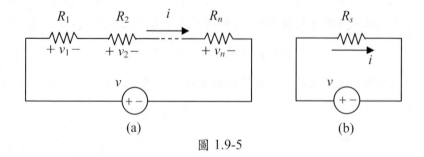

(a)   (b)

圖 1.9-5

■ 分壓公式

當電阻串聯後，通過每一電阻的電流都相等，若是將(1.9-10)做進一步的整理，則可得

$$i(t) = \frac{v(t)}{R_1 + R_2 + \cdots + R_n} = \frac{v(t)}{R_s} \qquad (1.9\text{-}12)$$

故第 k 個電阻的電壓為

$$v_k(t) = R_k \cdot i(t) = \frac{R_k}{R_1 + R_2 + \cdots + R_n} v(t) = \frac{R_k}{R_s} v(t) \quad (1.9\text{-}13)$$

換句話說，第 k 個電阻上的電壓 $v_k(t)$ 正好是電壓源 $v(t)$ 的 $\dfrac{R_k}{R_s}$ 倍，此式即串聯電阻的分壓公式。

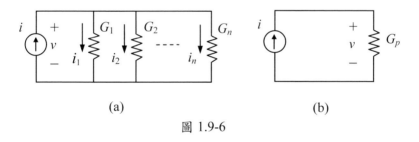

(a)   (b)

圖 1.9-6

■ 電阻並聯

再來考慮 n 個並聯電阻，如圖 1.9-6(a)所示，為了分析方便，改用電導 G_1、G_2、$\cdots$、G_n 當做電阻的特性，其中 $G_k = 1/R_k$，當併入電流源 $i(t)$ 時，根據 KCL 可得

$$i(t) = i_1(t) + i_2(t) + \cdots + i_n(t) \qquad (1.9\text{-}14)$$

其中 $i_k(t)$ 為第 k 個元件的電流，$k = 1,2,\cdots,n$，在並聯的條件下，元件上的電壓 $v(t)$ 都相等，故 $i_k(t) = G_k \cdot v(t)$，代入(1.9-14)可得

$$i(t) = (G_1 + G_2 + \cdots + G_n)v(t) = G_p \cdot v(t) \qquad (1.9\text{-}15)$$

其中

$$G_p = G_1 + G_2 + \cdots + G_n. \qquad (1.9\text{-}16)$$

稱為並聯的等效電導，圖 1.9-6(b)所示為並聯的等效電路。亦可將(1.9-16)進一步改寫為

$$G_p = \frac{1}{R_p} = \frac{1}{R_1} + \frac{1}{R_2} + \cdots + \frac{1}{R_n}. \qquad (1.9\text{-}17)$$

稱 R_p 為並聯的等效電阻。由(1.9-15)可知將電流 $i(t)$ 施加在 n 個並聯電阻 R_1、R_2、$\cdots$、R_n 時，所產生的電壓與施加在等效電阻 R_p 的電壓相等。

■ 分流公式

當電阻並聯後，跨越每一並聯電阻的電壓都相等，若是將(1.9-15)做進一步的整理，則可得並聯電阻上的電壓為

$$v(t) = \frac{i(t)}{G_1 + G_2 + \cdots + G_n} = \frac{i(t)}{G_p} = R_p \cdot i(t) \qquad (1.9\text{-}18)$$

故第 k 個電阻的電流 $i_k(t)$ 為

$$i_k(t) = G_k \cdot v(t) = \frac{G_k}{G_1 + G_2 + \cdots + G_n} i(t) = \frac{G_k}{G_p} i(t) \qquad (1.9\text{-}19)$$

換句話說，第 k 個電阻的電流 $i_k(t)$ 為電流源 $i(t)$ 的 $\dfrac{G_k}{G_p}$ 倍，此式即電阻並聯時的分流公式。

《範例 1.9-2》

下圖中若在 A、B 兩端進行量測，則所測得的等效電阻為何？

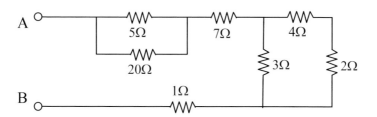

解答：

利用電阻的串聯與並聯公式，依序處理如下：

(1) 圖中 4Ω 與 2Ω 串聯，其等效電阻為 4+2=6Ω，如下圖所示：

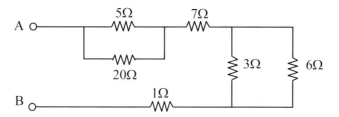

(2) 圖中 3Ω 與 6Ω 並聯，等效電阻為 $\dfrac{1}{1/3+1/6}=2\,\Omega$，如下圖所示：

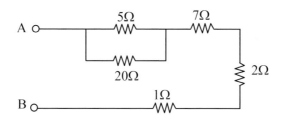

(3) 上圖中 7Ω、2Ω 與 1Ω 之等效電阻 7+2+1=10Ω，如下圖所示：

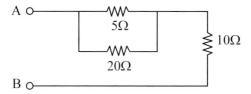

(4) 上圖中 5Ω與 20Ω之等效電阻

$$\frac{1}{1/5+1/20}=4\,\Omega$$ ，如右圖所

示：

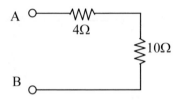

(5) 上圖中 4Ω與 10Ω串聯之等效電阻 4+10=14Ω，如下圖所示：

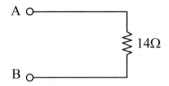

故由 A、B 兩端進行量測時，所測得的等效電阻為 14Ω。

【練習 1.9-2】

下圖中之電路，若由 A、B 兩端進行量測時，則所測得的等效電阻為
何？

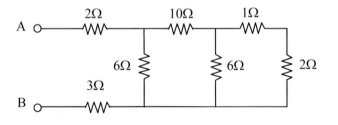

《範例 1.9-3》

惠斯登電橋(Wheatstone bridge)如下圖所示，包括 3 個電阻 R_1、R_2 與
R_3，以及未知電阻 R_x，當電壓源之電壓為 V_s 時，測得 A、B 兩節點
間的電壓為 $v_0(t)=V_0$，求未知電阻 R_x 為何？

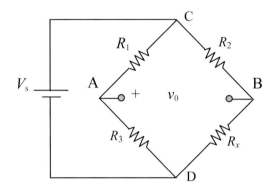

解答：

由於 R_1、R_3 串聯，以及 R_2、R_x 串聯，根據分壓公式可得跨越 R_3 的電壓為

$$v_{AD}(t) = \frac{R_3}{R_1 + R_3} V_s$$

以及跨越 R_x 的電壓為

$$v_{BD}(t) = \frac{R_x}{R_2 + R_x} V_s$$

再由 KVL 可得 $v_0(t) = v_{AD}(t) - v_{BD}(t)$，其中 $v_0(t) = V_0$，故

$$V_0 = \frac{R_3}{R_1 + R_3} V_s - \frac{R_x}{R_2 + R_x} V_s$$

進一步整理後，可求得未知電阻為

$$R_x = \frac{R_2 R_3 V_s - R_2(R_1 + R_3)V_0}{R_1 V_s + (R_1 + R_3)V_0}$$

觀察此式可獲得另一個重要的關係式：當 $V_0 = 0$ 時，可得 $R_x = \dfrac{R_2 R_3}{R_1}$，即

$R_1 R_x = R_2 R_3$。

【練習 1.9-3】

惠斯登電橋(Wheatstone bridge)如下圖所示，已知電阻 $R_1=10\Omega$、$R_2=20\Omega$ 與 $R_3=60\Omega$，以及一個未知電阻 R_x，當加入電壓源 V_s 後，測得 $v_0(t)=0$ V，求未知電阻 R_x 為何？

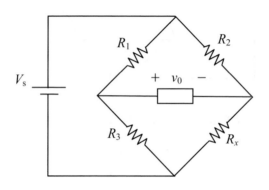

◄◄◄

《範例 1.9-4》

在下圖中，$R_1=R_2=R_3=R_4=r$ Ω，$R_5=R_6=2r$ Ω，若由 A、B 兩端點進行量測時，則所測得的等效電阻為何？若在 A、B 兩端施加電壓 V_s 時，節點①、②與③的電壓 $v_1(t)$、$v_2(t)$ 與 $v_3(t)$ 分別為多少？

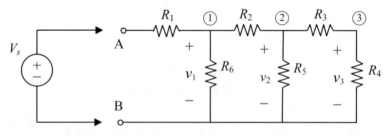

解答：

將上圖中各電阻代入後，可得下圖：

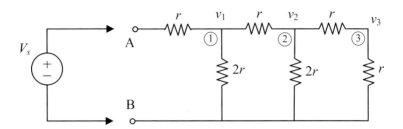

由 R_3 與 R_4 串聯可得等效電阻 $r+r=2r$，再由分壓公式可知

$$v_3(t) = \frac{1}{2} v_2(t)$$

將上圖改畫如下：

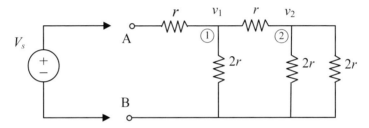

上圖中右端兩並聯電阻的等效電阻為 $\left(\dfrac{1}{2r} + \dfrac{1}{2r} \right)^{-1} = r$，再重畫如下

圖所示：

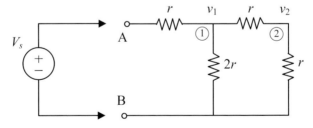

再由分壓公式可得

$$v_2(t) = \frac{1}{2} v_1(t)$$

利用相同的步驟，進一步整理上圖中節點①右邊的三個電阻，可求得等效電阻 r，亦即等效電路如下圖所示：

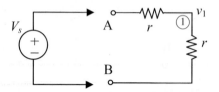

再由分壓公式可得 $v_1(t) = \dfrac{1}{2}V_s$。兩電阻再經串聯後，可得

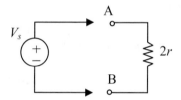

由此圖可知經由 A、B 兩端點所測得的等效電阻為 $2r$。接著求取各節點的電壓，因為 $v_3(t) = \dfrac{1}{2}v_2(t)$，$v_2(t) = \dfrac{1}{2}v_1(t)$，以及 $v_1(t) = \dfrac{1}{2}V_s$，故

$$v_2(t) = \frac{1}{2}v_1(t) = \frac{1}{2}\left(\frac{1}{2}V_s\right) = \frac{1}{4}V_s$$

$$v_3(t) = \frac{1}{2}v_2(t) = \frac{1}{2}\left(\frac{1}{4}V_s\right) = \frac{1}{8}V_s$$

很明顯地，電壓以減半的方式向右逐次遞減。

【練習 1.9-4】

在下圖之電路中，已知 $R_1=R_2=R_3=40\ \Omega$，且滿足 $v_1(t)=V_s/3$、$v_2(t)=v_1(t)/3$ 與 $v_3(t)=v_2(t)/3$ 之條件，則 R_4、R_5 與 R_6 之電阻值應為何？

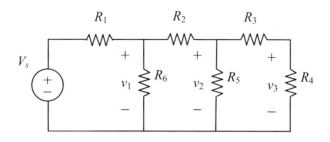

◀◀◀

■ 實際電源模式

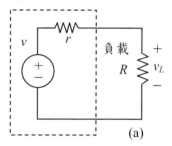

(a)

　　在真實的電路中，實際電源與理想電源並不相同，由於它本身必須消耗電能，因此供電效率無法達到 100%，為了描述這種真實的情況，通常在電壓源中串聯一個小內電阻 r，或在電流源中並聯一個小內電導 g，如圖 1.9-7(a)與 1.9-7(b)所示，其中虛線內的電路即實際電源。

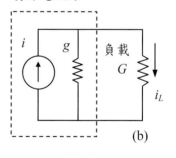

(b)

圖 1.9-7

　　在圖 1.9-7(a)中，實際電壓源由理想電壓源與內電阻 r 串聯而成，假設理想電壓源之電壓為 $v(t)$，且外接負載的電阻為 R，則利用分壓公式可得跨越負載的電壓為 $v_L(t) = \dfrac{R}{R+r}\, v(t)$，其值小於理想電壓 $v(t)$，換句話說，實際電壓源無法提供全額的電壓至負載 R，若想讓負載電壓 $v_L(t)$ 更接近理想電壓 $v(t)$，則實際電源的內電阻 r 必須越小越好。

　　在圖 1.9-7(b)中，實際電流源由理想電流源與內電導 g 並聯而成，假設理想電流源之電流為 $i(t)$，且外接負載的電導為 G，則利用分流公式可得通

過負載的電流為 $i_L(t) = \dfrac{G}{G+g} i(t)$，其值小於理想電流 $i(t)$，換句話說，實際電流源無法提供全額的電流至負載 G，若想讓負載電流 $i_L(t)$ 更接近理想電流 $i(t)$，則實際電源的內電導 g 必須越小越好，或者是說並聯的內電阻應該越大越好。

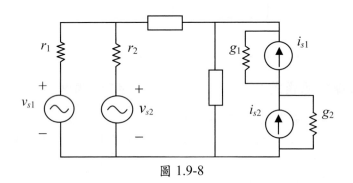

圖 1.9-8

在圖 1.8-3 中曾經提到，將不相等的理想電壓源並聯，或是不相等的理想電流源串聯，都是不合理的連接方式。然而對於實際電源而言，這種連接方式卻是可行的，因為不會違反 KVL 或 KCL，如圖 1.9-8 所示。不過，這些方式雖然可行，卻很少使用在實際的電路上。

《範例 1.9-5》

右圖有一實際電壓源提供電能至負載 $R=20\Omega$，若是將實際電壓源視為理想電壓源 $v_s(t)=10V$ 與內電阻為 r 的組合，試求

(A) 當忽略 r 時，電源所提供給負載的電壓 $v_L(t)$ 與電功率 $p_L(t)$ 為何？

(B) 當 $r=5\Omega$ 時，電源所提供給負載的電壓 $v_L(t)$ 與電功率 $p_L(t)$ 為何？

實際電壓源

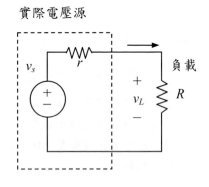

負載

解答：

根據分壓公式可得負載電壓為

$$v_L(t) = \frac{R}{R+r} v_s(t)$$

故電功率為

$$p_L(t) = \frac{v_L^2(t)}{R} = \frac{R}{(R+r)^2} v_s^2(t)$$

(A)當忽略 r 時，即 $r=0$ 時，電源提供給負載的電壓與電功率為

$$v_L(t) = \frac{R}{R+r} v_s(t) = \frac{R}{R} v_s(t) = v_s(t) = 10 \text{ V}$$

$$p_L(t) = \frac{v_L^2(t)}{R} = \frac{10^2}{20} = 5 \text{ W}$$

(B)當 $r=5\Omega$ 時，電源提供給負載的電壓與電功率為

$$v_L(t) = \frac{R}{R+r} v_s(t) = \frac{20}{20+5} \times 10 = 8 \text{ V}$$

$$p_L(t) = \frac{v_L^2(t)}{R} = \frac{8^2}{20} = 3.2 \text{ W}$$

【練習 1.9-5】

下圖有一實際電流源提供電能至負載 $G=0.5$ S，是由理想電流源 $i_s(t)=2$A 與內電導為 g 組合而成，試求

(A) 當忽略 g 時，電源所提供給負載的電壓 $v_L(t)$ 與電功率 $p_L(t)$ 為何？

(B) 當 $g=0.125$ S 時，電源所提供給負載的電壓 $v_L(t)$ 與電功率 $p_L(t)$ 為何？

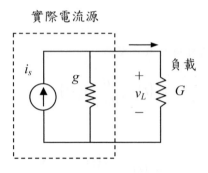

◀◀◀

1.10 電容

　　電容(capacitor)的基本結構包括兩片平行板導體，以及兩板間所充填的絕緣電介質，使用電容時，以導線連接兩平行板至電路上，如圖 1.10-1(a) 所示。

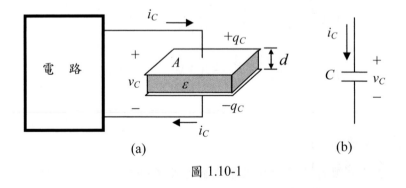

(a)　　　　　　　　　　　　　(b)

圖 1.10-1

　　若是在兩平行板間施加電壓 $v_C(t)$，則會有正負相反的電荷 $q_C(t)$ 累積至兩平行板上，這些正負電荷雖然彼此相互吸引，但是在絕緣電介質的阻隔下，都無法穿越電介質，此外，累積的電荷滿足下列條件：

$$q_C(t) = Cv_C(t) \tag{1.10-1}$$

即電荷 $q_C(t)$ 與施加的電壓 $v_C(t)$ 成正比，兩者的比例 C 稱為電容值 (capacitance)，通常直接稱 C 為電容，單位 F 或 C/V，通常電容值為常數，且只與電容本身的結構與材料有關，表為

$$C = \varepsilon \frac{A}{d} \tag{1.10-2}$$

其中 A 為平行板的面積，d 為兩平行板間的距離，ε 為電介質的介電係數 (dielectric coefficient)，由於一般電路所使用的電容約 10^{-6} F 或更小，因此常用 μF 或 pF 當作電容單位。在電路上的電容符號如圖 1.10-1(b) 所示，其電壓 $v_C(t)$ 與電流 $i_C(t)$ 符合被動符號之標示。

■ 電容元件方程式

根據電流的定義，通過導線截面的電荷時變率就是電流，由於連接平行板的導線中，所通過的電流即平行板上的電荷時變率，因此電容的電流可表為 $i_C(t) = \dfrac{dq_C(t)}{dt}$，故由(1.10-1)可求得電容的元件方程式(component equation)如下：

$$i_C(t) = C \frac{dv_C(t)}{dt} \tag{1.10-3}$$

應注意的是，此電流是因為充填在兩平行板上的正負電荷隨時間變化所致，這些正負電荷由於受到絕緣電介質的阻隔，並不會穿過介電質，但是會在電介質中形成電場，也產生兩平行板間的電位差，即電壓 $v_C(t)$。

■ 電容電壓的連續性

電容上的電荷 $q_C(t)$ 是逐漸累積或減少的，不可能瞬間改變，因此 $q_C(t)$ 必須是連續的，由(1.10-1)可知電壓 $v_C(t)$ 也是連續的，即

$$v_C(t^-) = v_C(t) = v_C(t^+) \tag{1.10-4}$$

其中 $t^+ = t + \Delta t$，$t^- = t - \Delta t$，$\Delta t > 0$ 且 $\Delta t \to 0$。雖然電壓 $v_C(t)$是連續的，但是它的時變率 $\dfrac{dv_C(t)}{dt}$ 卻可能瞬間改變，由(1.10-3)可知，電容電流 $i_C(t)$亦可能不連續。

利用積分運算，可以將(1.10-3)中 $v_C(t)$與 $i_C(t)$的微分關係，改寫為積分型式如下：

$$
\begin{aligned}
v_C(t) &= \frac{1}{C}\int_{-\infty}^{t} i_C(\tau)\,d\tau \\
&= \frac{1}{C}\int_{-\infty}^{t_0} i_C(\tau)\,d\tau + \frac{1}{C}\int_{t_0}^{t} i_C(\tau)\,d\tau \qquad\qquad (1.10\text{-}5)\\
&= v_C(t_0) + \frac{1}{C}\int_{t_0}^{t} i_C(\tau)\,d\tau
\end{aligned}
$$

其中

$$
v_C(t_0) = \frac{1}{C}\int_{-\infty}^{t_0} i_C(\tau)\,d\tau \qquad\qquad (1.10\text{-}6)
$$

代表電容在時間 $t=t_0$ 的初始電壓。

■ 電容儲存的能量

為了探討電容所儲存的能量，假設電路由初始時間 $t=t_0$ 開始運作，且電容本身在電路啟動前並未儲存任何電荷，即 $v_C(t_0) = 0$，由於電容的吸收功率為

$$
\begin{aligned}
p_C(t) &= v_C(t)i_C(t) \\
&= v_C(t)\left(C\frac{dv_C(t)}{dt} \right) = \frac{d}{dt}\left(\frac{1}{2}Cv_C^2(t) \right) \qquad (1.10\text{-}7)
\end{aligned}
$$

因此自初始時間 $t=t_0$ 起，電容所獲得的總能量為

$$w_C(t) = \int_{t_0}^{t} p_C(\tau) d\tau = \frac{1}{2} C v_C^2(\tau) \Big|_{v_C(t_0)}^{v_C(t)}$$

$$= \frac{1}{2} C v_C^2(\tau) \Big|_{0}^{v_C(t)} = \frac{1}{2} C v_C^2(t) \tag{1.10-8}$$

顯然地，$w_C(t) = \frac{1}{2} C v_C^2(t)$ 恆大於 0，即電容本身的能量都是由外界提供，不會自行產生能量，故屬於被動元件。雖然電容與電阻同屬於被動元件，但是電阻是在消耗能量，而電容則是將能量儲存起來或釋放出來，並不會耗損能量。

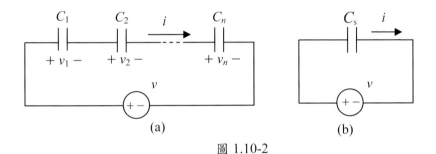

圖 1.10-2

■ 電容串聯

考慮 n 個電容 C_1、C_2、$\cdots$、C_n 串接至電壓源 $v(t)$，如圖 1.10-2(a)所示，根據 KVL 可得

$$v(t) = v_1(t) + v_2(t) + \cdots + v_n(t) = \sum_{k=1}^{n} v_k(t) \tag{1.10-9}$$

其中 $v_k(t)$ 為第 k 個電容的電壓，$k=1,2,\cdots,n$，由於串聯元件具有相等的電流 $i(t)$，因此根據(1.10-5)可得

$$v_k(t) = \frac{1}{C_k} \int_{-\infty}^{t} i(\tau) d\tau \tag{1.10-10}$$

代入(1.10-9)後成為 $v(t) = \sum_{k=1}^{n} \frac{1}{C_k} \int_{-\infty}^{t} i(\tau) d\tau$，即

$$v(t) = \left(\frac{1}{C_1} + \frac{1}{C_2} + \cdots + \frac{1}{C_n} \right) \int_{-\infty}^{t} i(\tau) d\tau$$

$$= \frac{1}{C_s} \int_{-\infty}^{t} i(\tau) d\tau \qquad (1.10\text{-}11)$$

其中

$$\frac{1}{C_s} = \frac{1}{C_1} + \frac{1}{C_2} + \cdots + \frac{1}{C_n} \qquad (1.10\text{-}12)$$

或

$$C_s = \left(\frac{1}{C_1} + \frac{1}{C_2} + \cdots + \frac{1}{C_n} \right)^{-1} \qquad (1.10\text{-}13)$$

稱 Cs 為串聯的等效電容，圖 1.10-2(b)所示為串聯的等效電路。

■ 電容並聯

若是考慮 n 個電容 C_1、C_2、$\cdots$、C_n 並聯至電壓源 $v(t)$，如圖 1.10-3(a) 所示，根據 KCL 可得

$$i(t) = i_1(t) + i_2(t) + \cdots + i_n(t) = \sum_{k=1}^{n} i_k(t) \qquad (1.10\text{-}14)$$

其中 $i_k(t)$ 為第 k 個電容的電流，$k=1,2,\cdots,n$，由於並聯元件具有相等的電壓 $v(t)$，所以根據(1.10-3)可得

$$i_k(t) = C_k \frac{dv(t)}{dt} \qquad (1.10\text{-}15)$$

代入(1.10-14)後成為 $i(t) = \sum_{k=1}^{n} C_k \frac{dv(t)}{dt}$，即

$$i(t) = (C_1 + C_2 + \cdots + C_n)\frac{dv(t)}{dt} = C_p\frac{dv(t)}{dt} \qquad (1.10\text{-}16)$$

其中

$$C_p = C_1 + C_2 + \cdots + C_n. \qquad (1.10\text{-}17)$$

稱 C_p 為並聯電容的等效電容,圖 1.10-3(b)所示為並聯的等效電路。

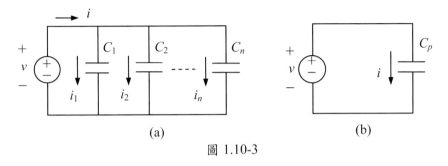

(a)　　　　　　　　　　(b)

圖 1.10-3

　　顯然地,電容串聯後等效電容減小,並聯後等效電容增大。此現象可利用(1.10-2)中的 $C = \varepsilon\frac{A}{d}$ 來解釋,當電容串聯時,可視為面積 A 不變,但面板的距離 d 增長,由於 C 與 d 成反比,因此串聯的等效電容減小;而當電容並聯時,可視為面板距離 d 不變,但面積 A 增大,由於 C 與 A 成正比,因此並聯的等效電容亦增大。

◀◀◀

《範例 1.10-1》

　　假設有一電容 $C=2\mu F$,其電壓 $v_C(t)$ 如下圖所示,試畫出電流 $i_C(t)$ 與時間 t 的關係圖。

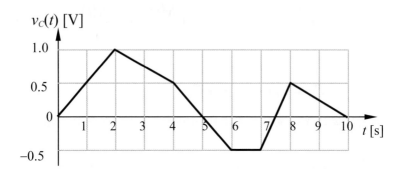

解答：

根據(1.10-3)可得 $i_C(t) = C\dfrac{dv_C(t)}{dt} = 2 \times 10^{-6}\dfrac{dv_C(t)}{dt}$ ，

所以在 $0 \le t \le 10\text{s}$ 時，根據上式計算各時段的電流如下：

$$i_C(t) = \begin{cases} 1.0\mu\text{A}, & 0 < t < 2 \\ -0.5\mu\text{A}, & 2 < t < 4 \\ -1.0\mu\text{A}, & 4 < t < 6 \\ 0.0\mu\text{A}, & 6 < t < 7 \\ 2.0\mu\text{A}, & 7 < t < 8 \\ -0.5\mu\text{A}, & 8 < t < 10 \end{cases}$$

故電流 $i_C(t)$ 與時間 t 的關係圖如下所示，顯然地，電容的電流有時並不連續。

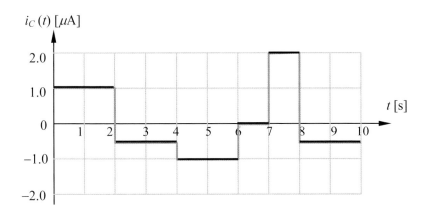

$i_C(t)$ [μA]

【練習 1.10-1】

令電容 $C=1$ μF，電壓 $v_C(t)$ 如下圖所示，試畫出電流 $i_C(t)$ 與時間 t 的關係圖。

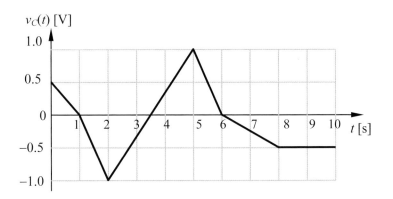

$v_C(t)$ [V]

◀◀◀

《範例 1.10-2》

下圖是由四個電容組合而成，試求

(A) 相對於 A、B 兩端點的等效電容 C_1 為何？

(B) 相對於 C、D 兩端點的等效電容 C_2 為何？

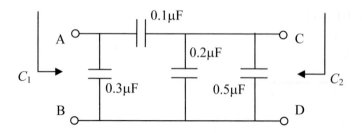

解答:

(A) 首先求相對於 AB 兩端點的等效電容 C_1,如下圖。

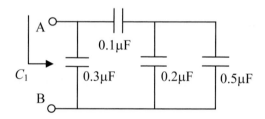

在此電路中兩電容 $0.2\mu F$ 與 $0.5\mu F$ 並聯,根據並聯公式,其等效電容為 $0.2 + 0.5 = 0.7\mu F$,整理後如下圖所示:

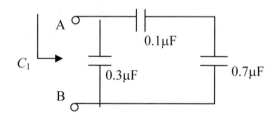

其中 $0.1\mu F$ 與 $0.7\mu F$ 串聯之等效電容為 $\left(\dfrac{1}{0.1} + \dfrac{1}{0.7} \right)^{-1}$,即 $0.0875\mu F$,整理後如右圖。

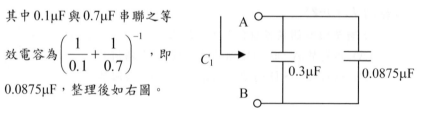

在此電路中，由於兩電容 0.3μF 與 0.0875μF 並聯，其等效電容 $C_1 = 0.3 + 0.0875 = 0.3875\mu F$，此即相對於 A、B 兩端點的等效電容，如下圖所示。

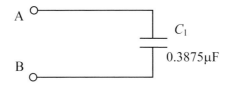

(B)接著求相對於 C、D 兩端點的等效電容 C_2，由題中原圖可知左端兩電容 0.3μF 與 0.1μF 串聯，根據串聯公式，其等效電容為

$$\left(\frac{1}{0.3} + \frac{1}{0.1} \right)^{-1} = 0.075\mu F$$，整理後如下圖所示：

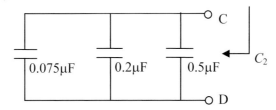

此電路中三電容 0.075μF、0.2μF 與 0.5μF 並聯後，即得等效電容 $C_2 = 0.075 + 0.2 + 0.5 = 0.775\mu F$，如下圖所示：

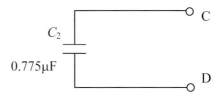

【練習 1.10-2】

下圖之電容組合電路中，試求(A)相對於 A、B 兩端點的等效電容 C_1 為何？　(B)相對於 C、D 兩端點的等效電容 C_2 為何？

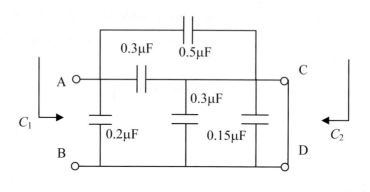

1.11 電感

電感(inductor)的基本結構是一個線圈，如圖 1.11-1(a)所示，當線圈通電時，電流 $i_L(t)$ 在線圈內產生磁通量 $\phi_L(t)$。

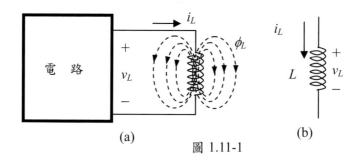

圖 1.11-1

■ 電感元件方程式

根據法拉第定律(Faraday's law)，若線圈的圈數為 N，則線圈兩端的電壓等於磁通鏈 $N\phi_L(t)$ 的時變率，即

$$v_L(t) = \frac{d(N\phi_L(t))}{dt} \qquad (1.11\text{-}1)$$

其中磁通量$\phi_L(t)$與電流$i_L(t)$成正比，定義電感值(inductance)為

$$L = \frac{N\,\phi_L(t)}{i_L(t)} \qquad\qquad (1.11\text{-}2)$$

通常直接稱 L 為電感，其單位為 H，一般的電感值為常數且只與電感的結構與材料有關，由(1.11-2)可知 $N\phi_L(t) = L \cdot i_L(t)$，代入(1.11-1)可得電感元件方程式如下：

$$v_L(t) = L\frac{di_L(t)}{dt} \qquad\qquad (1.11\text{-}3)$$

在電路圖上通常使用的電感符號如圖 1.11-1(b)所示，圖上的電壓 $v_L(t)$與電流 $i_L(t)$符合被動符號的標示。

由(1.11-3)可知，當電流 $i_L(t)$增大時，所產生的感應電壓 $v_L(t)>0$，其作用正好可以減弱電流 $i_L(t)$的增強趨勢，或抑制線圈內的磁通量$\phi_L(t)$，此現象符合物理學的楞次定律(Lenz's law)。

■ 電感電流的連續性

若是電路所提供的是直流電，即 $i_L(t)$為定值，則根據(1.11-3)，可得電感的電壓為 0。此外，實際電感的磁通量$\phi_L(t)$是逐漸增強或減弱的，不會瞬間改變，因此 $\phi_L(t)$ 必須是連續的，換句話說，電流 $i_L(t)$也是連續的，表為

$$i_L(t^-) = i_L(t) = i_L(t^+) \qquad\qquad (1.11\text{-}4)$$

其中 $t^+=t+\Delta t$，$t^-=t-\Delta t$，$\Delta t>0$ 且$\Delta t\to 0$。雖然電流 $i_L(t)$是連續的，但是電流的時變率 $\dfrac{di_L(t)}{dt}$ 卻可能瞬間改變，所以電壓 $v_L(t)$ 可能不連續。若對(1.11-3)積分，則可得

$$i_L(t) = \frac{1}{L}\int_{-\infty}^{t} v_L(\tau)\,d\tau = i_L(t_0) + \frac{1}{L}\int_{t_0}^{t} v_L(\tau)\,d\tau \qquad (1.11\text{-}5)$$

其中

$$i_L(t_0) = \frac{1}{L} \int_{-\infty}^{t_0} v_L(\tau) d\tau \tag{1.11-6}$$

為電感在 $t = t_0$ 的初始電流。

■ 電感儲存的能量

為了探討電感所儲存的能量，令電路由初始時間 $t = t_0$ 開始運作，則電感所獲得的功率 $p_L(t) = v_L(t) i_L(t)$ 可進一步化為

$$p_L(t) = \left(L \frac{di_L(t)}{dt} \right) i_L(t) = \frac{d}{dt} \left(\frac{1}{2} L \cdot i_L^2(t) \right) \tag{1.11-7}$$

若電感本身在啟動前不存在任何磁通量，即 $i_L(t_0) = 0$，則自初始時間 $t=t_0$ 起，電感所獲得的總能量為

$$w_L(t) = \int_{t_0}^{t} p_L(\tau) d\tau = \frac{1}{2} L \cdot i_L^2(\tau) \Big|_{i_L(t_0)}^{i_L(t)}$$
$$= \frac{1}{2} L \cdot i_L^2(t) - \frac{1}{2} L \cdot i_L^2(t_0) = \frac{1}{2} L \cdot i_L^2(t) \tag{1.11-8}$$

顯然地，$w_L(t) = \frac{1}{2} L \cdot i_L^2(t)$ 恆大於 0，即電感本身的能量都是由外界提供，因此電感也和電容一樣，同屬於被動元件，其作用只是將能量儲存起來或釋放出來，並不會消耗能量。

■ 電感串聯

考慮 n 個電感 L_1、L_2、$\cdots$、L_n 串接至一電壓源 $v(t)$，如圖 1.11-2(a)所示，根據 KVL 可得

$$v(t) = v_1(t) + v_2(t) + \cdots + v_n(t) = \sum_{k=1}^{n} v_k(t) \tag{1.11-9}$$

其中 $v_k(t)$ 為第 k 個電感的電壓，由於元件的電流 $i(t)$ 都相等，故

$$v_k(t) = L_k \frac{di(t)}{dt} \qquad (1.11\text{-}10)$$

代入(1.11-9)求得 $v(t) = \displaystyle\sum_{k=1}^{n} L_k \frac{di(t)}{dt}$ ，即

$$v(t) = (L_1 + L_2 + \cdots + L_n)\frac{di(t)}{dt} = L_s \frac{di(t)}{dt} \qquad (1.11\text{-}11)$$

其中

$$L_s = L_1 + L_2 + \cdots + L_n \qquad (1.11\text{-}12)$$

稱 L_s 為串聯的等效電感，圖 1.11-2(b)所示為串聯的等效電路。

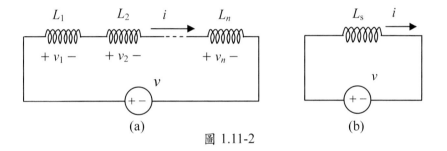

圖 1.11-2

■ 電感並聯

接著考慮 n 個電感 L_1、L_2、$\cdots$、L_n 並聯至一電壓源 $v(t)$，如圖 1.11-3(a) 所示，根據 KCL 可得

$$i(t) = i_1(t) + i_2(t) + \cdots + i_n(t) = \sum_{k=1}^{n} i_k(t) \qquad (1.11\text{-}13)$$

其中 $i_k(t)$ 為第 k 個電感的電流，$k=1,2,\cdots,n$，因為並聯元件的電壓 $v(t)$ 都相等，故

$$i_k(t) = \frac{1}{L_k} \int_{-\infty}^{t} v(\tau) d\tau \qquad (1.11\text{-}14)$$

代入(1.11-13)求得 $i(t) = \displaystyle\sum_{k=1}^{n} \frac{1}{L_k} \int_{-\infty}^{t} v(\tau)d\tau$ ，即

$$i(t) = \left(\frac{1}{L_1} + \frac{1}{L_2} + \cdots + \frac{1}{L_n} \right) \int_{-\infty}^{t} v(\tau)d\tau$$

$$= \frac{1}{L_p} \int_{-\infty}^{t} v(\tau)d\tau \tag{1.11-15}$$

其中

$$\frac{1}{L_p} = \frac{1}{L_1} + \frac{1}{L_2} + \cdots + \frac{1}{L_n} \tag{1.11-16}$$

或

$$L_p = \left(\frac{1}{L_1} + \frac{1}{L_2} + \cdots + \frac{1}{L_n} \right)^{-1} \tag{1.11-17}$$

稱 L_p 為並聯的等效電感，圖 1.11-3(b)為並聯的等效電路。

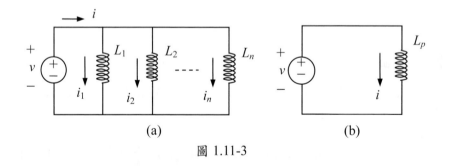

(a)　　　　　　　　　　　　　(b)

圖 1.11-3

◀◀◀

《範例 1.11-1》

假設有一電感 $L = 2\text{mH}$ ，其電壓 $v_L(t)$ 如下圖所示，令 $i_L(0) = 0.5\text{A}$ ，試畫出電流 $i_L(t)$ 與時間 t 的關係圖。

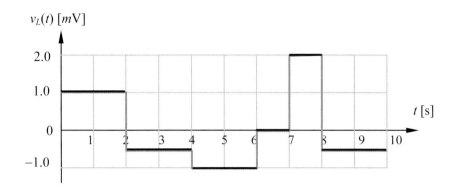

解答：

根據(1.11-5)，即

$$i_L(t) = i_L(t_0) + \frac{1}{L}\int_{t_0}^t v_L(\tau)\,d\tau = i_L(t_0) + 500\int_{t_0}^t v_L(\tau)\,d\tau$$

(1)　$0<t<2$s，電壓為定值，即 $v_L(t)=0.001$ V，且由(1.11-4)的連續性，可得
電感電流 $i_L(0^+) = i_L(0) = 0.5$A，故

$$i_L(t) = i_L(0^+) + 500\int_{0^+}^t v_L(\tau)\,d\tau = 0.5 + 0.5\int_{0^+}^t d\tau = 0.5(1+t)$$

且 $i_L(2^-) = 1.5$A。

(2)　$2<t<4$s，$v_L(t)=-0.0005$ V，$i_L(2^+) = i_L(2) = i_L(2^-) = 1.5$A，故

$$i_L(t) = i_L(2^+) + 500\int_{2^+}^t v_L(\tau)\,d\tau = 1.5 - 0.25\int_{2^+}^t d\tau = 2 - 0.25t$$

且 $i_L(4^-) = 1.0$A。

(3)　$4<t<6$s，$v_L(t)=-0.001$ V，$i_L(4^+) = i_L(4) = i_L(4^-) = 1.0$A，故

$$i_L(t) = i_L(4^+) + 500\int_{4^+}^t v_L(\tau)\,d\tau = 1.0 - 0.5\int_{4^+}^t d\tau = 3 - 0.5t$$

且 $i_L(6^-) = 0$A。

(4)　$6<t<7$s，$v_L(t)=0$ V，$i_L(6^+) = i_L(6) = i_L(6^-) = 0$A，故

$$i_L(t) = i_L(6^+) + 500\int_{6^+}^t v_L(\tau)\,d\tau = 0$$

且 $i_L\left(7^-\right)=0\mathrm{A}$ 。

(5) $7<t<8\mathrm{s}$ ， $v_L(t)=0.002$ V， $i_L\left(7^+\right)=i_L\left(7\right)=i_L\left(7^-\right)=0\mathrm{A}$ ，故

$$i_L\left(t\right)=i_L\left(7^+\right)+500\int_{7^+}^t v_L\left(\tau\right)d\tau=\int_{7^+}^t d\tau=t-7$$

且 $i_L\left(8^-\right)=1.0\mathrm{A}$ 。

(6) $8<t<10\mathrm{s}$ ， $v_L(t)=-0.0005$ V， $i_L\left(8^+\right)=i_L\left(8\right)=i_L\left(8^-\right)=1.0\mathrm{A}$ ，故

$$i_L\left(t\right)=i_L\left(8^+\right)+500\int_{8^+}^t v_L\left(\tau\right)d\tau=1-0.25\int_{8^+}^t d\tau=3-0.25t$$

故 $0<t<10\mathrm{s}$ 之圖形如下所示：

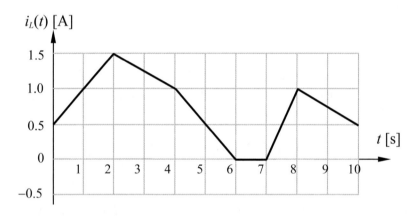

【練習 1.11-1】

假設有一電感 $L=4\mathrm{mH}$ ，其電壓 $v_L(t)$ 如下圖所示，令 $i_L(0)=0$ A，試畫出電流 $i_L(t)$ 與時間 t 的關係圖。

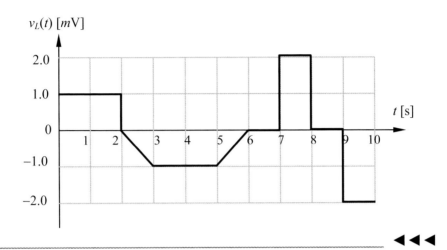

▶▶▶

《範例 1.11-2》

考慮下圖之電感組合，試求(A) 相對於 A、B 兩端點的等效電感 L_1 為何？ (B) 相對於 C、D 兩端點的等效電感 L_2 為何？

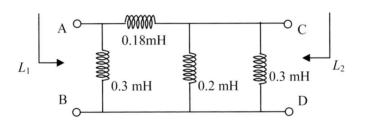

解答：

(A)首先求相對於 A、B 兩端點的等效電感 L_1，將原圖重畫如下：

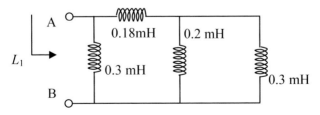

在此電路中兩電感 0.2mH 與 0.3mH 並聯，根據並聯公式，其等效電感為 $\left(\dfrac{1}{0.2}+\dfrac{1}{0.3}\right)^{-1}=0.12\text{mH}$，如下圖所示：

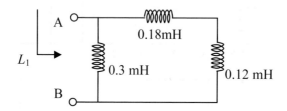

在此電路中兩電感 0.12mH 與 0.18mH 串聯，根據串聯公式，其等效電容為 $0.12+0.18=0.3\text{mH}$，如下圖所示：

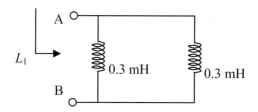

在此電路中，由於兩電感 0.3mH與 0.3mH並聯，再根據並聯公式可得等效電容 $L_1=\left(\dfrac{1}{0.3}+\dfrac{1}{0.3}\right)^{-1}=0.15\text{mH}$，此即相對於 A、B 兩端點的等效電感，如下圖所示：

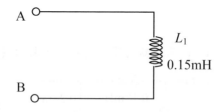

(B)其次求相對於 C、D 兩端點的等效電感 L_2，將原圖重畫如下：

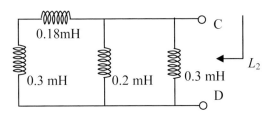

在此電路中，兩電感 0.3mF 與 0.18mF 串聯，根據串聯公式，其等效電感為 $0.3 + 0.18 = 0.48\text{mH}$，如下圖所示：

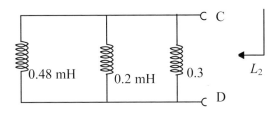

電路中三電感 0.48mH、0.2mH 與 0.3mH 並聯，根據並聯公式，其等效電感為 $L_2 = \left(\dfrac{1}{0.48} + \dfrac{1}{0.2} + \dfrac{1}{0.3} \right)^{-1} = 0.096\text{mH}$，如下圖所示：

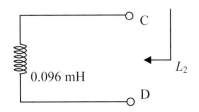

【練習 1.11-2】

下圖是由電感組合而成的電路，試求

(A) 相對於 A、B 兩端點的等效電感 L_1 為何？

(B) 相對於 C、D 兩端點的等效電感 L_2 為何？

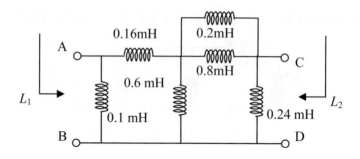

◀◀◀

習題

P1-1 令通過導線的電流如下，試求電荷 $q(t)$，其中 $0 \le t \le 10$ s 且 $q(0)=0$ C。

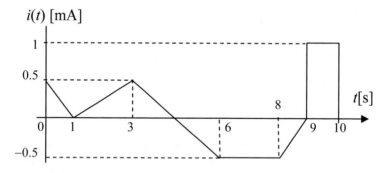

P1-2 通過導線的電流為 $i(t) = 10\cos 2t - 10 e^{-5t}$ mA，其中 $t \ge 0$s，試求通過導線截面的電荷 $q(t)$，其中 $t \ge 0$ s 且 $q(0)=0$ C。

P1-3 通過導線截面的電荷如下：

$$q(t) = \begin{cases} 3t^2 & 0 \le t < 2\,\text{s} \\ -4t+20 & 2 \le t < 5\,\text{s} \\ 2t-10 & 5 \le t < 8\,\text{s} \\ (t-8)^2+6 & 8 \le t \le 10\,\text{s} \end{cases}$$

單位為μC，試畫出 $i(t)$，其中 $0 \le t \le 10$ s。

P1-4 若通過導線截面的電荷為 $q(t) = t \cdot \sin 2t + 0.5\cos^2 t$ μC，其中 $t \ge 0$ s，試求通過導線的電流 $i(t)$。

P1-5 已知電路中有一元件，兩端電壓為 $v(t) = 1 + \cos 2t$ mV，流入元件高電位端的電荷為 $q(t) = 1 - 2e^{-t}$ μC，則在 $0 \le t \le 2$s 時段內的平均功率為何？

P1-6 電路中有一元件以被動符號標示，電壓為 $v(t) = \sin 2t$ mV，電流為 $i(t) = \dfrac{dv(t)}{dt} - 2v(t)$，試問(A)該元件在 t=4s 時的電功率為何？(B)在 $0 \le t \le 4$s 共吸收或提供多少電能？

P1-7 考慮下圖中之電路，畫出一條樹徑以及相對應的鏈枝，再利用鏈枝找出最大的獨立迴路組。

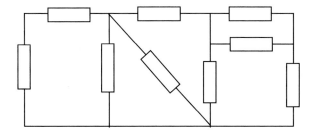

P1-8　根據 KVL 寫出下圖中各迴路之迴路方程式。

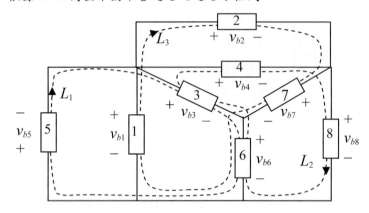

P1-9　根據 KVC 寫出下圖中兩個封閉面之封閉面方程式。

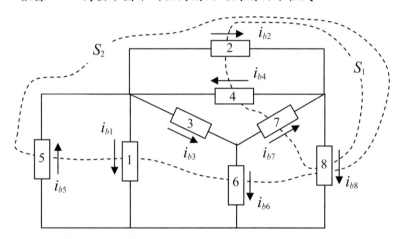

P1-10 決定下圖電路中哪個元件吸收功率?哪個元件提供功率?並說明此
電路滿足電能守恆定律。

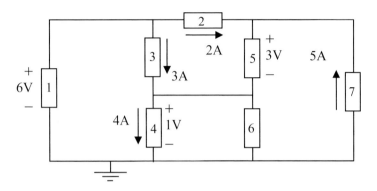

P1-11 在下圖中包括 0.5 A 直流電流源與電阻 R,試回答下列問題:

(A) 若 $R=120\Omega$,則電阻上的電壓 $v(t)$ 為何?
消耗的功率 $p(t)$ 是多少?

(B) 若 R 的額定功率為 20 W,為避免因過熱而燒毀,
則 R 的最小值應為何?

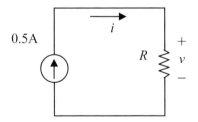

P1-12 下圖中之電路,若由 A、B 兩端進行量測時,則所測得的等效電阻為
何?

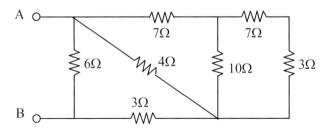

P1-13 在下圖之電路中,已知 $R_1=R_2=R_3=90\ \Omega$,且滿足 $v_1(t)=4v_2(t)$ 與 $v_2(t)=4v_3(t)$ 之條件,則 R_4、R_5 與 R_6 之電阻值應為何?當電壓源 $V_s=6V$ 時,全部的電阻所消耗的總功率是多少?

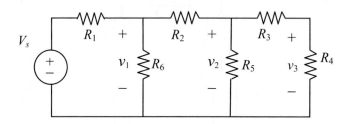

P1-14 有一惠斯登電橋如下圖所示,已知電阻 $R_1=10\Omega$、$R_2=20\Omega$ 與 $R_3=60\Omega$,以及一個未知電阻 R_x,今考慮一極大的負載 $R_0 \to \infty$,當加入電流 $I_s=2$ A 後,測得負載 R_0 上之電壓為 $v_0(t)=4\ V$,求未知電阻 R_x 為何?

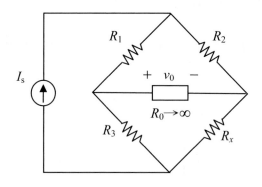

P1-15 下圖有一實際電壓源,提供電能至負載 R,且已知最大輸出功率為 1W,若是將實際電壓源視為理想電壓源 $v_s(t)$ 與內電阻為 r 的組合,令 $R=xr$,則

(A) 當 $x=0.1, 1, 10$ 時,負載所消耗的電功率各為何?

(B) 當 $x=k$ 時,負載所消耗的電功率是 $x=10$ 時的 0.5 倍,求 k 為何值?

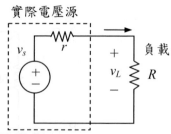

P1-16 假設有一電容 C=20 μF，其電壓 $v_C(t)$如下圖所示，試畫出電流 $i_C(t)$ 與時間 t 的關係圖。

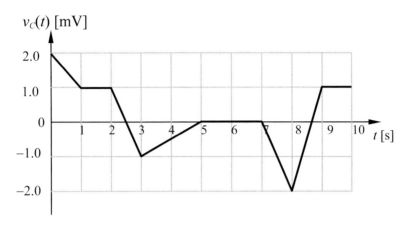

P1-17 下圖之電容電路中，相對於 A、B 兩端點的等效電容為何？

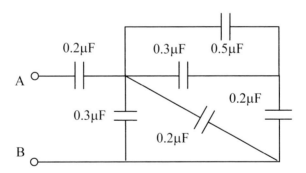

P1-18 假設有一電感 L=2mH，其電壓 $v_L(t)$如下圖所示，令 $i_L(0)$=0.1 A，試畫出電流 $i_L(t)$與時間 t 的關係圖。

91

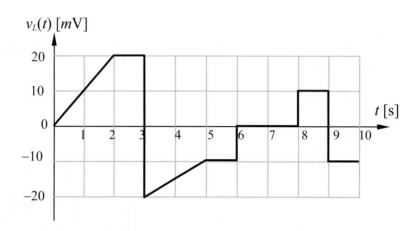

P1-19 下圖是由電感組合而成的電路，試求相對於 A、B 兩端點的等效電感為何？

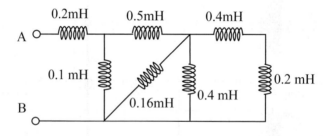

第2章

電阻電路分析

　　本章所要探討的電路稱為電阻電路(resistive circuit)，是由獨立電源、非獨立電源與電阻所組合而成，在分析一般電路時，最常使用的方法是節點分析法(nodal analysis)與網目分析法(mesh analysis)，在本章中為了清楚說明這兩種方法的基本原理與分析步驟，只以單純的電阻電路為探討對象，事實上這些原理與步驟可適用於各種類型的電路，在後面的章節中還會加以介紹。

2.1 節點分析法

　　在節點分析法中，所採用的變數是節點電壓，因此在介紹節點分析法之前，必須先說明節點電壓的定義與性質。

■ 節點電壓

　　在上一章中已經介紹過節點的概念，在此將進一步定義節點電壓，以圖2.1-1為例，此電路包括 9 個元件(或 9 個分枝)，以及 6 個依序編號為 ⓪ 至 ⑤ 的節點，令各節點的電位為 $v_j(t)$，$j=0,1,\cdots,5$，其中以節點 ⓪ 為接地點，並且以其電位 $v_0(t)=0$ 為參考電位，因此節點 ⓙ 的電位 $v_j(t)$ 可視為該節點與節點 ⓪ 間的電位差，在電路學中，將此電位差 $v_j(t)$ 定義為節點 ⓙ 的節點電壓。

　　對具有 m 個分枝與 n 個節點的電路而言，令節點 ⓪ 以外的 $n-1$ 個節點電壓為 $v_1(t)$、$\ldots$、$v_{n-1}(t)$，在使用節點分析法時，為了處理方便，將所有的節點電壓組成行向量 $v(t)=\begin{bmatrix} v_1(t) & \cdots & v_{n-1}(t) \end{bmatrix}^T$，稱為節點電壓向量(node voltage vector)。若第 k 個分枝的兩端分別為節點 ⓘ 與節點 ⓙ，且設定節點 ⓘ 為高(+)電位端，節點 ⓙ 為低(−)電位端，則第 k 個分枝電壓 $v_{bk}(t)$ 可表為

$$v_{bk}(t) = \begin{cases} v_i(t) - v_j(t) & \text{當 } j \neq 0 \\ v_i(t) & \text{當 } j = 0 \end{cases} \qquad (2.1\text{-}1)$$

以圖 2.1-1 為例，節點電壓為 $v_1(t)$、$\ldots$、$v_5(t)$，組成節點電壓向量 $v(t)=\begin{bmatrix} v_1(t) & \cdots & v_5(t) \end{bmatrix}^T$，再利用(2.1-1)，可得 9 個分枝電壓如下：

$$\begin{cases} v_{b1}(t) = v_1(t) \\ v_{b2}(t) = v_2(t) \\ v_{b3}(t) = v_3(t) - v_1(t) \end{cases} \quad \begin{cases} v_{b4}(t) = v_3(t) - v_4(t) \\ v_{b5}(t) = v_4(t) - v_5(t) \\ v_{b6}(t) = v_2(t) - v_3(t) \end{cases} \quad \begin{cases} v_{b7}(t) = v_1(t) - v_4(t) \\ v_{b8}(t) = v_4(t) - v_5(t) \\ v_{b9}(t) = v_5(t) \end{cases}$$

$$(2.1\text{-}2)$$

顯然地,所有的分枝電壓都可利用節點電壓來表示。

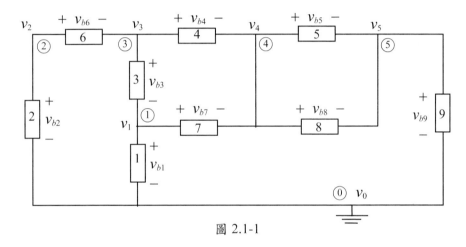

圖 2.1-1

　　電路中每一個分枝就是一個元件,每個元件的分枝電壓 $v_{bk}(t)$ 或分枝電流 $i_{bk}(t)$ 都可利用元件方程式(component equation)來描述,元件方程式的類型包括:獨立電壓源、獨立電流源、非獨立電壓源、非獨立電流源、電阻、電容與電感等,各類型的元件方程式如下所示:

$$獨立電壓源: \quad v_{bk}(t) = v_s(t) \quad 或 \quad v_{bk}(t) = V \tag{2.1-3}$$

$$獨立電流源: \quad i_{bk}(t) = i_s(t) \quad 或 \quad i_{bk}(t) = I_s \tag{2.1-4}$$

$$非獨立電流源：\begin{cases} v_{bk}(t) = \alpha \cdot v_x(t) & \text{(VCVS)} \qquad (2.1\text{-}5) \\ i_{bk}(t) = g \cdot v_x(t) & \text{(VCCS)} \qquad (2.1\text{-}6) \\ v_{bk}(t) = r \cdot i_x(t) & \text{(CCVS)} \qquad (2.1\text{-}7) \\ i_{bk}(t) = \beta \cdot i_x(t) & \text{(CCCS)} \qquad (2.1\text{-}8) \end{cases}$$

電阻： $v_{bk}(t) = R \cdot i_{bk}(t)$ 或 $i_{bk}(t) = G \cdot v_{bk}(t)$ $\qquad$ (2.1-9)

電容： $i_{bk}(t) = C \dfrac{dv_{bk}(t)}{dt}$ 或 $v_{bk}(t) = \dfrac{1}{C} \displaystyle\int_{-\infty}^{t} i_{bk}(\tau)d\tau$ $\qquad$ (2.1-10)

電感： $v_{bk}(t) = L \dfrac{di_{bk}(t)}{dt}$ 或 $i_{bk}(t) = \dfrac{1}{L} \displaystyle\int_{-\infty}^{t} v_{bk}(\tau)d\tau$ $\qquad$ (2.1-11)

其中 $v_{bk}(t)$、$i_{bk}(t)$、$v_x(t)$ 與 $i_x(t)$ 都可表為節點電壓 $v_1(t)$、…、$v_{n-1}(t)$ 的函數，以上所列的元件都已經在上一章中介紹過，不過在本章中先不考慮(2.1-10)與(2.1-11)的電容與電感元件方程式。

■ 節點分析法基本步驟

假設給定具有 m 個分枝、n 個節點、p 個獨立電源的電路，欲採用節點分析法求解時，其基本步驟如下：

步驟〔1〕：選取接地點為節點⓪，其餘各節點由 1 至 $n-1$ 依序編號，並設定
節點電壓 v_1、…、$v_{n-1}(t)$，再令節點電壓向量為
$$v(t) = \begin{bmatrix} v_1(t) & \cdots & v_{n-1}(t) \end{bmatrix}^T 。$$

步驟〔2〕：利用柯契霍夫定律於 $n-1$ 個節點，寫出 $n-1$ 條節點電壓方程式如下：

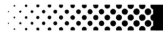

$$\underbrace{\begin{bmatrix} f_{11} & f_{12} & \cdots & f_{1(n-1)} \\ f_{21} & f_{22} & \cdots & f_{2(n-1)} \\ \vdots & \vdots & \ddots & \vdots \\ f_{(n-1)1} & f_{(n-1)2} & \cdots & f_{(n-1)(n-1)} \end{bmatrix}}_{\boldsymbol{F}} \cdot \underbrace{\begin{bmatrix} v_1(t) \\ v_2(t) \\ \vdots \\ v_{(n-1)}(t) \end{bmatrix}}_{\boldsymbol{v}(t)}$$

$$= \underbrace{\begin{bmatrix} g_{11} & g_{12} & \cdots & g_{1p} \\ g_{21} & g_{22} & \cdots & g_{2p} \\ \vdots & \vdots & \vdots & \vdots \\ g_{(n-1)1} & g_{(n-1)2} & \cdots & g_{(n-1)p} \end{bmatrix}}_{\boldsymbol{G}} \cdot \underbrace{\begin{bmatrix} u_1(t) \\ u_2(t) \\ \vdots \\ u_p(t) \end{bmatrix}}_{\boldsymbol{u}(t)} \qquad (2.1\text{-}12)$$

即 $\boldsymbol{F} \cdot \boldsymbol{v}(t) = \boldsymbol{G} \cdot \boldsymbol{u}(t)$，其中 $\boldsymbol{F}$ 為 $(n-1) \times (n-1)$ 的方陣，$\boldsymbol{G}$ 為 $(n-1) \times p$ 的矩陣，$\boldsymbol{u}(t)$ 是由 p 個獨立電源 $\{u_1(t) \cdot \cdots \cdot u_p(t)\}$ 所組成的行向量，稱為輸入向量，(2.1-12) 即電路的節點電壓方程式。

步驟〔3〕：當反矩陣 $\boldsymbol{F}^{-1}$ 存在時，由 (2.1-12) 可得節點電壓向量

$$\boldsymbol{v}(t) = \boldsymbol{\Phi} \boldsymbol{u}(t) \qquad (2.1\text{-}13)$$

其中 $\boldsymbol{\Phi} = \boldsymbol{F}^{-1} \boldsymbol{G}$。

步驟〔4〕：利用 $\boldsymbol{v}(t)$ 與 $\boldsymbol{u}(t)$，將欲求得的物理量 (電壓或電流) 表為

$$y(t) = \underbrace{\begin{bmatrix} c_1 & \cdots & c_{n-1} \end{bmatrix}}_{\boldsymbol{c}} \cdot \underbrace{\begin{bmatrix} v_1(t) \\ \vdots \\ v_{n-1}(t) \end{bmatrix}}_{\boldsymbol{v}(t)} + \underbrace{\begin{bmatrix} d_1 & \cdots & d_p \end{bmatrix}}_{\boldsymbol{d}} \cdot \underbrace{\begin{bmatrix} u_1(t) \\ \vdots \\ u_p(t) \end{bmatrix}}_{\boldsymbol{u}(t)}$$

$$(2.1\text{-}14)$$

通常稱 $y(t)$ 為輸出，若是將 (2.1-13) 代入 (2.1-14) 中，則可得

$$y(t) = \underbrace{\begin{bmatrix} h_1 & \cdots & h_p \end{bmatrix}}_{\boldsymbol{h}} \cdot \underbrace{\begin{bmatrix} u_1(t) \\ \vdots \\ u_p(t) \end{bmatrix}}_{\boldsymbol{u}(t)} \qquad (2.1\text{-}15)$$

$$= h_1 u_1(t) + h_2 u_2(t) + \cdots + h_p u_p(t)$$

其中 $\boldsymbol{h} = \boldsymbol{c}\boldsymbol{\Phi} + \boldsymbol{d}$，由(2.1-15)可知輸出 $y(t)$ 與獨立電源 $\boldsymbol{u}(t)$ 兩者之間呈現出線性關係。應注意的是，當欲求得的物理量不只一個時，可以重複步驟[4]，利用(2.1-14)或(2.1-15)，逐一求解。

使用節點分析法時，通常依電源種類區分為三種類型：(A)電源都是獨立電流源、(B)電源都是電流源且存在非獨立電流源、(C)電源中存在電壓源，底下根據上述的四個分析步驟來推導這三種類型的節點電壓方程式，進而解出在電路中所欲求得的電壓或電流。

2.2 節點分析—獨立電流源

當電路中的電源都是獨立電流源時，由於各節點所連接的元件都不是電壓源，因此步驟[2]中的 $n-1$ 條節點電壓方程式，全部都可利用 KCL 來推導，底下以圖 2.2-1 中的電路為例來做說明。

在圖 2.2-1 中，電路共有 7 個元件與 4 個節點，其中包括 3 個獨立電流源：時變的電流源 $i_{s1}(t)$ 與直流電流源 I_{s2}、I_{s3}，今欲求得通過 R_3 的電流 $i_3(t)$，以及通過 R_4 的電流 $i_4(t)$，則根據節點分析法，其求解的過程如下：

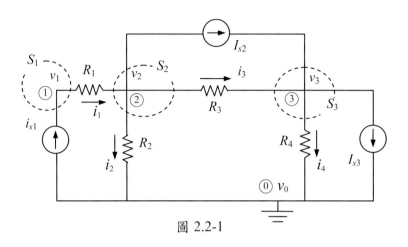

圖 2.2-1

步驟〔1〕：選定節點⓪，並將其餘 3 個節點依序編號為①、②、③，分別設定節點電壓 $v_1(t)$、$v_2(t)$ 與 $v_3(t)$，並組成節點電壓向量 $\boldsymbol{v}(t) = \begin{bmatrix} v_1(t) & v_2(t) & v_3(t) \end{bmatrix}^T$。

步驟〔2〕：利用柯契霍夫定律於各節點，寫出 3 條節點電壓方程式，由於各節點都不是電壓源的端點，因此只需要利用 KCL 於各節點即可。

為了標示節點ⓙ的節點電壓方程式是根據 KCL 推導而得，在本書中特別以"KCLⓙ"來代表，首先討論節點①的方程式 KCL①，它所相對應的封閉面為 S_1，根據 KCL 可知流出此封閉面的淨電流為 0，即 $i_1(t) + (-i_{s1}(t)) = 0$，由於方程式中的變數 $i_1(t)$ 必須是節點電壓，因此利用(2.1-9)，可得 R_1 的電流為 $i_1(t) = \dfrac{v_1(t) - v_2(t)}{R_1}$，由以上之討論可知

$$\text{KCL①}：i_1(t) - i_{s1}(t) = \frac{v_1(t) - v_2(t)}{R_1} - i_{s1}(t) = 0 \tag{2.2-1}$$

其次是節點②的方程式 KCL②，根據 KCL 可知流出封閉面 S_2 的淨電流為 0，

即 $-i_1(t)+i_2(t)+i_3(t)+I_{s2}=0$ ，同樣地，利用 (2.1-9) 可得 $i_2(t)=\dfrac{v_2(t)}{R_2}$ ，

$i_3(t)=\dfrac{v_2(t)-v_3(t)}{R_3}$ ，進一步整理後成為

$$\text{KCL②}: \quad -i_1(t)+i_2(t)+i_3(t)+I_{s2}$$
$$=\frac{v_2(t)-v_1(t)}{R_1}+\frac{v_2(t)}{R_2}+\frac{v_2(t)-v_3(t)}{R_3}+I_{s2}=0 \quad (2.2\text{-}2)$$

依據相同的程序，利用封閉面 S_3 可得節點③的方程式為

$$\text{KCL③}: \quad -i_3(t)+i_4(t)-I_{s2}+I_{s3}$$
$$=\frac{v_3(t)-v_2(t)}{R_3}+\frac{v_3(t)}{R_4}-I_{s2}+I_{s3}=0 \quad (2.2\text{-}3)$$

令電導 $G_i=1/R_i$，$i=1,2,3,4$，則以上三式可重新整理如下：

$$\text{KCL①}: \quad G_1 v_1(t)-G_1 v_2(t)=i_{s1}(t) \quad (2.2\text{-}4)$$
$$\text{KCL②}: \quad -G_1 v_1(t)+(G_1+G_2+G_3)v_2(t)-G_3 v_3(t)=-I_{s2}$$
$$(2.2\text{-}5)$$
$$\text{KCL③}: \quad -G_3 v_2(t)+(G_3+G_4)v_3(t)=I_{s2}-I_{s3} \quad (2.2\text{-}6)$$

在這三條方程式中恰好有三個節點電壓做為變數，因此可利用一般的變數消去法求解，可是必須先知道解是否存在，此時線性代數提供了一項重要的數學工具——矩陣，將(2.2-4)-(2.2-6)之節點電壓方程式以矩陣形式表示如下：

$$\underbrace{\begin{bmatrix} G_1 & -G_1 & 0 \\ -G_1 & G_1+G_2+G_3 & -G_3 \\ 0 & -G_3 & G_3+G_4 \end{bmatrix}}_{F} \cdot \underbrace{\begin{bmatrix} v_1(t) \\ v_2(t) \\ v_3(t) \end{bmatrix}}_{v(t)} = \underbrace{\begin{bmatrix} 1 & 0 & 0 \\ 0 & -1 & 0 \\ 0 & 1 & -1 \end{bmatrix}}_{G} \cdot \underbrace{\begin{bmatrix} i_{s1}(t) \\ I_{s2} \\ I_{s3} \end{bmatrix}}_{u(t)}$$

$$(2.2\text{-}7)$$

其中輸入向量 $u(t)=\begin{bmatrix} u_1(t) & u_2(t) & u_3(t) \end{bmatrix}^T = \begin{bmatrix} i_{s1}(t) & I_{s2} & I_{s3} \end{bmatrix}^T$。在此式中若反矩陣 F^{-1} 存在,則可得唯一解 $v(t)=F^{-1}Gu(t)$。而根據線性代數之理論可知當 F 的行列式值 $|F|$ 不為 0 時,其反矩陣必定存在;也就是說,只要先確認 $|F|$ 是否為 0,當 $|F|\neq 0$ 時,即可保證反矩陣 F^{-1} 存在,也確認可求得(2.2-7)的唯一解 $v(t)$。

以上說明的是檢驗一般線性方程式的方法,但是對於(2.2-7)而言,它還可以利用式中矩陣 F 的特性來確保唯一解 $v(t)$ 的存在,觀察矩陣 F 可知,它是一個「對稱矩陣」,而且它的「對角線元素皆為正,且大於同行(或同列)其他元素絕對值的和」,具有這種特性的矩陣屬於正定義矩陣(positive-definite matrix),由於正定義矩陣之反矩陣必定存在,因此可求得 F^{-1},進而解出(2.2-7)的唯一解 $v(t)=F^{-1}Gu(t)$。

由於正定義矩陣是屬於線性代數的討論範圍,因此在本書中不再做更深入的探討,在此只特別強調:當所有的輸入都是獨立電流源時,節點電壓方程式中的矩陣 F 必須是對稱的正定義矩陣。

步驟〔3〕: 由節點電壓方程式(2.2-7)解出 $v(t)=\begin{bmatrix} v_1(t) & v_2(t) & v_3(t) \end{bmatrix}^T$。

由於反矩陣 F^{-1} 存在,因此根據(2.2-7)可得

$$v(t)=\Phi u(t) \qquad\qquad (2.2\text{-}8)$$

其中

$$\boldsymbol{\Phi} = \boldsymbol{F}^{-1}\boldsymbol{G} = \begin{bmatrix} G_1 & -G_1 & 0 \\ -G_1 & G_1 + G_2 + G_3 & -G_3 \\ 0 & -G_3 & G_3 + G_4 \end{bmatrix}^{-1} \begin{bmatrix} 1 & 0 & 0 \\ 0 & -1 & 0 \\ 0 & 1 & -1 \end{bmatrix} \quad (2.2\text{-}9)$$

步驟【4】：將欲求得的兩個電流 $i_3(t)$ 與 $i_4(t)$，表為 $v(t)$ 與 $u(t)$ 的函數後求解。

由圖 2.1-2 可知 $i_3(t) = G_3 v_2(t) - G_3 v_3(t)$ 與 $i_4(t) = G_4 v_3(t)$，故輸出可表為矩陣形式如下：

$$y_1(t) = i_3(t) = \underbrace{\begin{bmatrix} 0 & G_3 & -G_3 \end{bmatrix}}_{\boldsymbol{c}_1} \cdot \underbrace{\begin{bmatrix} v_1(t) \\ v_2(t) \\ v_3(t) \end{bmatrix}}_{\boldsymbol{v}(t)} \quad (2.2\text{-}10)$$

$$y_2(t) = i_4(t) = \underbrace{\begin{bmatrix} 0 & 0 & G_4 \end{bmatrix}}_{\boldsymbol{c}_2} \cdot \underbrace{\begin{bmatrix} v_1(t) \\ v_2(t) \\ v_3(t) \end{bmatrix}}_{\boldsymbol{v}(t)} \quad (2.2\text{-}11)$$

此二式與(2.1-14)比較，可知 **$d=0$**。若是再將(2.2-8)代入以上兩式，則可得

$$y_1(t) = \boldsymbol{c}_1 \boldsymbol{\Phi} \boldsymbol{u}(t) = \boldsymbol{h}_1 \boldsymbol{u}(t) = h_{11} i_{s1}(t) + h_{12} I_{s2} + h_{13} I_{s3} \quad (2.2\text{-}12)$$

$$y_2(t) = \boldsymbol{c}_2 \boldsymbol{\Phi} \boldsymbol{u}(t) = \boldsymbol{h}_2 \boldsymbol{u}(t) = h_{21} i_{s1}(t) + h_{22} I_{s2} + h_{23} I_{s3} \quad (2.2\text{-}13)$$

顯然地，輸出 $y_1(t)$ 與 $y_2(t)$ 兩者與輸入 $\boldsymbol{u}(t)$ 都呈現出線性關係。

從以上的推導過程可知當電源都是獨立電流源時，節點電壓方程式(2.2-7)中的矩陣 F 必須是對稱的正定義矩陣。但是當電源中存在非獨立電流源時，則矩陣 F 不再是正定義矩陣，甚至可能導致 F^{-1} 不存在之情況。

◄◄◄

《範例 2.2-1》

有一電路如下圖所示，請利用節點分析法求解電流 $i(t)$。

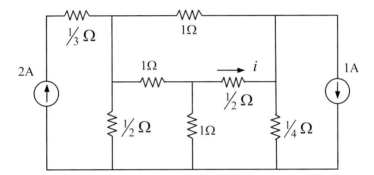

解答：

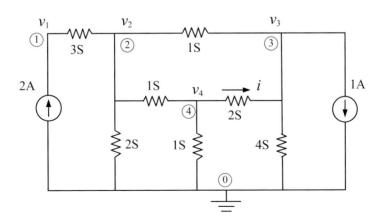

　　首先重畫電路如上圖，將所有的電阻改為電導，並且標示出 5 個節點，再依據節點分析法求解如下：

步驟〔1〕：選定節點⓪為接地點，其餘 4 個節點依序編號為①至④，設定節點電壓 $v_1(t)$、$v_2(t)$、$v_3(t)$ 與 $v_4(t)$，令節點電壓向量為 $\boldsymbol{v}(t) = \begin{bmatrix} v_1(t) & v_2(t) & v_3(t) & v_4(t) \end{bmatrix}^T$。

步驟〔2〕：利用柯契霍夫定律於各節點寫出 4 條節點電壓方程式。

由圖中電路可知所有的節點都不是電壓源的端點，因此以 KCL 推導各節點的節點電壓方程式如下：

KCL① ： $3(v_1(t) - v_2(t)) = 2$

KCL② ： $3(v_2(t) - v_1(t)) + 1 \cdot (v_2(t) - v_3(t))$
$$+ 1 \cdot (v_2(t) - v_4(t)) + 2v_2(t) = 0$$

KCL③ ： $1 \cdot (v_3(t) - v_2(t)) + 2 \cdot (v_3(t) - v_4(t)) + 4v_3(t) = -1$

KCL④ ： $1 \cdot (v_4(t) - v_2(t)) + 1 \cdot v_4(t) + 2(v_4(t) - v_3(t)) = 0$

以上四式整理後可得矩陣形式如下：

$$\underbrace{\begin{bmatrix} 3 & -3 & 0 & 0 \\ -3 & 7 & -1 & -1 \\ 0 & -1 & 7 & -2 \\ 0 & -1 & -2 & 4 \end{bmatrix}}_{\boldsymbol{F}} \cdot \underbrace{\begin{bmatrix} v_1(t) \\ v_2(t) \\ v_3(t) \\ v_4(t) \end{bmatrix}}_{\boldsymbol{v}(t)} = \underbrace{\begin{bmatrix} 1 & 0 \\ 0 & 0 \\ 0 & -1 \\ 0 & 0 \end{bmatrix}}_{\boldsymbol{G}} \cdot \underbrace{\begin{bmatrix} 2 \\ 1 \end{bmatrix}}_{\boldsymbol{u}(t)}$$

其中 $\boldsymbol{F}$ 為對稱的正定義矩陣，故反矩陣 $\boldsymbol{F}^{-1}$ 存在。

步驟〔3〕：由節點電壓方程式解出節點電壓向量。

由於反矩陣 $\boldsymbol{F}^{-1}$ 存在，所以

$$\boldsymbol{v}(t) = \begin{bmatrix} v_1(t) \\ v_2(t) \\ v_3(t) \\ v_4(t) \end{bmatrix} = \boldsymbol{F}^{-1}\boldsymbol{G} \cdot \begin{bmatrix} 2 \\ 1 \end{bmatrix} = \begin{bmatrix} 1.1852 \\ 0.5185 \\ -0.0370 \\ 0.1111 \end{bmatrix}$$

步驟〔4〕：　將欲求得的 $i(t)$ 表為 $\boldsymbol{v}(t)$ 與 $\boldsymbol{u}(t)$ 的函數後求解。

由圖中之電路可得

$$i(t) = 2(v_4(t) - v_3(t)) = 0.2962 \text{ A}$$

《**練習 2.2-1**》

有一電路如下圖所示，請利用節點分析法求解電流 $i(t)$。

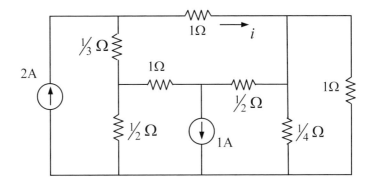

2.3 節點分析──非獨立電流源

在本節中所探討的電路類型仍然不包含任何電壓源，因此在推導節點電壓方程式時，只需使用 KCL 即可，但是與上一節不同的是，這類型的電路除了獨立電流源外，還加入非獨立電流源，如壓控電流源(VCCS)或流控電流源(CCCS)，以圖 2.3-1 為例，此電路是將圖 2.2-1 的獨立電流源 $i_{s1}(t)$，以壓控電流源 $gv_x(t)$ 來取代，其中 $v_x(t) = v_2(t) - v_3(t)$，針對此電路，如欲求解電阻 R_3 的電壓 v_x，則根據節點分析法，其求解過程如下：

步驟[1]： 選定節點⓪，並將其餘 3 個節點依序編號為①、②、③，設定節點電壓為 $v_1(t)$、$v_2(t)$ 與 $v_3(t)$，並令節點電壓向量為 $v(t) = \begin{bmatrix} v_1(t) & v_2(t) & v_3(t) \end{bmatrix}^T$。

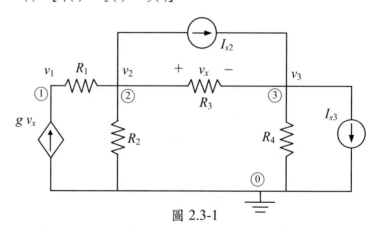

圖 2.3-1

步驟[2]： 利用柯契霍夫定律寫出 3 條節點電壓方程式，由於各節點都不是電壓源的端點，因此都可利用 KCL 來推導。

由於此電路只是將圖 2.1-2 中的獨立電流源 $i_{s1}(t)$，改換為壓控電流源 $gv_x(t)$，所以只需引用(2.2-4)-(2.2-6)三式，將(2.2-4)中的 $i_{s1}(t)$ 改寫為

$gv_x(t) = g(v_2(t) - v_3(t))$ 即可，故節點電壓方程式如下：

KCL① ： $G_1 v_1(t) - G_1 v_2(t) = gv_x(t) = g(v_2(t) - v_3(t))$ (2.3-1)

KCL② ： $-G_1 v_1(t) + (G_1 + G_2 + G_3)v_2(t) - G_3 v_3(t) = -I_{s2}$

             (2.3-2)

KCL③ ： $-G_3 v_2(t) + (G_3 + G_4)v_3(t) = I_{s2} - I_{s3}$ (2.3-3)

整理後可得矩陣形式：

$$\underbrace{\begin{bmatrix} G_1 & -G_1 - g & g \\ -G_1 & G_1 + G_2 + G_3 & -G_3 \\ 0 & -G_3 & G_3 + G_4 \end{bmatrix}}_{\boldsymbol{F}} \cdot \underbrace{\begin{bmatrix} v_1(t) \\ v_2(t) \\ v_3(t) \end{bmatrix}}_{\boldsymbol{v}(t)} = \underbrace{\begin{bmatrix} 0 & 0 \\ -1 & 0 \\ 1 & -1 \end{bmatrix}}_{\boldsymbol{G}} \cdot \underbrace{\begin{bmatrix} I_{s2} \\ I_{s3} \end{bmatrix}}_{\boldsymbol{u}(t)} \quad (2.3\text{-}4)$$

其中輸入向量 $\boldsymbol{u} = \begin{bmatrix} u_1 & u_2 \end{bmatrix}^T = \begin{bmatrix} I_{s2} & I_{s3} \end{bmatrix}^T$，且 $\boldsymbol{F}$ 不再是對稱矩陣，其行列式值為

$$\begin{aligned} |\boldsymbol{F}| &= \begin{vmatrix} G_1 & -G_1 - g & g \\ -G_1 & G_1 + G_2 + G_3 & -G_3 \\ 0 & -G_3 & G_3 + G_4 \end{vmatrix} \\ &= G_1(G_2 G_3 + G_2 G_4 + G_3 G_4 - g G_4) \end{aligned} \quad (2.3\text{-}5)$$

由此式可知，當 $g = G_2 + G_3 + \dfrac{G_2 G_3}{G_4}$ 時，$\boldsymbol{F}$ 的行列式值為 0，因此只有在

$g \neq G_2 + G_3 + \dfrac{G_2 G_3}{G_4}$ 時，反矩陣 $\boldsymbol{F}^{-1}$ 才存在。

步驟〔3〕：由節點電壓方程式解出節點電壓向量。

107

當 $g \neq G_2 + G_3 + \dfrac{G_2 G_3}{G_4}$ 時，反矩陣 $\boldsymbol{F}^{-1}$ 存在，由(2.3-4)可得

$$v(t) = \boldsymbol{\Phi} u(t) \tag{2.3-6}$$

其中 $\boldsymbol{\Phi} = \boldsymbol{F}^{-1} \boldsymbol{G}$，即

$$\boldsymbol{\Phi} = \begin{bmatrix} G_1 & -G_1 - g & g \\ -G_1 & G_1 + G_2 + G_3 & -G_3 \\ 0 & -G_3 & G_3 + G_4 \end{bmatrix}^{-1} \begin{bmatrix} 0 & 0 \\ -1 & 0 \\ 1 & -1 \end{bmatrix} \tag{2.3-7}$$

步驟〔4〕：將欲求得的電壓 v_x 表為 $v(t)$ 與 $u(t)$ 的函數後求解。

由於 $v_x(t) = v_2(t) - v_3(t)$，故

$$y(t) = \underbrace{\begin{bmatrix} 0 & 1 & -1 \end{bmatrix}}_{\boldsymbol{c}} \cdot \underbrace{\begin{bmatrix} v_1(t) \\ v_2(t) \\ v_3(t) \end{bmatrix}}_{\boldsymbol{v}(t)} = \boldsymbol{c} \boldsymbol{\Phi} u(t) \tag{2.3-8}$$

即輸出 $y(t) = v_x(t)$。

　　以上所介紹的電路中只包括電流源，但是在一般的情況下，也經常使用電壓源，因此在下一節中，將進一步探討當電路中具有電壓源時，該如何推導其節點電壓方程式。

《範例 2.3-1》

　　電路如下圖所示，請以節點分析法求取電流 $i_x(t)$。

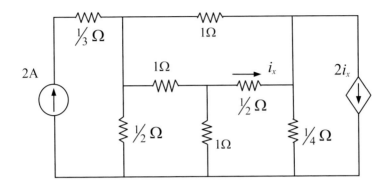

解答：

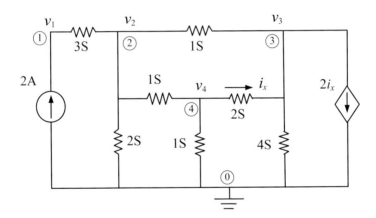

首先將電路重畫於上圖中，將電阻改為電導，並且依序標示 5 個節點，依據節點分析法求解如下：

步驟〔1〕：選定節點⓪為接地點，其餘各節點依序編號為①至④，設定節點電壓 $v_1(t)$、$v_2(t)$、$v_3(t)$ 與 $v_4(t)$，令節點電壓向量為

$$v(t) = \begin{bmatrix} v_1(t) & v_2(t) & v_3(t) & v_4(t) \end{bmatrix}^T。$$

步驟〔2〕：利用柯契霍夫定律寫出 4 條節點電壓方程式。

由於所有的節點都不是電壓源的端點，因此可以利用 KCL 推導節點電壓方程式
如下：

$$\text{KCL①}: 3(v_1(t) - v_2(t)) = 2$$

$$\text{KCL②}: 3(v_2(t) - v_1(t)) + 1 \cdot (v_2(t) - v_3(t))$$
$$+ 1 \cdot (v_2(t) - v_4(t)) + 2v_2(t) = 0$$

$$\text{KCL③}: 1 \cdot (v_3(t) - v_2(t)) + 2(v_3(t) - v_4(t)) + 4v_3(t) + 2i_x(t) = 0$$

$$\text{KCL④}: 1 \cdot (v_4(t) - v_2(t)) + 1 \cdot v_4(t) + 2(v_4(t) - v_3(t)) = 0$$

其中 $i_x(t) = 2(v_4(t) - v_3(t))$，以上四式可整理為矩陣形式如下：

$$\underbrace{\begin{bmatrix} 3 & -3 & 0 & 0 \\ -3 & 7 & -1 & -1 \\ 0 & -1 & 3 & 2 \\ 0 & -1 & -2 & 4 \end{bmatrix}}_{\boldsymbol{F}} \cdot \underbrace{\begin{bmatrix} v_1(t) \\ v_2(t) \\ v_3(t) \\ v_4(t) \end{bmatrix}}_{\boldsymbol{v}(t)} = \underbrace{\begin{bmatrix} 1 \\ 0 \\ 0 \\ 0 \end{bmatrix}}_{\boldsymbol{g}} \cdot \underbrace{[2]}_{u(t)}$$

其中 $|\boldsymbol{F}| = 171 \neq 0$，即反矩陣 $\boldsymbol{F}^{-1}$ 存在。

步驟〔3〕： 由節點電壓方程式解出節點電壓向量。

由於反矩陣 $\boldsymbol{F}^{-1}$ 存在，所以

$$\boldsymbol{v}(t) = \begin{bmatrix} v_1(t) \\ v_2(t) \\ v_3(t) \\ v_4(t) \end{bmatrix} = \boldsymbol{F}^{-1}\boldsymbol{g} \cdot 2 = \begin{bmatrix} 1.2281 \\ 0.5614 \\ 0.0702 \\ 0.1754 \end{bmatrix}$$

步驟〔4〕： 將欲求得的 $i_x(t)$ 表為 $v(t)$ 與 $u(t)$ 的函數後求解。

根據電路可得

$$i_x(t) = 2(v_4(t) - v_3(t)) = 0.2104 \, \text{A}$$

《練習 2.3-1》

電路如下圖所示,請以節點分析法求取電流 $i_x(t)$。

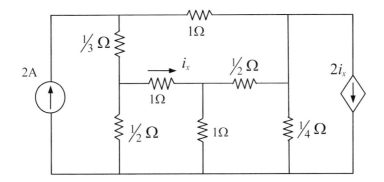

◀◀◀

2.4 節點分析—電壓源

當電路存在電壓源時,節點電壓方程式的推導必須利用到 KVL,為了清楚標示節點ⓙ的節點電壓方程式是根據 KVL 推導而得,在本書中特別以"KVLⓙ"來代表。

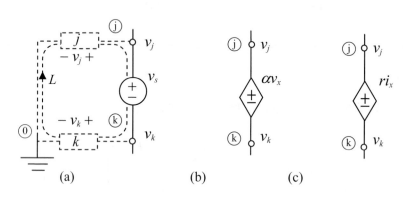

圖 2.4-1

以圖 2.4-1(a)之獨立電壓源 $v_s(t)$ 為例，來說明 KVL 的推導過程，令此電壓源的兩端分別為節點ⓙ與節點ⓚ，且假想兩節點與節點⓪間存在虛線的電路，事實上在原先的電路中，兩節點與節點⓪間的電路可能相當複雜，但是根據節點電壓的電義，我們可以將 $v_j(t)$ 與 $v_k(t)$，視為虛擬元件 j 與元件 k 的端電壓，並構成一個虛擬迴路 L，此時根據 KVL—迴路上各元件的端電壓和為 0，即可得 $-v_j(t)+v_s(t)+v_k(t)=0$，再經整理後成為 $v_j(t)-v_k(t)=v_s(t)$。利用相同的程序亦可推導出圖 2.4-1(b)與(c)中壓控電壓源 $\alpha v_x(t)$ 與流控電壓源 $ri_x(t)$ 的方程式。底下依序列出這三種電壓源的方程式如下：

$$\text{KVL}ⓙ: \quad v_j(t)-v_k(t)=v_s(t) \tag{2.4-1}$$

$$\text{KVL}ⓙ: \quad v_j(t)-v_k(t)=\alpha v_x(t) \tag{2.4-2}$$

$$\text{KVL}ⓙ: \quad v_j(t)-v_k(t)=ri_x(t) \tag{2.4-3}$$

當節點ⓚ為接地點時，即 $k=0$，以上三式可化簡為

$$\text{KVL}ⓙ: \quad v_j(t)=v_s(t) \tag{2.4-4}$$

$$\text{KVL}ⓙ: \quad v_j(t)=\alpha v_x(t) \tag{2.4-5}$$

$$\text{KVL}ⓙ: \quad v_j(t)=ri_x(t) \tag{2.4-6}$$

接著說明如何利用節點分析法來處理具有電壓源的電路。

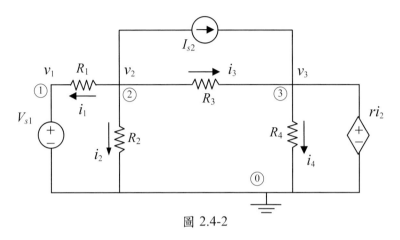

圖 2.4-2

　　首先考慮圖 2.4-2 之電路，共有 4 個節點，給定已知獨立電壓源 V_{s1}，獨立電流源 I_{s2}，以及流控電壓源 $ri_2(t)$，若欲求解通過 R_4 的電流 $i_4(t)$，則利用節點分析法的求解過程如下：

步驟〔1〕：選定節點⓪，以及節點①、②與③，設定節點電壓 $v_1(t)$、$v_2(t)$ 與 $v_3(t)$，節點電壓向量為 $\boldsymbol{v}(t) = \begin{bmatrix} v_1(t) & v_2(t) & v_3(t) \end{bmatrix}^T$。

步驟〔2〕：利用柯契霍夫定律推導節點電壓方程式，由於有兩個節點為電壓源端點，因此必須利用 KVL 於這兩個節點上。

由圖 2.4-2 可知獨立電壓源 V_{s1} 的一端接地，另一端為節點①，因此根據(2.4-4)可得

$$\text{KVL①}: v_1(t) = V_{s1} \tag{2.4-7}$$

同理，流控電壓源的一端接地，另一端為節點③，根據(2.4-3)可得

113

$$\text{KVL}③: \quad v_3(t) = ri_2(t) = r\left(\frac{v_2(t)}{R_2}\right) \tag{2.4-8}$$

此外，節點②必須採用 KCL 來推導，由於流出節點②的電流分別為 I_{s2}、

$i_1(t) = \dfrac{v_2(t)-v_1(t)}{R_1}$、$i_2(t) = \dfrac{v_2(t)}{R_2}$ 與 $i_3(t) = \dfrac{v_2(t)-v_3(t)}{R_3}$，且這些電流的和必

須為 0，因此方程式為

$$\text{KCL}②: \quad \frac{v_2(t)-v_1(t)}{R_1} + I_{s2} + \frac{v_2(t)-v_3(t)}{R_3} + \frac{v_2(t)}{R_2} = 0 \tag{2.4-9}$$

令 $G_i = 1/R_i$，$i=1,2,3$，則以上三式可寫為

$$\text{KVL}①: \quad v_1(t) = V_{s1} \tag{2.4-10}$$

$$\text{KCL}②: \quad G_1 v_1(t) - (G_1 + G_2 + G_3) v_2(t) + G_3 v_3(t) = I_{s2} \tag{2.4-11}$$

$$\text{KVL}③: \quad rG_2 v_2(t) - v_3(t) = 0 \tag{2.4-12}$$

整理後可得矩陣形式之節點電壓方程式如下：

$$\underbrace{\begin{bmatrix} 1 & 0 & 0 \\ G_1 & -(G_1+G_2+G_3) & G_3 \\ 0 & rG_2 & -1 \end{bmatrix}}_{F} \cdot \underbrace{\begin{bmatrix} v_1(t) \\ v_2(t) \\ v_3(t) \end{bmatrix}}_{v(t)} = \underbrace{\begin{bmatrix} 1 & 0 \\ 0 & 1 \\ 0 & 0 \end{bmatrix}}_{G} \cdot \underbrace{\begin{bmatrix} V_{s1} \\ I_{s2} \end{bmatrix}}_{u(t)} \tag{2.4-13}$$

其中輸入向量 $u = [u_1(t) \quad u_2(t)]^T = [V_{s1} \quad I_{s2}]^T$，且 F 的行列式值為

$$|F| = \begin{vmatrix} 1 & 0 & 0 \\ G_1 & -(G_1+G_2+G_3) & G_3 \\ 0 & rG_2 & -1 \end{vmatrix} = G_1 + G_2 + G_3 - rG_2 G_3 \tag{2.4-14}$$

故只有在 $r \neq \dfrac{G_1 + G_2 + G_3}{G_2 G_3}$ 時，$|F| \neq 0$，反矩陣 $\boldsymbol{F}^{-1}$ 才存在。

步驟〔3〕：由節點電壓方程式解出節點電壓向量。

當 $r \neq \dfrac{G_1 + G_2 + G_3}{G_2 G_3}$ 時，反矩陣 $\boldsymbol{F}^{-1}$ 存在，所以由(2.4-13)可得

$$v(t) = \boldsymbol{\Phi} u(t) \tag{2.4-15}$$

其中

$$\boldsymbol{\Phi} = \boldsymbol{F}^{-1}\boldsymbol{G} = \begin{bmatrix} 1 & 0 & 0 \\ G_1 & -(G_1 + G_2 + G_3) & G_3 \\ 0 & rG_2 & -1 \end{bmatrix}^{-1} \begin{bmatrix} 1 & 0 \\ 0 & 1 \\ 0 & 0 \end{bmatrix} \tag{2.4-16}$$

步驟〔4〕：將欲求得的電流 i_4 表為 $v(t)$ 與 $u(t)$ 的函數後求解。

由於 $i_4(t) = G_4 v_3(t)$，故可表為

$$y(t) = \underbrace{\begin{bmatrix} 0 & 0 & G_4 \end{bmatrix}}_{\boldsymbol{c}} \cdot \underbrace{\begin{bmatrix} v_1(t) \\ v_2(t) \\ v_3(t) \end{bmatrix}}_{\boldsymbol{v}(t)} = \boldsymbol{c}\boldsymbol{\Phi}v(t) \tag{2.4-17}$$

其中輸出 $y(t) = i_4(t)$。

■ 超節點

　　在以上討論的電路中，由於兩個電壓源不相連，且都有一端接地，所以電壓源只與節點②與節點③有關，在此情況下只需利用 KVL 於節點②與節點③，便可寫出兩條節點電壓方程式(2.1-48)與(2.1-50)，也就是說，當有 k 個不

相連且一端接地的電壓源時，只需利用 KVL 在 k 個節點上，便可寫出 k 條節點電壓方程式，這是屬於方程式個數與變數個數相符的情況。

若考慮 k 個彼此相連的電壓源，其節點皆不接地且不會形成迴路，則這些相連的電壓源具有 $k+1$ 個節點，即具有 $k+1$ 個節點電壓，為了讓這 $k+1$ 個變數存在唯一解，必須寫出 $k+1$ 條節點電壓方程式，由於 k 個電壓源，只能利用 KVL 寫出 k 條節點電壓方程式，因此必須再引入 1 條方程式才能滿足唯一解的需求，為了解決這個問題，通常採用超節點(supernode)的觀念，並利用 KCL 來引入一條額外的方程式，底下再利用圖 2.4-3 之電路來說明。

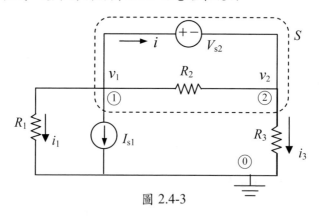

圖 2.4-3

在圖 2.4-3 中之電路，共有 3 個節點，給定已知獨立電流源 I_{s1}，以及獨立電壓源 V_{s2}，欲求解通過 V_{s2} 的電流 $i(t)$，利用節點分析法的求解過程如下：

步驟(1)： 選定節點⓪，以及節點①與②，分別設定節點電壓為 $v_1(t)$ 與 $v_2(t)$，令節點電壓向量為 $v(t) = \begin{bmatrix} v_1(t) & v_2(t) \end{bmatrix}^T$。

步驟(2)： 利用柯契霍夫定律寫出 2 條節點電壓方程式，由於電壓源端點不接地，所以除了 KVL 外，還必須將節點組合成超節點①②(supernode)，並採用 KCL 於此超節點上。

由於節點①與②為電壓源的兩端點且都不接地，因此將它們組合成超節點①

②，令 S 為包含此超節點的封閉面，則由(2.4-1)可得

$$\text{KVL①②}: \quad v_1(t) - v_2(t) = V_{s2} \tag{2.4-18}$$

應注意的是，當有元件與電壓源並聯時，必須將此元件納入封閉面內，例如從圖中可知電阻 R_2 與電壓源並聯，所以 R_2 必須納入封閉面 S 之內。由於此超節點包括兩個節點，因此必須求出兩條相對應的方程式，也就是說，除了(2.4-18)之外，還必須額外引入另一條方程式，此時最直接的方式就是將 KCL 應用於封閉面 S 上，亦即流出封閉面 S 的淨電流為 0，表為 $i_1(t) + i_3(t) + I_{s1} = 0$，其中 $i_1(t) = G_1 v_1(t)$，$i_3(t) = G_3 v_2(t)$，整理後成為

$$\text{KCL①②}: \quad G_1 v_1(t) + G_3 v_2(t) + I_{s1} = 0 \tag{2.4-19}$$

其中 $G_i = 1/R_i$，$i=1,2,3$，此處 KVL①② 與 KCL①② 分別表示將 KVL 與 KCL 用於超節點①②上，由以上兩式可得節點電壓方程式如下：

$$\underbrace{\begin{bmatrix} 1 & -1 \\ G_1 & G_3 \end{bmatrix}}_{\boldsymbol{F}} \cdot \underbrace{\begin{bmatrix} v_1(t) \\ v_2(t) \end{bmatrix}}_{\boldsymbol{v}(t)} = \underbrace{\begin{bmatrix} 0 & 1 \\ -1 & 0 \end{bmatrix}}_{\boldsymbol{G}} \cdot \underbrace{\begin{bmatrix} I_{s1} \\ V_{s2} \end{bmatrix}}_{\boldsymbol{u}(t)} \tag{2.4-20}$$

其中輸入向量 $\boldsymbol{u} = \begin{bmatrix} u_1(t) & u_2(t) \end{bmatrix}^T = \begin{bmatrix} I_{s1} & V_{s2} \end{bmatrix}^T$，且 $\boldsymbol{F}$ 的行列式值為

$$|\boldsymbol{F}| = \begin{vmatrix} 1 & -1 \\ G_1 & G_3 \end{vmatrix} = G_1 + G_3 \tag{2.4-21}$$

顯然地，$\boldsymbol{F}$ 的行列式值大於 0，故反矩陣 $\boldsymbol{F}^{-1}$ 存在。

步驟〔3〕：由節點電壓方程式解出兩節點電壓。

由於反矩陣 $\boldsymbol{F}^{-1}$ 存在，所以根據(2.4-20)可得

$$v(t) = \boldsymbol{\Phi} u(t) \qquad (2.4\text{-}22)$$

其中

$$\boldsymbol{\Phi} = \boldsymbol{F}^{-1}\boldsymbol{G} = \begin{bmatrix} 1 & -1 \\ G_1 & G_3 \end{bmatrix}^{-1} \begin{bmatrix} 0 & 1 \\ -1 & 0 \end{bmatrix} \qquad (2.4\text{-}23)$$

步驟〔4〕：將欲求得的電流 $i(t)$ 表為 $v(t)$ 與 $u(t)$ 線性函數後求解。

由於 $i(t) = -G_1 v_1(t) - I_{s1} - G_2\big(v_1(t) - v_2(t)\big)$，故可表為

$$y(t) = \underbrace{\big[-(G_1+G_2) \quad G_2\big]}_{\boldsymbol{c}} \cdot \underbrace{\begin{bmatrix} v_1(t) \\ v_2(t) \end{bmatrix}}_{v(t)} + \underbrace{\big[-1 \quad 0\big]}_{\boldsymbol{d}} \cdot \underbrace{\begin{bmatrix} I_{s1} \\ V_{s2} \end{bmatrix}}_{u(t)} \qquad (2.4\text{-}24)$$

其中 $y(t) = i(t)$，再將(2.4-22)代入上式，則可得 $y(t) = (\boldsymbol{c}\boldsymbol{\Phi} + \boldsymbol{d})u(t)$，代表輸出會受到輸入向量 $u(t)$ 的直接影響，呈現出線性關係。

◀◀◀

《範例 2.4-1》

電路如下圖所示，請以節點分析法求出電流 $i(t)$。

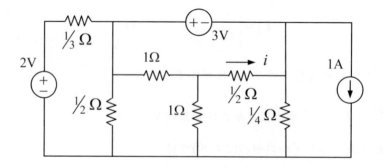

解答：

首先重畫電路如下圖，並且標示出 5 個節點，再依據節點分析法求解如下：

步驟〔1〕：選定節點⓪，以及節點①~④，設定節點電壓 $v_1(t)$~$v_4(t)$，令節點電壓向量為 $\boldsymbol{v}(t) = \begin{bmatrix} v_1(t) & v_2(t) & v_3(t) & v_4(t) \end{bmatrix}^T$。

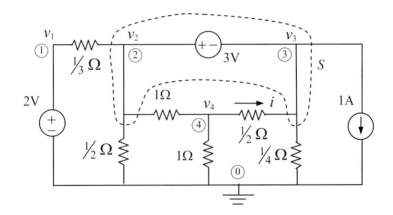

步驟〔2〕：利用柯契霍夫定律寫出 4 條節點電壓方程式。

觀察此電路可知 3V 電壓源的兩端點為節點②與節點③，兩者都不接地，因此共同組成超節點②③，選取其封閉面 S，則超節點②③的節點電壓方程式如下：

$$\text{KVL②③：} \quad v_2(t) - v_3(t) = 3$$

$$\text{KCL②③：} \quad 3\big(v_2(t) - v_1(t)\big) + 2v_2(t) + \big(v_2(t) - v_4(t)\big)$$
$$+ 2\big(v_3(t) - v_4(t)\big) + 4v_3(t) + 1 = 0$$

而節點①所接電壓源的另一端接地，因此節點電壓方程式為

$$\text{KVL①：} \quad v_1(t) = 2$$

至於節點④因為不是電壓源的端點，所以利用 KCL 可得

119

KCL④：　　$(v_4(t) - v_2(t)) + v_4(t) + 2(v_4(t) - v_3(t)) = 0$

以上四式依照節點次序，整理後可得矩陣形式如下：

$$\underbrace{\begin{bmatrix} 1 & 0 & 0 & 0 \\ 0 & 1 & -1 & 0 \\ -3 & 6 & 6 & -3 \\ 0 & -1 & -2 & 4 \end{bmatrix}}_{\boldsymbol{F}} \cdot \underbrace{\begin{bmatrix} v_1(t) \\ v_2(t) \\ v_3(t) \\ v_4(t) \end{bmatrix}}_{\boldsymbol{v}(t)} = \underbrace{\begin{bmatrix} 1 & 0 & 0 \\ 0 & 1 & 0 \\ 0 & 0 & -1 \\ 0 & 0 & 0 \end{bmatrix}}_{\boldsymbol{G}} \cdot \underbrace{\begin{bmatrix} 2 \\ 3 \\ 1 \end{bmatrix}}_{\boldsymbol{u}(t)}$$

其中 $|\boldsymbol{F}| = 39 \neq 0$，故反矩陣 $\boldsymbol{F}^{-1}$ 存在。

步驟〔3〕：由節點電壓方程式解出節點電壓向量。

由於反矩陣 $\boldsymbol{F}^{-1}$ 存在，所以

$$\boldsymbol{v}(t) = \begin{bmatrix} v_1(t) \\ v_2(t) \\ v_3(t) \\ v_4(t) \end{bmatrix} = \boldsymbol{F}^{-1}\boldsymbol{G} \cdot \begin{bmatrix} 2 \\ 3 \\ 1 \end{bmatrix} = \begin{bmatrix} 2.0000 \\ 1.8974 \\ -1.1026 \\ -0.0769 \end{bmatrix}$$

步驟〔4〕：將欲求得的 $i(t)$ 表為 $\boldsymbol{v}(t)$ 與 $\boldsymbol{u}(t)$ 線性函數後求解。

由電路可知

$$i(t) = 2(v_4(t) - v_3(t)) = 2((-0.0769) - (-1.1026)) = 2.0514\ \text{A}$$

【練習 2.4-1】

　　電路如下圖所示，請以節點分析法求出電流 $i(t)$。

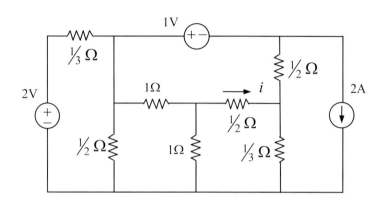

▶▶▶

2.5 網目分析法

　　網目分析法和節點分析法都是分析電阻電路時經常採用的方法，但是網目分析法只適用於平面電路(planar circuit)，而節點分析法並沒有這種限制。

■ 網目電流

　　想要採用網目分析法，首先必須具有網目、分枝電流與網目電流(mesh current)的概念，其中網目與分枝電流已在上一章介紹過，這裡只針對網目電流來做說明，以圖 2.5-1 為例，該電路包括 9 個元件與 4 個網目。將網目依序編號為 $\boxed{1}$ 至 $\boxed{4}$，並且令電流 $i_j(t)$，$j=1,\cdots,4$，以順時針方向流過網目 $\boxed{j}$ 的每個元件，稱 $i_j(t)$ 為網目 $\boxed{j}$ 的網目電流，若仔細觀察每個分枝電流，將可發現有的分枝只有 1 個網目電流流過，如分枝 2、6、4、5 與 9，這些都是屬於外圍的分枝，其他的則都有兩個反向的網目電流流過，因此當第 k 個分枝只有 1 個網目電流 $i_j(t)$ 流過時，其分枝電流的可能表示式為

$$i_{bk}(t) = \begin{cases} i_j(t) & \text{當 } i_{bk}(t)\text{與}i_j(t)\text{同向} \\ -i_j(t) & \text{當 } i_{bk}(t)\text{與}i_j(t)\text{反向} \end{cases} \quad (2.5\text{-}1)$$

當第 k 個分枝有兩個網目電流 $i_i(t)$ 與 $i_j(t)$ 流過時，其分枝電流的可能表示式為

$$i_{bk}(t) = \begin{cases} i_i(t) - i_j(t) & \text{當 } i_{bk}(t)\text{與}i_i(t)\text{同向} \\ i_j(t) - i_i(t) & \text{當 } i_{bk}(t)\text{與}i_i(t)\text{反向} \end{cases} \quad (2.5\text{-}2)$$

根據以上兩式，圖 2.5-1 中所有的分枝電流可表為

$$\begin{cases} i_{b1}(t) = i_1(t) - i_4(t) \\ i_{b2}(t) = -i_1(t) \\ i_{b3}(t) = i_1(t) - i_2(t) \end{cases} \begin{cases} i_{b4}(t) = i_2(t) \\ i_{b5}(t) = i_3(t) \\ i_{b6}(t) = i_1(t) \end{cases} \begin{cases} i_{b7}(t) = i_4(t) - i_2(t) \\ i_{b8}(t) = i_4(t) - i_3(t) \\ i_{b9}(t) = i_4(t) \end{cases} \quad (2.5\text{-}3)$$

若是將以上情況推廣至具有 m 個分枝與 l 個網目的電路時，則可設定 l 個網目電流 $i_1(t)$、…、$i_l(t)$，而且分枝電流與網目電流的關係仍然以(2.5-1)或(2.5-2)來表示。

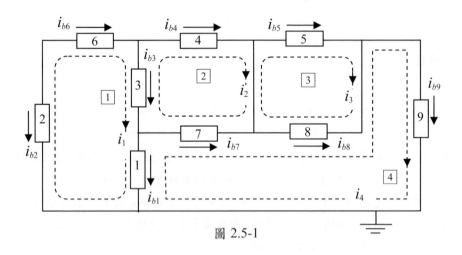

圖 2.5-1

■ 網目分析法基本步驟

　　所謂網目分析法，就是將柯契霍夫定律應用在電路中的每個網目上，並以 $i_1(t)$、$\cdots$、$i_l(t)$ 為變數，求得 l 條網目電流方程式(mesh equations)。通常定義網目電流向量為 $\boldsymbol{i}(t) = \begin{bmatrix} i_1(t) & \cdots & i_l(t) \end{bmatrix}^T$ (mesh current vector)，以利於矩陣運算技巧之使用。今假設給定一個具有 m 個分枝、l 個網目、p 個獨立電源的電路，欲求得某電壓或電流時，網目分析法的推導步驟如下：

步驟〔1〕：將網目由 1 至 l 依序編號，設定網目電流 $i_1(t)$、$\cdots$、$i_l(t)$，令網目電流向量為 $\boldsymbol{i}(t) = \begin{bmatrix} i_1(t) & \cdots & i_l(t) \end{bmatrix}^T$。

步驟〔2〕：利用柯契霍夫定律寫出 l 條網目電流方程式，表示如下：

$$\underbrace{\begin{bmatrix} f_{11} & f_{12} & \cdots & f_{1l} \\ f_{21} & f_{22} & \cdots & f_{2l} \\ \vdots & \vdots & \ddots & \vdots \\ f_{l1} & f_{l2} & \cdots & f_{ll} \end{bmatrix}}_{\boldsymbol{F}} \cdot \underbrace{\begin{bmatrix} i_1(t) \\ i_2(t) \\ \vdots \\ i_l(t) \end{bmatrix}}_{\boldsymbol{i}(t)} = \underbrace{\begin{bmatrix} g_{11} & g_{12} & \cdots & g_{1p} \\ g_{21} & g_{22} & \cdots & g_{2p} \\ \vdots & \vdots & \vdots & \vdots \\ g_{l1} & g_{l2} & \cdots & g_{lp} \end{bmatrix}}_{\boldsymbol{G}} \cdot \underbrace{\begin{bmatrix} u_1(t) \\ u_2(t) \\ \vdots \\ u_p(t) \end{bmatrix}}_{\boldsymbol{u}(t)}$$

$$(2.5\text{-}4)$$

其中 $\boldsymbol{F}$ 為 $l \times l$ 的方陣，且 $\boldsymbol{F}^{-1}$ 存在，$\boldsymbol{u}(t)$ 為輸入向量，其元素 $u_1(t)$、$\cdots$、$u_p(t)$ 正好是 p 個獨立電源。

步驟〔3〕：當反矩陣 $\boldsymbol{F}^{-1}$ 存在時，利用(2.5-4)求解網目電流向量

$$\boldsymbol{i}(t) = \boldsymbol{\Phi} \boldsymbol{u}(t) \qquad\qquad (2.5\text{-}5)$$

其中 $\boldsymbol{\Phi} = \boldsymbol{F}^{-1}\boldsymbol{G}$。

步驟〔4〕：將欲求得的電壓或電流表示為 $\boldsymbol{i}(t)$ 與 $\boldsymbol{u}(t)$ 的函數，即

$$y(t) = \underbrace{\begin{bmatrix} c_1 & \cdots & c_l \end{bmatrix}}_{c} \cdot \underbrace{\begin{bmatrix} i_1(t) \\ \vdots \\ i_l(t) \end{bmatrix}}_{i(t)} + \underbrace{\begin{bmatrix} d_1 & \cdots & d_p \end{bmatrix}}_{d} \cdot \underbrace{\begin{bmatrix} u_1(t) \\ \vdots \\ u_p(t) \end{bmatrix}}_{u(t)} \qquad (2.5\text{-}6)$$

其中 $y(t)$ 為輸出，是欲求得的電壓或電流。事實上，若是將(2.5-5)代入(2.5-6)，則可得

$$\begin{aligned} y(t) &= \underbrace{\begin{bmatrix} h_1 & h_2 & \cdots & h_p \end{bmatrix}}_{h} \cdot \underbrace{\begin{bmatrix} u_1(t) \\ u_2(t) \\ \vdots \\ u_p(t) \end{bmatrix}}_{u(t)} \qquad (2.5\text{-}7) \\ &= h_1 u_1(t) + h_2 u_2(t) + \cdots + h_p u_p(t) \end{aligned}$$

其中 $h = c\Phi + d$，此式代表輸出 $y(t)$ 可表示為只受獨立電源 $u(t)$ 的影響，且兩者呈現線性關係。同樣地，當欲求得的物理量不只一個時，可以重複步驟[4]，利用(2.5-6)或(2.5-7)，逐一求解。

使用網目分析法時，通常也依電源種類區分為三種類型：(A)電源都是獨立電壓源、(B)電源都是電壓源且存在非獨立電壓源、(C)電源中存在電流源，底下根據上述四個分析步驟來推導這三種類型的網目電流方程式，進而解出在電路中所欲求得的電壓或電流。

2.6 網目分析—獨立電壓源

當電源都是電壓源時，由於電路中各網目所通過的元件都不是電流源，所以步驟[2]中的 l 條網目電流方程式，都可以利用 KVL 來推導，

底下先以圖 2.6-1 的電路為範例來說明，此電路具有 7 個元件與 4 個網目，其中 3 個電源都是獨立電壓源，包括時變電壓源 $v_{s1}(t)$ 與直流電壓源 V_{s2} 與 V_{s3}，在此電路中欲求得通過 R_3 的電壓 $v_3(t)$，利用網目分析法的求解過程如下：

步驟〔1〕： 將網目由 1 至 4 依序編號，設定網目電流 $i_1(t)$、⋯、$i_4(t)$，令網目電流向量為 $\boldsymbol{i}(t) = \begin{bmatrix} i_1(t) & i_2(t) & i_3(t) & i_4(t) \end{bmatrix}^T$。

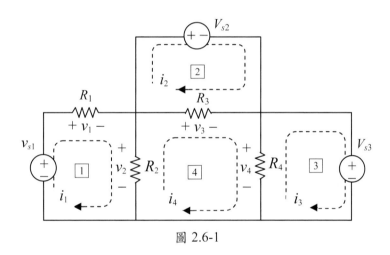

圖 2.6-1

步驟〔2〕： 利用柯契霍夫定律並寫出 4 條網目電流方程式，由於所有的網目都不包含電流源，因此只需要利用 KVL 於各網目即可。

為了清楚標示在網目 $\boxed{j}$ 是根據 KVL 來寫出網目電流方程式，爾後將以 KVL$\boxed{j}$ 來表示，首先討論網目 $\boxed{1}$ 的方程式 KVL$\boxed{1}$，根據 KVL 可知，沿著網目的各元件壓降和 0，即 $v_1(t) + v_2(t) - v_{s1}(t) = 0$，由於變數必須是網目電流，因此再利用 (2.1-9) 的電阻元件方程式，可得 R_1 的電壓為 $v_1(t) = R_1 i_1(t)$，$v_2(t) = R_2(i_1(t) - i_4(t))$，將以上之討論，整理後可得

$$\text{KVL}\boxed{1}: \quad R_1 i_1(t) + R_2(i_1(t) - i_4(t)) - v_{s1}(t) = 0 \tag{2.6-1}$$

接著是網目 $\boxed{2}$ 的方程式 KVL $\boxed{2}$，根據 KVL 可知，沿著網目的各元件壓降和 0，即 $V_{s2} - v_3(t) = 0$，其中 $v_3(t) = R_3(i_4(t) - i_2(t))$，進一步整理後可得

$$\text{KVL}\boxed{2}: \quad V_{s2} - R_3(i_4(t) - i_2(t)) = 0 \tag{2.6-2}$$

再利用相同的程序於網目 $\boxed{3}$ 與網目 $\boxed{4}$，可得

$$\text{KVL}\boxed{3}: \quad V_{s3} - v_4(t) = V_{s3} - R_4(i_4(t) - i_3(t)) = 0 \tag{2.6-3}$$

$$\text{KVL}\boxed{4}: \quad v_3(t) + v_4(t) - v_2(t) \tag{2.6-4}$$

$$= R_3(i_4(t) - i_2(t)) + R_4(i_4(t) - i_3(t)) - R_2(i_1(t) - i_4(t)) = 0$$

以上各式進一步整理後可得

$$\text{KVL}\boxed{1}: \quad (R_1 + R_2)i_1(t) - R_2 i_4(t) - v_{s1}(t) = 0 \tag{2.6-5}$$

$$\text{KVL}\boxed{2}: \quad R_3 i_2(t) - R_3 i_4(t) = -V_{s2} \tag{2.6-6}$$

$$\text{KVL}\boxed{3}: \quad R_4 i_3(t) - R_4 i_4(t) = -V_{s3} \tag{2.6-7}$$

$$\text{KVL}\boxed{4}: \quad -R_2 i_1(t) - R_3 i_2(t) - R_4 i_3(t) + (R_2 + R_3 + R_4)i_4(t) = 0$$

$$\tag{2.6-8}$$

在這四條方程式中恰好具有四個變數，即四個網目電流，因此可利用一般的變數消去法直接求解，可是必須先知道解是否存在，此時仍然將網目方程式以矩陣表示如下：

$$
\underbrace{\begin{bmatrix} R_1+R_2 & 0 & 0 & -R_2 \\ 0 & R_3 & 0 & -R_3 \\ 0 & 0 & R_4 & -R_4 \\ -R_2 & -R_3 & -R_4 & R_2+R_3+R_4 \end{bmatrix}}_{F} \cdot \underbrace{\begin{bmatrix} i_1(t) \\ i_2(t) \\ i_3(t) \\ i_4(t) \end{bmatrix}}_{i(t)} = \underbrace{\begin{bmatrix} 1 & 0 & 0 \\ 0 & -1 & 0 \\ 0 & 0 & -1 \\ 0 & 0 & 0 \end{bmatrix}}_{G} \cdot \underbrace{\begin{bmatrix} v_{s1}(t) \\ V_{s2} \\ V_{s3} \end{bmatrix}}_{u(t)}
$$

(2.6-9)

其中 F 為對稱的正定義矩陣，所以反矩陣 F^{-1} 存在。

步驟〔3〕：由網目電流方程式解出網目電流向量。

由於反矩陣 F^{-1} 存在，所以由(2.6-9)可得

$$i(t) = \Phi u(t) \tag{2.6-10}$$

其中 $\Phi = F^{-1}G$，即

$$
\Phi = \begin{bmatrix} R_1+R_2 & 0 & 0 & -R_2 \\ 0 & R_3 & 0 & -R_3 \\ 0 & 0 & R_4 & -R_4 \\ -R_2 & -R_3 & -R_4 & R_2+R_3+R_4 \end{bmatrix}^{-1} \begin{bmatrix} 1 & 0 & 0 \\ 0 & -1 & 0 \\ 0 & 0 & -1 \\ 0 & 0 & 0 \end{bmatrix} \tag{2.6-11}
$$

步驟〔4〕：將欲求得的電壓 $v_3(t)$，表為 $i(t)$ 與 $u(t)$ 之函數後求解。

由圖 2.2-2 可知 $v_3(t) = R_3(i_4(t) - i_2(t))$，故輸出可表為

$$
y(t) = \underbrace{\begin{bmatrix} 0 & -R_3 & 0 & R_3 \end{bmatrix}}_{c} \cdot \begin{bmatrix} i_1(t) \\ \vdots \\ i_4(t) \end{bmatrix} \tag{2.6-12}
$$

此式與(2.5-6)比較，可知 $d=0$。

以上是網目分析法應用在電源都是獨立電壓源之電阻電路分析，從推導的過程中可知網目電流方程式(2.6-9)存在一個對稱的正定義矩陣 **F**，這是此類型電路的一個重要特性。

◀◀◀

《範例 2.6-1》

電路如下圖所示，試利用網目分析法求出電壓 $v(t)$。

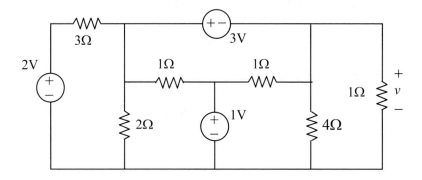

解答：

首先重畫電路於下圖，共有 5 個網目電流。

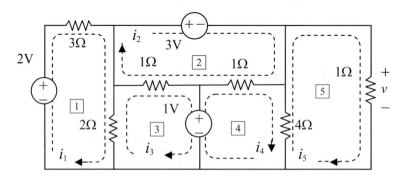

依據網目分析法，其分析的基本步驟如下：

步驟〔1〕：將網目由 1 至 5 依序編號，設定網目電流 $i_1(t) \sim i_5(t)$，令網目電流
向量為 $\boldsymbol{i}(t) = \begin{bmatrix} i_1(t) & i_2(t) & \cdots & i_5(t) \end{bmatrix}^T$。

步驟〔2〕：利用柯契霍夫定律寫出 5 條網目電流方程式。

電路中都是電壓源，可利用 KVL 推導網目電流方程式如下：

$$\text{KVL}\boxed{1}:\ 3 \cdot i_1(t) + 2 \cdot (i_1(t) - i_3(t)) = 2$$
$$\text{KVL}\boxed{2}:\ 1 \cdot (i_2(t) - i_4(t)) + 1 \cdot (i_2(t) - i_3(t)) = -3$$
$$\text{KVL}\boxed{3}:\ 2 \cdot (i_3(t) - i_1(t)) + 1 \cdot (i_3(t) - i_2(t)) = -1$$
$$\text{KVL}\boxed{4}:\ 1 \cdot (i_4(t) - i_2(t)) + 4 \cdot (i_4(t) - i_5(t)) = 1$$
$$\text{KVL}\boxed{5}:\ 1 \cdot i_5(t) + 4 \cdot (i_5(t) - i_4(t)) = 0$$

經整理後，其矩陣形式為

$$\underbrace{\begin{bmatrix} 5 & 0 & -2 & 0 & 0 \\ 0 & 2 & -1 & -1 & 0 \\ -2 & -1 & 3 & 0 & 0 \\ 0 & -1 & 0 & 5 & -4 \\ 0 & 0 & 0 & -4 & 5 \end{bmatrix}}_{\boldsymbol{F}} \cdot \underbrace{\begin{bmatrix} i_1(t) \\ i_2(t) \\ i_3(t) \\ i_4(t) \\ i_5(t) \end{bmatrix}}_{\boldsymbol{i}} = \underbrace{\begin{bmatrix} 1 & 0 & 0 \\ 0 & -1 & 0 \\ 0 & 0 & -1 \\ 0 & 0 & 1 \\ 0 & 0 & 0 \end{bmatrix}}_{\boldsymbol{G}} \cdot \underbrace{\begin{bmatrix} 2 \\ 3 \\ 1 \end{bmatrix}}_{\boldsymbol{u}}$$

其中 $\boldsymbol{F}$ 為對稱之正定義矩陣，故反矩陣 $\boldsymbol{F}^{-1}$ 存在。

步驟〔3〕：由網目電流方程式解出網目電流向量。

由於反矩陣 $\boldsymbol{F}^{-1}$ 存在，所以

$$\boldsymbol{i}(t)=\begin{bmatrix} i_1(t) \\ i_2(t) \\ i_3(t) \\ i_4(t) \\ i_5(t) \end{bmatrix}=\boldsymbol{F}^{-1}\boldsymbol{G}\cdot\begin{bmatrix} 2 \\ 3 \\ 1 \end{bmatrix}=\begin{bmatrix} -0.1020 \\ -2.5612 \\ -1.2551 \\ -0.8673 \\ -0.6939 \end{bmatrix}$$

步驟〔4〕：將欲求得的 $v(t)$ 表為 $\boldsymbol{i}(t)$ 與 $\boldsymbol{u}(t)$ 線性函數後求解。

由圖 2.2A-2 可得

$$v(t)=1\cdot i_5(t)=-0.6939\ \text{V}$$

【**練習 2.6-1**】

電路如下圖所示，試利用網目分析法求出電壓 $v(t)$。

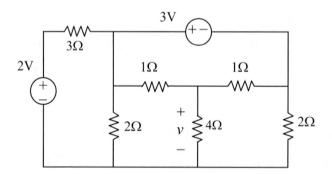

2.7 網目分析—非獨立電壓源

在本節中所將探討的電路類型仍然不包含任何電流源，因此在推導網目電流方程式時，只需使用 KVL 即可，但是與上一節不同的是，這類型的電路除了獨立電壓源外，還加入非獨立電壓源，如壓控電壓源(VCVS)或流控電壓源(CCVS)，針對此類型的電路，以圖 2.7-1 為例來做說明，該電路是將圖 2.6-1 中的獨立電壓源 V_{s3} 改為流控電壓源 $r\,i_x(t)$，其中 $i_x(t)=i_1(t)-i_4(t)$，如欲求解 R_3 與 R_4 的電壓 $v_3(t)$ 與 $v_4(t)$，則根據網目分析法，其求解過程如下：

步驟〔1〕：將網目由 1 至 4 依序編號，設定網目電流 $i_1(t)\sim i_4(t)$，令網目電流向量為 $i(t)=\begin{bmatrix} i_1(t) & i_2(t) & i_3(t) & i_4(t) \end{bmatrix}^T$。

步驟〔2〕：利用柯契霍夫定律於各網目，並寫出 4 條網目電流方程式，由於各網目都不包含電流源，因此只需要利用 KVL 於各網目上即可。

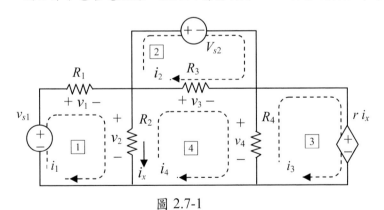

圖 2.7-1

這個電路只是將圖 2.6-1 中的 V_{s3} 改為 $r\,i_x(t)$，因此直接引用(2.6-5)至(2.6-8)，並將 V_{s3} 改為 $r\,i_x(t)$ 即可，表示式如下：

$$\text{KVL}\boxed{1}: \quad (R_1+R_2)i_1(t)-R_2 i_4(t)-v_{s1}(t)=0 \tag{2.7-1}$$

KVL②： $R_3 i_2(t) - R_3 i_4(t) = -V_{s2}$ （2.7-2）

KVL③： $R_4 i_3(t) - R_4 i_4(t) = -r i_x(t) = -r(i_1(t) - i_4(t))$ （2.7-3）

KVL④： $-R_2 i_1(t) - R_3 i_2(t) - R_4 i_3(t) + (R_2 + R_3 + R_4) i_4(t) = 0$

（2.7-4）

其矩陣形式為

$$
\underbrace{\begin{bmatrix} R_1+R_2 & 0 & 0 & -R_2 \\ 0 & R_3 & 0 & -R_3 \\ r & 0 & R_4 & -R_4-r \\ -R_2 & -R_3 & -R_4 & R_2+R_3+R_4 \end{bmatrix}}_{F} \cdot \underbrace{\begin{bmatrix} i_1(t) \\ i_2(t) \\ i_3(t) \\ i_4(t) \end{bmatrix}}_{i(t)} = \underbrace{\begin{bmatrix} 1 & 0 \\ 0 & -1 \\ 0 & 0 \\ 0 & 0 \end{bmatrix}}_{G} \cdot \underbrace{\begin{bmatrix} v_{s1}(t) \\ V_{s2} \end{bmatrix}}_{u(t)}
$$

（2.7-5）

其中 F 不再是對稱矩陣，其行列式值為

$$
|F| = \begin{vmatrix} R_1+R_2 & 0 & 0 & -R_2 \\ 0 & R_3 & 0 & -R_3 \\ r & 0 & R_4 & -R_4-r \\ -R_2 & -R_3 & -R_4 & R_2+R_3+R_4 \end{vmatrix} = R_1 R_3 R_4 (R_2 - r)
$$

（2.7-6）

顯然地，只有當 $r \neq R_2$ 時，反矩陣 F^{-1} 才存在。

步驟〔3〕： 由網目電流方程式解出網目電流向量。

令 $r \neq R_2$ ，則反矩陣 F^{-1} 存在，由(2.7-5)可得

$$
i(t) = \boldsymbol{\Phi} u(t)
$$
（2.7-7）

其中 $\boldsymbol{\Phi} = \boldsymbol{F}^{-1}\boldsymbol{G}$，即

$$\boldsymbol{\Phi} = \begin{bmatrix} R_1 + R_2 & 0 & 0 & -R_2 \\ 0 & R_3 & 0 & -R_3 \\ r & 0 & R_4 & -R_4 - r \\ -R_2 & -R_3 & -R_4 & R_2 + R_3 + R_4 \end{bmatrix}^{-1} \begin{bmatrix} 1 & 0 \\ 0 & -1 \\ 0 & 0 \\ 0 & 0 \end{bmatrix} \tag{2.7-8}$$

步驟【4】：將電壓 $v_3(t)$ 與 $v_4(t)$ 表為 $i(t)$ 與 $u(t)$ 的函數後求解。

由圖 2.7-1 可知 $v_3(t) = R_3\big(i_4(t) - i_2(t)\big)$ 與 $v_4(t) = R_4\big(i_4(t) - i_3(t)\big)$，故

$$y_1(t) = \underbrace{\begin{bmatrix} 0 & -R_3 & 0 & R_3 \end{bmatrix}}_{\boldsymbol{c}_1} \cdot \underbrace{\begin{bmatrix} i_1(t) \\ \vdots \\ i_4(t) \end{bmatrix}}_{\boldsymbol{i}(t)} \tag{2.7-9}$$

$$y_2(t) = \underbrace{\begin{bmatrix} 0 & 0 & -R_4 & R_4 \end{bmatrix}}_{\boldsymbol{c}_2} \cdot \underbrace{\begin{bmatrix} i_1(t) \\ \vdots \\ i_4(t) \end{bmatrix}}_{\boldsymbol{i}(t)} \tag{2.7-10}$$

應注意的是，此電路不是只有獨立電壓源，故(2.7-5)中的 $\boldsymbol{F}$ 不再是對稱的正定義矩陣，因此在步驟[2]中必須驗證反矩陣 $\boldsymbol{F}^{-1}$ 是否存在。

《範例 2.7-1》

　　電路如下圖所示，試利用網目分析法求出電壓 $v(t)$。

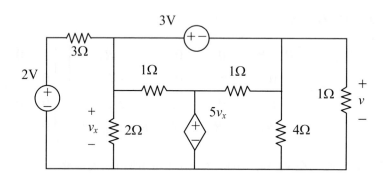

解答：

　　首先將電路重畫於下圖中，共有 5 個網目電流，依據網目分析法，其分析的基本步驟如下：

步驟〔1〕：將網目由 1 至 5 依序編號，設定網目電流 $i_1(t) \sim i_5(t)$，令網目電流向

　　量為 $\boldsymbol{i}(t) = \begin{bmatrix} i_1(t) & i_2(t) & \cdots & i_5(t) \end{bmatrix}^T$。

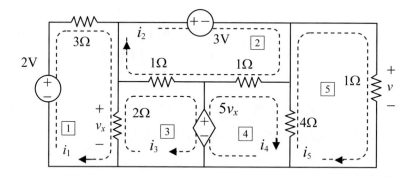

步驟〔2〕：利用柯契霍夫定律寫出 5 條網目電流方程式。

因為在電路中只使用電壓源，所以根據 KVL 可得

$$\text{KVL}\boxed{1}：3 \cdot i_1(t) + 2 \cdot \left(i_1(t) - i_3(t)\right) = 2$$

$$\text{KVL}\boxed{2}：1\cdot\left(i_2(t)-i_4(t)\right)+1\cdot\left(i_2(t)-i_3(t)\right)=-3$$

$$\text{KVL}\boxed{3}：2\cdot\left(i_3(t)-i_1(t)\right)+1\cdot\left(i_3(t)-i_2(t)\right)+5v_x(t)=0$$

$$\text{KVL}\boxed{4}\quad 1\cdot\left(i_4(t)-i_2(t)\right)+4\cdot\left(i_4(t)-i_5(t)\right)-5v_x(t)=0$$

$$\text{KVL}\boxed{5}：1\cdot i_5(t)+4\cdot\left(i_5(t)-i_4(t)\right)=0$$

由於 $v_x(t)=2\cdot\left(i_1(t)-i_3(t)\right)$，代入 KVL$\boxed{3}$ 與 KVL$\boxed{4}$ 兩式後成為

$$\underbrace{\begin{bmatrix} 5 & 0 & -2 & 0 & 0 \\ 0 & 2 & -1 & -1 & 0 \\ 8 & -1 & -7 & 0 & 0 \\ -10 & -1 & 10 & 5 & -4 \\ 0 & 0 & 0 & -4 & 5 \end{bmatrix}}_{F}\cdot\underbrace{\begin{bmatrix} i_1(t) \\ i_2(t) \\ i_3(t) \\ i_4(t) \\ i_5(t) \end{bmatrix}}_{i}=\underbrace{\begin{bmatrix} 1 & 0 \\ 0 & -1 \\ 0 & 0 \\ 0 & 0 \\ 0 & 0 \end{bmatrix}}_{G}\cdot\underbrace{\begin{bmatrix} 2 \\ 3 \end{bmatrix}}_{u}$$

其中 F 不是對稱矩陣，且 $|F|=508\neq-142\neq0$，矩陣 F^{-1} 存在。

步驟〔3〕：由網目電流方程式解出網目電流向量。

由於反矩陣 F^{-1} 存在，所以

$$i(t)=F^{-1}G\cdot\begin{bmatrix} 2 \\ 3 \end{bmatrix}=\begin{bmatrix} 1.0845 \\ -3.3028 \\ 1.7113 \\ -5.3169 \\ -4.2535 \end{bmatrix}$$

步驟〔4〕：將欲求得的 $v(t)$ 表為 $i(t)$ 與 $u(t)$ 線性函數後求解。

觀察電路可得

$$v(t)=1\cdot i_5(t)=-4.2535\text{V}$$

【練習 2.7-1】

電路如下圖所示，試利用網目分析法求出電流 $i(t)$。

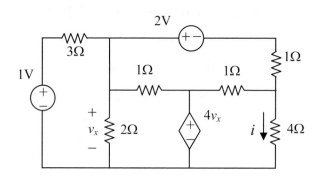

2.8 網目分析—電流源

當電路存在電流源時，網目電流方程式的推導必須利用到 KCL，為了清楚標示網目 $\boxed{j}$ 的網目電流方程式是根據 KCL 推導而得，在本書中特別以"KCL$\boxed{j}$"來代表。

以圖 2.8-1(a)之獨立電流源 $i_s(t)$ 為例，說明 KCL 的推導過程，令此電流源為網目 $\boxed{j}$ 與網目 $\boxed{k}$ 的共用元件，且網目電流 $i_j(t)$ 與 $i_s(t)$ 同向，而網目電流 $i_k(t)$ 則與 $i_s(t)$ 反向，接著觀察端點 A，雖然電流源 $i_s(t)$ 在端點 A 的真正連結方式可能相當複雜，但是可將其視為圖中封閉面 S 的虛線方式，即流入電流 $i_j(t)$，以及流出電流 $i_k(t)$ 與 $i_s(t)$，此時根據 KCL 可得 $-i_j(t)+i_s(t)+i_k(t)=0$，再經整理後成為 $i_j(t)-i_k(t)=i_s(t)$。利用相同的程序亦可推導出圖 2.8-1(b)與(c)中壓控電流源 $gv_x(t)$ 與流控電流源 $\beta i_x(t)$ 的方程式。底下依序列出這三種電壓源的方程式如下：

$$\text{KCL}\textcircled{j}: \quad i_j(t) - i_k(t) = i_s(t) \tag{2.8-1}$$

$$\text{KCL}\textcircled{j}: \quad i_j(t) - i_k(t) = gv_x(t) \tag{2.8-2}$$

$$\text{KCL}\textcircled{j}: \quad i_j(t) - i_k(t) = \beta i_x(t) \tag{2.8-3}$$

當獨立電流源 $i_s(t)$位在電路的邊界時,則通過的網目只有一個,令其為網目 $\boxed{\text{j}}$,則以上三式的 $i_k(t)$並不存在,故可簡化為

$$\text{KCL}\textcircled{j}: \quad i_j(t) = i_s(t) \tag{2.8-4}$$

$$\text{KCL}\textcircled{j}: \quad i_j(t) = gv_x(t) \tag{2.8-5}$$

$$\text{KCL}\textcircled{j}: \quad i_j(t) = \beta i_x(t) \tag{2.8-6}$$

接著以範例來說明利用網目分析法如何處理具有電流源的電路。

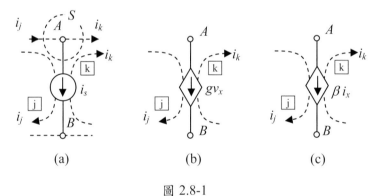

(a)　　　　　　　　(b)　　　　　　　　(c)

圖 2.8-1

■ 超網目

以圖 2.8-2 中的電路來說明,包括 4 個電流源 $i_a(t)$、$i_b(t)$、$gv_x(t)$與$\beta i_y(t)$,6 個網目電流 $i_j(t)$,$j=1,2,\ldots,6$,其中 $i_2(t)$流過獨立電流源 $i_a(t)$,$i_1(t)$流過壓控電流源 $gv_x(t)$,$i_1(t)$與 $i_3(t)$共用流控電流源$\beta i_y(t)$,$i_4(t)$與 $i_5(t)$共用獨立電流源 $i_b(t)$,根據$(2.8\text{-}1)$至$(2.8\text{-}6)$可得

$$\text{KCL}\boxed{2}: \quad i_2(t) = i_a(t) \tag{2.8-7}$$

$$\text{KCL}\boxed{1}\boxed{3}: \quad \begin{cases} i_1(t) = g v_x(t) \\ i_3(t) - i_1(t) = \beta i_y(t) \end{cases} \tag{2.8-8}$$

$$\text{KCL}\boxed{4}\boxed{5}: \quad i_5(t) - i_4(t) = i_b(t) \tag{2.8-9}$$

其中 KCL$\boxed{i}$代表利用 KCL 於網目$\boxed{i}$，而 KCL$\boxed{i}$ $\boxed{j}$則代表利用 KCL 於網目$\boxed{i}$與網目$\boxed{j}$，若仔細觀察，將可發現以上三式可分為兩種類別，第一類是方程式與網目電流的個數相同，如(2.8-7)與(2.8-8)，第二類是方程式個數比網目電流個數少 1，如(2.8-9)，顯然地，要求解第二類的網目電流，必須再加上 1 條方程式，才能讓方程式與網目電流的個數相同，這一條方程式通常是利用 KVL 來推導，也就是說(2.8-9)必須再加上 1 條 KVL$\boxed{4}$ $\boxed{5}$，為了求得此方程式，必須進一步將網目$\boxed{4}$與網目$\boxed{5}$結合，成為一個更大的網目，這種合成的網目稱為超網目(supermesh)，如圖 2.8-2 中的網目$\boxed{4}$ $\boxed{5}$就是一個超網目，事實上，超網目也可能包含三個以上的相連網目，但是不論超網目包含多少個相連網目，都只需要一條以 KVL 推導的網目電流方程式，其餘的都是直接利用 KCL 來推導。

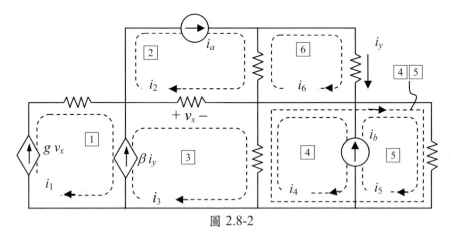

圖 2.8-2

接著介紹一個沒有超網目的電路，以圖 2.8-3 的電阻電路為例，包括 7 個元件，4 個網目，兩個獨立電源 I_s 與 $v_s(t)$，以及一個流控電流源 $\beta i_x(t)$，在此電路中欲求得通過 R_4 的電流 $i_x(t)$，則利用網目分析法的求解過程如下：

步驟〔1〕：將網目由 1 至 4 依序編號，設定網目電流 $i_1(t) \sim i_4(t)$，令網目電流向量為 $i(t) = \begin{bmatrix} i_1(t) & i_2(t) & i_3(t) & i_4(t) \end{bmatrix}^T$。

步驟〔2〕：利用柯契霍夫定律寫出 4 條網目電流方程式，由於存在電流源，因此必須利用 KCL 於相關的網目上。

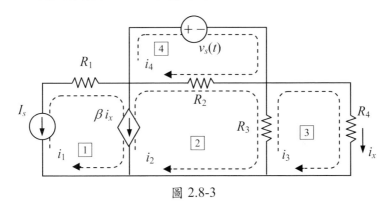

圖 2.8-3

在圖 2.8-3 中，網目電流 i_1 與 $i_2(t)$ 正好與兩個電流源相關，因此網目 ① 與網目 ② 不是超網目，利用 KCL 可得方程式如下：

$$\text{KCL}①② : \quad \begin{cases} i_1(t) = -I_s \\ i_1(t) - i_2(t) = \beta i_x(t) = \beta i_3(t) \end{cases} \tag{2.8-10}$$

其中 $i_x(t) = i_3(t)$，至於網目電流 $i_3(t)$ 與 $i_4(t)$ 並未經過電流源，因此可利用 KVL 來推導，方程式如下：

$$\text{KVL}③ : \quad R_4 i_3(t) + R_3(i_3(t) - i_2(t)) = 0 \tag{2.8-11}$$

$$\text{KVL}④ : \quad v_s(t) + R_2(i_4(t) - i_2(t)) = 0 \tag{2.8-12}$$

整理以上各式可得矩陣形式之網目電流方程式如下：

139

$$\underbrace{\begin{bmatrix} 1 & 0 & 0 & 0 \\ 1 & -1 & -\beta & 0 \\ 0 & -R_3 & R_3+R_4 & 0 \\ 0 & R_2 & 0 & -R_2 \end{bmatrix}}_{F} \cdot \underbrace{\begin{bmatrix} i_1(t) \\ i_2(t) \\ i_3(t) \\ i_4(t) \end{bmatrix}}_{i(t)} = \underbrace{\begin{bmatrix} -1 & 0 \\ 0 & 0 \\ 0 & 0 \\ 0 & 1 \end{bmatrix}}_{G} \cdot \underbrace{\begin{bmatrix} I_s \\ v_s(t) \end{bmatrix}}_{u(t)} \quad (2.8\text{-}13)$$

其中輸入向量 $u(t) = \begin{bmatrix} I_{s1} & I_{s2} \end{bmatrix}^T$ ，且 $|F| = R_2\left((R_3+R_4)+\beta R_3\right)$ ，當

$\beta \neq -\left(\dfrac{R_3+R_4}{R_3}\right)$ 時，反矩陣 F^{-1} 才存在。

步驟【3】：由網目電流方程式解出各網目電流。

令 $\beta \neq -\left(\dfrac{R_3+R_4}{R_3}\right)$ ，則反矩陣 F^{-1} 存在，由(2.8-13)可得

$$i(t) = \Phi u(t) \quad (2.8\text{-}14)$$

其中 $\Phi = F^{-1}G$ ，即

$$\Phi = \begin{bmatrix} 1 & 0 & 0 & 0 \\ 1 & -1 & -\beta & 0 \\ 0 & -R_3 & R_3+R_4 & 0 \\ 0 & R_2 & 0 & -R_2 \end{bmatrix}^{-1} \begin{bmatrix} -1 & 0 \\ 0 & 0 \\ 0 & 0 \\ 0 & 1 \end{bmatrix} \quad (2.8\text{-}15)$$

步驟【4】：將欲求得的電流 $i_x(t)$ 表為 $i(t)$ 與 $u(t)$ 的函數後求解。

由圖中電路可知 $i_x(t) = i_3(t)$ ，故

$$y(t) = \underbrace{\begin{bmatrix} 0 & 0 & 1 & 0 \end{bmatrix}}_{c} \cdot \underbrace{\begin{bmatrix} i_1(t) \\ i_2(t) \\ i_3(t) \\ i_4(t) \end{bmatrix}}_{i(t)} = c\boldsymbol{\Phi}u(t) \qquad (2.8\text{-}16)$$

其中輸出 $y(t)=i_3(t)$。

　　接著介紹具有超網目之電路，如圖 2.8-4 所示，電路中包括 6 個元件，3 個網目，一個獨立電流源 I_s，以及一個壓控電壓源 $\alpha v_x(t)$，在此電路中欲求得 R_3 的分枝電壓 $v_3(t)$，則利用網目分析法的求解過程如下：

步驟〔1〕：將所有的網目由 1 至 3 依序編號，設定網目電流 $i_1(t)$、$i_2(t)$、$i_3(t)$，令網目電流向量為 $\boldsymbol{i}(t) = \begin{bmatrix} i_1(t) & i_2(t) & i_3(t) \end{bmatrix}^T$。

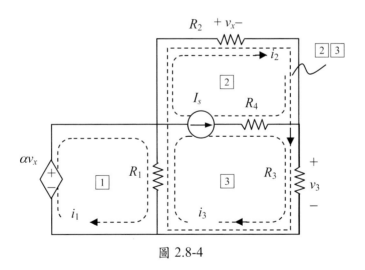

圖 2.8-4

步驟〔2〕：利用柯契霍夫定律寫出 3 條網目電流方程式，由於存在電流源，因此必須利用 KCL 於相關的網目上。

在圖 2.8-4 中，網目電流 $i_1(t)$ 不經過電流源，所以利用 KVL 寫出網目電流方程式如下：

$$\text{KVL}\boxed{1}: \quad R_1\big(i_1(t)-i_3(t)\big)=\alpha v_x(t)=\alpha R_2 i_2(t) \tag{2.8-17}$$

其中 $v_x(t)=R_2 i_2(t)$，而網目電流 $i_2(t)$ 與 $i_3(t)$ 通過電流源，因此必須以 KCL 寫出相關的方程式，表示式如下：

$$\text{KCL}\boxed{2}\boxed{3}: \quad i_2(t)-i_3(t)=-I_s \tag{2.8-18}$$

由於對網目電流 $i_2(t)$ 與 $i_3(t)$ 而言，仍欠缺 1 條方程式，因此網目 $\boxed{2}$ 與網目 $\boxed{3}$ 必須先合成超網目 $\boxed{2}\boxed{3}$，應注意的是超網目不會經過電流源，再利用 KVL 推導如下：

$$\text{KVL}\boxed{2}\boxed{3}: \quad -R_1\big(i_1(t)-i_3(t)\big)+R_2 i_2(t)+R_3 i_3(t)=0 \tag{2.8-19}$$

顯然地，與超網目相關的方程式，必須包括一條由 KVL 推導的方程式，整理以上各式後，可得矩陣形式之網目電流方程式如下：

$$\underbrace{\begin{bmatrix} R_1 & -\alpha R_2 & -R_1 \\ 0 & 1 & -1 \\ -R_1 & R_2 & R_1+R_3 \end{bmatrix}}_{\boldsymbol{F}} \cdot \underbrace{\begin{bmatrix} i_1(t) \\ i_2(t) \\ i_3(t) \end{bmatrix}}_{\boldsymbol{i}(t)} = \underbrace{\begin{bmatrix} 0 \\ -1 \\ 0 \end{bmatrix}}_{\boldsymbol{g}} \underbrace{\begin{matrix} I_s \\ u(t) \end{matrix}}_{} \tag{2.8-20}$$

其中輸入 $u(t)=I_s$，且 $|\boldsymbol{F}|=R_1\big(R_3+(1-\alpha)R_2\big)$，所以當 $\alpha \neq 1+\dfrac{R_3}{R_2}$ 時，反矩陣 $\boldsymbol{F}^{-1}$ 才存在。

步驟【3】：由網目電流方程式解出各網目電流。

令 $\alpha \neq 1+\dfrac{R_3}{R_2}$，則反矩陣 $\boldsymbol{F}^{-1}$ 存在，由(2.8-20)可得

$$i(t) = \boldsymbol{\Phi}\, u(t) \tag{2.8-21}$$

其中

$$\boldsymbol{\Phi} = \boldsymbol{F}^{-1}\boldsymbol{g} = \begin{bmatrix} R_1 & -\alpha R_2 & -R_1 \\ 0 & 1 & -1 \\ -R_1 & R_2 & R_1+R_3 \end{bmatrix}^{-1} \begin{bmatrix} 0 \\ -1 \\ 0 \end{bmatrix} \tag{2.8-22}$$

步驟〔4〕：將欲求得的電壓 $v_3(t)$ 表為 $i(t)$ 與 $u(t)$ 的函數後求解。

由圖中之電路可知 $v_3(t) = R_3 i_3(t)$，故

$$y(t) = \underbrace{\begin{bmatrix} 0 & 0 & R_3 \end{bmatrix}}_{c} \cdot \underbrace{\begin{bmatrix} i_1(t) \\ i_2(t) \\ i_3(t) \end{bmatrix}}_{i(t)} = c\boldsymbol{\Phi}\, u(t) \tag{2.8-23}$$

其中輸出 $y(t) = v_3(t)$。

　　本章所探討的節點分析法與網目分析法，是用來推導電阻電路的方程式，但也適用於非電阻電路，只是較為複雜，必須做適度的轉換，在後面章節中再來介紹。

《範例 2.8-1》

　　電路如下圖所示，試利用網目分析法求出電壓 $v(t)$。

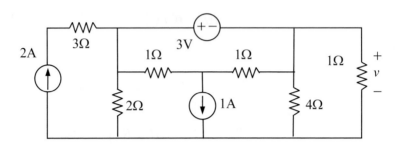

解答：

　　首先重畫電路於下圖中，共有 5 個網目電流，依據網目分析法，其分析的基本步驟如下：

步驟〔1〕： 將網目由 1 至 5 依序編號，設定網目電流 $i_1(t) \sim i_5(t)$，令網目電流向量為 $\boldsymbol{i}(t) = \begin{bmatrix} i_1(t) & i_2(t) & \cdots & i_5(t) \end{bmatrix}^T$。

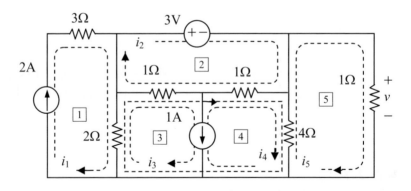

步驟〔2〕： 利用柯契霍夫定律寫出 5 條網目電流方程式。

在上圖中存在超網目 ③④，各網目電流方程式推導如下：

$$\text{KCL①}：\quad i_1(t) = 2$$
$$\text{KVL②}：\quad 1 \cdot (i_2(t) - i_4(t)) + 1 \cdot (i_2(t) - i_3(t)) + 3 = 0$$
$$\text{KCL③④}：\quad i_3(t) - i_4(t) = 1$$

$$\text{KVL}\boxed{3}\boxed{4}: \quad 2 \cdot \left(i_3(t) - i_1(t)\right) + 1 \cdot \left(i_3(t) - i_2(t)\right)$$
$$+ 1 \cdot \left(i_4(t) - i_2(t)\right) + 4 \cdot \left(i_4(t) - i_5(t)\right) = 0$$
$$\text{KVL}\boxed{5}: \quad 1 \cdot i_5(t) + 4 \cdot \left(i_5(t) - i_4(t)\right) = 0$$

改寫為矩陣形式之網目方程式如下：

$$\underbrace{\begin{bmatrix} 1 & 0 & 0 & 0 & 0 \\ 0 & 2 & -1 & -1 & 0 \\ 0 & 0 & 1 & -1 & 0 \\ -2 & -2 & 3 & 5 & -4 \\ 0 & 0 & 0 & -4 & 5 \end{bmatrix}}_{F} \cdot \underbrace{\begin{bmatrix} i_1(t) \\ i_2(t) \\ i_3(t) \\ i_4(t) \\ i_5(t) \end{bmatrix}}_{i} = \underbrace{\begin{bmatrix} 1 & 0 & 0 \\ 0 & 0 & -1 \\ 0 & 1 & 0 \\ 0 & 0 & 0 \\ 0 & 0 & 0 \end{bmatrix}}_{G} \cdot \underbrace{\begin{bmatrix} 2 \\ 1 \\ 3 \end{bmatrix}}_{u}$$

其中 $|F| = 28 \neq 0$，故反矩陣 F^{-1} 存在。

步驟〔3〕：由網目電流方程式解出各網目電流。

由於反矩陣 F^{-1} 存在，所以

$$i(t) = \begin{bmatrix} i_1(t) \\ i_2(t) \\ i_3(t) \\ i_4(t) \\ i_5(t) \end{bmatrix} = F^{-1}G \cdot \begin{bmatrix} 2 \\ 1 \\ 3 \end{bmatrix} = \begin{bmatrix} 2.000 \\ -1.357 \\ 0.643 \\ -0.357 \\ -0.286 \end{bmatrix}$$

步驟〔4〕：將欲求得的 $v(t)$ 表為 $i(t)$ 與 $u(t)$ 的函數後求解。

由圖中電路可得

$$v(t) = 1 \cdot i_5(t) = -0.286 \text{ V}$$

【練習 *2.8-1*】

電路如下圖所示，試利用網目分析法求出電壓 $v_x(t)$。

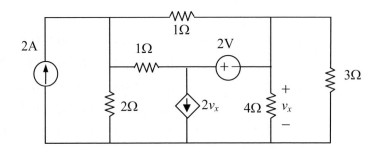

◀◀◀

習題

P2-1 有一電路如下圖所示，請利用節點分析法求解電流 $i(t)$。

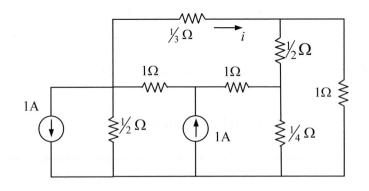

P2-2 電路如下圖所示，請以節點分析法求取電流 $i_x(t)$。

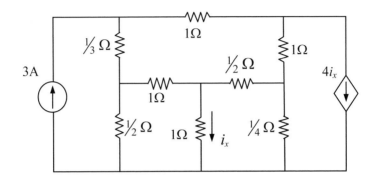

P2-3 電路如下圖所示，請以節點分析法求取電流 $i_x(t)$。

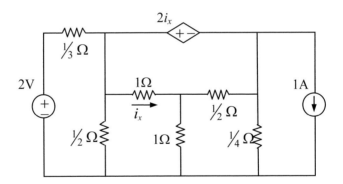

P2-4 電路如下圖所示，請以節點分析法求取電流 $i_x(t)$。

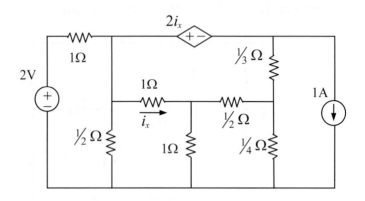

P2-5 電路如下圖所示，試利用網目分析法求出電壓 $v(t)$ 與電流 $i(t)$。

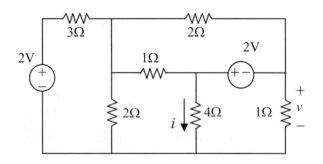

P2-6 電路如下圖所示，試利用網目分析法求出電壓 $v(t)$。

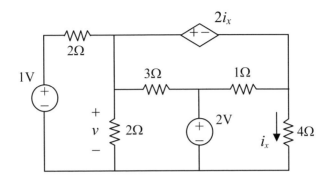

P2-7 電路如下圖所示，試利用網目分析法求出電壓 $v(t)$。

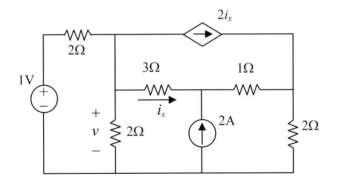

第3章

電路基本原理

在上一章中介紹了分析電阻電路的方法：節點分析法與網目分析法，這兩種方法主要是根據 KVL 與 KCL 這兩項基本原理，在本章中將繼續介紹一些重要的電路原理，包括重疊定理、電源轉換、戴維寧與諾頓等效電路、最大功率傳輸定理、Y-Δ電阻轉換等，若能善用這些定理，有時可以更簡化電路的分析；此外，本章在說明這些原理時，雖然都是以電阻電路為主要對象，但是有些原理也適用於非電阻電路，甚至是所有的電路。

3.1 重疊定理

重疊定理(the principle of superposition)是線性系統(linear system)的重要特性之一，可用來描述線性系統的輸入與輸出間的關係，在這一節中將介紹重疊原理在電阻電路上的應用。

圖 3.1-1

在圖 3.1-1 中所描繪的是一個系統的組成要件，它必須包括：本體 S、輸入 $u_1(t), \cdots, u_p(t)$ 與輸出 $y(t)$，以第二章所介紹的電阻電路為例，一個電路即視為一個系統本體 S，它所具有的 p 個獨立電源即系統的輸入，若以向量形式來表示，則 p 個獨立電源可合寫為輸入向量 $u(t)=[u_1(t) \cdots u_p(t)]^T$，而所欲求得的電壓或電流，即系統的輸出 $y(t)$；此外為了描述系統的功能，通常以 $y(t)=H[u(t)]$ 來表示系統的輸出與輸入關係，即輸出 $y(t)$ 是輸入向量 $u(t)$ 經由函數 H 的映射結果，此式稱為系統 S 的輸入-輸出方程式，若是輸入-輸出方程式具有線性關係，則稱該系統為線性系統。

所謂線性關係通常可再細分為均質性(homogeneity)與加成性(additivity)。均質性是指當系統的輸入增為 α 倍時，其輸出也會增為 α 倍，也就是說，當輸入為

$U(t)=\alpha\boldsymbol{u}(t)$時，其輸出 $Y(t)$亦增為α倍，其計算式如下：

$$Y(t)=H[U(t)]=H[\alpha\boldsymbol{u}(t)]=\alpha\cdot H[\boldsymbol{u}(t)]=\alpha\cdot y(t) \qquad (3.1\text{-}1)$$

至於加成性則與多個輸入有關，假設輸入 $\boldsymbol{u}(t)$與 $\boldsymbol{w}(t)$的輸出分別為 $y(t)=H[\boldsymbol{u}(t)]$ 與 $z(t)=H[\boldsymbol{w}(t)]$，若是將兩者的和 $U(t)=\boldsymbol{u}(t)+\boldsymbol{w}(t)$輸入系統，所得到的輸出為

$$Y(t)=H[U]=H[\boldsymbol{u}(t)+\boldsymbol{w}(t)]=H[\boldsymbol{u}(t)]+H[\boldsymbol{w}(t)]=y(t)+z(t) \quad (3.1\text{-}2)$$

則稱該系統具有加成性。

　　當一個系統的輸出與輸入的關係滿足均質性與加成性時，則稱其為線性系統，例如在上一章中所探討的電阻電路，不論是利用節點電壓法或網目電流法，其輸出皆可表為

$$y(t) = H[\boldsymbol{u}(t)] = h_1 u_1(t) + h_2 u_2(t) + \cdots + h_p u_p(t) \qquad (3.1\text{-}3)$$

　　如(2.1-15)與(2.5-7)所示，其中 $\boldsymbol{u}(t)=[u_1(t) \cdots u_p(t)]^T$，當輸入以$\alpha$倍變化時，利用(3.1-3)可得

$$H[\alpha\boldsymbol{u}(t)] = h_1 \cdot \alpha u_1(t) + h_2 \cdot \alpha u_2(t) + \cdots + h_p \cdot \alpha u_p(t) \qquad (3.1\text{-}4)$$

$$= \alpha(h_1 u_1(t) + h_2 u_2(t) + \cdots + h_p u_p(t)) = \alpha \cdot H[\boldsymbol{u}(t)]$$

此式滿足(3.1-1)的均質性。

　　其次是加成性，考慮另一輸入 $\boldsymbol{w}(t)=[w_1(t) \cdots w_p(t)]^T$，若是將 $\boldsymbol{u}(t)+\boldsymbol{w}(t)$輸入系統時，則利用(3.1-3)計算，可得輸出為

$$H[\boldsymbol{u}(t) + \boldsymbol{w}(t)] \qquad (3.1\text{-}5)$$

$$= h_1 \cdot (u_1(t) + w_1(t)) + \cdots + h_p \cdot (u_p(t) + w_p(t))$$

$$= (h_1 u_1(t) + \cdots + h_p u_p(t)) + (h_1 w_1(t) + \cdots + h_p w_p(t))$$

$$= H[\boldsymbol{u}(t)] + H[\boldsymbol{w}(t)]$$

此式滿足(3.1-2)的加成性，故電阻電路是一個線性系統。

接著說明與電路分析相關的重疊原理，根據(3.1-3)，可以將電阻電路的輸出改寫為

$$y(t) = \sum_{i=1}^{p} y_i(t) = \sum_{i=1}^{p} h_i u_i(t) = \boldsymbol{h}\boldsymbol{u}(t) \tag{3.1-6}$$

其中 $\boldsymbol{h}=[h_1 \cdots h_p]$，$y_i(t) = h_i u_i(t)$，若是令 $\boldsymbol{u}_i(t) = \boldsymbol{u}(t)\big|_{\substack{u_j=0 \\ j \neq i}}$，則

$$\boldsymbol{u}(t) = \underbrace{\begin{bmatrix} u_1(t) \\ 0 \\ 0 \\ \vdots \\ 0 \end{bmatrix}}_{\boldsymbol{u}_1(t)} + \underbrace{\begin{bmatrix} 0 \\ u_2(t) \\ 0 \\ \vdots \\ 0 \end{bmatrix}}_{\boldsymbol{u}_2(t)} + \cdots + \underbrace{\begin{bmatrix} 0 \\ 0 \\ 0 \\ \vdots \\ u_p(t) \end{bmatrix}}_{\boldsymbol{u}_p(t)} \tag{3.1-7}$$

此外 $y_i(t)$ 也可表為

$$y_i(t) = h_i u_i(t) = \boldsymbol{h}\boldsymbol{u}_i(t) \tag{3.1-8}$$

因此(3.1-6)亦可改寫為

$$y(t) = \sum_{i=1}^{p} y_i(t) = \sum_{i=1}^{p} h_i u_i(t) = \sum_{i=1}^{p} \boldsymbol{h}\boldsymbol{u}_i(t) \tag{3.1-9}$$

根據此式，在電路學中所描述的重疊原理如下：

　　一個具有多個獨立電源的線性電路，其輸出正好等於將每一個獨立電源單獨輸入後所求得的輸出總合。

底下以圖 3.1-2(a)的線性電路為例作說明，中間的方塊是電路的本體結構，是由是電阻、非獨立電壓源或非獨立電流源所組成，在方塊左端的三個獨立電源為電路的輸入，包括兩個電壓源 $v_{s1}(t)$ 與 $v_{s2}(t)$，以及一個電流源 $i_{s3}(t)$，而方塊的右端為負載電阻 R_4，通過此電阻的電流 $i_4(t)$ 即欲求取的輸出，也就是說 $y(t)=i_4(t)$。

接著考慮圖(b)、圖(c)與圖(d)，三者所使用的電路都與圖(a)相同，只有在電源方面有所差異。在圖(b)中，只使用 $v_{s1}(t)$，而不使用另外兩個電源，即 $v_{s2}(t)=0$ 與 $i_{s3}(t)=0$，也就將 $v_{s2}(t)$ 短路，$i_{s3}(t)$ 開路，令在此情況下所求得的輸出 $i_4(t)$ 為 $y_1(t)$；在圖(c)中，只使用 $v_{s2}(t)$，而不使用另外兩個電源，即 $v_{s1}(t)=0$ 與 $i_{s3}(t)=0$，也就將 $v_{s1}(t)$ 短路，$i_{s3}(t)$ 開路，令所求得的輸出 $i_4(t)$ 為 $y_2(t)$；而在圖(d)中，只使用 $i_{s3}(t)$，而將 $v_{s1}(t)$ 與 $v_{s2}(t)$ 都短路，即 $v_{s1}(t)=0$ 與 $v_{s2}(t)=0$，令所求得的輸出 $i_4(t)$ 為 $y_3(t)$，再根據重疊原理可得 $y(t)=y_1(t)+y_2(t)+y_3(t)$。

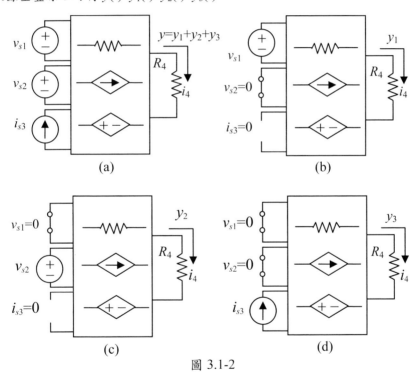

圖 3.1-2

事實上，利用重疊原理來分析電路，有時相當快速，有時則顯得繁瑣，想要有效率地分析電路，並沒有特定的方法，端看分析者對所使用的分析工具是否熟練而定。

《範例 3.1-1》

下圖之電路包括 5V 直流電壓與 0.01A 直流電流，請利用重疊原理求解電阻 300Ω之電壓 $v_o(t)$

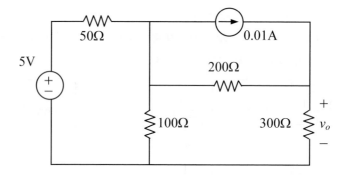

解答：

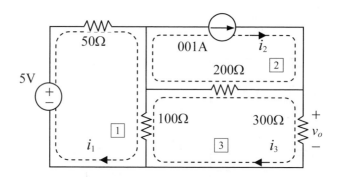

電路如上圖，標示 3 個網目電流 $i_1(t)$、$i_2(t)$、$i_3(t)$，並利用網目分析法推導只使用直流電壓 5V 或直流電流 0.01A 之電路。

首先探討只使用直流電壓 5V 之情況，如下圖所示，其中直流電流 0.01A 為斷路，因此不存在網目電流 $i_2(t)$，根據網目分析法可得網目電流方程式如下：

KVL$\boxed{1}$：　　$50i_1(t)+100(i_1(t)-i_3(t))=5$

KVL$\boxed{3}$：　　$300i_3(t)+100(i_3(t)-i_1(t))+200i_3(t)=0$

計算後可得 $i_3(t)=6.25\text{mA}$ ，故輸出 $y_1(t)=300i_3(t)=1.875\,\text{V}$ 。

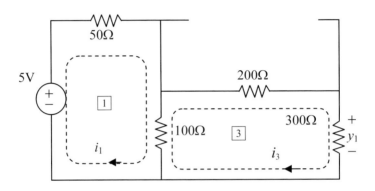

接著探討只使用直流電流 0.01A 之情況，如下圖所示，其中直流電壓 5V
為短路，根據網目分析法可得

KVL$\boxed{1}$：　　$50i_1(t)+100(i_1(t)-i_3(t))=0$

KCL$\boxed{2}$：　　$i_2(t)=0.01$

KVL$\boxed{3}$：　　$300i_3(t)+100(i_3(t)-i_1(t))+200(i_3(t)-i_2(t))=0$

計算後可得 $i_3(t)=3.75\text{mA}$ ，故輸出 $y_2(t)=300i_3(t)=1.125\,\text{V}$ 。

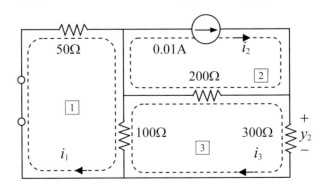

故根據重疊原理可知輸出正好等於兩個獨立電源單獨輸入後之輸出總合，即 $v_o(t) = y_1(t) + y_2(t) = 1.875 + 1.125 = 3\,\text{V}$。

【練習 3.1-1】

右圖之電路包括 5V 直流電壓與 0.01A 直流電流，請利用重疊原理求解電阻 300Ω之電壓 $v_o(t)$

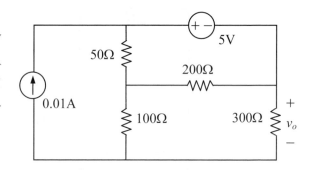

◀◀◀

3.2 電源轉換

在實際的獨立電源中，由於電源本身必須消耗能量，因此獨立電壓源 $v_s(t)$ 必須串聯一個電阻 r，而獨立電流源 $i_s(t)$ 則必須並聯一個電導 g，如圖 1.9-7 所示，這也是這一節中所要探討的電源架構，所不同的是，此處所指的電源可以是圖 3.2-1 的獨立電源 $v_s(t)$ 與 $i_s(t)$，也可以是圖 3.2-2 的非獨立電源 $v_z(t)$ 與 $i_z(t)$，其中串聯的電阻為 R_s，並聯的電阻為 R_p。

所謂電源轉換(source transformation)是指將電壓源轉換為電流源，或者是將電流源轉換為電壓源，由於獨立或非獨立電源的轉換方式都相同，底下將以圖 3.2-1 的獨立電源為探討對象，而不再針對圖 3.2-2 的非獨立電源的轉換做說明。

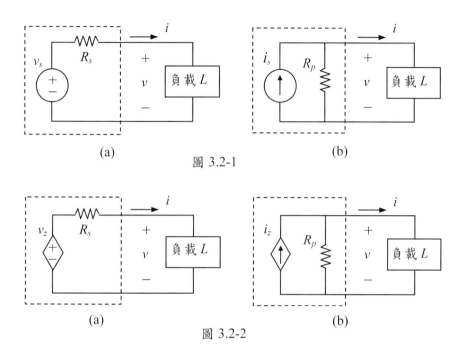

(a)　　　　　　　　　　　　　　　　　(b)

圖 3.2-1

(a)　　　　　　　　　　　　　　　　　(b)

圖 3.2-2

　　不論負載 L 為何，若負載電流 $i(t)$ 與電壓 $v(t)$ 在圖 3.2-1(a)中與圖 3.2-1(b)中都相同時，則稱兩圖中的電壓源與電流源互為等效電源，可以互相取代。利用 KVL 於圖 3.2-1(a)中，可得

$$v(t) + R_s i(t) = v_s(t) \qquad (3.2\text{-}1)$$

而利用 KCL 於圖 3.2-1(b)中，可得

$$\frac{v(t)}{R_p} + i(t) = i_s(t) \qquad (3.2\text{-}2)$$

由於不論負載 L 為何，以上兩式的 $v(t)$ 與 $i(t)$ 都必須相等，因此當負載 L 短路時，即電壓 $v(t){=}0$，可得 $R_s i(t) = v_s(t)$ 與 $i(t) = i_s(t)$，故

$$v_s(t) = R_s i_s(t) \qquad (3.2\text{-}3)$$

而當載 L 開路時,即電流 $i(t)=0$,可得 $v(t)=v_s(t)$ 與 $\dfrac{v(t)}{R_p}=i_s(t)$,故

$$v_s(t)=R_p i_s(t) \tag{3.2-4}$$

比較以上兩式可知

$$R_s=R_p \tag{3.2-5}$$

換句話說,欲將電壓源與電流源相互轉換時,所需設定的並聯電阻 R_p 與串聯電阻 R_s 必須相同,且電壓源與電流源的大小必須滿足(3.2-3)或(3.2-4)。若為圖 3.2-2 之非獨立電源時,僅需將(3.2-3)與(3.2-4)中的 $v_s(t)$ 與 $i_s(t)$ 修正為 $v_z(t)$ 與 $i_z(t)$ 即可,而(3.2-5)維持不變。

《範例 3.2-1》

在下圖中 $R_1=R_2=R_3=R_4=r\,\Omega$,$R_5=R_6=2r\,\Omega$,若施加電壓 V_s,則節點①、②與③的節點電壓 $v_1(t)$、$v_2(t)$ 與 $v_3(t)$ 分別為多少?

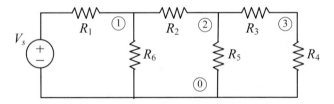

解答:

本題曾在範例 1.9-4 中,利用串聯與並聯電阻的方法,由右而左求解,此處將改採電源轉換方法,由左而右處理如下:

(1)將電壓源 V_s 與電阻 R_1 化為電流源 I_1,如下圖:

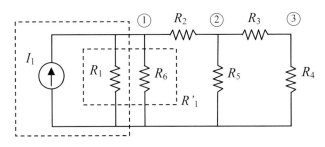

其中 $I_1 = \dfrac{V_s}{R_1} = \dfrac{V_s}{r}$，$R_1$ 與 R_6 之等效電阻 $R_1' = R_1 /\!/ R_6 = \dfrac{2r}{3}$。

(2)將電流源 I_1 與電阻 R_1' 化為電壓源 V_1，如下圖：

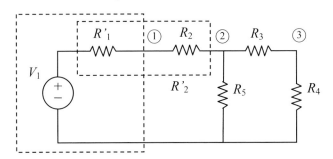

其中 $V_1 = R_1' I_1 = \dfrac{2V_s}{3}$，$R_1'$ 與 R_2 之等效電阻 $R_2' = R_1' + R_2 = \dfrac{5r}{3}$。

(3)將電壓源 V_1 與電阻 R_2' 化為電流源 I_2，如下圖：

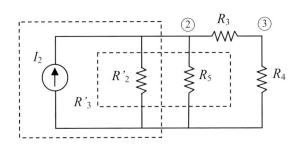

其中 $I_2 = \dfrac{V_1}{R_2'} = \dfrac{2V_s}{5r}$ ，R'_2 與 R_5 之等效電阻 $R_3' = R_2' /\!/ R_5 = \dfrac{10r}{11}$ 。

(4)將電流源 I_2 與電阻 R_3' 化為電壓源 V_3 ，如下圖：

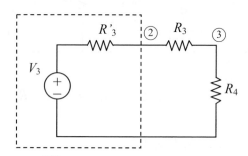

其中 $V_3 = R_3' I_2 = \dfrac{4V_s}{11}$ 。

(5) 上圖中，利用分壓公式可得節點③與節點②的電壓如下：

$$v_3(t) = \frac{R_4}{R_3' + R_3 + R_4} V_3 = \frac{r}{\dfrac{10r}{11} + r + r} \cdot \frac{4V_s}{11} = \frac{1}{8} V_s$$

$$v_2(t) = \frac{R_3 + R_4}{R_3' + R_3 + R_4} V_3 = \frac{2r}{\dfrac{10r}{11} + r + r} \cdot \frac{4V_s}{11} = \frac{1}{4} V_s$$

再由步驟(2)中之電路圖，按分壓比可得

$$\frac{V_1 - v_2(t)}{v_1(t) - v_2(t)} = \frac{R_1' + R_2}{R_2}$$

整理後成為

$$v_1(t) = \frac{R_2}{R_1' + R_2} V_1 + \frac{R_1'}{R_1' + R_2} v_2(t) = \frac{V_s}{2}$$

由以上之分析可知，$v_1(t) = \dfrac{V}{2}$，$v_2(t) = \dfrac{V}{4}$，$v_3(t) = \dfrac{V}{8}$，與範例 1.9-4 的結果相同。

【練習 3.2-1】

下圖中 $R_1 = R_2 = R_3 = R_4 = 2\,\Omega$，$R_5 = R_6 = 6\,\Omega$，若施加電壓 $V_s = 9\text{V}$，則節點①、②與③的節點電壓 $v_1(t)$、$v_2(t)$ 與 $v_3(t)$ 分別為多少？

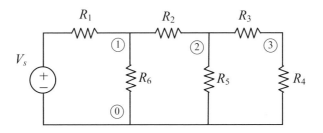

3.3 戴維寧與諾頓等效電路

在分析電路時經常會面對圖 3.3-1 的電路，包括供電電路與負載電路兩部分，兩者只以兩端點 a 與 b 互相連接，而且負載電路可以任意改變，但不會影響供電電路中的非獨立電源，換句話說，控制這些非獨立電源變化的元件都存在供電電路本身，而不在負載電路中。

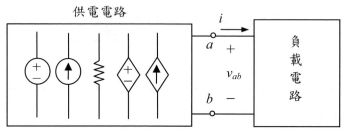

供電電路

i

a +

v_{ab}

b −

負載電路

圖 3.3-1

■ 戴維寧等效電路

首先討論戴維寧等效電路 (Thevenin Equivalent Circuits)，其目的是將供電電路簡化為一個等效電壓源，如圖 3.3-2 所示，包括等效獨立電壓源 $v_T(t)$ 與串聯等效電阻 R_T，其方程式為

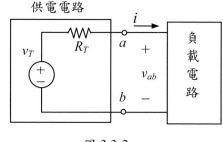

供電電路

v_T　R_T　a　+　v_{ab}　b −

負載電路

i

圖 3.3-2

$$v_T(t) = v_{ab}(t) + R_T i(t) \qquad (3.3\text{-}1)$$

其中 $v_T(t)$ 稱為戴維寧等效電壓，R_T 稱為戴維寧等效電阻。

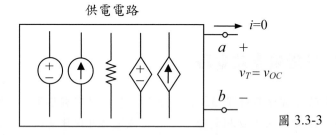

供電電路

$i=0$

a +

$v_T = v_{OC}$

b −

圖 3.3-3

根據(3.3-1)，當 $i(t)=0$ 時可得 $v_T(t) = v_{ab}(t)$，以實際的電路來看，$i(t)=0$ 所代表的意義就是讓端點 a 與 b 形成開路，如圖 3.3-3 所示，此時兩端點間的電壓稱為開路電壓，表為 $v_{ab}(t) = v_{OC}(t)$，其中 $v_{OC}(t)$ 即開路電壓，故戴維寧等效電壓可表為

$$v_T(t) = v_{OC}(t) \qquad (3.3\text{-}2)$$

換句話說，欲求得戴維寧等效電壓 $v_T(t)$，可將端點 a 與 b 開路，並測量其開路電壓 $v_{OC}(t)$ 即可。

　　至於求取戴維寧等效電阻 R_T 的方法，可分為兩類，首先是供電電路中只有獨立電源與電阻，而不存在任何非獨立電源，針對此類供電電路，僅需將獨立電源拔除，也就是說，將獨立電壓源短路，且將獨立電流源開路，如圖 3.3-4(a) 所示，使得 $v_T(t) = 0$，再量測端點 a 與 b 的等效電阻 R_T 即可，如圖 3.3-4(b)所示。

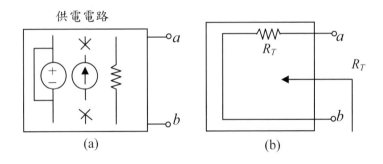

圖 3.3-4

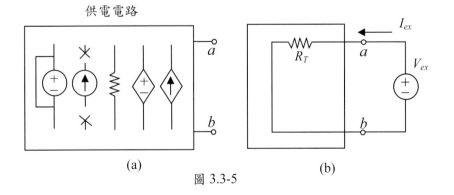

圖 3.3-5

　　其次是供電電路中存在非獨立電源，如圖 3.3-5(a)所示，針對此類供電電路，除了將獨立電源拔除外，還必須自端點 a 與 b 輸入額外的直流電源 V_{ex}，求解電流 I_{ex}，再由關係式 $R_T = V_{ex}/I_{ex}$ 來求得戴維寧等效電阻 R_T，如圖 3.3-5(b)所示，底下利用兩個例子來說明求解戴維寧等效電路的過程。

　　考慮圖 3.3-6 之電路，其中虛線區域內的電路，可視為供電電路，包括四個電阻，以及兩個獨立電源 $v_s(t)$ 與 $i_s(t)$，而外接的負載電路可依據使用的需求來加以改變。雖然此電路只要在給定負載電路後，就可利用節點分析法或網目分析法來求解負載電路中的電壓與電流，但是每當負載電路改變時，就必須重新分析整個電路，導致分析上的不便，若是採用戴維寧等效電路來取代供電電路，那麼自然能夠解決以上的困擾。

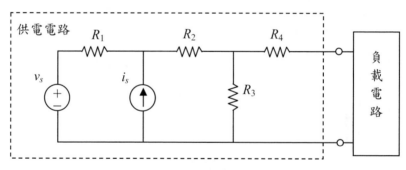

圖 3.3-6

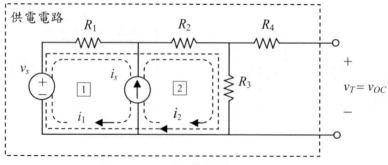

圖 3.3-7

　　由圖 3.3-3 可知，上述供電電路之戴維寧等效電壓 $v_T(t)$ 會等於開路電壓 $v_{OC}(t)$，因此先將負載電路移去，並根據網目分析法，設定網目電流 $i_1(t)$ 與 $i_2(t)$，如圖 3.3-7 所示，由於網目 ① 與 ② 共用一個電流源，因此形成超網目，其網目電流方程式表為

$$\text{KCL②③：}\quad i_2(t) - i_1(t) = i_s(t) \tag{3.3-3}$$

$$\text{KVL②③：}\quad R_1 i_1(t) + (R_2 + R_3) i_2(t) = v_s(t) \tag{3.3-4}$$

由以上兩式可得

$$i_2(t) = \frac{v_s(t) + R_1 i_s(t)}{R_1 + R_2 + R_3} \tag{3.3-5}$$

故戴維寧等效電壓為

$$v_T(t) = R_3 i_2(t) = \frac{R_3 v_s(t) + R_1 R_3 i_s(t)}{R_1 + R_2 + R_3} \tag{3.3-6}$$

接著求解戴維寧等效電阻 R_T。

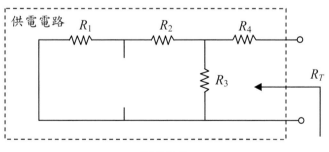

圖 3.3-8

　　由於供電電路中只有獨立電源與電阻，因此僅需將獨立電源拔除，再量測供電電路的電阻即可，如圖 3.3-8 所示，利用電阻的串聯與並聯性質，可得

$$R_T = R_4 + R_3 // (R_1 + R_2) = R_4 + \frac{R_3(R_1 + R_2)}{R_1 + R_2 + R_3} \tag{3.3-7}$$

故戴維寧等效電路如圖 3.3-9 所示。

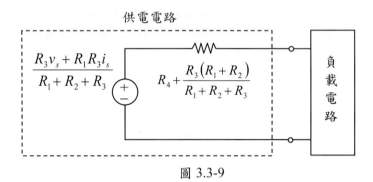

圖 3.3-9

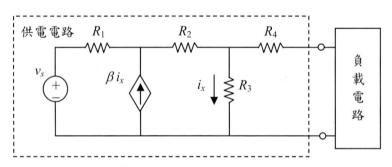

圖 3.3-10

接著考慮圖 3.3-10 之電路，其中虛線區域內的供電電路，包括四個電阻，一個獨立電源 $v_s(t)$ 與一個非獨立電源 $\beta i_x(t)$，此供電電路的戴維寧等效電壓 $v_T(t)$ 可利用開路電壓 $v_{OC}(t)$ 來求得，因此先將負載電路移去，並根據網目分析法，設定網目電流 $i_1(t)$ 與 $i_2(t)$，如圖 3.3-11 所示，由於網目 ①與②共用一個電流源，因此形成超網目，其網目電流方程式表為

$$\text{KCL}①②：\quad i_2(t)-i_1(t)=\beta i_x(t)=\beta i_2(t) \tag{3.3-8}$$

$$\text{KVL}①②：\quad R_1 i_1(t)+(R_2+R_3)i_2(t)=v_s(t) \tag{3.3-9}$$

由以上兩式可得

$$i_2(t) = \frac{v_s(t)}{(1-\beta)R_1 + R_2 + R_3} \qquad (3.3\text{-}10)$$

故戴維寧等效電壓為

$$v_T(t) = R_3 i_2(t) = \frac{R_3 v_s(t)}{(1-\beta)R_1 + R_2 + R_3} \qquad (3.3\text{-}11)$$

不過應注意的是流控電流源必須滿足 $\beta \neq \dfrac{R_1 + R_2 + R_3}{R_1}$，否則 $i_2(t)$無解，亦即不存在戴維寧等效電壓。

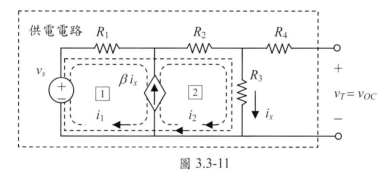

圖 3.3-11

　　接著求取戴維寧等效電阻 R_T，由於供電電路中包括非獨立電源，因此除了將獨立電源拔除外，還必須自原來連接負載電路的兩端點輸入直流電源 V_{ex}，進而求解電流 I_{ex}，再由關係式 $R_T = V_{ex}/I_{ex}$ 來解得戴維寧等效電阻 R_T。

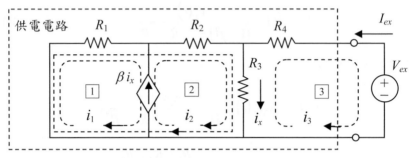

圖 3.3-12

如圖 3.3-12 所示，仍然採用網目分析法，設定網目電流 $i_1(t)$、$i_2(t)$ 與 $i_3(t)$，其中網目 ① 與 ② 形成超網目，網目電流方程式為

$$\text{KCL} \boxed{1}\boxed{2} : \quad i_2(t) - i_1(t) = \beta i_x(t) = \beta\big(i_2(t) - i_3(t)\big) \tag{3.3-12}$$

$$\text{KVL} \boxed{1}\boxed{2} : \quad R_1 i_1(t) + R_2 i_2(t) + R_3\big(i_2(t) - i_3(t)\big) = 0 \tag{3.3-13}$$

$$\text{KVL} \boxed{3} : \qquad R_3\big(i_3(t) - i_2(t)\big) + R_4 i_3(t) = -V_{ex} \tag{3.3-14}$$

由以上三式可得

$$i_3(t) = -\frac{(1-\beta)R_1 + R_2 + R_3}{(R_1 + R_2)R_3 + \big((1-\beta)R_1 + R_2 + R_3\big)R_4} V_{ex} \tag{3.3-15}$$

再由圖 4.3-12 可知 $i_3(t) = -I_{ex}$，故可得

$$R_T = \frac{V_{ex}}{I_{ex}} = \frac{V_{ex}}{-i_3(t)} = R_4 + \frac{(R_1 + R_2)R_3}{(1-\beta)R_1 + R_2 + R_3} \tag{3.3-16}$$

故戴維寧等效電路如圖 3.3-13 所示。同樣地，必須滿足 $\beta \neq \dfrac{R_1 + R_2 + R_3}{R_1}$，否則 R_T 無解，亦即不存在戴維寧等效電阻。

供電電路

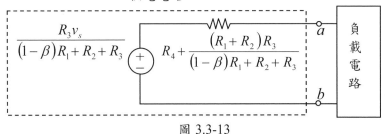

圖 3.3-13

　　仔細觀察圖 3.3-2 的戴維寧等效電路，可看出它本身就類似一個獨立電壓源，故可利用上一節所介紹的電源轉換(3.2-4)與(3.2-5)，將它轉化為獨立電流源，如圖 3.3-14 所示，此電路即諾頓等效電路，其中諾頓等效電流 $i_N(t)$ 與諾頓等效電阻 R_N 分別為

$$i_N(t) = \frac{v_T(t)}{R_T} \tag{3.3-17}$$

$$R_N = R_T \tag{3.3-18}$$

以上只是求解諾頓等效電路的一種方法，為了說明諾頓等效電流與電阻的實際意義，底下仍然利用電路來重新推導諾頓等效電路。

■ 諾頓等效電路

　　接著討論諾頓等效電路 (Norton equivalent circuit)，如圖 3.3-14，它是利用獨立電流源 $i_N(t)$ 與並聯電阻 R_N 來取代供電電路，根據 KCL 可得方程式如下：

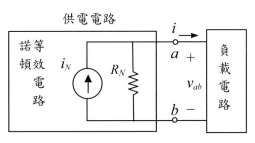

圖 3.3-14

$$\frac{v_{ab}(t)}{R_N} + i(t) = i_N(t) \tag{3.3-19}$$

由此式可知，當 $v_{ab}(t)$=0 時，可得 $i_N(t) = i(t)$，以實際的電路來看，$v_{ab}(t)$=0 所代表的意義就是讓端點 a 與 b 短路，如圖 3.3-15 所示，此時兩端點間的電流稱為短路電流，表為 $i(t) = i_{SC}(t)$，其中 $i_{SC}(t)$ 即短路電流，故諾頓等效電流可表為

$$i_N(t) = i_{SC}(t) \tag{3.3-20}$$

換句話說，欲求得諾頓等效電流 $i_N(t)$，可將端點 a 與 b 短路，並測量其短路電流 $i_{SC}(t)$ 即可。至於諾頓等效電阻 R_N 的求法，與戴維寧等效電阻 R_T 的求法完全一樣，在此不再贅述。

供電電路

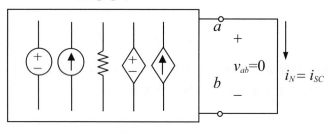

圖 3.3-15

《範例 3.3-1》

在下圖中 $R_1=R_2=R_3=10\,\Omega$，若施加電壓 $v_s(t)$=6V，則由負載 R_L 端所看到的戴維寧等效電路與諾頓等效電路各為何？

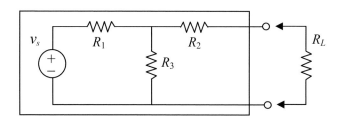

解答：

(1)　戴維寧等效電路

　　首先將負載 R_L 移除，如下圖中之圖(a)所示，再求開路電壓 $v_{OC}(t)$，此時 R_2 上沒有電流，故 $v_{OC}(t)$ 為 R_3 的壓降，利用分壓公式可得

$$v_{OC}(t) = \frac{R_3}{R_1 + R_3} v_s(t) = \frac{10}{10 + 10} \cdot 6 = 3 \text{ V}$$

　　故 $v_T(t)=v_{OC}(t)=3$V，至於等效電阻 R_T，因為不存在非獨立電源，所以直接移除獨立電源，如圖(b)所示，利用電阻的串聯與並聯可直接求得

$$R_T = R_2 + (R_1 /\!/ R_3) = 10 + \left(\frac{1}{10} + \frac{1}{10}\right)^{-1} = 15 \text{ } \Omega$$

　　故戴維寧等效電路如圖(c)所示。

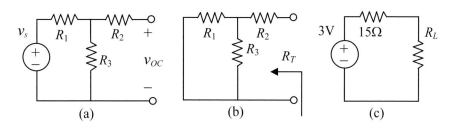

(2)諾頓等效電路

　　如下圖(a)所示，先將負載移除，求短路電流 $i_{SC}(t)$，即 R_2 上的電流，由於 $R_2=R_3$，所以 R_3 上的電流也是 $i_{SC}(t)$，使得 R_1 上的電流為 $2\,i_{SC}(t)$，故

$$v_s(t) = R_1 \cdot 2\,i_{SC}(t) + R_2 \cdot i_{SC}(t) = 30\,i_{SC}(t)$$

使得 $i_{SC}(t) = \dfrac{v_s(t)}{30} = 0.2\,A$ ，故 $i_N(t) = i_{SC}(t) = 0.2A$ ，至於等效電阻 R_N ，因為

不存在非獨立電源，所以可在移除獨立電源後，如圖 4.3A-3(b)所示，同

樣地利用電阻的串聯與並聯可直接求得

$$R_N = R_2 + \left(R_1 /\!/ R_3\right) = 10 + \left(\frac{1}{10} + \frac{1}{10}\right)^{-1} = 15\,\Omega$$

故諾頓等效電路如圖(c)所示。

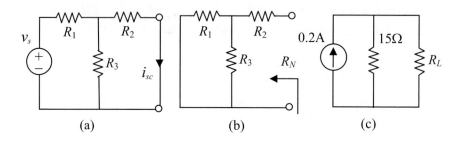

(a)　　　　　　　　　(b)　　　　　　　　　(c)

【練習 3.3-1】

下圖中 $R_1 = 15\Omega$ ，$R_2 = R_3 = 10\Omega$ ，若施加電壓 $v_s(t) = 2V$ ，則由負載 R_L 端所

看到的戴維寧等效電路與諾頓等效電路各為何？

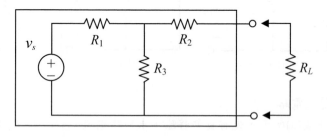

《範例 3.3-2》

下圖中 $R_1=R_2=R_3=10\Omega$，流控電流源增益$\beta=2$，若施加 $v_s(t)=8\text{V}$，則由負載 R_L 端所看到的戴維寧等效電路與諾頓等效電路各為何？

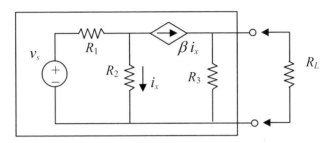

解答：

(1)戴維寧等效電路

如下圖所示，先將負載移除，求開路電壓 $v_{OC}(t)$，此時 R_1 上的電流為 $(1+\beta)i_x(t)$，故

$$v_s(t) = R_1(1+\beta)i_x(t) + R_2 i_x(t) = 40 i_x(t)$$

使得

$$i_x(t) = \frac{v_s(t)}{40} = \frac{8}{40} = 0.2 \text{ A}$$

又因為 $v_{OC}(t)$為通過 R_3 的壓降，而通過 R_3 的電流為$\beta i_x(t)$，所以

$$v_{OC}(t) = R_3(\beta i_x(t)) = 4 \text{ V}$$

故戴維寧等效電壓 $v_T(t)=v_{OC}(t)=4\text{V}$。

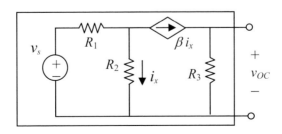

175

至於等效電阻 R_T，因為存在非獨立電源 $\beta\, i_x(t)$，所以必須在移除獨立電源後，在負載端接上獨立電源來求算等效電阻，如下圖所示。

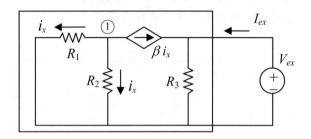

由於 $R_1=R_2$，因此通過 R_1 的電流也是 $i_x(t)$，利用 KCL 於節點①，可得

$$i_x(t)+i_x(t)+\beta\, i_x(t)=0$$

即 $i_x(t)=0$，也就是說流控電流源為開路，因此由電壓源 V_{ex} 所輸入的電流 I_{ex} 只通過 R_3，所以等效電阻為 $R_T=R_3=10\Omega$，故戴維寧等效電路如下圖所示。

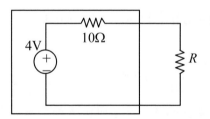

(2)諾頓等效電路

如下圖所示，先將負載移除，求短路電流 $i_{SC}(t)$，此時 R_1 上的電流為

$$i_1(t)=\frac{v_s(t)-R_2 i_x(t)}{R_1}=0.8-i_x(t)$$

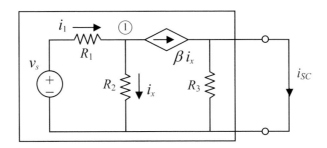

再利用 KCL 於節點①可得 $i_1(t) = (1+\beta)i_x(t) = 3i_x(t)$，代入

上式可得

$$3i_x(t) = 0.8 - i_x(t)$$

即 $i_x(t)$=0.2A，故短路電流 $i_{SC}(t)$=$\beta \cdot i_x(t)$=$2i_x(t)$=0.4A，此外 R_N=R_T=10Ω，故諾頓等效電路如下圖所示。

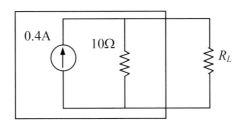

【練習 3.3-2】

下圖中 R_1=R_2=R_3=10 Ω，流控電流源增益β=3，若施加電壓 $v_s(t)$=4V，則由負載 R_L 端所看到的戴維寧等效電路與諾頓等效電路各為何？

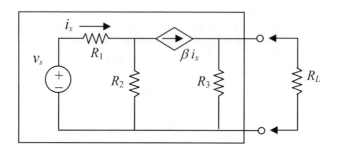

◀◀◀

《範例 3.3-3》

在下圖中，$R_1=R_2=R_3=10\Omega$，流控電壓源的轉換電阻 $r=5\Omega$，若施加電壓 $v_s(t)=8\text{V}$，則由負載 R_L 端所看到的戴維寧等效電路與諾頓等效電路各為何？

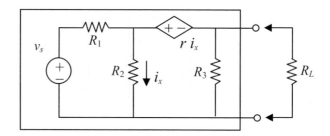

解答：

(1)戴維寧等效電路

如下圖所示，先將負載移除，求開路電壓 $v_{OC}(t)$，此時 R_1 上的電流為

$$i_1(t) = \frac{v_s(t) - R_2 i_x(t)}{R_1} = 0.8 - i_x(t)$$

通過 R_3 上的電流為

$$i_3(t) = i_1(t) - i_x(t) = 0.8 - 2i_x(t)$$

利用 KVL 於網目 ③ 可得

$$r\,i_x(t) + R_3 i_3(t) - R_2 i_x(t) = 10\,i_3(t) - 5\,i_x(t) = 0$$

將 $i_3(t)$ 代入上式後可得 $8 - 25\,i_x(t) = 0$，即 $i_x(t) = 0.32$A，使得 $i_3(t) = 0.16$A，故戴維寧等效電壓

$$v_T(t) = v_{OC}(t) = R_3 i_3(t) = 1.6\text{V} \quad 。$$

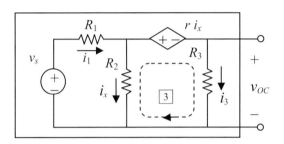

至於等效電阻 R_T，因為存在非獨立電源 $ri_x(t)$，所以必須在移除獨立電源 $v_s(t)$ 後，於負載端接上獨立電源 V_{ex} 來求算等效電阻，如下圖所示，其中節點①的電壓為

$$v_1(t) = r\,i_x(t) + V_{ex} = 5\,i_x(t) + V_{ex}$$

又 $v_1(t) = R_2 i_x(t) = 10\,i_x(t)$，代入上式可得

$$10\,i_x(t) = 5\,i_x(t) + V_{ex}$$

即 $i_x(t) = 0.2V_{ex}$ 。

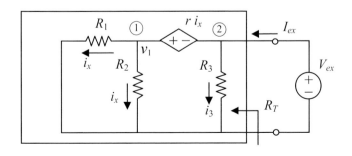

此外由於 $R_1=R_2$，所以通過 R_1 的電流也是 $i_x(t)$，而通過 R_3 的電流可表為 $i_3(t)=V_{ex}/R_3=0.1V_{ex}$，故利用 KCL 於超節點①與②可得

$$I_{ex} = i_3(t) + i_x(t) + i_x(t) = 0.1V_{ex} + 0.2V_{ex} + 0.2V_{ex} = 0.5V_{ex}$$

利用上式可求得等效電阻如下：

$$R_T = \frac{V_{ex}}{I_{ex}} = \frac{V_{ex}}{0.5V_{ex}} = 2\Omega$$

故戴維寧等效電路如下圖所示。

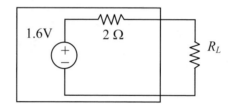

(2)諾頓等效電路

如下圖所示，先將負載移除，求短路電流 $i_{SC}(t)$，此時 R_1 上的電流為

$$i_1(t) = \frac{v_s(t) - R_2 i_x(t)}{R_1} = 0.8 - i_x(t)$$

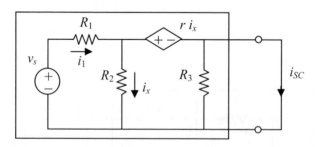

由於負載短路，所以 $R_2 i_x(t) = r\, i_x(t)$，使得 $i_x(t)=0$，故 $i_{SC}(t)=i_1(t)=0.8$A，此外 $R_N=R_T=2\Omega$，因此諾頓等效電路如下圖所示。

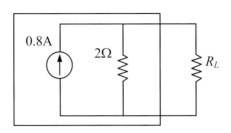

【練習 3.3-3】

在下圖中，$R_1=R_2=R_3=10\Omega$，流控電壓源的轉換電阻 $r=5\Omega$，若施加電壓 $v_s(t)=8V$，則由負載 R_L 端所看到的戴維寧等效電路與諾頓等效電路各為何？

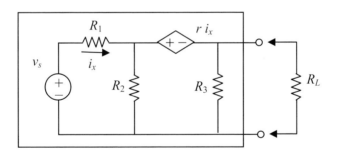

◀◀◀

3.4 最大功率傳輸定理

在設計電路時，最基本的考量是如何將最大的功率傳輸到負載上？或者是該使用何種負載才能獲得最大功率？這就是本節所要探討的問題，所利用的分析工具正是上一節中所介紹的戴維寧等效電路或諾頓等效電路，底下只利用戴維寧等效電路來做說明。

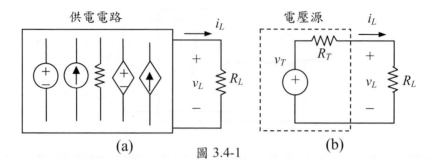

圖 3.4-1

　　如圖 3.4-1(a)所示，一個供電電路外接負載電阻 R_L，可化為圖 3.4-1(b)之戴維寧等效電路，包括獨立電壓源 $v_T(t)$，以及串聯的等效電阻 R_T，故負載上之電流 $i_L(t)$ 與電壓 $v_L(t)$ 可分別表為

$$i_L(t) = \frac{v_T(t)}{R_T + R_L} \tag{3.4-1}$$

$$v_L(t) = R_L i_L(t) = \frac{R_L v_T(t)}{R_T + R_L} \tag{3.4-2}$$

由以上兩式可得負載所獲得的功率為

$$P_L(t) = i_L(t) v_L(t) = \frac{R_L v_T^2(t)}{(R_T + R_L)^2} \tag{3.4-3}$$

而消耗在等效電阻 R_T 的功率為

$$P_T(t) = R_T i_L^2(t) = \frac{R_T v_T^2(t)}{(R_T + R_L)^2} \tag{3.4-4}$$

此外，電源所提供的總功率為

$$P_S = v_T(t) i_L(t) = \frac{v_T^2(t)}{R_T + R_L} \tag{3.4-5}$$

182

觀察以上三式可知

$$P_S(t) = P_L(t) + P_T(t) \tag{3.4-6}$$

即供電電路提供的功率完全消耗在內部電阻 R_T 與負載電阻 R_L 上。接著討論如何傳輸最大的功率至負載電阻上，即如何獲得最大的傳輸功率 $P_L(t)$。

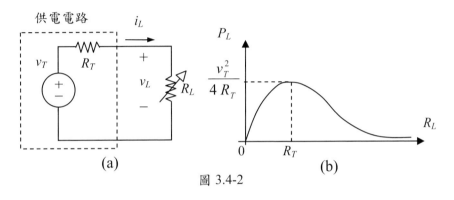

圖 3.4-2

首先考慮供電電路不變之情況，即 $v_T(t)$ 與 R_T 為已知，在此種情況下，如 (3.4-3) 所示，負載所吸收的功率 $P_L(t) = \dfrac{R_L v_T^2(t)}{(R_T + R_L)^2}$ 將隨著自身電阻 R_L 的變動而有所差異，在圖 3.4-2(b)中，所描述的是吸收功率 $P_L(t)$ 隨著 R_L 改變的函數曲線，在該曲線上存在一個極大值，滿足 $\dfrac{dP_L}{dR_L} = 0$ 的條件，根據(3.4-3)可得

$$\frac{dP_L}{dR_L} = \frac{(R_T + R_L)(R_T - R_L)}{(R_T + R_L)^4} v_T^2(t) \tag{3.4-7}$$

只有在 $R_L = R_T$ 時，$\dfrac{dP_L}{dR_L} = 0$ 的條件才成立，且最大傳輸功率為

$$P_{L,max}(t) = \frac{R_L v_T^2(t)}{(R_T + R_L)^2}\Bigg|_{R_L=R_T} = \frac{1}{4}\left(\frac{v_T^2(t)}{R_T}\right) \tag{3.4-8}$$

同樣地，在 $R_L=R_T$ 時，根據(3.4-4)可得等效電阻 R_T 所消耗的功率為

$$P_T(t) = \frac{R_T v_T^2(t)}{(R_T + R_L)^2}\Bigg|_{R_L=R_T} = \frac{1}{4}\left(\frac{v_T^2(t)}{R_T}\right) = P_{L,max}(t) \tag{3.4-9}$$

即等效電阻 R_T 與負載 R_L 所獲得的功率相等，再根據(3.4-5)，可知在 $R_L=R_T$ 時，供電電路所提供的總功率為

$$P_S(t) = \frac{v_T^2(t)}{R_T + R_L}\Bigg|_{R_L=R_T} = \frac{1}{2}\left(\frac{v_T^2(t)}{R_T}\right) = 2\,P_{L,max}(t) \tag{3.4-10}$$

換句話說，想要獲得最大傳輸功率，外接負載電阻必須等於供電電路的等效電阻，通常稱 $R_L=R_T$ 為匹配負載(matched load)，且由(3.4-10)可知匹配負載所獲得的最大功率為

$$P_{L,max}(t) = \frac{1}{2}P_S(t) \tag{3.4-11}$$

正好等於供電電路所提供總功率的一半，此即最大功率傳輸定理。再由(3.4-9)與(3.4-11)可知 $P_T(t) = P_{L,max}(t) = \frac{1}{2}P_S(t)$，即另外一半的功率是消耗在供電電路本身。

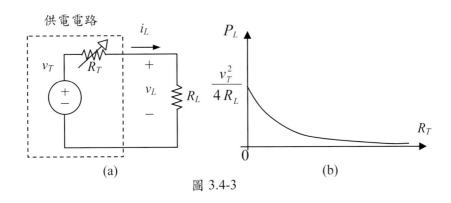

圖 3.4-3

其次考慮負載 R_L 不變，在此情況下，如(3.4-3)所示，負載功率

$$P_L(t) = \frac{R_L v_T^2(t)}{(R_T + R_L)^2}$$ 將隨著等效電壓 $v_T(t)$ 與電阻 R_T 變動，若是設計供電電路時，

將等效電壓 $v_T(t)$ 固定，則 $P_L(t)$ 只會隨著 R_T 的增大而減小，如圖 3.4-3(b)所示，

等效電阻 R_T 越大時，負載功率 $P_L(t)$ 越小，因此當 $R_T=0$ 時，可獲得最大功率，

其值為 $P_{L,max}(t) = \dfrac{v_T^2(t)}{R_L}$ 。

《範例 3.4-1》

在右圖中，

$R_1=R_2=R_3=10\Omega$，流
控電壓源的轉換電
阻 $r=5\Omega$，若施加電
壓 $v_s=8V$，則外接

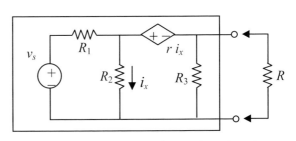

多大的負載 R_L 時才能獲得最大的傳輸功率？此最大功率值為何？

解答：

本題沿用範例 3.3-3 之電路，其戴維寧等效電路包括電壓源 v_T=1.6V 以及等效電阻 R_T=2Ω，如下圖所示。根據最大傳輸功率定理，當 R_L 為匹配負載時，即 R_L=R_T=2Ω，可獲得最大功率

$$P_{L,max} = \frac{1}{4}\left(\frac{v_T^2}{R_T}\right) = \frac{1}{4}\left(\frac{1.6^2}{2}\right) = 0.32 \text{ W} \text{ 。}$$

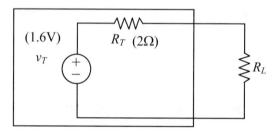

【練習 3.4-1】

在下圖中，R_1=R_2=R_3=10Ω，流控電流源的增益 β=2，若施加電壓 $v_s(t)$=8V，則外接多大的負載 R_L 時才能獲得最大的傳輸功率？此最大功率值為何？

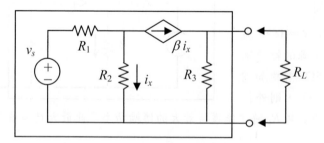

3.5 Y-△電阻組轉換

有些電路的結構並不複雜，但是卻無法以電阻串聯與並聯公式或電源轉換公式來求解，主要是因為有 Y 型或△型的電阻組存在，圖 3.5-1(a)與圖 3.5-1(b)分別為 Y 型與△型電阻組。

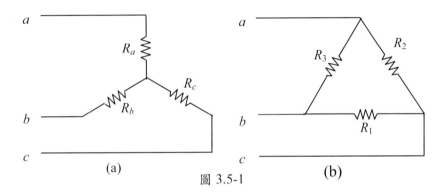

圖 3.5-1

這兩種類型的電阻組具有互相轉換的性質，即 Y 型的電阻組$\{R_a、R_b、R_c\}$與△型的電阻組$\{R_1、R_2、R_3\}$互為等效電阻組，兩者的關係式可以利用端點 a、b、c 的開路來推導。

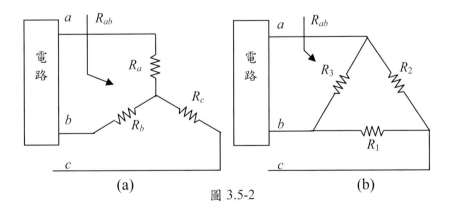

圖 3.5-2

187

首先考慮端點 c 為開路之情況，如圖 3.5-2 所示，將端點 a 與 b 連結至某一電路上，而將端點 c 開路，由圖 3.5-2(a)中的 Y 型電阻組之端點 a 與 b 所測得的電阻為 R_a 與 R_b 的串聯，即 $R_{ab}=R_a+R_b$，而由圖 3.5-2(b)中Δ型電阻組端點 a 與 b 所測得的電阻為 R_3 與 (R_1+R_2) 的並聯，即 $R_{ab}=R_3//(R_1+R_2)$，在等效電阻的條件下，兩者必須相等，故 $R_a+R_b=R_3//(R_1+R_2)$。因為

$$R_3//(R_1+R_2)=\frac{R_3(R_1+R_2)}{R_1+R_2+R_3} \text{，所以}$$

$$R_a+R_b=\frac{R_3(R_1+R_2)}{R_1+R_2+R_3} \tag{3.5-1}$$

根據兩電阻組的對稱性可知，當端點 a 或端點 b 為開路時，兩電阻組也必須滿足

$$R_b+R_c=\frac{R_1(R_2+R_3)}{R_1+R_2+R_3} \tag{3.5-2}$$

$$R_c+R_a=\frac{R_2(R_3+R_1)}{R_1+R_2+R_3} \tag{3.5-3}$$

將(3.5-1)-(3.5-3)三式相加後，整理可得

$$R_a+R_b+R_c=\frac{R_1R_2+R_2R_3+R_3R_1}{R_1+R_2+R_3} \tag{3.5-4}$$

再以此式分別減去(3.5-2)、(3.5-3)與(3.5-1)，其結果如下：

$$R_a=\frac{R_2R_3}{R_1+R_2+R_3} \tag{3.5-6}$$

$$R_b=\frac{R_3R_1}{R_1+R_2+R_3} \tag{3.5-7}$$

$$R_c=\frac{R_1R_2}{R_1+R_2+R_3} \tag{3.5-8}$$

以上三式可將Δ型電阻$\{R_1 \cdot R_2 \cdot R_3\}$轉換為 Y 型電阻$\{R_a \cdot R_b \cdot R_c\}$。若將(3.5-6)-(3.5-8)分別乘上 $R_1 \cdot R_2$ 與 R_3，則可得

$$R_1 R_a = R_2 R_b = R_3 R_c = \frac{R_1 R_2 R_3}{R_1 + R_2 + R_3} \tag{3.5-9}$$

接著利用(3.5-6)-(3.5-8)，可得

$$R_a R_b = \frac{R_3 \left(R_1 R_2 R_3 \right)}{\left(R_1 + R_2 + R_3 \right)^2} \tag{3.5-10}$$

$$R_b R_c = \frac{R_1 \left(R_1 R_2 R_3 \right)}{\left(R_1 + R_2 + R_3 \right)^2} \tag{3.5-11}$$

$$R_c R_a = \frac{R_2 \left(R_1 R_2 R_3 \right)}{\left(R_1 + R_2 + R_3 \right)^2} \tag{3.5-12}$$

再將以上三式相加後，其結果如下：

$$R_a R_b + R_b R_c + R_c R_a = \frac{R_1 R_2 R_3}{R_1 + R_2 + R_3} \tag{3.5-13}$$

比較(3.5-9)與(3.5-13)可知

$$R_1 R_a = R_2 R_b = R_3 R_c = R_a R_b + R_b R_c + R_c R_a \tag{3.5-14}$$

進一步整理後成為

$$R_1 = \frac{R_a R_b + R_b R_c + R_c R_a}{R_a} \tag{3.5-15}$$

$$R_2 = \frac{R_a R_b + R_b R_c + R_c R_a}{R_b} \tag{3.5-16}$$

$$R_3 = \frac{R_a R_b + R_b R_c + R_c R_a}{R_c} \tag{3.5-17}$$

以上三式可將 Y 型電阻$\{R_a \cdot R_b \cdot R_c\}$轉換為$\Delta$型電阻$\{R_1 \cdot R_2 \cdot R_3\}$。將(3.5-9)與(3.5-14)兩式結合後可表為

$$\underbrace{\overbrace{\frac{R_1 R_2 R_3}{R_1 + R_2 + R_3} = R_1 R_a = R_2 R_b = R_3 R_c = R_a R_b + R_b R_c + R_c R_a}^{\text{Y型轉換為}\Delta\text{型}}}_{\Delta\text{型轉換為Y型}}$$

(3.5-18)

其中前四項是相關於Δ型轉換為 Y 型的公式，而後四項則是相關於 Y 型轉換Δ型的公式。當 $R_1 = R_2 = R_3 = R_\Delta$ 且 $R_a = R_b = R_c = R_Y$ 時，根據 (3.5-6)、(3.5-7)與(3.5-8)可得

$$R_Y = \frac{R_\Delta}{3}$$

(3.5-19)

此式可使用在第七章之三相平衡負載。

《範例 3.5-1》

先將下圖中 Y 型電阻組{2Ω、20 Ω、20 Ω }轉換為Δ型電阻組後，再求取電壓 $v(t)$。

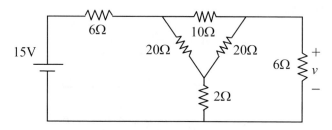

解答：

將 Y 型 {2Ω、20Ω、20Ω}轉換為Δ型電阻{R_1、R_2、R_3}如下：

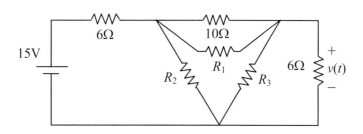

利用(3.5-15)-(3.5-17)三式可得

$$R_1 = \frac{2 \times 20 + 20 \times 20 + 20 \times 2}{2} = 240\,\Omega$$

$$R_2 = R_3 = \frac{2 \times 20 + 20 \times 20 + 20 \times 2}{20} = 24\,\Omega$$

由於

$$R_3 /\!/ 6\Omega = \frac{24 \times 6}{24 + 6} = 4.8\ \Omega$$

$$R_1 /\!/ 10\Omega = \frac{240 \times 10}{240 + 10} = 9.6\ \Omega$$

因此可將電路重畫如下圖所示：

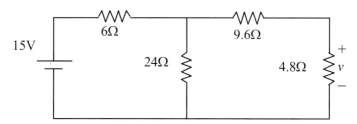

再利用電源轉換可得電路如下圖所示，其中

$$24\Omega /\!/ 6\Omega = \frac{24 \times 6}{24 + 6} = 4.8\ \Omega$$

由分流公式可知

191

$$i(t) = \frac{4.8}{4.8+(9.6+4.8)} \times 2.5 = 0.625 \text{ A}$$

故跨越最右端電阻 4.8Ω的電壓為

$$v(t) = 4.8 \times i(t) = 3 \text{ V}$$

此值與所欲求得跨越原電路最右端電阻 6Ω的電壓相同。

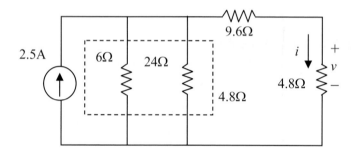

【練習 3.5-1】

先將下圖中 Δ型電阻組 {10Ω、20 Ω、20 Ω} 轉換為 Y 型電阻組,再求取電壓 $v(t)$。

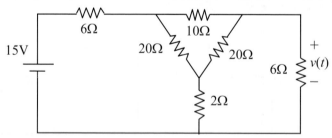

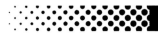

習題

P3-1　下圖之電路包括一個直流電壓源與兩個直流電流源，請利用重疊原理求電壓 $v_o(t)$

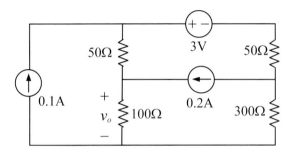

P3-2　在下圖中，$R_1=R_2=4\Omega$，$R_3=R_4=2\ \Omega$，$R_5=R_6=8\ \Omega$，若施加電壓 $V_s=10V$，則電流 $i_4(t)$、$i_5(t)$ 與 $i_6(t)$ 分別為多少？

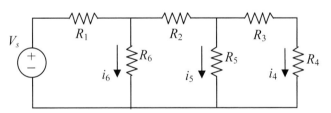

P3-3　在下圖中，$R_1=R_2=R_3=10\ \Omega$，若施加電流 $i_s(t)=2A$，則由負載 R_L 端所看到的戴維寧等效電路與諾頓等效電路各為何？

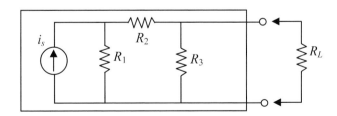

P3-4 下圖中，$R_1=R_2=R_3=20\,\Omega$，壓控電流源的轉換電導 $g=2S$，若施加電壓 $v_s(t)=5V$，則由負載 R_L 端所看到的戴維寧等效電路與諾頓等效電路各為何？

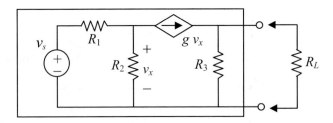

P3-5 在下圖中，$R_1=R_2=R_3=20\Omega$，流控電壓源的電壓增益 $\alpha=5$，若施加電壓 $v_s(t)=8V$，則由負載 R_L 端所看到的戴維寧等效電路與諾頓等效電路各為何？

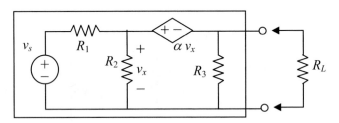

P3-6 下圖中，$R_1=R_2=R_3=10\,\Omega$，若施加電壓 $v_s(t)=6V$，則外接多大的負載 R_L 時才能獲得最大傳輸功率？此最大功率值為何？

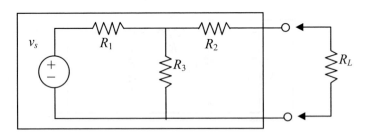

P3-7 利用 Δ–Y 電阻組轉換公式,求取電壓 $v(t)$。

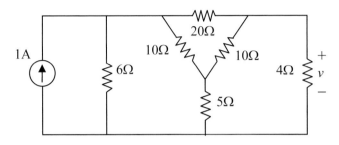

195

第4章

一階電路分析

　　前面的章節為了方便介紹電路的基本原理，採用了只包括電源與電阻的電阻電路，可是在一般的電路中，除了電阻以外，還必須加入可儲放電能的元件──電容與電感，才能夠達成各種特定的功能，例如常見的濾波器就是一例，只有利用電容或電感才能產生過濾訊號的作用。自本章起將探討具有電容與電感的電路，它們的數學模式通常表為常微分方程式(ODE: ordinary differential equation)，因此為了分析這類型的電路，我們必須先熟悉 ODE 的求解技巧，由於這些技巧屬於工程數學的範圍，因此在本書中僅作概略性的說明。

4.1 常微分方程式

　　在工程領域中，常微分方程式(ODE)是非常重要的數學工具，其中具有常數係數的 ODE 經常被用來描述線性非時變系統(LTI, linear time-invariant system)，數學模式如下：

$$a_n y^{(n)}(t) + a_{n-1} y^{(n-1)}(t) + \cdots + a_1 \dot{y}(t) + a_0 y(t)$$
$$= b_m w^{(m)}(t) + b_{m-1} w^{(m-1)}(t) + \cdots + b_1 \dot{w}(t) + b_0 w(t) \tag{4.1-1}$$

此式中的變數 $y(t)$ 為連續可微的函數，$y^{(k)}(t)$ 代表 $y(t)$ 的 k 次微分，其係數 a_k 都是常數，$k=0,1,\ldots,n$，若是令 $a_n \neq 0$，則變數的最高微分次數為 n，通常稱此式為 n 階的 ODE；而 $w(t)$ 是已知的輸入訊號，也是連續可微的函數，$w^{(l)}(t)$ 代表 $w(t)$ 的 l 次微分，其係數 b_l 也都是常數，$l=0,1,\ldots,m$，且 $b_m \neq 0$；當 $n \geq m$，稱此類系統為適當系統(proper system)。在本書中所分析的電路，都是屬於 LTI 的適當系統，如圖 4.1-1 所示，其中 $w(t)$ 為已知的輸入訊號，$y(t)$ 為系統的輸出訊號。

圖 4.1-1

■ 初值條件與唯一解

根據 ODE 的性質，若只給定輸入訊號 $w(t)$，則(4.1-1)的解 $y(t)$ 雖然存在，但並不唯一，必須再設定 n 個與 $y(t)$ 相關的條件才可以求得唯一解，在實際系統中通常使用的條件為初值條件(initial conditions)，如下所示：

$$y(t_0) = y_0, \; \dot{y}(t_0) = y_1, \cdots, \; y^{(n-1)}(t_0) = y_{n-1} \tag{4.1-2}$$

其中 $t=t_0$ 為系統的起始時間。綜合言之，一個 LTI 系統在給定輸入訊號與初值條件之後，即可求得唯一的輸出訊號。

當一個電路以(4.1-1)與(4.1-2)的數學模式來描述時，它所使用的獨立電源就是給定的輸入訊號 $w(t)$，若是設 $a_n=1$ 且令

$$f(t) = b_m \, w^{(m)}(t) + \cdots + b_1 \, \dot{w}(t) + b_0 \, w(t) \tag{4.1-3}$$

則(4.1-1)可改寫為

$$y^{(n)}(t) + a_{n-1} y^{(n-1)}(t) + \cdots + a_1 \dot{y}(t) + a_0 y(t) = f(t) \tag{4.1-4}$$

其中 $f(t)$ 為已知，在此式中，在不失一般性的情況下，已將 a_n 設定為 1，有人稱此技巧為"monic"，代表「單一化」的意義，這個簡單的技巧雖非必要，但是卻可讓整個分析過程更加簡明順暢。在爾後的電路分析中，都將採用(4.1-4)為電路的數學模式。

在微分方程領域中，針對 LTI 系統早已發展出許多不同的求解技巧，其中最常使用的是拉普拉斯轉換(Laplace transform)，簡稱為拉氏轉換，適用於一般的多階系統；其次是相量法(phasor method)，適用於以弦波函數為輸入訊號的系統，這兩種方法在後面的章節會加以說明。

在本章與下一章中，為了清楚說明輸入與初值條件對電路的影響，除了利用簡易的直流輸入訊號 $w(t)=W$ 以外，也採用最基本的微分方程求解方法，由於這是屬於工程數學所探討的範圍，因此在本節中將直接引用而不再詳述。

考慮(4.1-4)之系統，若將其初值條件(4.1-2)也視為一種輸入訊號，則根據重疊原理，此系統之輸出 $y(t)$ 可分解為與初值有關的齊次解(homogeneous solution)，以及由輸入 $w(t)=W$ 所決定的特殊解(particular solution)，表示式如下：

$$y(t) = y_h(t) + y_p(t) \tag{4.1-5}$$

其中 $y_h(t)$ 為齊次解，滿足齊次方程式(homogeneous equation)：

$$y_h^{(n)}(t) + a_{n-1} y_h^{(n-1)}(t) + \cdots + a_1 \dot{y}_h(t) + a_0 y_h(t) = 0 \tag{4.1-6}$$

此式與輸入無關，而 $y_p(t)$ 為特殊解，滿足

$$y_p^{(n)}(t) + a_{n-1} y_p^{(n-1)}(t) + \cdots + a_1 \dot{y}_p(t) + a_0 y_p(t) = f(t) \tag{4.1-7}$$

由(4.1-3)可知，此式受輸入訊號 $w(t)$ 之影響。

整個求解過程可分為三個階段，首先求出 $y_h(t)$ 的通式，其中含有 n 個待解的未知數，接著求出任意一個符合(4.1-7)的解，最後再利用初值條件求出 $y_h(t)$ 通式中的未知數。底下逐步說明整個求解過程。

■ 特徵方程式與特徵值

首先利用(4.1-6)求出齊次解 $y_h(t)$ 的通式。由於 $y_h(t)$ 與輸入無關，因此被視為系統的本性，通常以自然指數型式來代表，表為 $y_h(t) = A e^{\lambda t}$，其中 A 與 λ 為常數且 $A \neq 0$。接著將 $y_h(t)$ 的各次微分項 $y_h^{(k)}(t) = A \lambda^k e^{\lambda t}$ 代入(4.1-6)後成為

$$A\left(\lambda^n + a_{n-1} \lambda^{n-1} + \cdots + a_1 \lambda + a_0\right) e^{\lambda t} = 0 \tag{4.1-8}$$

因為 $A \neq 0$ 且 $e^{\lambda t} \neq 0$，所以

$$\lambda^n + a_{n-1} \lambda^{n-1} + \cdots + a_1 \lambda + a_0 = 0 \tag{4.1-9}$$

此式即系統(4.1-4)的特徵方程式(characteristic equation)，共有 n 個解，表為λ_1、λ_2、…、λ_n，特稱為特徵值(eigenvalue)，這些特徵值可能具有重根，也可能是完全相異，由於重根的情況較為複雜，為了方便說明，在此先假定所有的特徵值皆相異。

■ 齊次解

在特徵值完全相異的情況下，齊次解$y_h(t)$具有 n 種形式，表為 $A_k e^{\lambda_k t}$，$k=1,2,…,n$，不同的特徵值λ_k會有不同的係數A_k與之對應，故

$$y_h\left(t\right) = A_1 e^{\lambda_1 t} + A_2 e^{\lambda_2 t} + \cdots + A_n e^{\lambda_n t} \tag{4.1-10}$$

其中 A_k 與λ_k可能是實數，也可能是成對的共軛複數，不過應注意的是，係數 A_k 仍然為未知。

■ 特殊解

接著探討當輸入為 $w(t)=W$ 時，該如何求出符合(4.1-7)的解，由於只需要求出一個解，因此最簡單的方式就是令特殊解的形式與輸入相同，也是定值，表為$y_p(t)=Y_p$，代入(4.1-7)後可得

$$a_0 Y_p = b_0 W \tag{4.1-11}$$

故

$$y_p\left(t\right) = Y_p = \frac{b_0 W}{a_0} \tag{4.1-12}$$

由(4.1-5)、(4.1-10)與(4.1-12)三式可知

$$y(t) = A_1 e^{\lambda_1 t} + A_2 e^{\lambda_2 t} + \cdots + A_n e^{\lambda_n t} + \frac{b_0 W}{a_0} \tag{4.1-13}$$

最後再利用(4.1-2)的初值條件可得

$$
\begin{cases}
y(t_0) = A_1 e^{\lambda_1 t_0} + A_2 e^{\lambda_2 t_0} + \cdots + A_n e^{\lambda_n t_0} + \dfrac{b_0 W}{a_0} = y_0 \\
\dot{y}(t_0) = A_1 \lambda_1 e^{\lambda_1 t_0} + A_2 \lambda_2 e^{\lambda_2 t_0} + \cdots + A_n \lambda_n e^{\lambda_n t_0} = y_1 \\
\quad\vdots \\
y^{(n-1)}(t_0) = A_1 \lambda_1^{n-1} e^{\lambda_1 t_0} + \cdots + A_n \lambda_n^{n-1} e^{\lambda_n t_0} = y_{n-1}
\end{cases}
\quad (4.1\text{-}14)
$$

進一步求出 n 個未知係數 A_k，$k=1,2,\ldots,n$，即完成整個求解的過程。

■ 一階常微分方程式

在本章中所探討的是 $n=1$ 的一階 ODE，且所使用的輸入是常數訊號 $w(t)=W$，由(4.1-4)可得數學模式如下：

$$
\dot{y}(t) + a_0 y(t) = b_0 W, \quad y(t_0)=y_0, \quad t \geq t_0 \qquad (4.1\text{-}15)
$$

其中 $y(t_0)=y_0$ 為初值條件。根據之前的分析，$y(t)$可表為

$$
y(t) = y_h(t) + y_p(t) \qquad (4.1\text{-}16)
$$

其中 $y_h(t)$滿足齊次方程式

$$
\dot{y}_h(t) + a_0 y_h(t) = 0 \qquad (4.1\text{-}17)
$$

故特徵方程式為 $\lambda + a_0 = 0$，特徵根為 $\lambda = -a_0$，再由(4.1-10)可知

$$
y_h(t) = A e^{-a_0 t} \qquad (4.1\text{-}18)
$$

其中 A 為任意常數。至於特殊解 $y_p(t)$，它必須滿足

$$
\dot{y}_p(t) + a_0 y_p(t) = b_0 W \qquad (4.1\text{-}19)
$$

令 $y_p(t)=Y_p$ 為常數，因此 $\dot{y}_p(t)=0$ ，代入上式後可得 $y_p(t)=\dfrac{b_0 W}{a_0}$ ，故由 (4.1-16)可知

$$y(t) = Ae^{-a_0 t} + \frac{b_0 W}{a_0} \tag{4.1-20}$$

顯然地，還有一個未知數 A 必須決定，此時可以利用已知的初值條件 $y(t_0)=y_0$ ，即

$$y(t_0) = Ae^{-a_0 t_0} + \frac{b_0 W}{a_0} = y_0 \tag{4.1-21}$$

此式經整理後可得

$$A = \left(y_0 - \frac{b_0 W}{a_0} \right) e^{a_0 t_0} \tag{4.1-22}$$

代入(4.1-20)後成為

$$y(t) = \left(y_0 - \frac{b_0 W}{a_0} \right) e^{-a_0 (t-t_0)} + \frac{b_0 W}{a_0} \tag{4.1-23}$$

完成系統(4.1-15)的整個求解過程。

■ 一階 ODE 求解基本步驟

綜合以上之分析，當一階 ODE 的輸入是常數訊號時，其求解過程可分為下列三個步驟：

步驟〔1〕： 根據系統的齊次方程式 $\dot{y}_h(t)+a_0 y_h(t)=0$ ，可得特徵方程式 $\lambda + a_0 = 0$ ，進而求得特徵值 $\lambda = -a_0$ ，並寫出齊次解 $y_h(t) = Ae^{-a_0 t}$ ，其中 A 為未知數。

步驟〔2〕：令特殊解 $y_p(t)$ 亦為常數，根據 $\dot{y}_p(t) + a_0 y_p(t) = b_0 W$，求得

$$y_p(t) = \frac{b_0 W}{a_0} \, 。$$

步驟〔3〕：寫出全解 $y(t) = y_h(t) + y_p(t) = Ae^{-a_0 t} + \dfrac{b_0 W}{a_0}$，再利用初值條

件 $y(t_0) = y_0$ 求出 A，即可得

$$y(t) = \left(y_0 - \frac{b_0 W}{a_0} \right) e^{-a_0(t-t_0)} + \frac{b_0 W}{a_0} \quad (t \geq t_0) \, 。$$

後面將以範例來演練整個求解過程。

在 ODE 中，還有一些與齊次解 $y_h(t)$ 有關的重要觀念，必須做進一步的說明。

由於 $y_h(t) = Ae^{\lambda t}$，因此根據指數函數的特性，當特徵值 $\lambda > 0$ 時，$y_h(t)$ 的大小將隨著時間增加而發散至 ∞，即 $|y_h(\infty)| \to \infty$；反之當特徵值 $\lambda < 0$ 時，$y_h(t)$ 將收斂至 0，即 $y_h(\infty) \to 0$；而當特徵值 $\lambda = 0$ 時，$y_h(t) = A$ 為常數，不會隨時間變動。在設計一階電路時，若是元件中存在非獨立電源，則有可能產生特徵值 $\lambda > 0$ 之情況，致使系統發散至 ∞，因此必須相當謹慎，以避免不當的設計。

■ 時間常數

當系統之特徵值 $\lambda < 0$ 時，$y_h(t) = Ae^{\lambda t}$ 會隨著時間的變動而收斂，如圖 4.1-1 所示，根據指數函數的特性，每經過一個固定時段 τ，它的值就會下降固定的倍率 k，即 $y_h(t+\tau) = k y_h(t)$，當倍率為 $k = e^{-1}$ 時，稱此固定時段 τ 為時間常數(time constant)，表示式如下：

$$y_h(t + \tau) = e^{-1}y_h(t) = 0.3679 y_h(t) \qquad (4.1\text{-}24)$$

由於 $y_h(t) = Ae^{\lambda t}$ ，將上式整理為 $Ae^{\lambda(t+\tau)} = e^{-1}\left(Ae^{\lambda t}\right)$ ，亦即 $\lambda\tau = -1$ ，故時間常數

$$\tau = -\frac{1}{\lambda} = \frac{1}{|\lambda|} \qquad (4.1\text{-}25)$$

單位為 s。

此外觀察圖 4.1-1 可知，當時間經過 $t=4\tau$ 時，$y_h(t)$ 下降至原先的 $e^{-4} \approx 0.0183$ 倍，大約是 1/100 等級的倍率，由於在工程上經常將 1/100 視為可忽略的等級，因此在 $t=4\tau$ 的訊號大小，常被用來當作判斷訊號是否已經收斂的依據。

在系統理論中，稱 $\lambda < 0$ 的系統為穩定系統(stable system)，$\lambda > 0$ 的系統為不穩定系統(unstable system)。

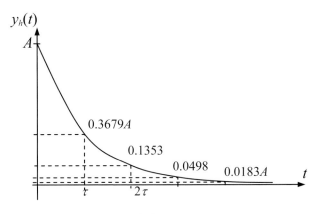

圖 4.1-1

205

對穩定系統而言，因為 $y_h(\infty) \to 0$ ，使得輸出 $y(t)$ 會隨著時間改變漸漸與 $y_h(t)$ 無關，最後趨於穩態，所以一般稱 $y(\infty)$ 為穩態輸出或穩態響應 (steady-state response)，表為

$$y(\infty) = y_h(\infty) + y_p(\infty) = y_p(t)\big|_{t \to \infty} \qquad (4.1\text{-}26)$$

觀察此式可知，當 $t \to \infty$ 時，特殊解 $y_p(t)\big|_{t \to \infty}$ 就是穩態響應。由可知當特徵值 $\lambda = -a_0 < 0$ 時，指數項 $e^{-a_0(t-t_0)}$ 在 $t \to \infty$ 時會收斂至 0，因此穩態響應為

$$y(\infty) = \frac{b_0 W}{a_0} \qquad (4.1\text{-}27)$$

利用這個表示式，可將(4.1-23)改寫為

$$y(t) = (y_0 - y(\infty))e^{\lambda(t-t_0)} + y(\infty) \qquad (4.1\text{-}28)$$

或者是

$$y(t) = (y_0 - y(\infty))e^{-\frac{1}{\tau}(t-t_0)} + y(\infty) \qquad (4.1\text{-}29)$$

換句話說，只要給定初值 $y(t_0) = y_0$ ，並求得特徵值 λ 或時間常數 τ，以及穩態響應 $y(\infty)$，即可求得輸出 $y(t)$。在本章中，一階電路分析都將直接引用 (4.1-28)或(4.1-29)來求解。此外在無輸入之情況下，由於 $w(t)=W=0$，使得穩態響應 $y(\infty)=0$，故輸出訊號可簡化為

$$y(t) = y_0 e^{\lambda(t-t_0)} \qquad (4.1\text{-}30)$$

或者是

$$y(t) = y_0 e^{-\frac{1}{\tau}(t-t_0)} \qquad (4.1\text{-}31)$$

顯然地，輸出只與初值條件 $y(t_0) = y_0$ 有關。

《**範例 4.1-1**》

一階電路之動態方程式如下：

$$\dot{y}(t)+2\,y(t)=\dot{w}(t)+4w(t),\quad y(1)=4,\quad t\ge 1$$

若輸入為 $w(t)=1$，輸出 $y(t)$ 為連續函數，則當 $t \ge 1$ 時，$y(t)=$？

解答：

首先將輸入 $w(t)=1$ 代入原式，可得方程式如下：

$$\dot{y}(t)+2\,y(t)=4$$

令 $y(t)=y_h(t)+y_p(t)$，且 $y_h(t)$ 與 $y_p(t)$ 滿足下列條件：

$$\dot{y}_h(t)+2\,y_h(t)=0$$

$$\dot{y}_p(t)+2\,y_p(t)=4$$

在步驟[1]中，由 $\dot{y}_h(t)+2\,y_h(t)=0$ 可得特徵方程式 $\lambda+2=0$，因此特徵值為 $\lambda=-2$，齊次解為 $y_h(t)=A\,e^{-2t}$；在步驟[2]中，令 $y_p(t)$ 為常數，由 $\dot{y}_p(t)+2\,y_p(t)=4$ 可得 $y_p(t)=2$；最後在步驟[3]中，寫出全解

$y(t)=A\,e^{-2t}+2$，再利用初值 $y(1)=4$，可得 $A\,e^{-2}+2=4$，即

$A=2e^{2}$，故當 $t\ge 1$ 時，

$$y(t)=\left(2e^{2}\right)e^{-2t}+2=2e^{-(t-1)}+2 \text{ 。}$$

【**練習 4.1-1**】

一階電路之動態方程式如下：

$$\dot{y}(t)+y(t)=2\dot{w}(t)-w(t),\quad y(0)=4,\quad t\ge 0$$

若輸入為 $w(t)=3$，輸出 $y(t)$ 為連續函數，則當 $t\ge 0$ 時，$y(t)=$？

《範例 4.1-2》

一階電路之動態方程式如下：

$$\dot{y}(t) + 2\,y(t) = \dot{w}(t) + 4w(t), \quad y(1) = 4, \quad t \geq 1$$

若輸入為 $w(t) = 1$，輸出 $y(t)$ 為連續函數，請說明此電路為何是穩定系統？其時間常數為何？再利用(4.1-29)求此系統之輸出訊號 $y(t)$。

解答：

首先將輸入 $w(t) = 1$ 代入原式，可得

$$\dot{y}(t) + 2\,y(t) = 4$$

其特徵方程式為 $\lambda + 2 = 0$，特徵根為 $\lambda = -2$，顯然地，$\lambda < 0$，所以此電路是一個穩定系統。此外，由(4.1-25)可知時間常數 $\tau = -\dfrac{1}{\lambda} = \dfrac{1}{2}$，

再由(4.1-27)求得 $y(\infty) = \dfrac{b_0 W}{a_0} = 2$，最後利用初值條件 $y(1) = y_0 = 4$，由

(4.1-29)可得輸出訊號

$$
\begin{aligned}
y(t) &= (y_0 - y(\infty))e^{-\frac{1}{\tau}(t-1)} + y(\infty) \\
&= (4 - 2)e^{-2(t-1)} + 2 = 2e^{-2(t-1)} + 2
\end{aligned}
$$

此解與範例 4.1-1 相同。

【練習 4.1-2】

一階電路之動態方程式如下：

$$\dot{y}(t) + y(t) = 2\dot{w}(t) - w(t), \quad y(0) = 4, \quad t \geq 0$$

若輸入為 $w(t) = 3$，輸出 $y(t)$ 為連續函數，請說明此電路為何是穩定系統？其時間常數為何？再利用(4.1-29)求此系統之輸出訊號 $y(t)$。

4.2 一階電路結構

　　當一個電路中只包括一個電容或一個電感，而其餘的元件都是獨立電源、非獨立電源與電阻時，稱此電路為一階電路，其結構如圖 4.2-1(a)與(b)所示。

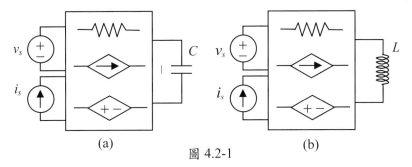

(a)　　　　　　　　　圖 4.2-1　　　　　　　(b)

■ 一階標準電路

　　將圖 4.2-1 中的電容或電感視為負載時，原電路可化為戴維寧等效電路，如圖 4.2-2(a)(c)所示，或諾頓等效電路，如圖 4.2-2(b)(d)所示，這些等效電路的結構就是一階的標準電路；若是再依電容與電感來分類，一般稱圖 4.2-2(a)(b)為 *RC* 電路，而圖 4.2-2(c)(d)為 *RL* 電路。

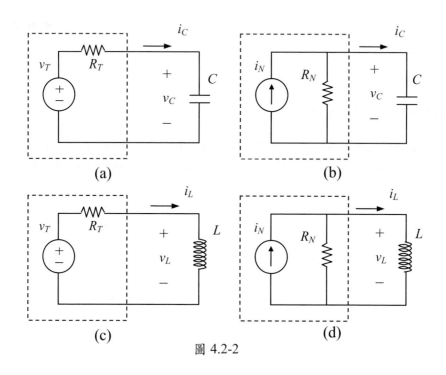

圖 4.2-2

■ 切換器

　　此外在操作電路時，都必須將電源連結至負載，或者是將電源拔除，在電路學中通常利用切換器來描述這種操作模式，例如圖 4.2-3(a)中的切換器在 $t=t_0$ 時將電源連結至負載上，這個連結的動作以向下的箭號來標示；又如圖 4.2-3(b)中的切換器在 $t=t_0$ 時將電源拔除，以向上的箭號來標示。

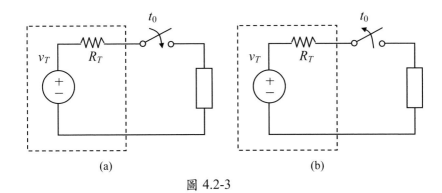

(a)　　　　　　　　　　　　　　(b)

圖 4.2-3

■ 步階訊號

　　為了描述切換器的操作模式，在數學上通常都以步階訊號(step signal)
來表示，其數學式如下：

$$u(t) = \begin{cases} 1, & t > 0 \\ 0, & t < 0 \end{cases} \tag{4.2-1}$$

此訊號只有在 $t > 0$ 時才存在，且在 $t=0$ 時不連續，也就是說在 $t=0$ 時產生切
換的動作，如圖 4.2-4(a)所示。此外，當訊號的切換點不在 $t=0$，而是在 $t=t_0$
時，也可用步階訊號來描述，表示式如下：

$$u(t - t_0) = \begin{cases} 1, & t > t_0 \\ 0, & t < t_0 \end{cases} \tag{4.2-2}$$

如圖 4.2-4(b)所示。應注意的是，步階函數在切換點並未作任何設定，因此
在分析電路時，若涉及步階函數的使用，都僅可能利用具有連續性質的物
理量，例如電容電壓或電感電流，以避免因切換造成分析上的困擾。

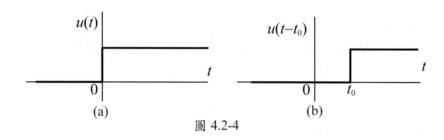

圖 4.2-4

■ 脈波訊號

在分析電路時，有時也會面對脈波(pulse)的輸入訊號 $p(t)$，它只有在時間 t_1 至 t_2 有值，若以步階訊號來表示，可寫為

$$p(t) = u(t-t_1) - u(t-t_2) = \begin{cases} 0, & t < t_1 \\ 1, & t_1 < t < t_2 \\ 0, & t > t_2 \end{cases}$$

(4.2-3)

亦即 $u(t-t_1)$ 與 $u(t-t_2)$ 的差，如圖 4.2-5 所示，在有些情況下，訊號的波形可以視為脈波的組合，因此也可以利用步階訊號來表示，底下將以範例來作說明，而與脈波訊號有關的應用，在後面的章節再來討論。

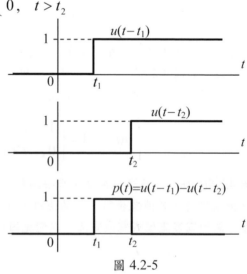

圖 4.2-5

《**範例 4.2-1**》

有一訊號 $y(t)$ 如右圖所示，試回答下列問題：
(A) 它可以視為哪些脈波訊號的組合？
(B) 若以步階訊號來表示，其數學式為何？

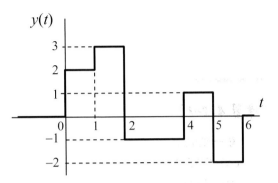

解答：

(A) 訊號 $y(t)$ 可以視為下列五種脈波的組合：

$$p_1(t) = u(t) - u(t-1)$$
$$p_2(t) = u(t-1) - u(t-2)$$
$$p_3(t) = u(t-2) - u(t-4)$$
$$p_4(t) = u(t-4) - u(t-5)$$
$$p_5(t) = u(t-5) - u(t-6)$$

各脈波的高度分別為 2、3、–1、1、–2，其表示式為

$$y(t) = 2p_1(t) + 3p_2(t) - p_3(t) + p_4(t) - 2p_5(t) \qquad \text{(Eq.1)}$$

(B) 利用 $p_1(t)$ 至 $p_5(t)$ 的步階訊號表示法，代入(Eq.1)可得

$$
\begin{aligned}
y(t) &= 2(u(t) - u(t-1)) + 3(u(t-1) - u(t-2)) \\
&\quad - (u(t-2) - u(t-4)) + (u(t-4) - u(t-5)) \\
&\quad - 2(u(t-5) - u(t-6)) \\
&= 2u(t) + u(t-1) - 4u(t-2) + 2u(t-4) \\
&\quad - 3u(t-5) + 2u(t-6)
\end{aligned}
$$

213

在此式中各步階訊號的係數分別為 2、1、–4、2、–3、2，若仔細觀察原訊號可知這些係數正好是不連續點的爬升或下降的數值，例如第一個係數 2 是訊號在 $t=0$ 時上升的數值；第二個係數 1 是訊號在 $t=1$ 時再上升的數值，依此類推。

【練習 4.2-1】

有一訊號 $y(t)$如下圖所示，試回答下列問題：
(A) 它可以視為哪些脈波訊號的組合？
(B) 若以步階訊號來表示，其數學式為何？

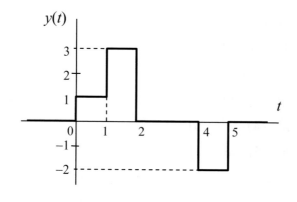

4.3 RC 電路

在第二章中已經介紹過分析電阻電路常用的兩種方法──節點分析法與網目方析法，但是它們並不適用於一階電路，欲分析 RC 電路時，必須改採微分方程的數學模式，底下開始說明整個 RC 電路的推導與分析過程。

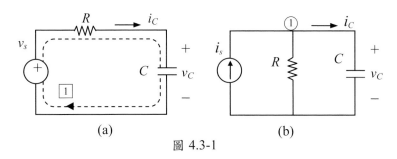

(a)   (b)

圖 4.3-1

一個 RC 電路是由電阻 R、電容 C 與獨立電源 $v_s(t)$ 或 $i_s(t)$ 組合而成,而且給定電容電壓初值 $v_C(t_0) = V_C$,如圖 4.3-1(a)(b)所示。在推導 RC 電路的數學模式時,通常先選取具有連續性的電容電壓 $v_C(t)$ 為變數,並寫出電容的元件方程式

$$\dot{v}_C(t) = \frac{1}{C} i_C(t) \tag{4.3-1}$$

此式已在(1.10-3)說明過,接著只要將 $i_C(t)$ 表示為變數 $v_C(t)$ 與獨立電源的線性組合即可。

■ 直流電壓源 *RC* 電路

首先考慮圖 4.3-1(a)之電阻 R、電容 C 與獨立電壓源 $v_s(t)$ 之串聯電路,利用 KVL 於網目 $\boxed{1}$,方程式為

$$v_s(t) = R \cdot i_C(t) + v_C(t) \tag{4.3-2}$$

再將 $i_C(t)$ 化為 $v_C(t)$ 與 $v_s(t)$ 的組合如下:

$$i_C(t) = -\frac{1}{R} v_C(t) + \frac{1}{R} v_s(t) \tag{4.3-3}$$

代入(4.3-1)後可得

$$\dot{v}_C(t) + \frac{1}{RC} v_C(t) = \frac{1}{RC} v_s(t) \qquad (4.3\text{-}4)$$

此式即 RC 電路的數學模式，為一階的 ODE。若是輸入為直流電壓源 $v_s(t) = V_s$ 且初值條件為 $v_C(t_0) = V_C$，則此式可改寫為

$$\dot{v}_C(t) + \frac{1}{RC} v_C(t) = \frac{1}{RC} V_s, \ \ v_C(t_0) = V_C, \ t \geq t_0 \qquad (4.3\text{-}5)$$

其特徵方程式為 $\lambda + \dfrac{1}{RC} = 0$，特徵值為 $\lambda = -\dfrac{1}{RC} < 0$，屬於穩定電路。此外，當 $t \to \infty$ 時，由於輸入為定值，所以電容電壓也趨近於常數，使得 $\dot{v}_C(t)\big|_{t \to \infty} = 0$，根據(4.3-1)可知 $i_C(t)\big|_{t \to \infty} = 0$，再由(4.3-5)可得 $v_C(\infty) = V_s$，故利用(4.1-28)，其解為

$$v_C(t) = (V_C - V_s)e^{-\frac{1}{RC}(t-t_0)} + V_s, \quad t \geq t_0 \qquad (4.3\text{-}6)$$

此式即 RC 電路在直流電壓源之作用下，所獲得的電容電壓。此外若無電源輸入時，即 $v_s(t) = V_s = 0$，則根據(4.3-5)可得數學模式為

$$\dot{v}_C(t) + \frac{1}{RC} v_C(t) = 0, \ \ v_C(t_0) = V_C, \ t \geq t_0 \qquad (4.3\text{-}7)$$

再利用(4.3-6)，其解為

$$v_C(t) = V_C\, e^{-\frac{1}{RC}(t-t_0)}, \quad t \geq t_0 \qquad (4.3\text{-}8)$$

因為 $\lambda = -\dfrac{1}{RC} < 0$，所以電容電壓 $v_C(t)$ 會隨著時間逐漸消失。

■ 直流電流源 *RC* 電路

其次考慮圖 4.3-1(b)之電阻 R、電容 C 與獨立電流源 $i_s(t)$ 之並聯電路，利用 KCL 於節點①，其方程式為

$$i_s(t) = i_C(t) + \frac{v_C(t)}{R} \tag{4.3-9}$$

再將 $i_C(t)$ 化為 $v_C(t)$ 與 $i_s(t)$ 的組合如下：

$$i_C(t) = -\frac{v_C(t)}{R} + i_s(t) \tag{4.3-10}$$

代入(4.3-1)後可得

$$\dot{v}_C(t) + \frac{1}{RC} v_C(t) = \frac{1}{C} i_s(t) \tag{4.3-11}$$

若是輸入為直流電流源 $i_s(t) = I_s$ 且初值條件為 $v_C(t_0) = V_C$，則此式可改寫為

$$\dot{v}_C(t) + \frac{1}{RC} v_C(t) = \frac{1}{C} I_s, \quad v_C(t_0) = V_C, \, t \geq t_0 \tag{4.3-12}$$

同樣地，特徵方程式為 $\lambda + \frac{1}{RC} = 0$，特徵值為 $\lambda = -\frac{1}{RC} < 0$，也是穩定電路，當 $t \to \infty$ 時，$v_C(t)\big|_{t \to \infty}$ 不再變動且 $i_C(t)\big|_{t \to \infty} = 0$，觀察圖 4.3-1(b)可知所有的電源電流 I_s 最後都通過電阻 R，使得 $v_C(\infty) = RI_s$，故利用(4.1-28)，其解為

$$v_C(t) = (V_C - RI_s)e^{-\frac{1}{RC}(t-t_0)} + RI_s, \quad t \geq t_0 \tag{4.3-13}$$

此式即 RC 電路在獨立直流電流源之作用下，所獲得的電容電壓。此外，若無電源輸入時，即 $i_s(t) = I_s = 0$，則根據(4.3-12)可得數學模式為

$$\dot{v}_C(t) + \frac{1}{RC} v_C(t) = 0, \ v_C(t_0) = V_C, \ t \geq t_0 \qquad (4.3\text{-}14)$$

再利用(4.3-13)，其解為

$$v_C(t) = V_C \, e^{-\frac{1}{RC}(t-t_0)}, \ t \geq t_0 \qquad (4.3\text{-}15)$$

顯然地，以上兩式與(4.3-7)、(4.3-8)完全相同，因為在無電源之情況下，圖4.3-1(a)與圖4.3-1(b)是完全相同的 RC 電路。

由以上之分析可知，RC 電路不論是採用電壓源或電流源，皆可表為一階的 ODE，且時間常數為 $\tau = \frac{1}{|\lambda|} = RC$，單位 s，底下將以兩個範例來說明如何求解 RC 電路。

《範例 4.3-1》 無電源之 RC 電路

有一 RC 電路如右圖所示，在電路中未加入任何電源，且 $R=2k\Omega$，$C=10\mu F$，電容的初值為 $v_C(0)=2V$。

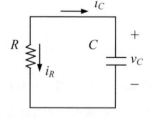

(A)若以 $v_C(t)$ 為變數，則電路的數學模式為何？時間常數 $\tau = ?$

(B)當 $t \geq 0$ 時，電容電壓 $v_C(t) = ?$ 電阻電流 $i_R(t) = ?$

(C)若以 $i_R(t)$ 為變數，則電路的數學模式為何？時間常數 $\tau = ?$

(D)請利用(C)中所求得電路的數學模式，重新計算電阻電流 $i_R(t)$。

(E)請說明無電源之 RC 電路運作時，電阻與電容的能量變化情況。

解答：

(A)由於未使用任何電源，而且 $\dfrac{1}{RC} = 50$，因此根據(4.3-7)，其數學模式為

$$\dot{v}_C(t) + 50v_C(t) = 0, \quad v_C(0)=2\text{V}, \quad t \geq 0 \qquad\qquad (\text{Eq.1})$$

此式之特徵方程式為 $\lambda + 50 = 0$，特徵值為 $\lambda = -50$，故時間常數如下所示：

$$\tau = \frac{1}{|\lambda|} = \frac{1}{50} \quad \text{sec}$$

(B)　根據(4.3-8)可得電容電壓為

$$v_C(t) = v_C(0)e^{\lambda t} = 2e^{-50t} \quad \text{V}, \quad t \geq 0$$

其次觀察此電路可知跨越電阻 R 的電壓等於 $v_C(t)$，故根據歐姆定律可得

$$i_R(t) = \frac{v_C(t)}{R} = \frac{2e^{-50t}}{2 \times 10^3} = 1 \cdot e^{-50t} \quad \text{mA}, \quad t \geq 0$$

(C)　欲以電阻電流 $i_R(t)$ 為變數，必須先計算初值 $i_R(0)$，因為 $i_R(t) = \dfrac{v_C(t)}{R}$，

所以 $i_R(0) = \dfrac{v_C(0)}{R} = \dfrac{2}{2 \times 10^3} = 1\,\text{mA}$，再將 $v_C(t)$ 以 $i_R(t)$ 表示，即

$v_C(t) = R\,i_R(t)$，代入(Eq.1)後可得

$$i_R(t) + 50i_R(t) = 0, \quad i_R(0) = 1\,\text{mA}, \quad t \geq 0 \qquad\qquad (\text{Eq.2})$$

其特徵值仍然為 $\lambda = -50$，故時間常數也是 $\tau = \dfrac{1}{50}$ sec，與(A)中的時間常數相同。

(D)由於(Eq.2)也不含任何輸入項，故可套用(4.3-8)的解來求算電阻電流，其結果如下所示：

$$i_R(t) = i_R(0)e^{\lambda t} = 1 \cdot e^{-50t} \quad \text{mA}, \quad t \geq 0$$

與(B)中的 $i_R(t)$ 相同。

(E) 綜合以上的分析，可知無電源之 RC 電路，不論以哪個元件的電壓或電流為變數，其方程式都是 $\dot{y}(t)+\dfrac{1}{\tau}y(t)=0$，具有相同的時間常數 $\tau=RC$，只有初值 $y(0)$ 會有所差異。此外，根據(1.10-8)可知電容的初始能量為

$$w_C = \frac{1}{2}Cv_C^2(0) = 2\times10^{-5}\,\text{J}$$

而消耗在電阻上的能量為

$$w_R = \int_0^\infty Ri_R^2(t)dt = \int_0^\infty 2000\times\left(0.001\cdot e^{-50t}\right)^2 dt = 2\times10^{-5}\,\text{J}$$

顯然地，$w_C=w_R$，也就是說，儲存在電容的初始能量，都被電阻消耗怠盡，因此當 $t\to\infty$ 時，在電路上不存在任何訊號，故 $y(\infty)=0$。

【練習 4.3-1】

有一 RC 電路如右圖所示，在電路中未加入任何電源，且 $R=20k\Omega$，$C=0.1mF$，電容的初值為 $v_C(0)=1V$。

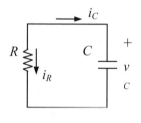

(A)若以 $v_C(t)$ 為變數，則電路數學模式為何？時間常數 $\tau=$？

(B)當 $t\geq0$ 時，電容電壓 $v_C(t)=$？電阻電流 $i_R(t)=$？

(C)若以 $i_R(t)$ 為變數，則電路的數學模式為何？時間常數 $\tau=$？

(D)請利用(C)中所求得之數學模式，重新計算電阻電流 $i_R(t)$。

(E)請說明電路運作時，電阻與電容的能量變化情況。

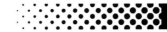

《範例 4.3-2》　具直流電源之 *RC* 電路

有一 *RC* 電路如右圖所示，所加
入之直流電壓源為 $v_s(t)$=5V，且
R=2kΩ，C=10μF，電容的初值
為 $v_C(0)$=0V。

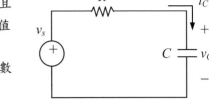

(A) 若以 $v_C(t)$ 為變數，則電路數
　　學模式為何？時間常數
　　$\tau=$？

(B) 當 $t \geq 0$ 時，電容電壓 $v_C(t)$ 為何？電流 $i_C(t)$ 為何？

(C) 若以 $i_C(t)$ 為變數，則電路數學模式為何？時間常數 $\tau=$？

(D) 請利用(C)中之數學模式，重新計算電阻電流 $i_C(t)$。

(E) 當 $t \to \infty$ 時，$v_C(\infty)$ 與 $i_C(\infty)$ 各為何？

(F) 若 k 為整數，當 $t=k\tau$ 時，$|v_C(k\tau)-v_C(\infty)|<0.01|v_C(\infty)|$，則 k 最小為
　　何？

解答：

(A)　由於此電路使用直流電壓源 $v_s(t)$=5V，而且 $\dfrac{1}{RC}=50$ ，因此根據

　　(4.3-5)，可得數學模式如下：

$$\dot{v}_C(t) + 50 v_C(t) = 250, \quad v_C(0)\text{=0 V}, \quad t \geq 0 \qquad \text{(Eq.1)}$$

　　特徵方程式為 $\lambda + 50 = 0$ ，特徵值為 $\lambda = -50$ ，故時間常數

$$\tau = \frac{1}{|\lambda|} = \frac{1}{50} \ \text{sec}$$

(B)　根據(4.3-6)可得電容電壓為

$$v_C(t) = (0-5)e^{-50t} + 5 = -5e^{-50t} + 5 \ \text{V}, \quad t \geq 0 \qquad \text{(Eq.2)}$$

221

又因為 $i_C(t) = \dfrac{v_s(t)}{R} - \dfrac{v_C(t)}{R}$，所以由 $v_s(t)=5V$ 與(Eq.2)可得

$$i_C(t) = \frac{5e^{-50t}}{2 \times 10^3} = 2.5 \cdot e^{-50t} \text{ mA}, \quad t \geq 0$$

(C) 欲以 $i_C(t)$ 為變數，必須先計算初值如下：

$$i_C(0) = \frac{v_s(0) - v_c(0)}{R} = \frac{5}{2 \times 10^3} = 2.5 \text{ mA}$$

再將 $v_C(t) = v_s(t) - R\, i_C(t)$，代入(Eq.1)，整理後可得

$$i_C(t) + 50 i_C(t) = 0, \quad i_C(0) = 2.5 \text{ mA}, \quad t \geq 0 \qquad \text{(Eq.3)}$$

其時間常數仍然是 $\tau = \dfrac{1}{50}$ sec，與(A)中的時間常數相同。

(D) 由於(Eq.3)為無輸入之 ODE，因此可套用(4.3-8)的解來求算電容電流，其結果如下所示：

$$i_C(t) = i_C(0)e^{\lambda t} = 2.5 \cdot e^{-50t} \text{ mA}, \quad t \geq 0 \qquad \text{(Eq.4)}$$

與(B)中的 $i_C(t)$ 相同。

(E) 當 $t \to \infty$ 時，由(Eq.2)與(Eq.4)可得 $v_C(\infty)=5V$，$i_C(\infty)=0A$。

(F) 由(Eq.2)可知，在 $t=k\tau$ 時，電容電壓為 $v_C(k\tau) = -5e^{-50k\tau} + 5$，根據條件 $|v_C(k\tau)-v_C(\infty)|<0.01|v_C(\infty)|$，可得 $e^{-k} < 0.01$，即 $k > 2\ln 10 = 4.61$，因為 k 整數，故 $k=5$，也就是說，必須經過 5 個時間常數之後，電容電壓 $v_C(t)$ 才會收斂到 $v_C(\infty)$ 附近 1% 的誤差範圍內。

【練習 4.3-2】

有一 *RC* 電路如右圖所示，所
加入之直流電流源為
$i_s(t)$=1mA，且 *R*=2*k*Ω，
C=10μF，電容的初值為
$v_C(0)$=0V。

(A)若以 $v_C(t)$為變數，則電路
數學模式為何？時間常數 τ=？
(B)當 *t*≥0 時，電容電壓 $v_C(t)$=？電流 $i_C(t)$=？
(C)若以 $i_C(t)$為變數，則電路數學模式為何？時間常數 τ=？
(D)請利用(C)中所求得之數學模式，重新計算電阻電流 $i_C(t)$。
(E)當 *t*→∞時，$v_C(\infty)$與 $i_C(\infty)$各為何？
(F)若 *k* 為整數，當 *t*=*k*τ時，$|v_C(k\tau)-v_C(\infty)|<0.01|v_C(\infty)|$，則 *k* 最小為何？

◀◀◀

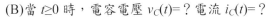

4.4 *RL* 電路

　　一個 *RL* 電路是由電阻 *R*、電感 *L* 與獨立電源 $v_s(t)$ 或 $i_s(t)$組合而成，而
且給定電感電流初值 $i_L(t_0) = I_L$，如圖 4.4-1(a)(b)所示，在推導 *RL* 電路的
數學模式時，通常先選取具有連續性的電感電流 $i_L(t)$為變數，並寫出電感的
元件方程式

$$i_L(t) = \frac{1}{L} v_L(t) \tag{4.4-1}$$

此式已在(1.11-3)說明過，接著只要將 $v_L(t)$表示為變數 $i_L(t)$與獨立電源的線
性組合即可。

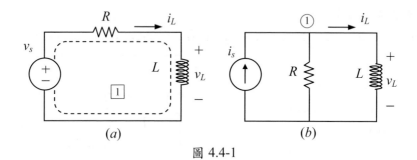

圖 4.4-1

■ 直流電壓源 *RL* 電路

首先考慮圖 4.4-1(*a*)之電阻 R、電感 L 與獨立電壓源 $v_s(t)$ 之串聯電路，利用 KVL 於網目 $\boxed{1}$，其方程式為

$$v_s(t) = R \cdot i_L(t) + v_L(t) \tag{4.4-2}$$

再將 $v_L(t)$ 化為 $i_L(t)$ 與 $v_s(t)$ 的組合如下：

$$v_L(t) = -R \cdot i_L(t) + v_s(t) \tag{4.4-3}$$

代入(4.4-1)後可得

$$i_L(t) + \frac{R}{L} i_L(t) = \frac{1}{L} v_s(t) \tag{4.4-4}$$

此式即 *RL* 電路的數學模式，它也是一階的 ODE。若是輸入為直流電壓源 $v_s(t) = V_s$ 且初值條件為 $i_L(t_0) = I_L$，則此式可改寫為

$$i_L(t) + \frac{R}{L} i_L(t) = \frac{1}{L} V_s, \quad i_L(t_0) = I_L, \quad t \geq t_0 \tag{4.4-5}$$

其特徵方程式為 $\lambda + \dfrac{R}{L} = 0$，特徵值為 $\lambda = -\dfrac{R}{L} < 0$，屬於穩定電路。此外

當 $t \to \infty$ 時，由於輸入為定值，所以電感電流也趨近於常數，使得 $\dot{i}_L(t)\big|_{t \to \infty} = 0$ ，根據 (4.4-1) 可知 $v_L(t)\big|_{t \to \infty} = 0$ ，再由 (4.4-2) 可得 $i_L(\infty) = \dfrac{V_s}{R}$ ，故利用(4.1-28)，其解為

$$i_L(t) = \left(I_L - \frac{V_s}{R}\right)e^{-\frac{R}{L}(t-t_0)} + \frac{V_s}{R}, \ t \geq t_0 \tag{4.4-6}$$

此式即 RL 電路在獨立直流電壓源之作用下，所獲得的電感電流。此外，若無電源輸入時，即 $v_s(t) = V_s = 0$ ，則根據(4.4-5)可得數學模式為

$$i_L(t) + \frac{R}{L}i_L(t) = 0, \ i_L(t_0) = I_L, \ t \geq t_0 \tag{4.4-7}$$

再利用(4.4-6)，其解為

$$i_L(t) = I_L \, e^{-\frac{R}{L}(t-t_0)}, \ t \geq t_0 \tag{4.4-8}$$

顯然地，因為特徵值 $\lambda = -\dfrac{R}{L} < 0$ ，電感電流會隨著時間逐漸消失。

■ 直流電壓源 *RL* 電路

其次考慮圖 4.4-1(b)之電阻 R、電感 L 與獨立電流源 $i_s(t)$ 之並聯電路，利用 KCL 於節點①，其方程式為

$$i_s(t) = i_L(t) + \frac{v_L(t)}{R} \tag{4.4-9}$$

再將 $v_L(t)$ 化為 $i_L(t)$ 與 $i_s(t)$ 的組合如下：

$$v_L(t) = -R\, i_L(t) + R\, i_s(t) \tag{4.4-10}$$

代入(4.4-1)後可得

$$i_L(t) + \frac{R}{L} i_L(t) = \frac{R}{L} i_s(t) \qquad (4.4\text{-}11)$$

若是輸入為直流電流源 $i_s(t) = I_s$ 且初值條件為 $i_L(t_0) = I_L$，則此式可改寫為

$$i_L(t) + \frac{R}{L} i_L(t) = \frac{R}{L} I_s, \quad i_L(t_0) = I_L, \quad t \geq t_0 \qquad (4.4\text{-}12)$$

同樣地，特徵方程式為 $\lambda + \dfrac{R}{L} = 0$，特徵值為 $\lambda = -\dfrac{R}{L} < 0$，也是屬於穩定電路，當 $t \to \infty$ 時，$i_L(t)\big|_{t \to \infty}$ 不再變動且 $v_L(t)\big|_{t \to \infty} = 0$，觀察圖 4.4-1(b)可知所有的電源電流 I_s 最後都通過電感 L，使得 $i_L(\infty) = I_s$，故利用(4.1-28)，其解為

$$i_L(t) = (I_L - I_s) e^{-\frac{R}{L}(t - t_0)} + I_s, \; t \geq t_0 \qquad (4.4\text{-}13)$$

此式是 RL 電路在獨立直流電流源之作用下，所獲得的電感電流。此外，若無電源輸入時，即 $i_s(t) = I_s = 0$，則根據(4.4-12)可得數學模式為

$$i_L(t) + \frac{R}{L} i_L(t) = 0, \; i_L(t_0) = I_L, \; t \geq t_0 \qquad (4.4\text{-}14)$$

再利用(4.4-13)，其解為

$$i_L(t) = I_L \, e^{-\frac{R}{L}(t - t_0)}, \; t \geq t_0 \qquad (4.4\text{-}15)$$

顯然地，以上兩式與(4.4-7)、(4.4-8)完全相同，因為在無電源之情況下，圖 4.4-1(a)與圖 4.4-1(b)是相同的 RL 電路。

由上分析可知，只要是 RL 電路，不論所採用的是電壓源或電流源，皆可表為一階的 ODE，且時間常數為 $\tau = \dfrac{1}{|\lambda|} = \dfrac{L}{R}$，底下將以兩個範例來說明如何求解 RL 電路。

《範例 4.4-1》 無電源之 RL 電路

有一 RL 電路如右圖所示，在電路中未加入任何電源，且 R=10Ω，L=50mH，電感的初值為 $i_L(0)$=1A。

(A)若以 $i_L(t)$ 為變數，則電路數學模式為何？時間常數 τ=？

(B)當 $t \geq 0$ 時，電感電流 $i_L(t)$=？電阻電壓 $v_R(t)$=？

(C)若以 $v_R(t)$ 為變數，則電路數學模式為何？時間常數 τ=？

(D)請利用(C)中之數學模式，重新計算電阻電壓 $v_R(t)$。

(E)請說明無電源 RL 電路中，電阻與電感的能量變化情況。

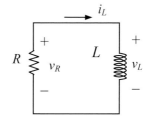

解答：

(A)由於未使用任何電源且 $\dfrac{R}{L} = 200$，因此根據(4.4-7)可得

$$i_L(t) + 200 i_L(t) = 0 \,,\ i_L(0)=1\text{A}, \ t \geq 0 \qquad\qquad \text{(Eq.1)}$$

此式之特徵方程式為 $\lambda + 200 = 0$，特徵值為 $\lambda = -200$，故時間常數為 $\tau = \dfrac{1}{|\lambda|} = \dfrac{1}{200}$ sec

(B) 根據(4.4-8)可得電感電流為

$$i_L(t) = i_L(0)e^{\lambda t} = 1 \cdot e^{-200t} \ \text{A}, \ t \geq 0$$

其次觀察此電路可知跨越電阻 R 的電壓為

$$v_R(t) = -Ri_L(t) = -10 \cdot e^{-200t} \quad \text{V}, \ t \geq 0$$

(C) 欲以電壓 $v_R(t)$ 為變數，先計算初值 $v_R(0) = -Ri_L(0) = -10\text{V}$，再將 $i_L(t)$ 以 $v_R(t)$ 表示，即 $i_L(t) = -\dfrac{v_R(t)}{R}$，代入(Eq.1)後可得

$$\dot{v}_R(t) + 200v_R(t) = 0, \quad v_R(0) = -10\text{V}, \ t \geq 0 \qquad \text{(Eq.2)}$$

其特徵值仍然是 $\lambda = -200$，故時間常數也是 $\tau = \dfrac{1}{200}$ sec，與(A)中的時間常數相同。

(D) 由於(Eq.2)也不含任何輸入項，故可套用(4.4-8)的解來求算電阻電壓，其結果如下所示：

$$v_R(t) = v_R(0)e^{\lambda t} = -10 \cdot e^{-200t} \quad \text{V}, \ t \geq 0$$

與(B)中的 $v_R(t)$ 相同。

(E) 綜合以上的分析，可知無電源之 RL 電路，不論以哪個元件的電壓或電流為變數，其方程式都是 $\dot{y}(t) + \dfrac{1}{\tau}y(t) = 0$，具有相同的時間常數 $\tau = \dfrac{L}{R}$，只有初值 $y(0)$ 會有所差異。此外，根據(1.11-8)可知電感的初始能量為

$$w_L = \frac{1}{2}Li_L^2(0) = 2.5 \times 10^{-2} \text{ J}$$

而消耗在電阻上的能量為

$$w_R = \int_0^\infty \frac{v_R^2(t)}{R}dt = \int_0^\infty \frac{1}{10} \times \left(-10 \cdot e^{-200t}\right)^2 dt = 2.5 \times 10^{-2} \text{ J}$$

顯然地，$w_L = w_R$，也就是說，儲存在電感的初始能量，都被電阻消耗急盡，因此當 $t \to \infty$ 時，在電路上不存在任何訊號，故 $y(\infty)=0$。

【練習 4.4-1】

有一 *RL* 電路如右圖所示，在電路中未
加入任何電源，且 $R=25\Omega$，$L=0.2H$，
電感的初值為 $i_L(0)=-1A$。

(A)若以 $i_L(t)$ 為變數，則電路數學模式為
　　何？時間常數 $\tau=$？

(B)當 $t \geq 0$ 時，電感電流 $i_L(t)=$？電阻電
　　壓 $v_R(t)=$？

(C)若以 $v_R(t)$ 為變數，則電路數學模式為何？時間常數 $\tau=$？

(D)請利用(C)中之數學模式，重新計算電阻電壓 $v_R(t)$。

(E)請說明無電源 *RL* 電路中，電阻與電感的能量變化情況。

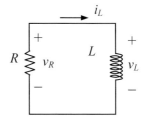

◀◀◀

《範例 4.4-2》　具直流電源之 *RL* 電路

有一 *RL* 電路如右圖所示，所加
入之直流電壓源為 $v_s(t)=5V$，且
$R=10\Omega$，$L=50mH$，電感的初值
為 $i_L(0)=0A$。

(A)若以 $i_L(t)$ 為變數，則電路數學
　　模式為何？時間常數 $\tau=$？

(B)當 $t \geq 0$ 時，電感電流 $i_L(t)=$？
　　電感電壓 $v_L(t)=$？

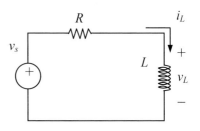

(C)若以 $v_L(t)$ 為變數，則電路數學模式為何？時間常數 $\tau=$？

(D)請利用(C)中之數學模式，重新計算電感電壓 $v_L(t)$。

(E)當 $t \to \infty$ 時，$i_L(\infty)$ 與 $v_L(\infty)$ 各為何？

(F) 若 k 為整數，當 $t=k\tau$ 時，$|i_L(k\tau)-i_L(\infty)|<0.01|i_L(\infty)|$，則 k 最小為何？

解答：

(A) 由於此電路使用直流電壓源 $v_s(t)$=5V，而且 $\dfrac{R}{L} = 200$，因此根據(4.4-5)，

可得數學模式如下：

$$\dot{i}_L\left(t\right) + 200 i_L\left(t\right) = 100, \quad i_L(0) = 0\ \text{A}, \quad t \geq 0 \tag{Eq.1}$$

特徵方程式為 $\lambda + 200 = 0$，特徵值為 $\lambda = -200$，故時間常數

$$\tau = -\frac{1}{\lambda} = \frac{1}{200} \ \text{sec}$$

(B) 根據(4.4-6)可得電感電流為

$$i_L\left(t\right) = \left(0 - 0.5\right)e^{\lambda t} + 0.5 = -0.5 e^{-200t} + 0.5 \ \ \text{A}, t \geq 0 \tag{Eq.2}$$

又因為 $v_L\left(t\right) = v_s\left(t\right) - R\,i_L\left(t\right)$，所以由 $v_s(t)$=5V 與(Eq.2)可得

$$v_L\left(t\right) = 5 - 10\left(-0.5 e^{-200t} + 0.5\right) = 5 \cdot e^{-200t} \ \ \text{V}, t \geq 0$$

(C) 欲以 $v_L(t)$ 為變數，先計算初值 $v_L\left(0\right) = v_s\left(0\right) - R\,i_L\left(0\right) = 5\ \text{V}$，再將

$$i_L\left(t\right) = \frac{v_s\left(t\right)}{R} - \frac{v_L\left(t\right)}{R}\ , \text{代入(Eq.1)，整理後可得}$$

$$\dot{v}_L\left(t\right) + 200 v_L\left(t\right) = 0, \quad v_L\left(0\right) = 5\,\text{V}, t \geq 0 \tag{Eq.3}$$

其時間常數仍然是 $\tau = \dfrac{1}{200}$ sec，與(A)中的時間常數相同。

(D) 由於(Eq.3)為無輸入之 ODE，因此可套用(4.4-8)的解來求算電感電壓，其結果如下所示：

$$v_L\left(t\right) = v_L\left(0\right)e^{\lambda t} = 5 \cdot e^{-200t}\ \text{V}, t \geq 0 \tag{Eq.4}$$

其結果與(B)中的 $v_L(t)$ 相同。

(E) 當 $t \to \infty$ 時，由(Eq.2)與(Eq.4)可得 $i_L(\infty)$=0.5A，$v_L(\infty)$=0V。

(F)由(Eq.2)可知，在 $t=k\tau$ 時，電感電流為

$$i_L\left(k\tau\right) = -0.5e^{-200k\tau} + 0.5 \ ,$$

根據條件 $|i_L(k\tau)-i_L(\infty)|<0.01|i_L(\infty)|$，可得 $k > 2\,ln10 = 4.61$，因為 k 整數，故 $k=5$，也就是說，必須經過 5 個時間常數之後，電感電流 $i_L(t)$ 才會收斂到 $i_L(\infty)$ 附近 1%的誤差範圍內。

【練習 4.4-2】

有一 RL 電路如右圖所示，所加入之直流電流源為 i_s(t)=1mA，且 R=10Ω，L=50mH，電感的初值為 $i_L(0)$=0A。

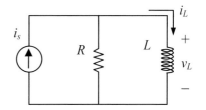

(A)若以 $i_L(t)$ 為變數，則電路數學模式為何？時間常數 τ= ？

(B)當 $t{\geq}0$ 時，電感電流 $i_L(t)$= ？電感電壓 $v_L(t)$= ？

(C)若以 $v_L(t)$ 為變數，則電路數學模式為何？時間常數 τ= ？

(D)請利用(C)中之數學模式，重新計算電感電壓 $v_L(t)$。

(E)當 $t{\rightarrow}\infty$時，$i_L(\infty)$ 與 $v_L(\infty)$各為何？

(F)若 k 為整數，當 $t=k\tau$時，$|i_L(k\tau)-i_L(\infty)|<0.01|i_L(\infty)|$，則 k 最小為何？

4.5 一階電路範例

在前面兩節所討論的是一階的標準電路—RC 電路與 RL 電路,但是一般的一階電路則是如圖 4.2-1 所示,並不是 RC 或 RL 電路的簡單結構,有時還會使用非獨立電源,由於形式眾多,難以一一歸類,不過最基本的方法就是將這些複雜的一階電路,先利用戴維寧或諾頓等效電路,化為一階的標準電路之後,再進行求解的步驟,在這節中將以範例來說明整個的求解過程。

《範例 4.5-1》

在右圖中,$R_1=R_2=4\ \Omega$,$R_3=2\ \Omega$,$C=1/12$ F,且電容電壓的初值為 $v_C(0)=0$V,若施加電壓 $v_s(t)=2$ V,$t\geq0$,則

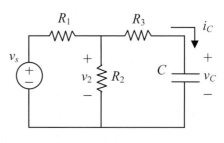

(A) 若以 $v_C(t)$ 為變數,則數學模式為何?時間常數 τ 為何?$v_C(t)$ 為何?

(B) 跨越 R_2 的電壓 $v_2(t)=$?穩態響應 $v_2(\infty)=$?

(C) 令 k 為整數,若 $t=k\tau$ 時滿足 $|v_2(t)-v_2(\infty)|<0.01\ |v_2(\infty)|$,則 k 最小為何?

(D) 若以 $v_2(t)$ 為變數,則數學模式為何?其解是否與(A)中的 $v_2(t)$ 相同?

解答:

(A) 對於包含一個電容的電路,通常都必須先解出電容電壓 $v_C(t)$ 之後,再去求取其他元件的物理量。首先將電容 C 視為負載,而其他的部分則視為電源電路,其戴維寧等效電路,如右下圖所示:

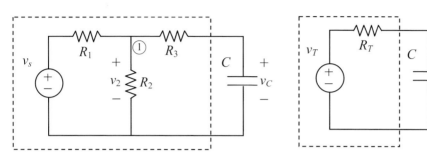

其中 $v_T(t)$ 是移除負載電容 C 後的開路電壓 v_{oc}，R_T 則是再移除獨立電源後的等效電阻，如下圖所示：

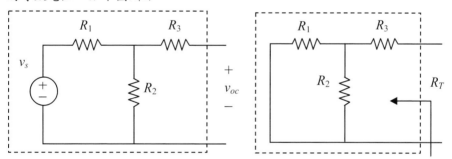

在開路電路中，R_3 上沒有電流，故 $v_{oc}(t)$ 為 R_2 的壓降，利用分壓公式可得

$$v_{oc}(t) = \frac{R_1}{R_1 + R_2} v_s(t) = \frac{4}{4+4} v_s(t) = 0.5 v_s(t)$$

故 $v_T(t)= v_{oc}(t)= 0.5\ v_s(t)=1$ V，至於等效電阻 R_T，可用電阻的串聯與並聯直接求得，其值為

$$R_T = R_3 + (R_1 // R_2) = 2 + \left(\frac{1}{4} + \frac{1}{4}\right)^{-1} = 4\ \Omega$$

因此 $R_T C=1/3$，由(4.3-5)可得戴維寧等效電路如下：

$$\dot{v}_C(t) + 3 v_C(t) = 3, \quad v_C(0) = 0, \quad t \geq 0 \tag{Eq.1}$$

此式即原電路的數學模式，其特徵方程式為$\lambda+3=0$，特徵值為$\lambda=-3$，

所以時間常數$\tau = \dfrac{1}{|\lambda|} = \dfrac{1}{3}\sec$，再利用(4.3-6)可得

$$v_C(t) = (0-1)e^{-3t} + 1 = -e^{-3t} + 1\,\text{V}, \; t\geq 0 \tag{Eq.2}$$

(B) 利用 KVL 於原電路的右邊網目，可得$v_2(t) = R_3 i_C(t) + v_C(t)$，其中$i_C(t)$可以利用電容的元件方程式求得，如下所示：

$$i_C(t) = C\dot{v}_C(t) = \frac{1}{4}e^{-3t} \tag{Eq.3}$$

故由(Eq.2)與(Eq.3)可得

$$v_2(t) = R_3 i_C(t) + v_C(t) = -\frac{1}{2}e^{-3t} + 1 \;\; \text{V}, \quad t\geq 0 \tag{Eq.4}$$

其穩態響應為$v_2(\infty) = 1$。

(C) 當$t=k\tau$時，將(Eq.4)與$v_2(\infty) = 1$代入

$$|v_2(t)-v_2(\infty)| < 0.01\,|v_2(\infty)|$$

則可得$e^{-3k\tau} < 0.02$，因為$\tau = \dfrac{1}{3}\sec$，經整理後可得

$$k > -ln\,0.02 = 3.912$$

故最小的整數$k=4$。

(D)欲以$v_2(t)$為變數，必須先將$v_2(t)$表示為電源$v_s(t)$與$v_C(t)$的關係式，由電路中的節點①可得

$$\frac{v_2(t)-v_s(t)}{R_1} + \frac{v_2(t)}{R_2} + \frac{v_2(t)-v_C(t)}{R_3} = 0$$

亦即$v_2(t) = \dfrac{1}{4}v_s(t) + \dfrac{1}{2}v_C(t) = \dfrac{1}{2} + \dfrac{1}{2}v_C(t)$，或者是

$$v_C(t) = 2v_2(t) - 1 \qquad\qquad\qquad (\text{Eq.5})$$

由(Eq.5)可求得跨越電阻 R_2 的電壓初值為 $v_2(0) = \dfrac{1}{2}$，再將(Eq.5)代入

(Eq.1)可得

$$\dot{v}_2(t) + 3v_2(t) = 3, \quad v_2(0) = \frac{1}{2}, \quad t \geq 0 \qquad\qquad (\text{Eq.6})$$

其特徵根仍然為 $\lambda=-3$。當 $t\to\infty$ 時，由於 $v_2(t)$ 不再改變，因此根據(Eq.6)
可知 $v_2(\infty) = 1$，再利用(4.1-28)可得

$$v_2(t) = \left(v_2(0) - v_2(\infty)\right)e^{-3t} + v_2(\infty) = -\frac{1}{2}e^{-3t} + 1 \ \text{V},\ t \geq 0$$

此解與(A)中的 $v_2(t)$ 相同。

【練習 4.5-1】

在右圖中，$R_1=R_2=4\ \Omega$，$R_3=2$
Ω，$L=1\ \text{H}$，且電感電流的初
值為 $i_L(0)=0\text{A}$，若施加電壓
$v_s(t)=2\ \text{V}$，$t\geq0$，則

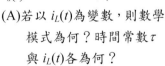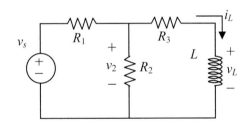

(A)若以 $i_L(t)$ 為變數，則數學
　　模式為何？時間常數 τ
　　與 $i_L(t)$ 各為何？

(B)跨越 R_2 的電壓 $v_2(t)=$？穩態響應 $v_2(\infty)=$？

(C)令 k 為整數，若 $t=k\tau$ 時滿足 $|v_2(t)-v_2(\infty)|<0.01\,|v_2(\infty)|$，則 k 最小為何？

(D)若以 $v_2(t)$ 為變數，則數學模式為何？其解是否與(A)中的 $v_2(t)$ 相
　　同？

《範例 4.5-2》

在右圖中，$R_1=R_2=4\ \Omega$，
$R_3=2\ \Omega$，$L=1\ H$，且電容電
壓的初值為 $i_L(0)=0\ A$，若
施加電流 $i_s(t)=2\ A$，$t\geq 0$，
則

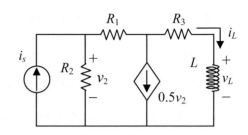

(A)若以 $i_L(t)$ 為變數，則數
學模式為何？時間常
數 τ 為何？$i_L(t)$ 為何？

(B)跨越 R_2 的電壓 $v_2(t)=$？穩態響應 $v_2(\infty)=$？

(C)令 k 為整數，若 $t=k\tau$ 時滿足 $|v_2(t)-v_2(\infty)|<0.01\,|v_2(\infty)|$，則 k 最小為何？

(D)若以 $v_2(t)$ 為變數，則數學模式為何？其解是否與(A)中的 $v_2(t)$ 相
同？

解答：

(A)對於包含電感的電路，通常都必須先解出電感電流 $i_L(t)$，首先將電感 L
視為負載，而其他的部分則視為電源電路，其戴維寧等效電路，如右
下圖所示：

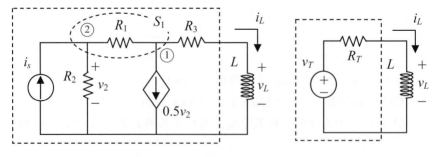

其中 $v_T(t)$ 是移除負載電感 L 後的開路電壓 v_{oc}，如下圖所示：

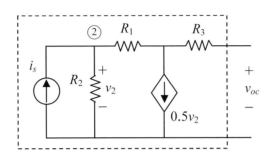

在此電路中，R_3 上沒有電流，因此利用 KCL 於節點②可得

$$\frac{v_2(t)}{R_2} + 0.5v_2(t) = i_s(t) = 2 \text{，由 } R_2 = 4\,\Omega \text{可知 } v_2(t) = \frac{8}{3}\,\text{V，又因為}$$

$$v_{oc}(t) = v_2(t) - 0.5v_2(t)R_1 = -\frac{8}{3}\,\text{V，所以原電路的等效電壓為}$$

$$v_T(t) = v_{oc}(t) = -\frac{8}{3}\,\text{V。接著求解 } R_T \text{，因為存在非獨立電源，所以除了移去}$$

獨立電源外，還必須加入額外電源 V_t 於負載端，如下圖所示：

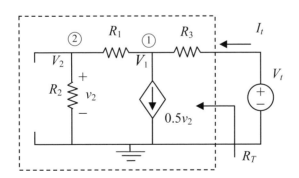

設節點電壓為 V_1 與 V_2，利用節點分析，可得方程式如下：

$$\text{KCL①：} \quad \frac{V_1 - V_2}{R_1} + 0.5v_2(t) + \frac{V_1 - V_t}{R_3} = 0$$

KCL② ： $\dfrac{V_2}{R_2}+\dfrac{V_2-V_1}{R_1}=0$

因為 $v_2(t)=V_2$ ，且 $R_1{=}R_2{=}4\,\Omega$ ， $R_3{=}2\,\Omega$ ，代入以上兩式可得

KCL① ： $3V_1+V_2=2V_t$

KCL② ： $2V_2-V_1=0$

故解得 $V_t=7V_1/4$ ，此外，觀察電路右邊的網目可得

$$V_t=R_3I_t+V_1=2I_t+V_1=2I_t+\dfrac{4}{7}V_t$$

整理此式可得 $V_t=\dfrac{14}{3}I_t$ ，故等效電阻為

$$R_T=\dfrac{V_t}{I_t}=\dfrac{14}{3}\ \Omega$$

因此 $\dfrac{L}{R_T}=\dfrac{3}{14}$ ，再由(4.4-5)可得數學模式

$$i_L(t)+\dfrac{14}{3}i_L(t)=-\dfrac{8}{3},\quad i_L(0)=0,\quad t\ge 0 \tag{Eq.1}$$

其特徵方程式為 $\lambda+\dfrac{14}{3}=0$ ，特徵值 $\lambda=-\dfrac{14}{3}$ ，所以時間常數 $\tau=\dfrac{1}{|\lambda|}=\dfrac{3}{14}\,\text{sec}$ ，

再利用(4.4-6)可得

$$i_L(t)=\left(0+\dfrac{4}{7}\right)e^{-\frac{14}{3}t}-\dfrac{4}{7}=\dfrac{4}{7}e^{-\frac{14}{3}t}-\dfrac{4}{7}\,\text{A}, t{\ge}0 \tag{Eq.2}$$

(B) 觀察封閉面 S_1 可知 $i_s(t)=\dfrac{v_2(t)}{R_2}+0.5v_2(t)+i_L(t)$ ，即

$$v_2(t)=-\dfrac{4}{3}i_L(t)+\dfrac{8}{3} \tag{Eq.3}$$

將(Eq.2)代入此式可得

$$v_2(t) = -\frac{16}{21}e^{-\frac{14}{3}t} + \frac{24}{7} \quad \text{V} \tag{Eq.4}$$

其穩態響應為

$$v_2(\infty) = \frac{24}{7} \quad \text{V} \tag{Eq.5}$$

(C) 當 $t=k\tau$ 時，將 (Eq.4) 與 (Eq.5) 代入 $|v_2(t)-v_2(\infty)|<0.01 \ |v_2(\infty)|$，可得

$e^{-\frac{14}{3}k\tau} < 0.045$，因為 $\tau = \frac{3}{14}$ sec，所以 $e^{-k} < 0.045$，經整理後可得

$k > -ln\,0.045 = 3.101$，故最小的整數 $k = 4$。

(D) 欲以 $v_2(t)$ 為變數，必須先將 $v_2(t)$ 表示為電源 $i_s(t)$ 與 $i_L(t)$ 的關係式，即 (Eq.3)，整理後成為

$$i_L(t) = 2 - 0.75\,v_2(t) \tag{Eq.6}$$

再由 $i_L(0)=0$A 與(Eq.3)可求得初值 $v_2(0) = 8/3$，並將(Eq.6)代入(Eq.1) 後成為

$$\dot{v}_2(t) + \frac{14}{3}v_2(t) = 16, \quad v_2(0) = \frac{8}{3}, \quad t \geq 0 \tag{Eq.7}$$

其特徵根仍然為 $\lambda = -\frac{14}{3}$。當 $t\to\infty$ 時，由於 $v_2(t)$ 不再改變，因此根據

(Eq.7)可知 $v_2(\infty) = \frac{24}{7}$，再利用(4.1-28)可得

$$v_2(t) = \left(v_2(0) - v_2(\infty)\right)e^{-\frac{14}{3}t} + v_2(\infty) = -\frac{16}{21}e^{-\frac{14}{3}t} + \frac{24}{7} \quad \text{V}$$

此解與(A)中的 $v_2(t)$ 相同。

【練習 4.5-2】

在下圖中，$R_1=R_2=4\ \Omega$，
$R_3=2\ \Omega$，$C=1/12$ F，且電容
電壓的初值為 $v_C(0)=0$V，
若施加電流 $i_s(t)=2$ A，$t\geq0$，
則

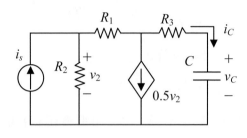

(A)若以 $v_C(t)$ 為變數，則數

學模式為何？時間常數 τ 為何？$v_C(t)$ 為何？

(B)跨越 R_2 的電壓 $v_2(t)$ 為何？穩態響應 $v_2(\infty)$ 為何？

(C)令 k 為整數，若 $t=k\tau$ 時滿足 $|v_2(t)-v_2(\infty)|<0.01\ |v_2(\infty)|$，則 k 最小為何？

(D)若以 $v_2(t)$ 為變數，

則數學模式為何？其解是否與(A)中的 $v_2(t)$ 相同？

◀◀◀

4.6 具切換器之一階電路

在前幾節中所討論的一階電路，從起始時間 $t=t_0$ 開始，就給定初值以及電源，可是在實際的狀況下，起始時間通常都伴隨著開關的切換動作，在這一節中將進一步探討如何利用切換器來描述這個動作，並說明整個電路的分析過程。

■ 無電源切換一階電路

首先以無電源 RC 電路為例，如圖 4.6-1(a)所示，此電路在《範例 4.3-1》中已經討論過，在範例中直接給定在起始時間 $t=t_0$ 的電容初值 $v_C(t_0)$，並推導出電路的數學模式如下：

$$\dot{v}_C(t) + \frac{1}{RC} v_C(t) = 0, \ v_C(t_0) = V_C, \ t \geq t_0 \qquad (4.6\text{-}1)$$

接著求算當 $t \geq t_0$ 時的 $v_C(t)$。整個推導與求算過程並無不妥,只是對於電容初值 $v_C(t_0)$ 是如何設定,卻沒有清楚說明。

　　事實上,要實現符合(4.6-1)的方法很多,底下就介紹其中的一種,只要在 RC 電路中加入切換器即可,如圖 4.6-1(b)所示,不過,此類型的電路與(4.6-1)在 $t=t_0$ 上是有差異的,它必須利用 $v_C(t)$ 的連續性來解釋初值的問題,這個差異正是處理切換器時應該特別注意的事項。

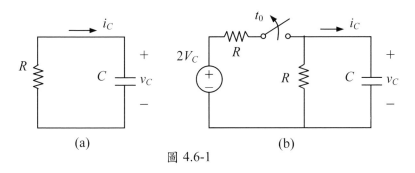

(a)　　　　　　　　　　(b)

圖 4.6-1

　　在圖 4.6-1(b)中,令電路自時間 $t=t_1$ 起開始操作,且 t_1 遠小於 t_0,換句話說在 $t=t_1$ 至 $t=t_0$ 的這段期間,切換器一直是處於關閉的狀態,直流電源 $2V_C$ 也已長期作用在整個電路上,在此情況下,可以認定當 $t=t_0$ 時,整個電路正處於穩定狀態中,電容上所累積的電荷已經飽和,因此電容電壓 $v_C(t_0)$ 為定值,根據電容的元件特性可知它的電流為 0,亦即

$$i_C(t_0)=0 \qquad (4.6\text{-}2)$$

如圖 4.6-2(a)所示,根據分壓定理可得

$$v_R(t_0) = \frac{R}{R+R} \times 2V_C = V_C \qquad (4.6\text{-}3)$$

241

故 $v_C(t_0) = v_R(t_0) = V_C$ ，也就是說在 $t=t_0$ 時，電容電壓為 $v_C(t_0) = V_C$ ，與 (4.6-1)的初值相同。

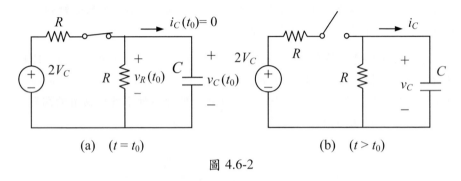

(a) $(t = t_0)$ (b) $(t > t_0)$

圖 4.6-2

接著在 $t=t_0$ 的瞬間將切換器打開，使得整個電路在 $t>t_0$ 時如圖 4.6-2(b) 所示，為了描述 $t>t_0$ 的瞬間，令 $t_0^+ = t_0 + \delta t$ ，其中 $\delta t > 0$ 且 $\delta t \to 0$ ，則根據(1.10-4)可得 $v_C(t_0^+) = v_C(t_0) = V_C$ ，即電容電壓具有連續性，而且在 $t \geq t_0^+$ 時，電源不再對電路作用，只有 RC 電路的部分仍然繼續運作，因此電路的數學模式與(4.6-1)相似，只要將 t_0 修正為 t_0^+ 即可，表示式如下：

$$\dot{v}_C(t) + \frac{1}{RC} v_C(t) = 0, \ v_C(t_0^+) = V_C, \ t \geq t_0^+ \tag{4.6-4}$$

它的解為

$$v_C(t) = V_C \ e^{-\frac{1}{RC}(t-t_0^+)}, \ t \geq t_0^+ \tag{4.6-5}$$

應注意的是在 $t \geq t_0^+$ 時，$v_C(t)$是一個可微的函數，所以利用電容的元件方程式可得電容電流為

$$i_C(t) = C\dot{v}_C(t) = -\frac{V_C}{R}\, e^{-\frac{1}{RC}\left(t - t_0^+\right)}, \ t \ge t_0^+ \qquad (4.6\text{-}6)$$

由於 $t = t_0^+$ 只是一個概念性的時間點，通常我們不會使用它來描述實際電路，而是將 $t \ge t_0^+$ 視為 $t > t_0$，並利用 $v_C\left(t_0^+\right) = v_C(t_0) = V_C$，將(4.6-4)改寫為

$$\dot{v}_C(t) + \frac{1}{RC}\, v_C(t) = 0, \ v_C(t_0) = V_C, \ t > t_0 \qquad (4.6\text{-}7)$$

同樣地，(4.6-5)與(4.6-6)也修正為

$$v_C(t) = V_C\, e^{-\frac{1}{RC}\left(t - t_0\right)}, \ t > t_0 \qquad (4.6\text{-}8)$$

$$i_C(t) = -\frac{V_C}{R}\, e^{-\frac{1}{RC}\left(t - t_0\right)}, \ t > t_0 \qquad (4.6\text{-}9)$$

在(4.6-7)中，因為 $v_C(t)$ 在 $t{=}t_0$ 時並不是可微的函數，所以不能包括 $t{=}t_0$，這是它與(4.6-1)的差異處。

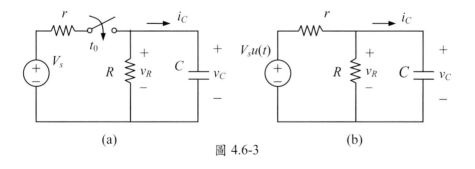

(a)　　　　圖 4.6-3　　　　(b)

■ 具電源切換一階電路

接著考慮另一種切換情況，如圖 4.6-3(a)所示，此電路在 $t<t_0$ 時，切換器是處於打開的狀態，直到 $t=t_0$ 時才瞬間關閉，讓直流電源 $v_s(t)=V_s$ 開始運作，令此時的電容上還存有電荷，且它的電壓初值為 $v_C(t_0)$。根據以上的描述，所加入的電源為

$$v_s(t) = \begin{cases} V_s & t>t_0 \\ 0 & t<t_0 \end{cases} \tag{4.6-10}$$

若是以(4.2-2)的步階訊號來表示，則

$$v_s(t) = V_s\, u(t-t_0) \tag{4.6-11}$$

在圖 4.6-3(b)中的直流電壓源，就是採用這個表示式來取代切換器。在分析此電路時，由於切換器的使用，必須將時間設定在 $t>t_0$，但是電容電壓的初值還是可以設定為 $v_C(t_0)$，因為它本身具有連續的特性，底下仍以一些範例來作說明。

《範例 4.6-1》

在下圖中，$r=3\,\Omega$，$R=2\,\Omega$，$C=1/12\,F$，切換器原為接通狀態，且所施加的電壓為 $v_s(t)=5V$，假設接通狀態已有一段很長的時間，試問

(A)若在 $t=0$ 時將切換器打開，則打開之後的電容電壓 $v_C(t)$ 為何？

(B)若是在 $t=0.5$ 秒時再將切換器接通，則流經電阻 R 的電流 $i_R(t)$ 為何？

(C)當 $t\to\infty$ 時，電容可視為斷路，即 $i_C(\infty)=0$，請觀察電路直接求算 $i_R(\infty)$。

(D)利用(B)中結果來求算 $i_R(t)|_{t\to\infty}$，是否可得到與(C)相同的答案？

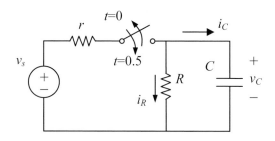

解答：

(A) 當 $t<0$ 時，
　　如右圖所示：

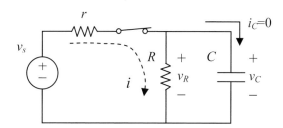

由於電路已經接通一段很長的時間，所以在切換器打開之前，電容在電壓源 $v_s(t)=5\text{V}$ 的作用下，電壓 $v_C(t)$ 已經達到定值，不再變動，根據電容的元件方程式可知

$$i_C\left(0^-\right)=C\frac{dv_C\left(0^-\right)}{dt}=0$$

其中 $t=0^-$ 代表切換器打開前的極短時間，顯然地，電容可視為開路，電流 $i(t)$ 只流過電阻 r 及 R，利用分壓公式可得

$$v_R\left(0^-\right)=\frac{R}{r+R}v_s\left(0^-\right)=\frac{2}{3+2}\times5=2\text{ V}$$

此電壓正好也是電容電壓，故 $v_C\left(0^-\right)=v_R\left(0^-\right)=2\text{V}$。接著在 $t=0$ 時，切換器打開，如下圖所示：

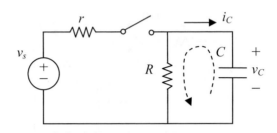

電容電壓具有連續性，所以 $v_C\left(0^+\right)=v_C(0)=v_C\left(0^-\right)=2\text{V}$。在切換器打開之後，電源不再提供能量，而電容則經由電阻 R 放電，根據(4.6-8)可得

$$v_C(t)=v_C(0)e^{-\frac{1}{RC}t}=2e^{-6t},\quad t>0$$

此式即切換器打開後的電容電壓。

(B) 當 t=0.5s 時切換器又再度接通，如下圖所示：

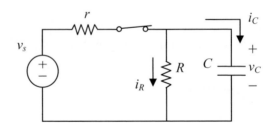

此時電容電壓因為具有連續性，所以

$$v_C\left(0.5^-\right)=v_C(0.5)=v_C\left(0.5^+\right)=2e^{-3} \tag{Eq.1}$$

雖然在此題中欲求解的是 $i_R(t)$，但是因為 $i_R(t)$ 在 t=0.5s 時並不連續，所以不容易求得初值 $i_R(0.5^+)$，通常還是先求取 $v_C(t)$，再利用兩者之間的關係式來求算 $i_R(t)=\dfrac{v_C(t)}{R}$。為了求解 $v_C(t)$，首先將此電路變換為戴維寧等效電路如下：

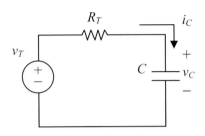

其中 $v_T(t) = \dfrac{Rv_s(t)}{R+r} = 2\text{V}$ ， $R_T = r\,//\,R = \dfrac{6}{5}\,\Omega$ ，再根據(4.3-4)可得數學模

式如下：

$$\dot{v}_C(t) + \frac{1}{R_T C} v_C(t) = \frac{1}{R_T C} v_T(t),\ t{>}0.5\text{s}$$

由於時間常數 $R_T C{=}0.1\text{s}$，且由(Eq.1)可知 $v_C(0.5) = 2e^{-3}$，經整理後上式可

改寫為

$$\dot{v}_C(t) + 10\,v_C(t) = 20\ ,\quad v_C(0.5) = 2e^{-3},\quad t{>}0.5\text{s}$$

再根據(4.3-6)可知

$$v_C(t) = \left(2e^{-3} - 2\right)e^{-10(t-0.5)} + 2$$

最後利用關係式 $i_R(t) = \dfrac{v_C(t)}{R}$，可得

$$i_R(t) = \frac{v_C(t)}{R} = \left(e^{-3} - 1\right)e^{-10(t-0.5)} + 1\,\text{A},\ t{>}0.5\text{s} \tag{Eq.2}$$

(C) 當 $t{\to}\infty$ 時，電容可視為斷路，即 $i_C(\infty){=}0$，如下圖所示：

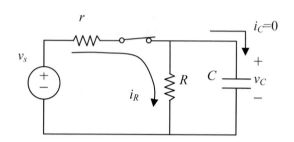

觀察此電路可知電流只流過電阻 r 與 R，故

$$i_R(\infty) = \frac{v_s(t)}{R+r} = 1\,\text{A} \,\text{。}$$

(D)若使用(B)中之(Eq.2)，則 $i_R(t)\big|_{t\to\infty} = 1\,\text{A}$，顯然地，此解與(C)中所得到的 $i_R(\infty)$ 相同。兩者都獲得相同的解。

【練習 4.6-1】

在右圖中，$r=5\,\Omega$，$R=2$ Ω，$L=1\,\text{H}$，切換器原為接通狀態，且所施加的電壓為 $v_s(t)=2\text{V}$，假設接通狀態已有一段很長的時間，試問

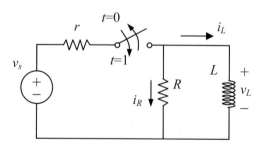

(A)若在 $t=0$ 時將切換器打開，則打開之後的電感電流 $i_L(t)$ 為何？

(B)若是在 $t=1\text{s}$ 時再將切換器接通，則流經電阻 R 的電流 $i_R(t)$ 為何？

(C)當 $t\to\infty$ 時，電感可視為短路，即 $v_L(\infty)=0$，請觀察電路直接求算 $i_R(\infty)$。

(D)利用(B)中結果來求算 $i_R(t)\big|_{t\to\infty}$，是否可得到與(C)相同的答案？

◀◀◀

《範例 4.6-2》

在右圖中，$r=3\ \Omega$，$R=6\ \Omega$，$C=1/2$ F，且切換器不斷地切換，在 $2k<t<2k+1$ 秒時接通，在 $2k+1<t<2k+2$ 秒時斷路，$k=0,1,2,\cdots$，且所施加的電壓為 $v_s(t)=3$V，令電容的初值為 $v_C(0)=V_C$，問

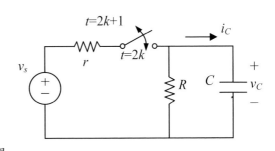

(A)當 $2k<t<2k+1$，$v_C(t)$為何？

(B)當 $2k+1<t<2k+2$，$v_C(t)$為何？

(C)當 $k\to\infty$時，$v_C(2k)$與$v_C(2k+1)$為何？是否與初值有關？

解答：

當 $2k<t<2k+1$ 時，電路如左下圖所示，而右下圖是它的戴維寧等效電路，由於電容電壓具有連續性，所以初值條件為 $v_C(2k)$。

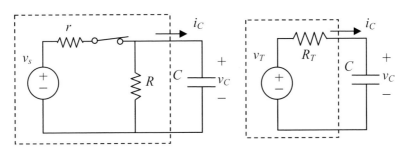

戴維寧等效電壓為電容開路時在 R 上的分壓，所以

$$v_T(t)=\frac{R}{r+R}v_s(t)=\frac{6}{3+6}\times 3=2\ \text{V}$$

等效電阻則是再移除電壓源後 r 與 R 的並聯電阻，所以

$$R_T = \left(\frac{1}{r} + \frac{1}{R}\right)^{-1} = 2 \ \Omega$$

由於 $R_T C=1$，因此根據(4.3-4)可得

$$\dot{v}_C(t) + v_C(t) = 2$$

再根據(4.3-6)可知

$$v_C(t) = (v_C(2k)-2)e^{-(t-2k)} + 2, \quad 2k < t < 2k+1 \tag{Eq.1}$$

由於切換器在 $t=2k+1$ 時又要打開，電路會切換成另一種狀態，因此必須先求算 $t = 2k+1^-$ 時的電容電壓值，如下所示：

$$v_C(2k+1^-) = (v_C(2k)-2)e^{-1} + 2$$

再利用電容電壓的連續性，求出它在切換器打開之後的初值，如下所示：

$$v_C(2k+1) = v_C(2k+1^-) = (v_C(2k)-2)e^{-1} + 2 \tag{Eq.2}$$

接著當 $2k+1 < t < 2k+2$，因為切換器被打開，整個電路如下圖所示：

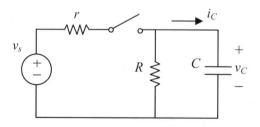

由於切換器斷路後，電源不再提供能量，且電容經由電阻 R 放電，由於 $RC=3$，因此根據(4.6-8)可得

$$v_C(t) = v_C(2k+1)e^{-\frac{1}{3}(t-(2k+1))}, \quad 2k+1 < t < 2k+2 \tag{Eq.3}$$

當 $t = 2k+2^-$ 時，由上式可得

$$v_C\left(2k+2^-\right)=v_C\left(2k+1\right)e^{-\frac{1}{3}}$$

再利用(Eq.2)，則

$$v_C\left(2k+2^-\right)=\left(\left(v_C\left(2k\right)-2\right)e^{-1}+2\right)e^{-\frac{1}{3}}$$
$$=0.2636\,v_C\left(2k\right)+0.9059$$

由電容電壓的連續性可知

$$v_C\left(2(k+1)\right)=v_C\left((2k+2)^-\right)=0.2636\,v_C\left(2k\right)+0.9059$$

利用此式可得

$$v_C\left(2k\right)=0.2636\,v_C\left(2(k-1)\right)+0.9059$$
$$=0.2636^2\,v_C\left(2(k-2)\right)+\left(0.2636+1\right)0.9059$$
$$=\quad\vdots\qquad\qquad\vdots\qquad\qquad\vdots\qquad\qquad\text{(Eq.4)}$$
$$=0.2636^k\,v_C\left(0\right)+\left(\sum_{j=0}^{k-1}0.2636^j\right)0.9059$$
$$=0.2636^k\,V_C+1.2302\left(1-0.2636^k\right)$$

代入(Eq.2)可得

$$v_C\left(2k+1\right)=0.3679V_C\left(0.2636^k\right)$$
$$+1.7168-0.4526\times0.2636^k\qquad\text{(Eq.5)}$$

(A)當 $2k<t<2k+1$ 時，由(Eq.1)與(Eq.4)可得

$$v_C\left(t\right)=0.2636^k\,V_C\,e^{-(t-2k)}$$
$$-\left(0.7698+1.2302\times0.2636^k\right)e^{-(t-2k)}+2$$

(B)當 $2k+1<t<2k+2$ 時，由(Eq.3)與(Eq.5)可得

$$v_C\left(t\right)=0.3679V_C\left(0.2636^k\right)e^{-\frac{1}{3}(t-(2k+1))}$$
$$+\left(1.7168-0.4526\times0.2636^k\right)e^{-\frac{1}{3}(t-(2k+1))}$$

251

(C)　當 $k \to \infty$ 時，由(Eq.4)與(Eq.5)可得

$$v_C(2k) = 1.2302$$

$$v_C(2k+1) = 1.7168$$

兩者都與初值無關。顯然地，當 $k \to \infty$ 時，電容電壓漸趨於穩定波形，如下圖所示：

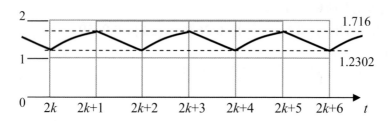

【練習 4.6-2】

在下圖中，r=3 Ω，R=6 Ω，L=2 F，且切換器不斷地切換，在 $2k<t<2k+1$ 秒時接通，在 $2k+1<t<2k+2$ 秒時斷路，k=0,1,2,…，且所施加的電壓為 $v_s(t)$=3V，令電感的初值為 $i_L(0)=I_L$，問

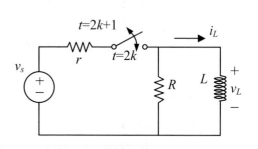

(A)當 $2k<t<2k+1$，$i_L(t)$為何？

(B)當 $2k+1<t<2k+2$，$i_L(t)$為何？

(C)當 $k \to \infty$ 時，$i_L(2k)$與 $i_L(2k+1)$為何？是否與初值有關？

習題

P4-1　一階電路之動態方程式如下：

$$\dot{y}(t) + 3\,y(t) = \dot{w}(t) + 2w(t), \quad y(0) = 4, \quad t \geq 0$$

若輸入為 $w(t) = 2$，輸出 $y(t)$ 為連續函數，則當 $t \geq 0$ 時，$y(t)$ 為何？

P4-2　一階電路之動態方程式如下：

$$\dot{y}(t) + 2\,y(t) = 3w(t), \quad y(0) = -2, \quad t \geq 0$$

若輸入為 $w(t) = 6$，輸出 $y(t)$ 為連續函數，請說明此電路為何是穩定系統？其時間常數為何？再利用(4.1-29)，來求此系統之輸出訊號 $y(t)$。

P4-3　有一訊號 $y(t)$ 如右圖所示，試回答下列問題：

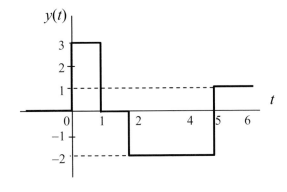

(A) 它可以視為哪些脈波訊號的組合？

(B) 以步階訊號來表示，其數學式為何？

P4-4　有一 RC 電路如下圖所示，在電路中未加入任何電源，且 $R=10k\Omega$，$C=20\mu F$，電容的初值為 $v_C(0)=10V$。

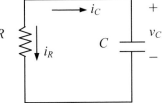

(A) 若以 $v_C(t)$ 為變數，則電路數學模式為何？時間常數 $\tau = ?$

(B) 當 $t \geq 0$ 時，電容電壓 $v_C(t)$ 為何？電阻電流 $i_R(t)$ 為何？

(C)若以 $i_R(t)$ 為變數，則電路數學模式為何？時間常數 τ＝？

(D)請利用(C)中之數學模式，重新計算電阻電流 $i_R(t)$。

(E)請說明電路中，電阻與電容的能量變化情況如何？

P4-5　RC 電路如下圖所示，所加入之直流
　　　電流源為 $i_s(t)$=1mA，且 R=10$k\Omega$，
　　　C=20μF，電容的初值為 $v_C(0)$=0V。

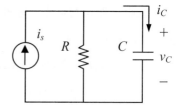

(A)若以 $v_C(t)$ 為變數，則電的數學模
　　式為何？時間常數 τ＝？

(B)當 $t{\geq}0$ 時，電容電壓 $v_C(t)$ 為何？
　　電流 $i_C(t)$ 為何？

(C)若以 $i_C(t)$ 為變數，則電路數學模式為何？時間常數 τ＝？

(D)請利用(C)中之數學模式，重新計算電阻電流 $i_C(t)$。

(E)當 $t{\to}\infty$時，$v_C(\infty)$ 與 $i_C(\infty)$ 各為何？

(F)若 k 為整數，當 $t=k\tau$時，$|v_C(k\tau)-v_C(\infty)|{<}0.01|v_C(\infty)|$，則 k 最小為何？

P4-6　有一 RL 電路如下圖所示，在電路中
　　　未加入任何電源，且 R=40Ω，
　　　L=0.5H，電感的初值為 $i_L(0)$=3A。

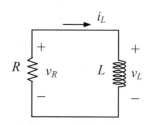

(A)若以 $i_L(t)$ 為變數，則電路數學模
　　式為何？時間常數 τ＝？

(B)當 $t{\geq}0$ 時，電感電流 $i_L(t)$ 為何？電
　　阻電壓 $v_R(t)$ 為何？

(C)若以 $v_R(t)$ 為變數，則電路數學模式為何？時間常數 τ＝？

(D)請利用(C)中之數學模式，重新計算電阻電壓 $v_R(t)$。

(E)請說明無電源 RL 電路運作時，電阻與電感的能量變化情況如何？

P4-7　RL 電路如下圖所示，所加入之直流電壓源為 $v_s(t)$=1V，且 R=30Ω，
　　　L=0.6H，電感的初值為 $i_L(0)$=0A。

(A)若以 $i_L(t)$ 為變數，則電路數學模式為何？時間常數 $\tau =$ ？

(B)當 $t \geq 0$ 時，電感電流 $i_L(t)$ 為何？電感電壓 $v_L(t)$ 為何？

(C)若以 $v_L(t)$ 為變數，則電路數學模式為何？時間常數 $\tau =$ ？

(D) 請利用(C)中之數學模式，重新計算電感電壓 $v_L(t)$。

(E)當 $t \rightarrow \infty$ 時，$i_L(\infty)$ 與 $v_L(\infty)$ 各為何？

(F)若 k 為整數，當 $t=k\tau$ 時，$|i_L(k\tau)-i_L(\infty)|<0.01|i_L(\infty)|$，則 k 最小為何？

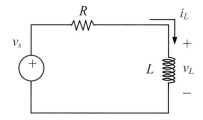

P4-8　在下圖中 $R_1=R_2=6\,\Omega$，$R_3=2\,\Omega$，$C=1/10\,\text{F}$，且電容電壓的初值為
$v_C(0)=-1\text{V}$，若施加電壓 $v_s(t)=4\,\text{V}$，$t \geq 0$，則

(A)若以 $v_C(t)$ 為變數，則數學模式為何？時間常數 τ 為何？$v_C(t)$ 為何？

(B)跨越 R_2 的電壓 $v_2(t)$ 為何？穩態響應 $v_2(\infty)$ 為何？

(C)令 k 為整數，若 $t=k\tau$ 時滿足 $|v_2(t)-v_2(\infty)|<0.01\,|v_2(\infty)|$，則 k 最小為何？

(D)若以 $v_2(t)$ 為變數，則數學模式為何？其解是否與(A)中的 $v_2(t)$ 相
同？

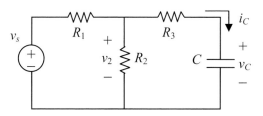

P4-9　在右圖中 $R_1=R_2=6\,\Omega$，$R_3=2\,\Omega$，$L=0.5\,\text{H}$，且電容電壓的初值為 $i_L(0)=-1$
A，若施加電流 $i_s(t)=1\,\text{A}$，$t \geq 0$，則

255

(A)若以 $i_L(t)$ 為變數，則數學模式為何？時間常數 τ 為何？$i_L(t)$ 為何？

(B)跨越 R_2 的電壓 $v_2(t)$ 為何？穩態響應 $v_2(\infty)$ 為何？

(C)令 k 為整數，若 $t=k\tau$ 時滿足 $|v_2(t)-v_2(\infty)|<0.01\,|v_2(\infty)|$，則 k 最小為何？

(D)若以 $v_2(t)$ 為變數，則數學模式為何？其解是否與(A)中的 $v_2(t)$ 相同？

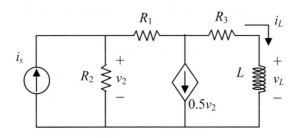

P4-10 在下圖中，$r=12\,\Omega$，$R=4\,\Omega$，$C=1/10\,F$，切換器原為接通狀態，且所施加的電壓為 $v_s(t)=2V$，假設接通狀態已有一段很長的時間，試問

(A)若在 $t=0$ 時將切換器打開，則打開後電容電壓 $v_C(t)=$？

(B)若是在 $t=0.5$ 秒時再將切換器接通，則流經電阻 R 的電流 $i_R(t)$ 為何？

(C)當 $t\to\infty$ 時，電容可視為斷路，即 $i_C(\infty)=0$，請觀察電路直接求算 $i_R(\infty)$。

(D) 利用(B)中結果來求算 $i_R(t)|_{t\to\infty}$，是否可得到與(C)相同的答案？

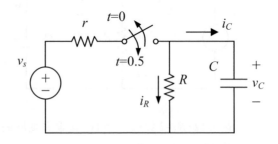

P4-11 在下圖中 $r=8\,\Omega$，$R=8\,\Omega$，$C=1/20$ F，且切換器不斷地切換，在 $2k<t<2k+1$
秒時斷路，在 $2k+1<t<2k+2$ 秒時接通，$k=0,1,2,\cdots$，且所施加的電壓
為 $v_s(t)=6$V，令電容的初值為 $v_C(0)=V_C$，問

(A)當 $2k<t<2k+1$，$v_C(t)$為何？

(B)當 $2k+1<t<2k+2$，$v_C(t)$為何？

(C)當 $k\to\infty$時，$v_C(2k)$與 $v_C(2k+1)$為何？是否與初值有關？

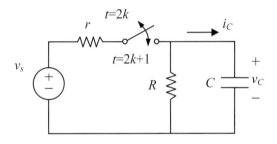

第5章

二階電路分析

本章主要在介紹具有兩個儲能元件的二階電路，它的數學模式是由二階的 ODE 所描述，同樣地，為了方便說明，在本章中所使用的電源都是直流電源，包括直流電壓源與直流電流源。

5.1 二階常微分方程式

根據(4.1-1)與(4.1-2)，一個具有直流輸入訊號 $w(t)=W$ 的二階 LTI 系統，其數學模式可表為

$$\ddot{y}(t)+a_1\dot{y}(t)+a_0 y(t)=b_0 W, \quad y(t_0)=y_0, \ \dot{y}(t_0)=y_1 \quad (5.1\text{-}1)$$

其中 $y(t)$ 為連續函數，$y(t_0)=y_0$ 與 $\dot{y}(t_0)=y_1$ 為起始時間 $t=t_0$ 時所給定的初值條件；此外，由於實際的系統都具有穩定的特性，因此在本章中只考慮 $a_0>0$ 與 $a_1>0$ 之情況，而且為了表示實際的物理現象，設定 $a_0=\omega_n^2$ 與 $a_1=2\alpha>0$，其中 $\omega_n>0$ 稱為自然頻率(natural frequency) 或共振頻率 (resonant frequency)，而 $\alpha>0$ 稱為阻尼係數(damping factor)或阻尼常數 (damping constant)，故(5.1-1)可改寫為

$$\ddot{y}(t)+2\alpha\dot{y}(t)+\omega_n^2 y(t)=b_0 W, \quad y(t_0)=y_0, \ \dot{y}(t_0)=y_1 \quad (5.1\text{-}2)$$

此式就是在本章中所要探討的二階電路數學模式。

根據 ODE 的性質，(5.1-2)具有唯一的解 $y(t)$，且可再分解為齊次解 $y_h(t)$ 與特殊解 $y_p(t)$ 兩部分，表示式如下：

$$y(t)=y_h(t)+y_p(t) \quad (5.1\text{-}3)$$

其中 $y_h(t)$ 必須滿足下列之齊次方程式：

$$\ddot{y}_h(t)+2\alpha\dot{y}_h(t)+\omega_n^2 y_h(t)=0 \quad (5.1\text{-}4)$$

而特殊解 $y_p(t)$ 是由輸入訊號所決定，滿足

$$\ddot{y}_p\!\left(t\right)+2\alpha\,\dot{y}_p\!\left(t\right)+\omega_n^2\,y_p\!\left(t\right)=b_0 W \tag{5.1-5}$$

整個的求解過程與一階的 ODE 相同，仍然分為三個階段。

■ 特徵方程式與齊次解

首先令齊次解的通式為 $y_h\!\left(t\right)=Ae^{\lambda t}$，其中 $A\neq0$，且 A 與 λ 為常數，再將 $\dot{y}_h\!\left(t\right)=A\lambda e^{\lambda t}$ 與 $\ddot{y}_h\!\left(t\right)=A\lambda^2 e^{\lambda t}$ 代入(5.1-4)後成為

$$A\!\left(\lambda^2+2\alpha\lambda+\omega_n^2\right)e^{\lambda t}=0 \tag{5.1-6}$$

由於 $A\neq0$ 與 $e^{\lambda t}\neq0$，所以可得特徵方程式如下：

$$\lambda^2+2\alpha\lambda+\omega_n^2=0 \tag{5.1-7}$$

當 $\alpha>\omega_n$ 時，特徵值為相異負實數 $\lambda=-\alpha\pm\sqrt{\alpha^2-\omega_n^2}<0$，若是令 $\lambda_1=-\alpha+\sqrt{\alpha^2-\omega_n^2}$ 與 $\lambda_2=-\alpha-\sqrt{\alpha^2-\omega_n^2}$，則齊次解為

$$y_h\!\left(t\right)=A_1 e^{\lambda_1 t}+A_2 e^{\lambda_2 t} \tag{5.1-8}$$

當 $\alpha=\omega_n$ 時，特徵值為相同負實數 $\lambda=-\alpha<0$，齊次解為

$$y_h\!\left(t\right)=\left(A_1 t+A_2\right)e^{-\alpha t} \tag{5.1-9}$$

此解可直接代入(5.1-4)式獲得驗證，當 $\alpha<\omega_n$ 時，特徵值為共軛複數 $\lambda=-\alpha\pm j\omega_d$，其中 $\omega_d=\sqrt{\omega_n^2-\alpha^2}$ 稱為阻尼自然頻率(damped natural frequency)，齊次解為

$$y_h(t) = e^{-\alpha t}\left(A_1 \cos \omega_d t + A_2 \sin \omega_d t\right) \tag{5.1-10}$$

以上三式都具有兩個未知實數 A_1 與 A_2，它們的值必須在求出特殊解之後才能由初值條件 $y(t_0) = y_0$ 與 $\dot{y}(t_0) = y_1$ 決定。

■ 特殊解與全解

由於輸入為定值，所以滿足(5.1-5)的特殊解 $y_p(t) = Y_p$ 也可以選定為定值，代入後可得 $a_0 Y_p = b_0 W$，故

$$y_p(t) = Y_p = \frac{b_0 W}{a_0} \tag{5.1-11}$$

由(5.1-3)可知，當特徵值為相異負實數 λ_1 與 λ_2 時，輸出為

$$y(t) = A_1 e^{\lambda_1 t} + A_2 e^{\lambda_2 t} + \frac{b_0 W}{a_0} \tag{5.1-12}$$

當特徵值為相同負實數 $-\alpha$ 時，輸出為

$$y(t) = \left(A_1 t + A_2\right)e^{-\alpha t} + \frac{b_0 W}{a_0} \tag{5.1-13}$$

當特徵值為共軛複數 $-\alpha + j\omega_d$ 與 $\alpha - j\omega_d$ 時，輸出為

$$y(t) = e^{-\alpha t}\left(A_1 \cos \omega_d t + A_2 \sin \omega_d t\right) + \frac{b_0 W}{a_0} \tag{5.1-14}$$

再利用 $y(t_0) = y_0$ 與 $\dot{y}(t_0) = y_1$ 的初值條件，即可求得以上三式中的未知數 A_1 與 A_2，並完成整個求解過程。

在 $\alpha > 0$ 的條件下，由(5.1-8)、(5.1-9)、(5.1-10)可知不論 A_1 與 A_2 的數值

為何，齊次解都必須滿足 $y_h(\infty) \to 0$，故當 $t \to \infty$ 時，輸出的穩態響應 $y(t)=y_p(t)$，與齊次解 $y_h(t)$ 無關，不受初值條件的影響。在系統理論中，這是一個很重要的觀念，許多的電路設計都不考慮初值的問題，主要也是根據這個事實。

■ 二階 ODE 求解基本步驟

綜合以上之分析，當二階 ODE 的輸入是常數訊號時，其求解過程，共可分為下列三個步驟：

步驟〔1〕：由齊次方程式 $\ddot{y}_h(t) + 2\alpha\,\dot{y}_h(t) + \omega_n^2\,y_h(t) = 0$，先寫出特徵方程式 $\lambda^2 + 2\alpha\lambda + \omega_n^2 = 0$，並求出特徵值，再根據特徵值的形式，寫出具未知實數 A_1 與 A_2 的齊次解，如下所示：

當 $\lambda_1, \lambda_2 = -\alpha \pm \sqrt{\alpha^2 - \omega_n^2}$ 時，輸出

$$y(t) = A_1 e^{\lambda_1 t} + A_2 e^{\lambda_2 t} + \frac{b_0 W}{a_0}$$

當 $\lambda_1 = \lambda_2 = \lambda = -\alpha$ 時，輸出

$$y(t) = \left(A_1 t + A_2\right)e^{-\alpha t} + \frac{b_0 W}{a_0}$$

當 $\lambda_1, \lambda_2 = -\alpha \pm j\omega_d$ 時，輸出

$$y(t) = e^{-\alpha t}\left(A_1\,cos\,\omega_d t + A_2\,sin\,\omega_d t\right) + \frac{b_0 W}{a_0}$$

步驟〔2〕：令特殊解 $y_p(t)$ 亦為常數，根據

$$\ddot{y}_p(t) + 2\alpha\,\dot{y}_p(t) + \omega_n^2\,y_p(t) = b_0 W$$

求得 $y_p(t) = \dfrac{b_0 W}{a_0}$。

步驟(3)：寫出全解 $y(t) = y_h(t) + y_p(t)$ ，再利用初值條件 $y(t_0) = y_0$ 與 $\dot{y}(t_0) = y_1$ 求出 A_1 與 A_2 即完成求解過程。

後面將以範例來說明上述之求解過程。

　　在以上二階 ODE 系統的分析中，已經假設 $a_1 = 2\alpha > 0$ 與 $a_0 = \omega_n^2 > 0$ ，所以齊次解 $y_h(t)$ 的大小將隨著時間增加而收斂至 0 ，即 $y_h(\infty) \to 0$ ；不過在設計電路時，往往必須使用具有非獨立電源的主動元件，在此情況下有可能會導致 $a_1 = 2\alpha < 0$ ，造成系統發散至 ∞ ，因此在設計時必須相當小心。

■ 阻尼比

　　當系統滿足 $a_1 = 2\alpha > 0$ 與 $a_0 = \omega_n^2 > 0$ 時，齊次解 $y_h(t)$ 會隨著時間逐漸收斂，如圖 5.1-1 所示，依不同的特徵值形式，而有不同的函數特性，在此圖中設定 $y_h(0) = 1$ 且自然頻率為 $\omega_n = \dfrac{2\pi}{T}$ ，其中 T 為共振之週期，此外，再定義一個在系統理論中常用的比值 $\xi = \dfrac{\alpha}{\omega_n}$ ，稱為阻尼比(damping ratio)，故 $\alpha = \xi\omega_n$ 。當特徵值為共軛複數時，其條件 $\alpha < \omega_n$ 可利用 $\xi < 1$ 來取代，同理，當特徵值為相同與相異負實數時，其條件 $\alpha = \omega_n$ 與 $\alpha > \omega_n$ 可分別利用 $\xi = 1$ 與 $\xi > 1$ 來取代。在圖 5.1-1 中的各曲線就是以阻尼比來描述，其中包括 $\xi = 0(\alpha = 0)$ 之情形，雖然它不在本章討論的範圍內，但是該曲線可用來表達共振之波形，所以特別仍以虛線方式呈現在此圖中，其週期正好是 T 。

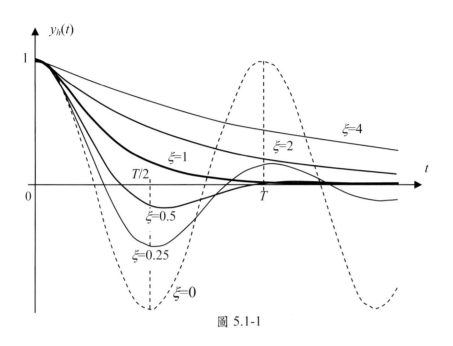

圖 5.1-1

　　觀察圖中曲線可知，當特徵值為共軛複數時，即 $\xi < 1$，齊次解為振幅逐漸減弱至 0 的振盪波形，稱為欠阻尼解(underdamped solution)，應注意的是阻尼共振頻率 $\omega_d = \sqrt{\omega_n^2 - \alpha^2} = \sqrt{1 - \xi^2}\,\omega_n$，它會隨著 ξ(或 α)的增大而逐漸變慢(或週期拉長)；其次當特徵值為相同負實數時，即 $\xi = 1$，齊次解不再具有振盪之情況，且大小隨著時間逐漸減弱，最終趨近於 0，稱為臨界阻尼解(critically damped solution)，當特徵值為相異負實數時，即 $\xi > 1$，齊次解亦為減弱之波形，最終趨近於 0，稱為過阻尼解(overdamped solution)，此外，在此情況下，齊次解減弱的趨勢會隨著 ξ(或 α)的增大而減緩。

《範例 5.1-1》

二階電路之動態方程式如下：

$$\ddot{y}(t) + 4\dot{y}(t) + 3y(t) = \dot{w}(t) + 4w(t), \quad y(1) = 2, \quad \dot{y}(1) = 0, \quad t \geq 1$$

(A)求阻尼係數、自然頻率與阻尼比。

(B)方程式的解 $y(t)$ 是屬於過阻尼、臨界阻尼或欠阻尼形式？

(C)若輸入為 $w(t) = 3$，輸出 $y(t)$ 為連續函數，則當 $t \geq 1$ 時，$y(t)$ 為何？

解答：

(A)根據動態方程式可知 $2\alpha = 4$ 與 $\omega_n^2 = 3$，即阻尼係數 $\alpha = 2$，自然頻率

$$\omega_n = \sqrt{3}，阻尼比 \xi = \frac{\alpha}{\omega_n} = \frac{2}{\sqrt{3}} > 1$$

(B)因為 $\xi > 1$，此方程式的解 $y(t)$ 是屬於過阻尼解。

(C)首先將輸入代入原式，可得方程式如下：

$$\ddot{y}(t) + 4\dot{y}(t) + 3y(t) = 12$$

令 $y(t) = y_h(t) + y_p(t)$，且 $y_h(t)$ 與 $y_p(t)$ 滿足下列條件：

$$\ddot{y}_h(t) + 4\dot{y}_h(t) + 3y_h(t) = 0 \qquad\qquad \text{(Eq.1)}$$

$$\ddot{y}_p(t) + 4\dot{y}_p(t) + 3y_p(t) = 12 \qquad\qquad \text{(Eq.2)}$$

在步驟[1]中，根據(Eq.1)列出特徵方程式 $\lambda^2 + 4\lambda + 3 = 0$，求出特徵值為 $\lambda = -1$ 與 $\lambda = -3$，故 $y_h(t) = A_1 e^{-t} + A_2 e^{-3t}$；在步驟[2]中令 $y_p(t)$ 為常數，再由(Eq.2)求出 $y_p(t) = 4$；最後在步驟[3]中，因為 $y(t) = y_h(t) + y_p(t)$，所以全解為 $y(t) = A_1 e^{-t} + A_2 e^{-3t} + 4$，再利用初值條件可得

$$y(1) = A_1 e^{-1} + A_2 e^{-3} + 4 = 2$$

$$\dot{y}(1) = -A_1 e^{-1} - 3A_2 e^{-3} = 0$$

由以上兩式可解得 $A_1 = -3e$ 與 $A_2 = e^3$，故當 $t \geq 1$ 時，全解為

$$y(t) = -3e^{-(t-1)} + e^{-3(t-1)} + 4$$

【練習 5.1-1】

二階電路之動態方程式如下：

$$\ddot{y}(t) + 6\,\dot{y}(t) + 5\,y(t) = \dot{w}(t) - w(t), \quad y(2) = 1, \ \dot{y}(2) = 0, \ t \geq 2$$

(A)求阻尼係數、自然頻率與阻尼比。

(B)方程式的解 $y(t)$ 是屬於過阻尼、臨界阻尼或欠阻尼形式？

(C)若輸入為 $w(t) = 3$，輸出 $y(t)$ 為連續函數，則當 $t \geq 2$ 時，$y(t)$ 為何？

《範例 5.1-2》

二階電路之動態方程式如下：

$$\ddot{y}(t) + 4\,\dot{y}(t) + 4\,y(t) = \dot{w}(t) + 4w(t), \quad y(1) = 2, \ \dot{y}(1) = 0, \ t \geq 1$$

(A)求阻尼係數、自然頻率與阻尼比。

(B)方程式的解 $y(t)$ 是屬於過阻尼、臨界阻尼或欠阻尼形式？

(C)若輸入為 $w(t) = 3$，輸出 $y(t)$ 為連續函數，則當 $t \geq 1$ 時，$y(t)$ 為何？

解答：

(A)根據動態方程式可知 $2\alpha = 4$ 與 $\omega_n^2 = 4$，即阻尼係數 $\alpha = 2$，自然頻率

$\omega_n = 2$，阻尼比 $\xi = \dfrac{\alpha}{\omega_n} = \dfrac{2}{2} = 1$

(B) 因為 $\xi = 1$，此方程式的解 $y(t)$ 是屬於臨界阻尼解。

(C) 首先將輸入代入原式，可得方程式如下：

$$\ddot{y}(t) + 4\dot{y}(t) + 4y(t) = 12$$

令 $y(t) = y_h(t) + y_p(t)$，且 $y_h(t)$ 與 $y_p(t)$ 滿足下列條件：

$$\ddot{y}_h(t) + 4\dot{y}_h(t) + 4y_h(t) = 0 \qquad\qquad \text{(Eq.1)}$$

$$\ddot{y}_p(t) + 4\dot{y}_p(t) + 4y_p(t) = 12 \qquad\qquad \text{(Eq.2)}$$

在步驟[1]中，根據(Eq.1)列出特徵方程式 $\lambda^2 + 4\lambda + 4 = 0$，求出特徵值為 $\lambda = -2$ 的相同實數，故 $y_h(t) = (A_1 t + A_2)e^{-2t}$；在步驟[2]中令 $y_p(t)$ 為常數，再由(Eq.2)求出 $y_p(t) = 3$；最後在步驟[3]中，因為 $y(t) = y_h(t) + y_p(t)$，所以全解 $y(t) = (A_1 t + A_2)e^{-2t} + 3$，再利用初值條件可得

$$y(1) = (A_1 + A_2)e^{-2} + 3 = 2$$

$$\dot{y}(1) = A_1 e^{-2t} - 2(A_1 t + A_2)e^{-2t}\Big|_{t=1} = -(A_1 + 2A_2)e^{-2} = 0$$

由以上兩式可解得 $A_1 = -2e^2$ 與 $A_2 = e^2$，故當 $t \geq 1$ 時，全解為

$$y(t) = (-2t + 1)e^{-2(t-1)} + 3$$

【練習 5.1-2】

二階電路之動態方程式如下：

$$\ddot{y}(t) + 6\dot{y}(t) + 9y(t) = \dot{w}(t) - w(t), \quad y(2) = 1, \ \dot{y}(2) = 0, \ t \geq 2$$

(A)求阻尼係數、自然頻率與阻尼比。

(B)方程式的解 $y(t)$ 是屬於過阻尼、臨界阻尼或欠阻尼形式？

(C)若輸入為 $w(t) = 3$，輸出 $y(t)$ 為連續函數，則當 $t \geq 2$ 時，$y(t)$ 為何？

《範例 5.1-3》

二階電路之動態方程式如下：

$$\ddot{y}(t) + 4\dot{y}(t) + 5y(t) = \dot{w}(t) + 4w(t), \ y(1) = 2, \ \dot{y}(1) = 0, \ t \geq 1$$

(A)求阻尼係數、自然頻率與阻尼比。

(B)此方程式的解 $y(t)$ 是否為欠阻尼形式？若是，則阻尼自然頻率為
何？

(C)若輸入為 $w(t) = 3$，輸出 $y(t)$ 為連續函數，則當 $t \geq 1$ 時，$y(t)$ 為何？

解答：

(A)根據動態方程式可知 $2\alpha = 4$ 與 $\omega_n^2 = 5$，即阻尼係數 $\alpha = 2$，自然頻率

$\omega_n = \sqrt{5}$，阻尼比 $\xi = \dfrac{\alpha}{\omega_n} = \dfrac{2}{\sqrt{5}} < 1$

(B)因為 $\xi < 1$，此方程式的解 $y(t)$ 確實是屬於欠阻尼解。它的阻尼自然頻率

為 $\omega_d = \sqrt{\omega_n^2 - \alpha^2} = 1$。

(C)首先將輸入代入原式，可得方程式如下：

$$\ddot{y}(t) + 4\dot{y}(t) + 5y(t) = 12$$

令 $y(t) = y_h(t) + y_p(t)$，且 $y_h(t)$ 與 $y_p(t)$ 滿足下列條件：

$$\ddot{y}_h(t) + 4\dot{y}_h(t) + 5y_h(t) = 0 \tag{Eq.1}$$

$$\ddot{y}_p(t) + 4\dot{y}_p(t) + 5y_p(t) = 12 \tag{Eq.2}$$

在步驟[1]中，根據(Eq.1)列出特徵方程式 $\lambda^2 + 4\lambda + 5 = 0$，求出特徵
值為 $\lambda = -2 + j$ 與 $\lambda = -2 - j$ 的共軛複數，故

$$y_h(t) = e^{-2t}(A_1 \cos t + A_2 \sin t)$$

在步驟[2]中令 $y_p(t)$ 為常數，再由(Eq.2)求出 $y_p(t) = 2.4$；最後在步驟[3]
中，因為 $y(t) = y_h(t) + y_p(t)$，所以全解為

$$y(t) = e^{-2t}\left(A_1 \cos t + A_2 \sin t\right) + 2.4$$

再利用初值條件可得

$$y(1) = e^{-2}\left(A_1 \cos 1 + A_2 \sin 1\right) + 2.4 = 2$$

$$\dot{y}(1) = -2 e^{-2t}\left(A_1 \cos t + A_2 \sin t\right)\Big|_{t=1}$$

$$+ e^{-2t}\left(- A_1 \sin t + A_2 \cos t\right)\Big|_{t=1}$$

$$= -e^{-2}\left(A_1\left(2\cos 1 + \sin 1\right) + A_2\left(2\sin 1 - \cos 1\right)\right) = 0$$

由以上兩式可解得

$$A_1 = 0.4\left(2\sin 1 - \cos 1\right)e^2, \quad A_2 = -0.4\left(\sin 1 + 2\cos 1\right)e^2$$

故當 $t \geq 1$ 時，全解為

$$y(t) = -0.4 e^{-2(t-1)}\left(2\sin(t-1) + \cos(t-1)\right) + 2.4$$

【練習 5.1-3】

二階電路之動態方程式如下：

$$\ddot{y}(t) + 6 \dot{y}(t) + 18 y(t) = \dot{w}(t) - w(t), \ y(2) = 1, \ \dot{y}(2) = 0, t \geq 2$$

(A)求阻尼係數、自然頻率與阻尼比。

(B)此方程式的解 $y(t)$ 是否為欠阻尼形式？若是，則阻尼自然頻率為何？

(C)若輸入為 $w(t) = 3$，輸出 $y(t)$ 為連續函數，則當 $t \geq 2$ 時，$y(t)$ 為何？

5.2 無電源 *RLC* 並聯電路

自本節起將討論 *RLC* 電路的分析方法，包括無電源 *RLC* 並聯電路、無電源 *RLC* 串聯電路、直流電流源 *RLC* 並聯電路、直流電壓源 *RLC* 串聯電路等標準二階電路，至於一般的二階電路結構，將留待下一章介紹拉氏轉換法時再來說明。

在這一節中首先探討無電源 *RLC* 並聯電路，如圖 5.2-1 所示，除了電阻、電感與電容三者並聯以外，並未使用任何電源，整個電路的運作來自電感與電容所儲存的能量，這些能量由電感電流與電容電壓在起始時間 $t=t_0$ 的數值來決定，分別表為 $i_L(t_0)=I_L$ 與 $v_C(t_0)=V_C$，底下將利用以上初值條件來求解欲量測之電壓或電流。

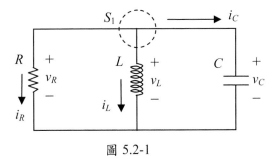

圖 5.2-1

首先說明求解電容電壓 $v_C(t)$ 的過程，由於電阻、電感與電容三者並聯，可得 $v_R(t) = v_L(t) = v_C(t)$，再將各元件之電流以 $v_C(t)$ 為變數表示為

$$i_R(t) = \frac{v_C(t)}{R} \tag{5.2-1}$$

$$i_L(t) = \frac{1}{L} \int_{t_0}^{t} v_L(\tau) d\tau + i_L(t_0) = \frac{1}{L} \int_{t_0}^{t} v_C(\tau) d\tau + I_L \tag{5.2-2}$$

$$i_C(t) = C\dot{v}_C(t) \tag{5.2-3}$$

接著利用 KCL 於封閉面 S_1，由於流出 S_1 的電流和為 0，所以

$$i_R(t) + i_L(t) + i_C(t) = 0 \qquad (5.2\text{-}4)$$

將(5.2-1)至(5.2-3)三式代入後成為

$$\frac{v_C(t)}{R} + \frac{1}{L}\int_{t_0}^{t} v_C(\tau)d\tau + I_L + C\dot{v}_C(t) = 0 \qquad (5.2\text{-}5)$$

再微分後可得二階 ODE 如下：

$$\ddot{v}_C(t) + \frac{1}{RC}\dot{v}_C(t) + \frac{1}{LC}v_C(t) = 0, \qquad t \geq t_0 \qquad (5.2\text{-}6)$$

其中電容電壓的初值 $v_C(t_0)=V_C$ 為已知，而微分初值 $\dot{v}_C(t_0)$ 也可經由(5.2-5)求得，當 $t=t_0$ 時，(5.2-5)可表為

$$\frac{v_C(t_0)}{R} + I_L + C\dot{v}_C(t_0) = 0 \qquad (5.2\text{-}7)$$

整理後成為

$$\dot{v}_C(t_0) = -\frac{v_C(t_0)}{RC} - \frac{I_L}{C} = -\frac{V_C}{RC} - \frac{I_L}{C} \qquad (5.2\text{-}8)$$

根據微分方程的原理，在已知輸入 $w(t)=0$，以及給定初值條件 $v_C(t_0)$ 與 $\dot{v}_C(t_0)$ 之情況下，(5.2-6)之二階 ODE 具有唯一解，且可經由上一節中所介紹的三個步驟求得，首先寫出齊次方程式如下：

$$\ddot{v}_{Ch}(t) + 2\alpha\dot{v}_{Ch}(t) + \omega_n^2 v_{Ch}(t) = 0 \qquad (5.2\text{-}9)$$

其中 $\alpha = \dfrac{1}{2RC}$，$\omega_n^2 = \dfrac{1}{LC}$，阻尼比為 $\xi = \dfrac{\alpha}{\omega_n} = \dfrac{1}{2R}\sqrt{\dfrac{L}{C}}$。由(5.2-9)可知特徵方程式為

$$\lambda^2 + 2\alpha\lambda + \omega_n^2 = 0 \tag{5.2-10}$$

當 $\xi > 1$ 時，特徵值為相異負實數

$$\lambda_1, \lambda_2 = -\alpha \pm \sqrt{\alpha^2 - \omega_n^2} = -\frac{1}{2RC} \pm \sqrt{\frac{1}{4R^2C^2} - \frac{1}{LC}} \tag{5.2-11}$$

可得齊次解為

$$v_{Ch}(t) = A_1 e^{\lambda_1 t} + A_2 e^{\lambda_2 t} \tag{5.2-12}$$

當 $\xi = 1$ 時，特徵值為相同負實數

$$\lambda = -\alpha = -\frac{1}{2RC} \tag{5.2-13}$$

可得齊次解為

$$v_{Ch}(t) = (A_1 t + A_2) e^{-\frac{t}{2RC}} \tag{5.2-14}$$

當 $\xi < 1$ 時，特徵值為共軛複數

$$\begin{aligned}\lambda_1, \lambda_2 &= -\alpha \pm j\sqrt{\omega_n^2 - \alpha^2} = -\alpha \pm j\omega_d \\ &= -\frac{1}{2RC} \pm j\sqrt{\frac{1}{LC} - \frac{1}{4R^2C^2}}\end{aligned} \tag{5.2-15}$$

可得齊次解為

$$v_{Ch}(t) = e^{-\frac{t}{2RC}}\left(A_1 \cos \omega_d t + A_2 \sin \omega_d t\right) \tag{5.2-16}$$

其中 $\omega_d = \sqrt{\dfrac{1}{LC} - \dfrac{1}{4R^2C^2}}$。接著在步驟[2]中，因為此電路未加入任何電源，

即 $w(t)=0$，故特殊解為 $v_{Cp}(t)=0$。最後在步驟[3]中利用給定的初值 $v_C\left(t_0\right)$ 與 $\dot{v}_C\left(t_0\right)$ 求出齊次解中的未知數 A_1 與 A_2，即可求得唯一的解 $v_C(t)=v_{Ch}(t)+v_{Cp}(t)$，由於 $v_{Cp}(t)=0$，故當 $t \geq t_0$ 時，$v_C(t)=v_{Ch}(t)$，完成整個求解過程。

　　事實上，除了電容電壓 $v_C\left(t\right)$ 以外，也可以選取電感電流 $i_L(t)$ 為變數來推導此電路的數學模式，由於 $v_R\left(t\right)=v_L\left(t\right)=v_C\left(t\right)$，因此可將電阻與電容的電流表為

$$i_R\left(t\right)=\frac{v_R\left(t\right)}{R}=\frac{v_L\left(t\right)}{R}=\frac{L}{R}i_L\left(t\right) \tag{5.2-17}$$

$$i_C\left(t\right)=C\dot{v}_C\left(t\right)=C\dot{v}_L\left(t\right)=LC\ddot{i}_L\left(t\right) \tag{5.2-18}$$

代入(5.2-4)並整理後成為

$$\ddot{i}_L\left(t\right)+\frac{1}{RC}i_L\left(t\right)+\frac{1}{LC}i_L\left(t\right)=0, \qquad t \geq t_0 \tag{5.2-19}$$

此式的係數與(5.2-6)完全相同。此外，電感電流的初值 $i_L\left(t_0\right)=I_L$ 為已知，其微分的初值 $i_L\left(t_0\right)$ 也可經由 $v_C\left(t\right)=v_L\left(t\right)=Li_L\left(t\right)$ 求得，令 $t=t_0$，則

$$i_L\left(t_0\right)=\frac{v_C\left(t_0\right)}{L}=\frac{V_C}{L} \tag{5.2-20}$$

接著可利用求解 $v_C(t)$ 的相同過程，求出 $i_L(t)$ 的唯一解。

　　若是所要選取變數不是 $v_C(t)$ 或 $i_L(t)$，而是其他的電壓或電流，例如以電阻的電流 $i_R(t)$ 為變數，則所推導的二次微分方程式是否也會具有(5.2-6)與(5.2-19)的型式？其實答案是肯定的，這是由於 $i_R\left(t\right)=\frac{v_R\left(t\right)}{R}=\frac{v_C\left(t\right)}{R}$，因

此只要將(5.2-6)除以 R 後即可得

$$\frac{d^2}{dt^2}\left(\frac{v_C(t)}{R}\right) + \frac{1}{RC}\frac{d}{dt}\left(\frac{v_C(t)}{R}\right) + \frac{1}{LC}\left(\frac{v_C(t)}{R}\right) = 0 \qquad (5.2\text{-}21)$$

亦即

$$\ddot{i}_R(t) + \frac{1}{RC}\dot{i}_R(t) + \frac{1}{LC}i_R(t) = 0 \;, \qquad t \ge t_0 \qquad (5.2\text{-}22)$$

事實上，無電源 RLC 並聯電路，不論所要求取的是 $v_C(t)$ 或 $i_L(t)$，還是其他的電壓或電流，它的數學模式都可以利用底下的通式來表示：

$$\ddot{y}(t) + 2\alpha\dot{y}(t) + \omega_n^2 y(t) = 0, \; y(t_0) = y_0, \; \dot{y}(t_0) = \dot{y}_0 \qquad (5.2\text{-}23)$$

其中 y_0 與 $\dot{y}_0$ 為初值，阻尼系數 $\alpha = \dfrac{1}{2RC}$，自然頻率 $\omega_n = \dfrac{1}{\sqrt{LC}}$。底下以範例來說明整個求解過程。

《範例 5.2-1》

下圖電路中，

L=2H，$C = \dfrac{1}{8}$F，且

在 t=0 時，電感電流 $i_L(0)$=1A，電容電壓 $v_C(0)$=2V，求

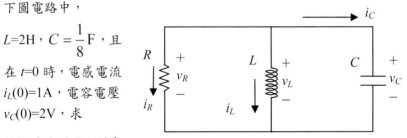

(A) 若 R=4 Ω，則當 $t{\ge}0$ 時，$i_L(t)$為何？

(B) 若 R=2 Ω，則當 $t{\ge}0$ 時，$v_C(t)$為何？

(C) 若 R=1 Ω，則當 $t{\ge}0$ 時，$i_R(t)$為何？

解答：

此電路之 $L=2\text{H}$，$C = \dfrac{1}{8}\text{F}$，且數學模式為

$$\ddot{y}(t) + 2\alpha\dot{y}(t) + \omega_n^2 y(t) = 0, \ y(0) = y_0, \ \dot{y}(0) = \dot{y}_0 \qquad \text{(Eq.1)}$$

其中 $\alpha = \dfrac{1}{2RC} = \dfrac{4}{R}$，$\omega_n = \dfrac{1}{\sqrt{LC}} = 2$。

(A)當 $R=4\,\Omega$，$y(t)=i_L(t)$時，先求出 $\alpha = \dfrac{4}{R} = 1$，再由(Eq.1)可得數學模式為

$$\ddot{i}_L(t) + 2\dot{i}_L(t) + 4i_L(t) = 0$$

其特徵方程式為 $\lambda^2 + 2\lambda + 4 = 0$，特徵值 $\lambda_1, \lambda_2 = -1 \pm j\sqrt{3}$，故解為

$$i_L(t) = e^{-t}\left(A_1 \cos\sqrt{3}t + A_2 \sin\sqrt{3}t\right)$$

接著求解 A_1 與 A_2，由初值 $i_L(0) = 1$，可得 $i_L(0) = A_1 = 1$，再根據

$$\dot{i}_L(t) = -e^{-t}\left(A_1 \cos\sqrt{3}t + A_2 \sin\sqrt{3}t\right)$$
$$-e^{-t}\sqrt{3}\left(A_1 \sin\sqrt{3}t - A_2 \cos\sqrt{3}t\right)$$

以及 $\dot{i}_L(0) = \dfrac{1}{L}v_L(0) = \dfrac{1}{L}v_C(0) = 1$，可得

$$\dot{i}_L(0) = -A_1 + \sqrt{3}A_2 = 1$$

計算後可得 $A_1 = 1$，$A_2 = \dfrac{2}{\sqrt{3}} = 1.1547$，故

$$i_L(t) = e^{-t}\left(\cos\sqrt{3}t + 1.1547\sin\sqrt{3}t\right), \quad t \geq 0$$

(B) 當 $R=2\,\Omega$，$y(t)=v_C(t)$，先求出 $\alpha = \dfrac{4}{R} = 2$，再由(Eq.1)可得

$$\ddot{v}_C(t) + 4\dot{v}_C(t) + v_C(t) = 0$$

其特徵方程式為 $\lambda^2 + 4\lambda + 4 = 0$，特徵值 $\lambda_1 = \lambda_2 = -2$，故

$$v_C(t) = (A_1 t + A_2)e^{-2t}$$

由初值 $v_C(0) = 2$，可得 $v_C(0) = A_2 = 2$，再根據

$$\dot{v}_C(t) = A_1 e^{-2t} - 2(A_1 t + A_2)e^{-2t}$$

以及

$$\dot{v}_C(0) = \frac{1}{C}i_C(0) = \frac{1}{C}(-i_R(0) - i_L(0)) = \frac{1}{C}\left(-\frac{v_R(0)}{R} - i_L(0)\right)$$

$$= \frac{1}{C}\left(-\frac{v_C(0)}{R} - i_L(0)\right) = 8\left(-\frac{2}{2} - 1\right) = -16$$

可得 $A_1 - 2A_2 = -16$，計算後可得 $A_1 = -12$，$A_2 = 2$，故

$$v_C(t) = (-12t + 2)e^{-2t}, \quad t \geq 0$$

(C) $R = 1\ \Omega$，$y(t) = i_R(t)$，先求出 $\alpha = \dfrac{4}{R} = 4$，再由(Eq.1)可得

$$\ddot{i}_R(t) + 8\dot{i}_R(t) + 4i_R(t) = 0$$

其特徵方程式為 $\lambda^2 + 8\lambda + 4 = 0$，求得特徵值 $\lambda_1 = -0.536$ 與 $\lambda_2 = -7.464$，故解為

$$i_R(t) = A_1 e^{-0.536t} + A_2 e^{-7.464t}$$

接著求解 A_1 與 A_2，由初值 $i_R(0) = \dfrac{v_R(0)}{R} = \dfrac{v_C(0)}{R} = \dfrac{2}{1} = 2$，可得

$$i_R(0) = A_1 + A_2 = 2$$，再根據

$$\dot{i}_R(t) = -0.536 A_1 e^{-0.536t} - 7.464 A_2 e^{-7.464t}$$

以及

$$\frac{di_R(0)}{dt} = \frac{\dot{v}_R(0)}{R} = \frac{\dot{v}_C(0)}{R} = \frac{1}{RC}i_C(0) = \frac{1}{RC}\left(-i_R(0) - i_L(0)\right)$$

$$= \frac{1}{RC}\left(-\frac{v_R(0)}{R} - i_L(0)\right) = \frac{1}{RC}\left(-\frac{v_C(0)}{R} - i_L(0)\right)$$

$$= 8(-2-1) = -24$$

可得 $0.536A_1 + 7.464A_2 = 24$，計算後可得 $A_1 = -1.309$，以及 $A_2 = 3.309$，故

$$i_R(t) = -1.309e^{-0.536t} + 3.309e^{-7.464t}, \quad t \geq 0$$

以上的計算過程中，在求取初值 $i_R(0)$ 時，相當冗長，事實上也可以先求解 $v_C(t)$，以避免繁複的初值計算，過程如下：根據數學模式

$$\ddot{v}_C(t) + 8\dot{v}_C(t) + 4v_C(t) = 0$$

其特徵值為 $\lambda_1 = -0.536$ 與 $\lambda_2 = -7.464$，故

$$v_C(t) = A_1 e^{-0.536t} + A_2 e^{-7.464t}$$

$$\dot{v}_C(t) = -0.536A_1 e^{-0.536t} - 7.464A_2 e^{-7.464t}$$

初值為 $v_C(0) = 2$，以及

$$\dot{v}_C(0) = \frac{1}{C}i_C(0) = \frac{1}{C}\left(-i_R(0) - i_L(0)\right) = \frac{1}{C}\left(-\frac{v_R(0)}{R} - i_L(0)\right)$$

$$= \frac{1}{C}\left(-\frac{v_C(0)}{R} - i_L(0)\right) = 8(-2-1) = -24$$

所以

$$v_C(0) = A_1 + A_2 = 2$$

$$\dot{v}_C(0) = -0.536A_1 - 7.464A_2 = -24$$

計算後可得 $A_1 = -1.309$，$A_2 = 3.309$，使得

$$v_C(t) = -1.309e^{-0.536t} + 3.309e^{-7.464t}, \quad t \geq 0$$

因為 $i_R(t) = \dfrac{v_R(t)}{R} = \dfrac{v_C(t)}{R}$ ，所以

$$i_R(t) = \dfrac{v_C(t)}{R} = -1.309e^{-0.536t} + 3.309e^{-7.464t}, \quad t \geq 0$$

顯然地，所得到的解相同。

【練習 5.2-1】

在右圖電路中，L=1H，

$C = \dfrac{1}{4}$ F，且在 t=0 時，

電感電流 $i_L(0)$=1A，電容

電壓 $v_C(0)$=2V，求

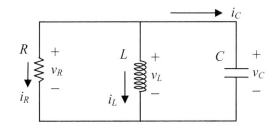

(A)若 R=2 Ω，則當 $t \geq 0$ 時，$v_C(t)$ 為何？

(B)若 R=1 Ω，則當 $t \geq 0$ 時，$i_L(t)$ 為何？

(C)若 R=0.8 Ω，則當 $t \geq 0$ 時，$i_R(t)$ 為何？

◀◀◀

5.3 無電源 RLC 串聯電路

在圖 5.3-1 中，除了電阻、電感與電容三者串聯以外，並未使用任何電源，整個電路的運作仍然使用電感與電容所儲存的能量，這些能量由電感電流與電容電壓的初值來決定，分別表為 $i_L(t_0)$=I_L 與 $v_C(t_0)$=V_C，底下將利用以上的初值條件來求解所欲量測的電壓或電流。

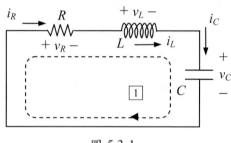

圖 5.3-1

首先探討求解電感電流 $i_L(t)$ 的過程，由於電阻、電感與電容三者串聯，可得 $i_R(t) = i_L(t) = i_C(t)$，再將各元件之電壓以 $i_L(t)$ 為變數表示為

$$v_R(t) = Ri_L(t) \tag{5.3-1}$$

$$v_L(t) = L\dot{i}_L(t) \tag{5.3-2}$$

$$v_C(t) = \frac{1}{C}\int_{t_0}^{t} i_C(\tau)d\tau + v_C(t_0) = \frac{1}{C}\int_{t_0}^{t} i_L(\tau)d\tau + V_C \tag{5.3-3}$$

再利用 KVL 於網目 $\boxed{1}$，由於在網目 $\boxed{1}$ 上的各元件壓降和為 0，故

$$v_R(t) + v_L(t) + v_C(t) = 0 \tag{5.3-4}$$

將(5.3-1)至(5.3-3)三式代入後成為

$$Ri_L(t) + L\dot{i}_L(t) + \frac{1}{C}\int_{t_0}^{t} i_L(\tau)d\tau + V_C = 0 \tag{5.3-5}$$

進一步對時間 t 微分後可得二階 ODE 如下：

$$\ddot{i}_L(t) + \frac{R}{L}\dot{i}_L(t) + \frac{1}{LC}i_L(t) = 0, \qquad t \geq t_0 \tag{5.3-6}$$

其中電感電流的初值 $i_L(t_0)=I_L$ 為已知，其微分的初值 $\dot{i}_L\left(t_0\right)$ 也可經由(5.3-5)
求得，當 $t=t_0$ 時，(5.3-5)可寫為

$$Ri_L\left(t_0\right)+L\dot{i}_L\left(t_0\right)+V_C = 0 \qquad (5.3\text{-}7)$$

整理後成為

$$\dot{i}_L\left(t_0\right) = -\frac{R}{L}i_L\left(t_0\right)-\frac{1}{L}V_C = -\frac{R}{L}I_L-\frac{1}{L}V_C \qquad (5.3\text{-}8)$$

同樣地，根據微分方程的原理，在已知輸入 $w(t)=0$，以及給定初值條件 $i_L\left(t_0\right)$
與 $\dot{i}_L\left(t_0\right)$ 之情況下，(5.3-6)之二階 ODE 具有唯一解，利用上一節中所介紹
的三個步驟，首先寫出齊次方程式如下：

$$\ddot{i}_{Lh}\left(t\right)+2\alpha\dot{i}_{Lh}\left(t\right)+\omega_n^2 i_{Lh}\left(t\right) = 0 \qquad (5.3\text{-}9)$$

其中 $\alpha = \dfrac{R}{2L}$ ， $\omega_n^2 = \dfrac{1}{LC}$ ，阻尼比為 $\xi = \dfrac{\alpha}{\omega_n} = \dfrac{R}{2}\sqrt{\dfrac{C}{L}}$ 。由(5.3-9)可知特
徵方程式為

$$\lambda^2 + 2\alpha\lambda + \omega_n^2 = 0 \qquad (5.3\text{-}10)$$

當 $\xi > 1$ 時，特徵值為相異負實數

$$\lambda_1, \lambda_2 = -\alpha \pm \sqrt{\alpha^2 - \omega_n^2} = -\frac{R}{2L} \pm \sqrt{\frac{R^2}{4L^2}-\frac{1}{LC}} \qquad (5.3\text{-}11)$$

可得齊次解為

$$i_{Lh}\left(t\right) = A_1 e^{\lambda_1 t} + A_2 e^{\lambda_2 t} \qquad (5.3\text{-}12)$$

當 $\xi = 1$ 時，特徵值為相同負實數

$$\lambda = -\alpha = -\frac{R}{2L} \tag{5.3-13}$$

可得齊次解為

$$i_{Lh}(t) = (A_1 t + A_2) e^{-\frac{Rt}{2L}} \tag{5.3-14}$$

當 $\xi < 1$ 時，特徵值為共軛複數

$$\lambda_1, \lambda_2 = -\alpha \pm j\sqrt{\omega_n^2 - \alpha^2} = -\alpha \pm j\omega_d$$
$$= -\frac{R}{2L} \pm j\sqrt{\frac{1}{LC} - \frac{R^2}{4L^2}} \tag{5.3-15}$$

可得齊次解為

$$i_{Lh}(t) = e^{-\frac{Rt}{2L}} (A_1 \cos\omega_d t + A_2 \sin\omega_d t) \tag{5.3-16}$$

其中 $\omega_d = \sqrt{\dfrac{1}{LC} - \dfrac{R^2}{4L^2}}$。接著在步驟[2]中，因為此電路未加入任何電源，即 $w(t)=0$，故特殊解為 $i_{Lp}(t)=0$。最後在步驟[3]中利用給定得初值條件 $i_L(t_0)$ 與 $i_L(t_0)$ 求出齊次解中的未知數 A_1 與 A_2，即可求得唯一的解 $i_L(t)=i_{Lh}(t)+i_{Lp}(t)$，由於 $i_{Lp}(t)=0$，故當 $t \geq t_0$ 時，$i_L(t)=i_{Lh}(t)$，完成整個的求解過程。

此外，也可以選取電容電壓 $v_C(t)$ 為變數，來推導此電路的數學模式，同樣地，在電流方面仍然滿足 $i_R(t) = i_L(t) = i_C(t)$，因此可將電阻與電感的電壓表為

$$v_R(t) = Ri_R(t) = Ri_C(t) = RC\dot{v}_C(t) \tag{5.3-17}$$

$$v_L(t) = Li_L(t) = Li_C(t) = LC\ddot{v}_C(t) \tag{5.3-18}$$

代入(5.3-4)，整理後成為

$$\ddot{v}_C(t) + \frac{R}{L}\dot{v}_C(t) + \frac{1}{LC}v_C(t) = 0, \qquad t \geq t_0 \qquad (5.3\text{-}19)$$

其係數與(5.3-6)完全相同。此外，電容電壓的初值 $v_C(t_0) = V_C$ 為已知，其微分初值 $\dot{v}_C(t_0)$ 也可經由 $i_L(t) = i_C(t) = C\dot{v}_C(t)$ 求得，令 $t = t_0$，則

$$\dot{v}_C(t_0) = \frac{i_L(t_0)}{C} = \frac{I_L}{C} \qquad (5.3\text{-}20)$$

接著可利用求解 $i_L(t)$ 的相同過程，求出 $v_C(t)$ 的唯一解。

事實上，一個無電源 *RLC* 串聯電路，不論所要求取的是 $i_L(t)$ 或 $v_C(t)$，還是其他的電壓或電流，它的數學模式都可以利用底下的通式來表示：

$$\ddot{y}(t) + 2\alpha\dot{y}(t) + \omega_n^2 y(t) = 0, \; y(t_0) = y_0, \dot{y}(t_0) = \dot{y}_0 \qquad (5.3\text{-}21)$$

其中 y_0 與 $\dot{y}_0$ 為初值，阻尼係數 $\alpha = \dfrac{R}{2L}$，自然頻率 $\omega_n = \dfrac{1}{\sqrt{LC}}$。底下以範例來說明整個求解過程。

《範例 5.3-1》

在右圖電路中，*L*=2H，

$C = \dfrac{1}{8}$F，且 *t*=1 時，電感

電流 $i_L(1)$=1A，電容電壓

$v_C(1)$=2V，求

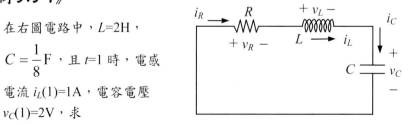

(A)若 *R*=4 Ω，則當 *t*≥1 時，$i_L(t)$ 為何？

(B)若 $R=8\,\Omega$，則當 $t\geq1$ 時，$v_C(t)$為何？

(C)若 $R=16\,\Omega$，則當 $t\geq1$ 時，$i_R(t)$為何？

解答：

此電路之 $L=2\mathrm{H}$，$C=\dfrac{1}{8}\mathrm{F}$，且數學模式為

$$\ddot{y}(t)+2\alpha\dot{y}(t)+\omega_n^2 y(t)=0,\ y(1)=y_0,\ \dot{y}(1)=\dot{y}_0 \qquad (\text{Eq.1})$$

其中 $\alpha=\dfrac{R}{2L}=\dfrac{R}{4}$，$\omega_n=\dfrac{1}{\sqrt{LC}}=2$。

(A)當 $R=4\,\Omega$，$y(t)=i_L(t)$時，先求出 $\alpha=\dfrac{R}{4}=1$，再由(Eq.1)可得數學模式為

$$\ddot{i}_L(t)+2\dot{i}_L(t)+4i_L(t)=0$$

其特徵方程式 $\lambda^2+2\lambda+4=0$，特徵值 $\lambda_1,\lambda_2=-1\pm j\sqrt{3}$，故

$$i_L(t)=e^{-t}\left(A_1 cos\sqrt{3}t+A_2 sin\sqrt{3}t\right)$$

接著求解 A_1 與 A_2，由初值 $i_L(1)=1$，可得

$$i_L(1)=e^{-1}\left(A_1 cos\sqrt{3}+A_2 sin\sqrt{3}\right)=1$$

再根據

$$\begin{aligned}
i_L(t)=&-e^{-t}\left(A_1 cos\sqrt{3}t+A_2 sin\sqrt{3}t\right)\\
&-e^{-t}\sqrt{3}\left(A_1 sin\sqrt{3}t-A_2 cos\sqrt{3}t\right)
\end{aligned}$$

以及

$$\begin{aligned}
i_L(1)&=\frac{1}{L}v_L(1)=\frac{1}{L}\left(-v_C(1)-v_R(1)\right)\\
&=\frac{1}{L}\left(-v_C(1)-Ri_R(1)\right)=\frac{1}{L}\left(-v_C(1)-Ri_L(1)\right)=-3
\end{aligned}$$

可得

$$-e^{-1}\left(A_1\left(\cos\sqrt{3}+\sqrt{3}\sin\sqrt{3}\right)+A_2\left(\sin\sqrt{3}-\sqrt{3}\cos\sqrt{3}\right)\right)=-3$$

計算後可得

$$A_1 = e\left(\cos\sqrt{3}+1.1547\sin\sqrt{3}\right)$$

$$A_2 = e\left(\sin\sqrt{3}-1.1547\cos\sqrt{3}\right)$$

故

$$i_L(t)=e^{-(t-1)}\left(\cos\sqrt{3}(t-1)-1.1547\sin\sqrt{3}(t-1)\right), \quad t\geq 1$$

(B) 當 $R=8\,\Omega$，$y(t)=v_C(t)$時，先求出 $\alpha=\dfrac{R}{4}=2$，再由(Eq.1)可得數學模式

為

$$\ddot{v}_c(t)+4\dot{v}_c(t)+4v_c(t)=0$$

其特徵方程式為 $\lambda^2+4\lambda+4=0$，特徵值 $\lambda_1=\lambda_2=-2$，故

$$v_C(t)=\left(A_1t+A_2\right)e^{-2t}$$

接著求解 A_1 與 A_2，由初值 $v_C(1)=2$，可得

$$v_C(1)=\left(A_1+A_2\right)e^{-2}=2$$

再根據

$$\dot{v}_C(t)=-2\left(A_1t+A_2\right)e^{-2t}+A_1e^{-2t}$$

以及

$$\dot{v}_C(1)=\frac{1}{C}i_C(1)=\frac{1}{C}i_L(1)=8$$

可得

$$-2\left(A_1+A_2\right)e^{-2}+A_1e^{-2}=8$$

計算後可得 $A_1=12e^2$，$A_2=-10e^2$，故

$$v_C(t)=\left(12t-10\right)e^{-2(t-1)}=\left(12(t-1)+2\right)e^{-2(t-1)}, \quad t\geq 1$$

(C) 當 $R=16\ \Omega$，$y(t)=i_R(t)$時，先求出 $\alpha = \dfrac{R}{4} = 4$，再由(Eq.1)可得數學模式為

$$\ddot{i}_R(t) + 8\dot{i}_R(t) + 4i_R(t) = 0$$

其特徵方程式為 $\lambda^2 + 8\lambda + 4 = 0$ ，特徵值為 $\lambda_1 = -0.536$ ，以及 $\lambda_2 = -7.464$ ，故

$$i_R(t) = A_1 e^{-0.536t} + A_2 e^{-7.464t}$$

接著求解 A_1 與 A_2，由初值 $i_R(1) = i_L(1) = 1$ ，可得

$$i_R(1) = A_1 e^{-0.536} + A_2 e^{-7.464} = 1$$

再根據

$$\dot{i}_R(t) = -0.536 A_1 e^{-0.536t} - 7.464 A_2 e^{-7.464t}$$

以及

$$\begin{aligned}
\dot{i}_R(1) &= \dot{i}_L(1) = \frac{1}{L} v_L(1) = \frac{1}{L}\left(-v_R(1) - v_C(1)\right) \\
&= \frac{1}{L}\left(-R i_R(1) - v_C(1)\right) = \frac{1}{L}\left(-R i_L(1) - v_C(1)\right) \\
&= \frac{1}{2}\left(-16 - 2\right) = -9
\end{aligned}$$

可得

$$-0.536 A_1 e^{-0.536} - 7.464 A_2 e^{-7.464} = -9$$

計算後可得 $A_1 = -0.222 e^{0.536}$ ， $A_2 = 1.222 e^{7.464}$ ，故

$$i_R(t) = -0.222 e^{-0.536(t-1)} + 1.222 e^{-7.464(t-1)}, \quad t \geq 1$$

【練習 5.3-1】

在右圖電路中，L=1H，

$C = \dfrac{1}{4}$F，且 t=1 時，電感電

流 $i_L(1)$=–3A，電容電壓

$v_C(1)$=1V，求

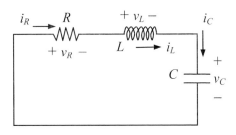

(A)若 R=2 Ω，則當 $t \geq 1$ 時，$i_L(t)$ 為何？

(B)若 R=4 Ω，則當 $t \geq 1$ 時，$v_C(t)$ 為何？

(C)若 R=8 Ω，則當 $t \geq 1$ 時，$i_R(t)$ 為何？

◀◀◀

5.4 直流電流源 RLC 並聯電路

在以下兩節中將探討使用直流電源的二次電路，其中包括一個電感 L 與一個電容 C，依據兩者的連結方式，可分為 LC 並聯電路與 LC 串聯電路，在這一節中將先說明如何分析具有直流電流源的 LC 並聯電路，如圖 5.4-1 所示，包括電阻 R、電感 L、電容 C 與直流電流源 I_s 四個元件，其中電源 I_s 與電阻 R 可視為實際的電流源，而並聯的電感 L 與電容 C 則是外加的負載，整個電路形成特殊的並聯結構。至於具有直流電壓源的 LC 串聯電路，將留待下一節再來分析。

在圖 5.4-1 中，除了電感與電容的初值 $i_L(t_0)$=I_L 與 $v_C(t_0)$=V_C 以外，直流電流源 I_s 也會影響電路的運作。由於整個電路為並聯結構，因此各元件的電壓必須相等，即 $v_R(t) = v_L(t) = v_C(t)$，底下開始探討如何求解所欲量測的電壓或電流。

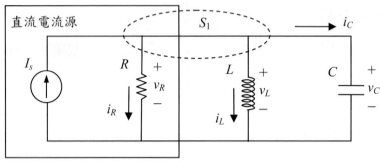

圖 5.4-1

首先求解電容電壓 $v_C(t)$，根據 $v_R(t) = v_L(t) = v_C(t)$，將各元件的電流以 $v_C(t)$ 為變數表示為

$$i_R(t) = \frac{v_C(t)}{R} \tag{5.4-1}$$

$$i_L(t) = \frac{1}{L}\int_{t_0}^{t} v_L(\tau)d\tau + i_L(t_0) = \frac{1}{L}\int_{t_0}^{t} v_C(\tau)d\tau + I_L \tag{5.4-2}$$

$$i_C(t) = C\dot{v}_C(t) \tag{5.4-3}$$

再利用 KCL 於封閉面 S_1，流出封閉面的電流等於流入的電流，即

$$i_R(t) + i_L(t) + i_C(t) = I_s \tag{5.4-4}$$

將(5.4-1)至(5.4-3)三式代入後成為

$$\frac{v_C(t)}{R} + \frac{1}{L}\int_{t_0}^{t} v_C(\tau)d\tau + I_L + C\dot{v}_C(t) = I_s \tag{5.4-5}$$

此式再經微分後可得二次微分方程式如下：

$$\ddot{v}_C\bigl(t\bigr)+\frac{1}{RC}\dot{v}_C\bigl(t\bigr)+\frac{1}{LC}\,v_C\bigl(t\bigr)=0\,,\qquad t\geq t_0 \tag{5.4-6}$$

其中電容電壓的初值 $v_C(t_0)=V_C$ 為已知，而初值 $\dot{v}_C\bigl(t_0\bigr)$ 也可經由(5.4-5)求得，當 $t=t_0$ 時，(5.4-5)可寫為

$$\frac{v_C\bigl(t_0\bigr)}{R}+I_L+C\dot{v}_C\bigl(t_0\bigr)=I_s \tag{5.4-7}$$

整理後成為

$$\dot{v}_C\bigl(t_0\bigr)=-\frac{V_C}{RC}-\frac{1}{C}I_L+\frac{1}{C}I_s \tag{5.4-8}$$

根據微分方程原理，在初值 $v_C(t_0)$ 與 $\dot{v}_C\bigl(t_0\bigr)$ 為已知的條件下，可求得(5.4-6)的唯一解 $v_C\bigl(t\bigr)$。

事實上，也可以選取電感電流 $i_L(t)$ 為變數，來推導電路的數學模式，同樣地三個元件的電壓相等，即 $v_R\bigl(t\bigr)=v_L\bigl(t\bigr)=v_C\bigl(t\bigr)$，而電阻與電容的電流則可表為

$$i_R\bigl(t\bigr)=\frac{v_C\bigl(t\bigr)}{R}=\frac{v_L\bigl(t\bigr)}{R}=\frac{L}{R}\,\dot{i}_L\bigl(t\bigr) \tag{5.4-9}$$

$$i_C\bigl(t\bigr)=C\dot{v}_C\bigl(t\bigr)=C\dot{v}_L\bigl(t\bigr)=LC\ddot{i}_L\bigl(t\bigr) \tag{5.4-10}$$

代入(5.4-4)並整理後成為

$$\ddot{i}_L\bigl(t\bigr)+\frac{1}{RC}\dot{i}_L\bigl(t\bigr)+\frac{1}{LC}\,i_L\bigl(t\bigr)=\frac{1}{LC}I_s\,,\quad t\geq t_0 \tag{5.4-11}$$

其等號左邊各項的係數雖然與(5.4-6)相同，但是在等號右邊多出了與直流電流源 I_s 有關的輸入項。

事實上，一個具直流電流源 RLC 並聯電路，不論所要求取的是電容電壓 $v_C(t)$、電感電流 $i_L(t)$，或是其他的電壓或電流，它的數學模式都可以利用底下的通式來表示：

$$\ddot{y}(t) + 2\alpha\dot{y}(t) + \omega_n^2 y(t) = F, \quad y(t_0) = y_0, \quad \dot{y}(t_0) = \dot{y}_0 \qquad (5.4\text{-}12)$$

其中阻尼係數為 $\alpha = \dfrac{1}{2RC}$，自然頻率為 $\omega_n = \dfrac{1}{\sqrt{LC}}$，以及阻尼比為

$\xi = \dfrac{\alpha}{\omega_n} = \dfrac{1}{2R}\sqrt{\dfrac{L}{C}}$，而變數 $y(t)$ 可以是 $i_R(t)$、$i_L(t)$、$i_C(t)$、$v_R(t)$、$v_L(t)$ 或

$v_C(t)$，至於 F 則可能是 0 或與直流電流源 I_s 有關，而初值 y_0 與 $\dot{y}_0$ 除了與

初值 $i_L(t_0)=I_L$ 與 $v_C(t_0)=V_C$ 有關以外，也可能與直流電流源 I_s 有關。根據微分方程的原理，在已知輸入項 F，以及給定初值 $y(t_0) = y_0$ 與 $\dot{y}(t_0) = \dot{y}_0$ 之情況下，(5.4-12)之二階 ODE 具有唯一解，其求解過程可分為三個步驟，首先寫出齊次方程式如下：

$$\ddot{y}_h(t) + 2\alpha\dot{y}_h(t) + \omega_n^2 y_h(t) = 0 \qquad (5.4\text{-}13)$$

特徵方程式為

$$\lambda^2 + 2\alpha\lambda + \omega_n^2 = 0 \qquad (5.4\text{-}14)$$

當 $\xi > 1$ 時，特徵值為相異負實數

$$\lambda_1, \lambda_2 = -\alpha \pm \sqrt{\alpha^2 - \omega_n^2} = -\frac{1}{2RC} \pm \sqrt{\frac{1}{4R^2C^2} - \frac{1}{LC}} \qquad (5.4\text{-}15)$$

可得齊次解為

$$y_h(t) = A_1 e^{\lambda_1 t} + A_2 e^{\lambda_2 t} \qquad (5.4\text{-}16)$$

當 $\xi = 1$ 時，特徵值為相同負實數

$$\lambda = -\alpha = -\frac{1}{2RC} \qquad (5.4\text{-}17)$$

可得齊次解為

$$y_h(t) = \left(A_1 t + A_2\right)e^{-\frac{t}{2RC}}$$ (5.4-18)

當 $\xi < 1$ 時，特徵值為共軛複數

$$\lambda_1, \lambda_2 = -\alpha \pm j\sqrt{\omega_n^2 - \alpha^2} = -\alpha \pm j\omega_d$$ (5.4-19)

可得齊次解為

$$y_h(t) = e^{-\frac{t}{2RC}}\left(A_1 \cos \omega_d t + A_2 \sin \omega_d t\right)$$ (5.4-20)

其中 $\omega_d = \sqrt{\dfrac{1}{LC} - \dfrac{1}{4R^2C^2}}$。接著在步驟[2]中，由於特殊解滿足

$$\ddot{y}_p(t) + 2\alpha\dot{y}_p(t) + \omega_n^2 y_p(t) = F$$ (5.4-21)

且令 $y_p(t)=Y_p$ 為常數，因此可得 $\omega_n^2 Y_p = F$，即

$$y_p(t) = Y_p = \frac{F}{\omega_n^2} = LCF$$ (5.4-22)

最後在步驟[3]中利用給定的初值 $y(t_0) = y_0$ 與 $\dot{y}(t_0) = \dot{y}_0$ 求出齊次解中的未知數 A_1 與 A_2，即可求得唯一的解 $y(t)=y_h(t)+y_p(t)$，故當 $t \geq t_0$ 時，$y(t)=y_h(t)+LCF$，底下以範例來說明整個求解過程。

《範例 5.4-1》

在下圖電路中，$L=2$H，$C = \dfrac{1}{8}$F，且 $t=0$ 時，電感電流 $i_L(0)=1$A，電容電壓 $v_C(0)=2$V，若直流電流源 $I_s=1$A，求

(A)若 $R=4\,\Omega$，則當 $t \geq 0$ 時，$i_L(t)$ 為何？

(B)若 $R=2\,\Omega$，則當 $t \geq 0$ 時，$v_C(t)$ 為何？

(C) 若 $R=1\,\Omega$，則當 $t \geq 0$ 時，$i_R(t)$ 為何？

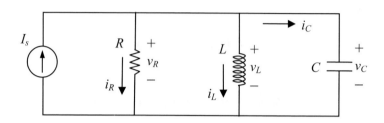

解答：

此電路之 $L=2\text{H}$，$C=\dfrac{1}{8}\text{F}$，且描述電路的數學模式為

$$\frac{d^2 y(t)}{dt^2} + 2\alpha\frac{dy(t)}{dt} + \omega_n^2 y(t) = F, \quad y(0) = y_0,\ \dot{y}(0) = \dot{y}_0$$

其中 $\alpha = \dfrac{1}{2RC} = \dfrac{4}{R}$，$\omega_n = \dfrac{1}{\sqrt{LC}} = 2$。由於在此題中的三個小題所

欲量測的物理量都不相同，若是以這些物理量為變數，則必須逐一推

導各數學模式，因為它們的輸入項 F 都不相同，如此一來將造成解題

的負擔，因此針對本題，應該以 $v_C(t)$ 為變數是最好的選擇，其推導過

程已在(5.4-1)至(5.4-8)說明，其數學模式如(5.4-6)，即

$$\ddot{v}_C(t) + \frac{8}{R}\dot{v}_C(t) + 4v_C(t) = 0, \qquad t\geq 0 \qquad\qquad \text{(Eq.1)}$$

初值為 $v_C(0) = 2$，$\dot{v}_C(0) = -\dfrac{V_C}{RC} - \dfrac{1}{C}I_L + \dfrac{1}{C}I_s = -\dfrac{16}{R}$。

(A)當 $R=4\,\Omega$，(Eq.1)表為

$$\ddot{v}_C(t) + 2\dot{v}_C(t) + 4v_C(t) = 0, \quad t\geq 0$$

初值 $v_C(0) = 2$，$\dot{v}_C(0) = -4$，其特徵方程式為 $\lambda^2 + 2\lambda + 4 = 0$，特

徵值為 $\lambda_1, \lambda_2 = -1 \pm j\sqrt{3}$，故解為

$$v_C(t) = e^{-t}\left(A_1 \cos\sqrt{3}t + A_2 \sin\sqrt{3}t\right)$$

接著求解 A_1 與 A_2，由初值可得 $v_C(0) = A_1 = 2$，再根據

$$\dot{v}_C(t) = -e^{-t}\left(A_1 \cos\sqrt{3}t + A_2 \sin\sqrt{3}t\right)$$
$$- e^{-t}\sqrt{3}\left(A_1 \sin\sqrt{3}t - A_2 \cos\sqrt{3}t\right)$$

以及 $\dot{v}_C(0) = -A_1 + \sqrt{3}A_2 = -4$，可得 $A_2 = -\dfrac{2}{\sqrt{3}} = -1.154$，故

$$v_C(t) = e^{-t}\left(2\cos\sqrt{3}t - 1.1547\sin\sqrt{3}t\right), \quad t \geq 0$$

再根據元件方程式可得

$$i_C(t) = C\dot{v}_C(t) = -\frac{1}{2}e^{-t}\left(\cos\sqrt{3}t + 0.5774\sin\sqrt{3}t\right)$$

$$i_R(t) = \frac{v_R(t)}{R} = \frac{v_C(t)}{R} = \frac{1}{4}e^{-t}\left(2\cos\sqrt{3}t - 1.1547\sin\sqrt{3}t\right)$$

故

$$i_L(t) = I_s - i_R(t) - i_C(t) = 1 + 0.5774e^{-t}\sin\sqrt{3}t, \quad t \geq 0$$

(B) 當 $R=2\,\Omega$，(Eq.1)表為

$$\ddot{v}_C(t) + 4\dot{v}_C(t) + 4v_C(t) = 0, \quad t \geq 0$$

初值 $v_C(0) = 2$，$\dot{v}_C(0) = -8$，其特徵方程式為 $\lambda^2 + 4\lambda + 4 = 0$，特徵

值為 $\lambda_1 = \lambda_2 = -2$，故解為

$$v_C(t) = \left(A_1 t + A_2\right)e^{-2t}$$

接著求解 A_1 與 A_2，由初值可得 $v_C(0) = A_2 = 2$，再根據

$$\dot{v}_C(t) = -2\left(A_1 t + A_2\right)e^{-2t} + A_1 e^{-2t}$$

以及 $\dot{v}_C(0) = -2A_2 + A_1 = -8$，可得 $A_1 = -4$，故

$$v_C(t) = \left(-4t + 2\right)e^{-2t}, \quad t \geq 0$$

(C) $R=1\ \Omega$，(Eq.1)表為

$$\ddot{v}_C(t)+8\dot{v}_C(t)+4v_C(t)=0, \qquad t\geq 0$$

初值 $v_C(0)=2$，$\dot{v}_C(0)=-16$，特徵方程式為 $\lambda^2+8\lambda+4=0$，特徵

值為 $\lambda_1=-0.536$ 與 $\lambda_2=-7.464$，故解為

$$v_C(t)=A_1e^{-0.536t}+A_2e^{-7.464t}$$

接著求解 A_1 與 A_2，由初值可得 $v_C(0)=A_1+A_2=2$，再根據

$$\dot{v}_C(t)=-0.536A_1e^{-0.536t}-7.464A_2e^{-7.464t}$$

即 $\dot{v}_C(0)=-0.536A_1-7.464A_2=-16$，可求得 $A_1=-0.155$，以及

$A_2=2.155$，故

$$v_C(t)=-0.155e^{-0.536t}+2.155e^{-7.464t}$$

由電阻的元件方程式可知

$$i_R(t)=\frac{v_R(t)}{R}=\frac{v_C(t)}{R}=-0.155e^{-0.536t}+2.155e^{-7.464t}, \quad t\geq 0$$

【練習 5.4-1】

右圖電路中，
$L=1\mathrm{H}$，

$C=\dfrac{1}{4}\mathrm{F}$，且

$t=0$ 時，電感電

流 $i_L(0)=1\mathrm{A}$，電

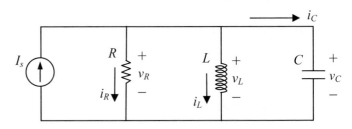

容電壓 $v_C(0)=2\mathrm{V}$，若直流電流源 $I_s=1\mathrm{A}$，求

(A)若 $R=2\ \Omega$，則當 $t\geq 0$ 時，$i_L(t)$ 為何？

(B)若 $R=1\ \Omega$，則當 $t\geq 0$ 時，$v_C(t)$ 為何？

(C)若 $R=0.8\ \Omega$，則當 $t\geq 0$ 時，$i_R(t)$ 為何？

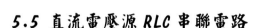

5.5 直流電壓源 *RLC* 串聯電路

在圖 5.5-1 中，除了電感與電容的初值 $i_L(t_0)=I_L$ 與 $v_C(t_0)=V_C$ 以外，直流電壓源 V_s 也會影響電路的運作。由於整個電路為串聯結構，因此流經各元件的電流必須相等，即 $i_R(t) = i_L(t) = i_C(t)$，底下開始探討如何求解所欲量測的電壓或電流。

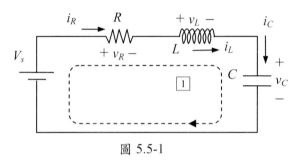

圖 5.5-1

首先求解電感電流 $i_L(t)$，根據 $i_R(t) = i_L(t) = i_C(t)$，將各元件的電壓以 $i_L(t)$ 為變數表示為

$$v_R(t) = Ri_R(t) = Ri_L(t) \tag{5.5-1}$$

$$v_L(t) = Li_L(t) \tag{5.5-2}$$

$$v_C(t) = \frac{1}{C}\int_{t_0}^{t} i_C(\tau)d\tau + v_C(t_0) = \frac{1}{C}\int_{t_0}^{t} i_C(\tau)d\tau + V_C \tag{5.5-3}$$

再利用 KVL 於網目 ⓵，可得

$$v_R(t) + v_L(t) + v_C(t) = V_s \tag{5.5-4}$$

將(5.5-1)至(5.5-3)三式代入後成為

$$Ri_L(t) + L\dot{i}_L(t) + \frac{1}{C}\int_{t_0}^{t} i_L(\tau)d\tau + V_C = V_s \qquad (5.5\text{-}5)$$

此式再經微分後可得二次微分方程式如下：

$$\ddot{i}_L(t) + \frac{R}{L}\dot{i}_L(t) + \frac{1}{LC}i_L(t) = 0, \qquad t \geq t_0 \qquad (5.5\text{-}6)$$

其中電感電流的初值 $i_L(t_0)=I_L$ 為已知，而 $\dot{i}_L(t_0)$ 也可經由(5.5-5)求得，當 $t=t_0$ 時，(5.5-5)可寫為

$$Ri_L(t_0) + L\dot{i}_L(t_0) + V_C = V_s \qquad (5.5\text{-}7)$$

整理後成為

$$\dot{i}_L(t_0) = -\frac{R}{L}I_L - \frac{1}{L}V_C + \frac{1}{L}V_s \qquad (5.5\text{-}8)$$

根據微分方程原理，在初值 $i_L(t_0)$ 與 $\dot{i}_L(t_0)$ 為已知的條件下，可求得(5.5-6) 的唯一解 $i_L(t)$。

　　事實上，也可以選取電容電壓 $v_C(t)$ 為變數，來推導電路的數學模式，同樣地三個元件的電流相等，即 $i_R(t) = i_L(t) = i_C(t)$，而電阻與電感的電壓可表為

$$v_R(t) = Ri_R(t) = Ri_C(t) = RC\dot{v}_C(t) \qquad (5.5\text{-}9)$$

$$v_L(t) = L\dot{i}_L(t) = L\dot{i}_C(t) = LC\ddot{v}_C(t) \qquad (5.5\text{-}10)$$

代入(5.5-4)並整理後成為

$$\ddot{v}_C(t) + \frac{R}{L}\dot{v}_C(t) + \frac{1}{LC}v_C(t) = \frac{1}{LC}V_s, \qquad t \geq t_0 \qquad (5.5\text{-}11)$$

其等號左邊各項的係數雖然與(5.5-6)相同,但是等號右邊多出了與直流電壓源 V_s 有關的輸入項。

事實上,一個具直流電壓源 RLC 串聯電路,不論所要求取的是電容電壓 $v_C(t)$、電感電流 $i_L(t)$,或是其他的電壓或電流,它的數學模式都可以利用底下的通式來表示:

$$\ddot{y}(t) + 2\alpha\dot{y}(t) + \omega_n^2 y(t) = F \, , \, y(t_0) = y_0 \, , \, \dot{y}(t_0) = \dot{y}_0 \quad (5.5\text{-}12)$$

在此式中阻尼係數為 $\alpha = \dfrac{R}{2L}$,自然頻率為 $\omega_n = \dfrac{1}{\sqrt{LC}}$,阻尼比為

$\xi = \dfrac{\alpha}{\omega_n} = \dfrac{R}{2}\sqrt{\dfrac{C}{L}}$,而變數 $y(t)$ 可以是 $i_R(t)$、$i_L(t)$、$i_C(t)$、$v_R(t)$、$v_L(t)$ 或

$v_C(t)$,至於 F 則可能是 0 或與直流電壓源 V_s 有關,而初值 y_0 與 $\dot{y}_0$ 除了與初值 $i_L(t_0)=I_L$ 與 $v_C(t_0)=V_C$ 有關以外,也可能與直流電壓源 V_s 有關。根據微分方程的原理,在已知輸入項 F ,以及給定初值 $y(t_0) = y_0$ 與 $\dot{y}(t_0) = \dot{y}_0$ 之情況下,(5.5-12)之二階 ODE 具有唯一解,其求解過程可分為三個步驟,首先寫出齊次方程式如下:

$$\ddot{y}_h(t) + 2\alpha\dot{y}_h(t) + \omega_n^2 y_h(t) = 0 \qquad (5.5\text{-}13)$$

其特徵方程式為

$$\lambda^2 + 2\alpha\lambda + \omega_n^2 = 0 \qquad (5.5\text{-}14)$$

當 $\xi > 1$ 時,特徵值為相異負實數

$$\lambda_1, \lambda_2 = -\alpha \pm \sqrt{\alpha^2 - \omega_n^2} = -\frac{R}{2L} \pm \sqrt{\frac{R^2}{4L^2} - \frac{1}{LC}} \qquad (5.5\text{-}15)$$

可得齊次解為

$$y_h(t) = A_1 e^{\lambda_1 t} + A_2 e^{\lambda_2 t} \qquad (5.5\text{-}16)$$

當 $\xi = 1$ 時，特徵值為相同負實數

$$\lambda = -\alpha = -\frac{R}{2L} \qquad (5.5\text{-}17)$$

可得齊次解為

$$y_h(t) = (A_1 t + A_2) e^{-\frac{Rt}{2L}} \qquad (5.5\text{-}18)$$

當 $\xi < 1$ 時，特徵值為共軛複數

$$\lambda_1, \lambda_2 = -\alpha \pm j\sqrt{\omega_n^2 - \alpha^2} = -\alpha \pm j\omega_d$$
$$= -\frac{R}{2L} \pm j\sqrt{\frac{1}{LC} - \frac{R^2}{4L^2}} \qquad (5.5\text{-}19)$$

可得齊次解為

$$y_h(t) = e^{-\frac{Rt}{2L}} (A_1 \cos \omega_d t + A_2 \sin \omega_d t) \qquad (5.5\text{-}20)$$

其中 $\omega_d = \sqrt{\dfrac{1}{LC} - \dfrac{R^2}{4L^2}}$。接著在步驟[2]中，由於特殊解滿足

$$\ddot{y}_p(t) + 2\alpha \dot{y}_p(t) + \omega_n^2 y_p(t) = F \qquad (5.5\text{-}21)$$

且令 $y_p(t) = Y_p$ 為常數，因此可得 $\omega_n^2 Y_p = F$，即

$$y_p(t) = Y_p = \frac{U}{\omega_n^2} = LCF \qquad (5.5\text{-}22)$$

最後在步驟[3]中利用給定的初值 $y(t_0) = y_0$ 與 $\dot{y}(t_0) = \dot{y}_0$ 求出齊次解中的未知數 A_1 與 A_2，即可求得唯一的解 $y(t)=y_h(t)+y_p(t)$，故當 $t > t_0$ 時，$y(t)=y_h(t)+LCF$，底下以範例來說明整個求解過程。

《範例 5.5-1》

在右圖中，L=2H，$C = \dfrac{1}{8}$F，且 t=0 時，電感電流 $i_L(0)$=1A，電容電壓 $v_C(0)$=2V，若直流電壓源 V_s=1V，求

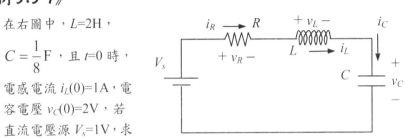

(A)若 R=4 Ω，則當 $t{\geq}0$ 時，$i_L(t)$為何？
(B)若 R=8 Ω，則當 $t{\geq}0$ 時，$v_C(t)$為何？
(C)若 R=16 Ω，則當 $t{\geq}0$ 時，$i_R(t)$為何？

解答：

此電路之 L=2H，$C = \dfrac{1}{8}$F，且描述電路的數學模式為

$$\frac{d^2 y(t)}{dt^2} + 2\alpha \frac{dy(t)}{dt} + \omega_n^2 y(t) = F , \quad y(0) = y_0, \quad \dot{y}(0) = \dot{y}_0$$

其中 $\alpha = \dfrac{R}{2L} = \dfrac{R}{4}$，$\omega_n = \dfrac{1}{\sqrt{LC}} = 2$。在此題中先以 $i_L(t)$為變數來推導其數學模式，如(5.5-1)至(5.5-8)所示，由(5.5-6)可知

$$\ddot{i}_L(t) + \frac{R}{2}\dot{i}_L(t) + 4i_L(t) = 0 , \qquad t{>}0 \qquad\qquad \text{(Eq.1)}$$

初值為 $i_L(0) = 1$，$\dot{i}_L(0) = -\dfrac{R}{2} - \dfrac{1}{2}$。

(A) 當 R=4 Ω，(Eq.1)表為

$$\ddot{i}_L(t) + 2\dot{i}_L(t) + 4i_L(t) = 0, \qquad t \geq 0$$

初值 $i_L(0) = 1$，$\dot{i}_L(0) = -\dfrac{5}{2}$，其特徵方程式為 $\lambda^2 + 2\lambda + 4 = 0$，特徵

值為 $\lambda_1, \lambda_2 = -1 \pm j\sqrt{3}$，故解為

$$i_L(t) = e^{-t}\left(A_1 \cos\sqrt{3}t + A_2 \sin\sqrt{3}t\right)$$

接著求解 A_1 與 A_2，由初值可得 $i_L(0) = A_1 = 1$，再根據

$$\begin{aligned} \dot{i}_L(t) = &-e^{-t}\left(A_1 \cos\sqrt{3}t + A_2 \sin\sqrt{3}t\right) \\ &- e^{-t}\sqrt{3}\left(A_1 \sin\sqrt{3}t - A_2 \cos\sqrt{3}t\right) \end{aligned}$$

以及 $\dot{i}_L(0) = -A_1 + \sqrt{3}A_2 = -\dfrac{5}{2}$，可得 $A_2 = -\dfrac{\sqrt{3}}{2} = -0.866$，故

$$i_L(t) = e^{-t}\left(\cos\sqrt{3}t - 0.866\sin\sqrt{3}t\right), \quad t \geq 0$$

(B) 當 R=8 Ω，(Eq.1)表為

$$\ddot{i}_L(t) + 4\dot{i}_L(t) + 4i_L(t) = 0, \qquad t \geq 0$$

初值 $i_L(0) = 1$，$\dot{i}_L(0) = -\dfrac{9}{2}$，其特徵方程式為 $\lambda^2 + 4\lambda + 4 = 0$，特徵

值為 $\lambda_1 = \lambda_2 = -2$，故解為

$$i_L(t) = \left(A_1 t + A_2\right)e^{-2t}$$

接著求解 A_1 與 A_2，由初值可得 $i_L(0) = A_2 = 1$，再根據

$$\dot{i}_L(t) = -2\left(A_1 t + A_2\right)e^{-2t} + A_1 e^{-2t}$$

以及 $\dot{i}_L(0) = -2A_2 + A_1 = -\dfrac{9}{2}$，可得 $A_1 = -2.5$，故

$$i_L(t) = \left(-2.5t + 1\right)e^{-2t}, \quad t \geq 0$$

再利用 KVL 於網目上可得

$$v_C(t) = V_s - Ri_R(t) - v_L(t) = V_s - Ri_L(t) - L\dot{i}_L(t)$$
$$= 1 + (10t+1)e^{-2t}$$

(C)當 $R=16\,\Omega$，(Eq.1)表為

$$\ddot{i}_L(t) + 8\dot{i}_L(t) + 4i_L(t) = 0, \qquad t \geq 0$$

初值 $i_L(0) = 1$，$\dot{i}_L(0) = -\dfrac{17}{2}$，其特徵方程式為 $\lambda^2 + 8\lambda + 4 = 0$，特徵

值為 $\lambda_1 = -0.536$ 與 $\lambda_2 = -7.464$，故解為

$$i_L(t) = A_1 e^{-0.536t} + A_2 e^{-7.464t}$$

接著求解 A_1 與 A_2，由初值可得 $i_L(0) = A_1 + A_2 = 1$，

再根據

$$\dot{i}_L(t) = -0.536 A_1 e^{-0.536t} - 7.464 A_2 e^{-7.464t}$$

以 及 $\dot{i}_L(0) = -0.536 A_1 - 7.464 A_2 = -8.5$ ，可得 $A_1 = -0.1495$ ，

$A_2 = 1.1495$，故

$$i_L(t) = -0.1495 e^{-0.536t} + 1.1495 e^{-7.464t}, \quad t \geq 0$$

亦即

$$i_R(t) = i_L(t) = -0.1495 e^{-0.536t} + 1.1495 e^{-7.464t}, \quad t \geq 0$$

【練習 5.5-1】

在下圖中，$L=1\mathrm{H}$，$C = \dfrac{1}{4}\mathrm{F}$，且 $t=0$ 時，電感電流 $i_L(1)=0\mathrm{A}$，電容電

壓 $v_C(1)=2\mathrm{V}$，若直流電壓源 $V_s=1\mathrm{V}$，求

(A) 若 $R=2\,\Omega$，則當 $t\geq1$ 時，$i_L(t)$為何？

(B) 若 $R=4\,\Omega$，則當 $t\geq 1$ 時，$v_C(t)$ 為何？

(C) 若 $R=8\,\Omega$，則當 $t\geq 1$ 時，$i_R(t)$ 為何？

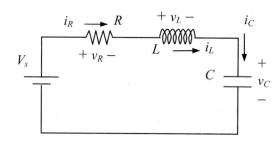

習題

P5-1 當 $t\geq 2$ 時，二階電路之動態方程式如下：

$$\ddot{y}(t)+4\,\dot{y}(t)+3\,y(t)=\dot{w}(t)+2w(t),\ y(2)=1,\ \dot{y}(2)=0$$

(A)求阻尼係數、自然頻率與阻尼比。

(B)此方程式的解 $y(t)$ 是屬於過阻尼、臨界阻尼或欠阻尼形式？

(C)若輸入為 $w(t)=1$，輸出 $y(t)$ 為連續函數，則當 $t\geq 2$ 時，$y(t)$ 為何？

P5-2 當 $t\geq 2$ 時，二階電路之動態方程式如下：

$$\ddot{y}(t)+4\,\dot{y}(t)+4\,y(t)=\dot{w}(t)+2w(t),\ \ y(2)=1,\ \dot{y}(2)=0$$

(A)求阻尼係數、自然頻率與阻尼比。

(B)此方程式的解 $y(t)$ 是屬於過阻尼、臨界阻尼或欠阻尼形式？

(C)若輸入為 $w(t)=1$，輸出 $y(t)$ 為連續函數，則當 $t\geq 2$ 時，$y(t)$ 為何？

P5-3 當 $t\geq 1$ 時，二階電路之動態方程式如下：

$$\ddot{y}(t) + 4\dot{y}(t) + 8y(t) = -\dot{w}(t) + 4w(t), \quad y(1) = 1, \dot{y}(1) = 0$$

(A)求阻尼係數、自然頻率與阻尼比。

(B)此方程式的解 $y(t)$ 是否為欠阻尼形式？若是，則阻尼自然頻率為何？

(C)若 $w(t) = 1$，輸出 $y(t)$ 為連續函數，則當 $t \geq 1$ 時，$y(t) =$？

P5-4 在下圖電路中之 L=1H，$C = 0.25$F，且在 t=0 時，電感電流 $i_L(1)$=−2A，電容電壓 $v_C(1)$=1V，求

(A)若 R=2 Ω，則當 $t \geq 1$ 時，$v_C(t)$ 為何？

(B)若 R=1 Ω，則當 $t \geq 1$ 時，$i_L(t)$ 為何？

(C) 若 R=0.8 Ω，則當 $t \geq 1$ 時，$i_R(t)$ 為何？

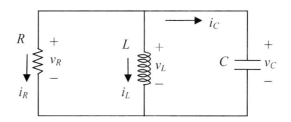

P5-5 在下圖之電路中，L=2H，$C = 0.125$F，且 t=0 時，電感電流 $i_L(0)$=2A，電容電壓 $v_C(0)$=−1V，求

(A)若 R=4 Ω，則當 $t \geq 0$ 時，$i_L(t)$ 為何？

(B)若 R=8 Ω，則當 $t \geq 0$ 時，$v_C(t)$ 為何？

(C)若 R=16 Ω，則當 $t \geq 0$ 時，$i_R(t)$ 為何？

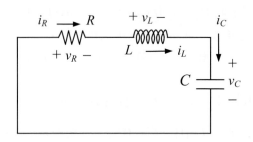

P5-6 下圖中 L=1H，$C = \dfrac{1}{4}$F，且 t=0 時，電感電流 $i_L(1)$=−1A，電容電壓

$v_C(1)$=4V，若直流電流源 I_s=2A，求

(A)若 R=2 Ω，則當 $t{\geq}1$ 時，$i_L(t)$為何？

(B)若 R=1 Ω，則當 $t{\geq}1$ 時，$v_C(t)$為何？

(C)若 R=0.8 Ω，則當 $t{\geq}1$ 時，$i_R(t)$為何？

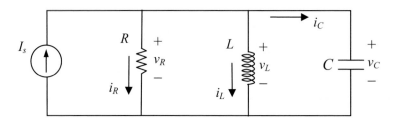

P5-7 下圖中 L=2H，$C = \dfrac{1}{8}$F，且 t=0 時，電感電流 $i_L(2)$=−1A，電容電壓

$v_C(2)$=1V，若直流電壓源 V_s=2V，求

(A)若 R=4 Ω，則當 $t{\geq}2$ 時，$i_L(t)$為何？

(B)若 R=8 Ω，則當 $t{\geq}2$ 時，$v_C(t)$為何？

(C)若 R=16 Ω，則當 $t{\geq}2$ 時，$i_R(t)$為何？

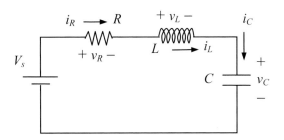

第6章

一般電路分析

拉氏轉換

在前兩章中只探討具有直流電源之一階與標準的 *RLC* 二階的電路，然而在一般電路中除了使用直流電源外，還可能使用其他形式，例如弦波、方波或三角波電源，而且一般電路所包含的電容或電感總個數通常都多於兩個，亦即電路的階數高於二階，在此情況下，前面所介紹的分析方法已不再適用，必須尋求其他的解決方式，其中最常見的即拉普拉斯轉換 (Laplace transform)，簡稱拉氏轉換。

拉氏轉換是由數學家尤拉(Leonard Euler, 1707-1783)所提出的一種數學工具，但是並沒有做更深入的探討，後來在法國天文學家拉普拉斯 (Pierre-Simon Laplace, 1749-1827)的研究下，才獲得許多重要的相關成果，也因此世人將這個轉換式以他的名字來命名。不過將拉氏轉換實際應用於微分方程者，則首推十九世紀中期的哈威塞德(Oliver Heaviside)，在他的啟發下，拉氏轉換開始受到廣泛的重視，並應用於各種系統的分析中，其中包括本書所討論的電路系統。

6.1 拉氏轉換

在一般系統中都有一個起始時間，為了方便說明，通常以 $t=0$ 為起始時間，也就是說，相關的物理量函數 $f(t)$ 僅存於 $t \geq 0$ 之範圍，當 $t<0$ 時，其函數值 $f(t)=0$，在電路學中亦考慮此函數，並定義其拉氏轉換如下：

$$F(s) = \int_{0^-}^{\infty} f(t)e^{-st}\,dt \tag{6.1-1}$$

其中 $s=\sigma+j\omega$ 為複數，具有實部 $Re(s)=\sigma$ 與虛部 $Im(s)=\omega$，有時候為了方便也將拉氏轉換表示為

$$\mathcal{L}\{f(t)\} = \int_{0^-}^{\infty} f(t)e^{-st}\,dt \tag{6.1-2}$$

亦即 $\mathcal{L}\{f(t)\} \equiv F(s)$，應注意的是，(6.1-1)的積分下限為 $t=0^-$，設定此下限

的主要的原因是為了處理一些在 $t=0$ 時具有脈衝(impulse)訊號$\delta(t)$的函數，在數學中，脈衝訊號$\delta(t)$必須滿足下列兩個條件：

A. 當 $t \neq 0$ 時，$\delta(t) = 0$ \hfill (6.1-3)

B. 對任意$\varepsilon > 0$，$\int_{-\varepsilon}^{\varepsilon} \delta(t)dt = 1$ \hfill (6.1-4)

當$\varepsilon \to 0$ 時，由(6.1-4)可知$\int_{0^-}^{0^+} \delta(t)dt = 1$，即在 $t=0^-$至 $t=0^+$的極小範圍內，$\delta(t)$的積分並不為 0，因此若是取下限為 $t=0$ 或 $t=0^+$，都將無法完整呈現$\delta(t)$的資訊，並造成錯誤的分析結果。不過，脈衝訊號屬於理想性的函數，在實際的電路中並不存在，因此在以下的電路中不再討論脈衝訊號的性質，而留待第八章討論頻率響應時再來說明。

接著探討拉氏轉換(6.1-1)的各種性質，由於積分的運算很可能產生發散的情形，因此有必要先針對積分的收斂條件來說明，根據複數變數理論，(6.1-1)可改寫為$F(s) = \int_{0^-}^{\infty} f(t)e^{-\sigma t - j\omega t} dt$，且 $F(s)$是否收斂可由$|F(s)| < \infty$是否成立來決定，根據複數的不等式可知

$$
\begin{aligned}
|F(s)| &= \left| \int_{0^-}^{\infty} f(t)e^{-\sigma t - j\omega t} dt \right| \leq \int_{0^-}^{\infty} \left| f(t)e^{-\sigma t - j\omega t} \right| dt \\
&= \int_{0^-}^{\infty} \left| f(t)e^{-\sigma t} \right| \cdot \left| e^{-j\omega t} \right| dt = \int_{0^-}^{\infty} \left| f(t)e^{-\sigma t} \right| dt
\end{aligned}
$$
\hfill (6.1-5)

其中 $\left| e^{-j\omega t} \right| = 1$，由此式可知只有在 s 的實部 $Re(s)=\sigma$夠大時，積分項 $\int_{0^-}^{\infty} \left| f(t)e^{-\sigma t} \right| dt$ 才能收斂，也才能保證拉氏轉換 $F(s)$的存在；在此處所稱的"$Re(s)=\sigma$必須夠大"，在拉氏轉換中通常以"$Re(s) > -\alpha$"來表示，也就是說 $Re(s)$必須大於$-\alpha$，這個範圍一般稱為收斂區域(Region Of Convergence)或簡稱為 ROC。

除了收斂條件外，拉氏轉換的另一個重要性質是「唯一性」，也就是說，若 $f(t)$ 經由拉氏轉換 $\mathcal{L}$ 映射至 $F(s)$，則必定存在反轉換將 $F(s)$ 映射至 $f(t)$，表為

$$f(t) = \mathcal{L}^{-1}\{F(s)\} = \frac{1}{2\pi j}\int_{\sigma-j\infty}^{\sigma+j\infty} F(s)e^{st}ds \qquad (6.1\text{-}6)$$

此運算稱為反拉氏轉換(Inverse Laplace transform)，關於(6.1-6)之推導可參考工程數學的相關書籍，在此不再詳述。

■ 重要性質

除了以上所提的收斂條件與唯一性外，底下再列出一些經常使用於電路分析的性質：

〔性質 1〕線性(Linearity)

若 $\mathcal{L}\{f_1(t)\} = F_1(s)$ 且 $\mathcal{L}\{f_2(t)\} = F_2(s)$，則

$$\mathcal{L}\{a_1 f_1(t) + a_2 f_2(t)\} = a_1 F_1(s) + a_2 F_2(s) \qquad (6.1\text{-}7)$$

其中 a_1 與 a_2 為常數。

解析：

直接利用(6.1-2)可得

$$\mathcal{L}\{a_1 f_1(t) + a_2 f_2(t)\} = \int_{0^-}^{\infty} (a_1 f_1(t) + a_2 f_2(t))e^{-st}dt \qquad (6.1\text{-}8)$$

$$= a_1\int_{0^-}^{\infty} f_1(t)e^{-st}dt + a_2\int_{0^-}^{\infty} f_2(t)e^{-st}dt$$

$$= a_1 F_1(s) + a_2 F_2(s)$$

故得證。

〔性質 2〕時間平移(Time Shift)

若 $\mathcal{L}\{f(t)\} = F(s)$，則

$$\mathcal{L}\{f(t-a)u(t-a)\} = e^{-as}F(s) \tag{6.1-9}$$

其中 a 為常數。

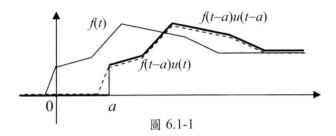

圖 6.1-1

解析：

在性質中的函數為 $\mathcal{L}\{f(t-a)u(t-a)\}$，而不是 $\mathcal{L}\{f(t-a)\}$，其中 $\mathcal{L}\{f(t-a)u(t-a)\}$ 的積分範圍為 $t>a$，並不包括 $t=0$ 至 $t=a$ 的區段，如圖 6.1-1 的粗實線所示，而 $\mathcal{L}\{f(t-a)\}$ 的積分則為 $t>0$，將 $t=0$ 至 $t=a$ 包含在內，如圖 6.1-1 的虛線所示，這兩個函數的拉氏轉換當然不相同。此外，若是 t 代表時間，則當 $a>0$ 時，$f(t-a)$ 比 $f(t)$ 落後或延遲了 a 秒。不過，此平移性質也可適用於 $a<0$ 之情形。由(6.1-2)可得

$$\mathcal{L}\{f(t-a)u(t-a)\} = \int_{a^-}^{\infty} f(t-a)e^{-st}dt \tag{6.1-10}$$

令 $\tau = t-a$，則 $t = \tau+a$，$dt = d\tau$，故

$$\mathcal{L}\{f(t-a)u(t-a)\} = \int_{0^-}^{\infty} f(\tau)e^{-s(\tau+a)}d\tau \tag{6.1-11}$$

$$= e^{-as}\int_{0^-}^{\infty} f(\tau)e^{-s\tau}d\tau = e^{-as}F(s)$$

311

得證。

〔性質 3〕頻率平移(Frequency Shift)

若 $\mathcal{L}\{f(t)\} = F(s)$，則

$$\mathcal{L}\{e^{-at} f(t)\} = F(s+a) \qquad (6.1\text{-}12)$$

其中 a 為常數。

解析：

直接利用(6.1-2)可得

$$\mathcal{L}\{e^{-at} f(t)\} = \int_{0^-}^{\infty} \left(e^{-at} f(t)\right) e^{-st} \, dt$$
$$= \int_{0^-}^{\infty} f(t) e^{-(s+a)t} \, dt = F(s+a) \qquad (6.1\text{-}13)$$

故得證。

〔性質 4〕時間微分(Time Differentiation)

若 $\mathcal{L}\{f(t)\} = F(s)$，則

$$\mathcal{L}\{f^{(n)}(t)\} = s^n F(s) - s^{n-1} f(0^-)$$
$$- s^{n-2} \dot{f}(0^-) - \cdots - f^{(n-1)}(0^-) \qquad (6.1\text{-}14)$$

解析：

直接利用(6.1-2)可得

$$\mathcal{L}\{\dot{f}(t)\} = \int_{0^-}^{\infty} \frac{df(t)}{dt} e^{-st} dt = \int_{f(0^-)}^{f(\infty)} e^{-st} df(t)$$

$$= e^{-st} f(t)\Big|_{t=0^-}^{\infty} + s\int_{0^-}^{\infty} f(t)e^{-st} dt \qquad (6.1\text{-}15)$$

$$= e^{-s\infty} f(\infty)\big| - f(0^-) + sF(s)$$

$$= sF(s) - f(0^-)$$

其中 $e^{-s\infty}f(\infty)=0$，由此式可再推導二次微分如下：

$$\mathcal{L}\{\ddot{f}(t)\} = \mathcal{L}\left\{\frac{d}{dt}\dot{f}(t)\right\} = s\mathcal{L}\{\dot{f}(t)\} - \dot{f}(0^-)$$

$$= s(sF(s) - f(0^-)) - \dot{f}(0^-) \qquad (6.1\text{-}16)$$

$$= s^2 F(s) - sf(0^-) - \dot{f}(0^-)$$

依此類推可得

$$\mathcal{L}\{f^{(n)}(t)\} = s^n F(s) - s^{n-1} f(0^-)$$
$$- s^{n-2} \dot{f}(0^-) - \cdots - f^{(n-1)}(0^-) \qquad (6.1\text{-}17)$$

故得證。此式在系統理論中相當重要，可以在工程數學中學到相關的應用與技巧，但在電路學中，主要還是將一次微分的(6.1-15)應用在電容與電感元件方程式的拉氏轉換中。

〔性質 5〕 頻率微分(Frequency Differentiation)

若 $\mathcal{L}\{f(t)\} = F(s)$，則

$$\mathcal{L}\{t^n f(t)\} = (-1)^n \frac{d^n F(s)}{ds^n} \qquad (6.1\text{-}18)$$

解析：

由於 $F(s) = \int_{0^-}^{\infty} f(t)e^{-st}\,dt$ ，對 s 微分 n 次後可得

$$\frac{d^n F(s)}{ds^n} = \frac{d}{ds}\int_{0^-}^{\infty} f(t)e^{-st}\,dt = \int_{0^-}^{\infty} f(t)\left(\frac{d^n}{ds^n}e^{-st}\right)dt \quad (6.1\text{-}19)$$

$$= (-1)^n \int_{0^-}^{\infty} t^n f(t)e^{-st}\,dt = (-1)^n \mathcal{L}\{t^n f(t)\}$$

即 $\mathcal{L}\{t^n f(t)\} = (-1)^n \dfrac{d^n F(s)}{ds^n}$ ，故得證。

〔性質 6〕 初值定理(Initial Value Theorem)

假設在 $t=0^-$ 至 $t=0^+$ 時段內 $\dot{f}(t)$ 為可積，若 $\mathcal{L}\{f(t)\} = F(s)$ ，則

$$f(0^+) = \lim_{s \to \infty} sF(s) \quad\quad\quad (6.1\text{-}20)$$

解析：

根據時間微分性質(6.1-14)，當 $n=1$ 時可得

$$sF(s) - f(0^-) = \mathcal{L}\{\dot{f}(t)\} = \int_{0^-}^{\infty} \dot{f}(t)e^{-st}\,dt$$

$$= \int_{0^-}^{0^+} \dot{f}(t)e^{-st}\,dt + \int_{0^+}^{\infty} \dot{f}(t)e^{-st}\,dt \quad (6.1\text{-}21)$$

$$= \int_{0^-}^{0^+} \dot{f}(t)\,dt + \int_{0^+}^{\infty} \dot{f}(t)e^{-st}\,dt$$

在 $t=0^-$ 至 $t=0^+$ 時段內 $\dot{f}(t)$ 為可積，即 $\int_{0^-}^{0^+} \dot{f}(t)\,dt = f(t)\Big|_{t=0^-}^{0^+}$ ，代入上式並整理後可得

$$sF(s) - f(0^-) = f(t)\Big|_{t=0^-}^{0^+} + \int_{0^+}^{\infty} \dot{f}(t)e^{-st}\,dt$$
$$= f(0^+) - f(0^-) + \int_{0^+}^{\infty} \dot{f}(t)e^{-st}\,dt \qquad (6.1\text{-}22)$$

故

$$sF(s) = f(0^+) + \int_{0^+}^{\infty} \dot{f}(t)e^{-st}\,dt \qquad (6.1\text{-}23)$$

其中 $\int_{0^+}^{\infty} \dot{f}(t)e^{-st}\,dt$ 的積分區段為 $t>0$，所以當 $s\to\infty$ 時，積分項中的

$e^{-st}\to 0$，使得 $\lim\limits_{s\to\infty}\int_{0^+}^{\infty}\dot{f}(t)e^{-st}\,dt = 0$，故在上式等號兩邊同取 $s\to\infty$，

可得

$$f(0^+) = \lim_{s\to\infty} sF(s) \qquad (6.1\text{-}24)$$

得証。

〔性質 7〕終值定理(Final Value Theorem)

設 $\dot{f}(t)$ 存在且 $f(\infty)$ 為定值，若 $\mathcal{L}\{f(t)\} = F(s)$，則

$$f(\infty) = \lim_{s\to 0} sF(s) \qquad (6.1\text{-}25)$$

解析：

令 $sF(s) = \dfrac{Q(s)}{P(s)}$，其中 $P(s)$ 與 $Q(s)$ 為 s 的多項式，則此性質中所設定

的條件「$f(\infty)$ 為定值」，等同於一般系統理論中所稱的收斂情況，因此

「$F(s)$ 的極點必須位在複數平面的左半面」，亦即「$P(s)=0$ 的解為負實

數或具有負實部的複數」，根據(6.1-23)，當在此式之等號兩邊同取

$s\to 0$ 時，可得

315

$$\lim_{s \to 0} sF(s) = f(0^+) + \lim_{s \to 0} \int_{0^+}^{\infty} \dot{f}(t) e^{-st} dt \tag{6.1-26}$$

$$= f(0^+) + \int_{0^+}^{\infty} \dot{f}(t) dt = f(0^+) + \int_{f(0^+)}^{f(\infty)} df(t)$$

$$= f(0^+) + f(\infty) - f(0^+) = f(\infty)$$

故得證。

以上七個性質經常被使用在電路分析上，事實上，還有許多重要的性質，有興趣者可自行參考與「工程數學」相關之書籍。

■ 常見函數之拉氏轉換

底下再針對常見函數的拉氏轉換作說明，這些函數都將使用在後面章節的電路分析之中，首先考慮與直流電源有關的步階訊號，其表示式如下：

$$u(t) = \begin{cases} 1, & t > 0 \\ 0, & t < 0 \end{cases} \tag{6.1-27}$$

由(6.1-2)與 $s = \sigma + j\omega$ 可得拉氏轉換為

$$\mathcal{L}\{u(t)\} = \int_{0^-}^{\infty} e^{-st} dt = -\frac{1}{s} e^{-st} \Big|_{t=0^-}^{\infty} \tag{6.1-28}$$

$$= -\frac{1}{s} \left(\lim_{T \to \infty} e^{-\sigma T} e^{-j\omega T} \right) + \frac{1}{s}$$

由於 $\left| e^{-j\omega T} \right| = 1$，因此只有在 $Re(s) = \sigma > 0$ 的情況下，$\lim_{T \to \infty} e^{-\sigma T} e^{-j\omega T}$ 才會收斂到 0，故 $u(t)$ 的拉氏轉換應該表為

$$\mathcal{L}\{u(t)\} = \frac{1}{s}, \qquad Re(s) > 0 \tag{6.1-29}$$

其中 $Re(s)>0$ 即 $\mathcal{L}\{u(t)\}$ 的收斂區域(ROC)，由於 ROC 是拉氏轉換的必備條件，一般在求算 $\mathcal{L}\{u(t)\}$ 時，都簡化計算過程如下：

$$\mathcal{L}\{u(t)\} = \int_{0^-}^{\infty} e^{-st}\,dt = -\frac{1}{s}e^{-st}\bigg|_{t=0^-}^{\infty} = -\frac{e^{-s\infty}-1}{s} = \frac{1}{s} \quad (6.1\text{-}30)$$

也就是說，在 $Re(s)>0$ 的條件下，直接設定 $e^{-s\infty}=0$。

其次考慮與系統齊次解相關的指數訊號 $e^{-\alpha t}$，其中 $\alpha>0$，由(6.1-2)可得拉氏轉換如下：

$$\begin{aligned}
\mathcal{L}\{e^{-\alpha t}\} &= \int_{0^-}^{\infty} e^{-\alpha t}e^{-st}\,dt = -\frac{1}{s+\alpha}e^{-(s+\alpha)t}\bigg|_{t=0^-}^{\infty} \\
&= -\frac{1}{s+\alpha}e^{-(s+\alpha)\infty} + \frac{1}{s+\alpha} = \frac{1}{s+\alpha}
\end{aligned} \quad (6.1\text{-}31)$$

因為此式的收斂條件為 $ROC: Re(s)>-\alpha$，所以可直接設定 $e^{-(s+\alpha)\infty}=0$，故

$$\mathcal{L}\{e^{-\alpha t}\} = \frac{1}{s+\alpha}, \qquad Re(s)>-\alpha \qquad (6.1\text{-}32)$$

事實上，$e^{-\alpha t}$ 取拉氏轉換時，可以視為 $e^{-\alpha t}u(t)$，亦即步階函數 $u(t)$ 乘上 $e^{-\alpha t}$，由於 $\mathcal{L}\{u(t)\} = \frac{1}{s}$，因此根據頻率平移性質(6.1-12)，只要將 s 改為 $s+\alpha$ 即可，也就是說，$\mathcal{L}\{e^{-\alpha t}\} = \mathcal{L}\{e^{-\alpha t}u(t)\} = \frac{1}{s+\alpha}$。

接著考慮常用的測試訊號 n 次函數 t^n，其中 $n=1,2,\ldots$，這類訊號的拉氏轉換為

$$\mathcal{L}\{t^n\} = \int_{0^-}^{\infty} t^n e^{-st}\,dt \qquad (6.1\text{-}33)$$

317

在驗證此式之前，先計算當 k 為正整數時的積分式如下：

$$\int_{0^-}^{\infty} t^k e^{-st} dt = \int_{0^-}^{\infty} \left(-\frac{t^k}{s} \right) de^{-st}$$

$$= \left(-\frac{t^k}{s} \right) e^{-st} \Big|_{t=0^-}^{\infty} - \int_{0^-}^{\infty} e^{-st} d\left(-\frac{t^k}{s} \right) \qquad \text{(6.1-34)}$$

$$= \left(-\frac{\infty^k}{s} \right) e^{-s\infty} + \left(\frac{k}{s} \right) \int_{0^-}^{\infty} t^{k-1} e^{-st} dt$$

同樣地，此式的收斂條件為 $ROC: Re(s)>0$，因此設定 $e^{-s\infty}=0$，故

$$\int_{0^-}^{\infty} t^k e^{-st} dt = \left(\frac{k}{s} \right) \int_{0^-}^{\infty} t^{k-1} e^{-st} dt \qquad \text{(6.1-35)}$$

將此結果使用於(6.1-33)中可得

$$\mathcal{L}\{t^n\} = \int_{0^-}^{\infty} t^n e^{-st} dt = \left(\frac{n}{s} \right) \int_{0^-}^{\infty} t^{n-1} e^{-st} dt$$

$$= \left(\frac{n}{s} \right)\left(\frac{n-1}{s} \right) \int_{0^-}^{\infty} t^{n-2} e^{-st} dt \qquad \text{(6.1-36)}$$

$$= \left(\frac{n}{s} \right)\left(\frac{n-1}{s} \right)\left(\frac{n-2}{s} \right) \int_{0^-}^{\infty} t^{n-3} e^{-st} dt$$

$$= \cdots \cdots$$

依序逐次類推，其結果為

$$\mathcal{L}\{t^n\} = \left(\frac{n}{s}\right)\left(\frac{n-1}{s}\right)\cdots\left(\frac{2}{s}\right)\left(\frac{1}{s}\right)\int_{0^-}^{\infty} e^{-st}dt$$

$$= \frac{n!}{s^n}\left(-\frac{1}{s}e^{-st}\Big|_{t=0^-}^{\infty}\right) = -\frac{n!}{s^{n+1}}e^{-s\infty} + \frac{n!}{s^{n+1}} \tag{6.1-37}$$

在 $Re(s)>0$ 的收斂條件下，設定 $e^{-s\infty} = 0$，故

$$\mathcal{L}\{t^n\} = \frac{n!}{s^{n+1}} \tag{6.1-38}$$

事實上，t^n 取拉氏轉換時，可以視為 $t^n u(t)$，亦即步階函數 $u(t)$ 乘上 t^n，由於 $\mathcal{L}\{u(t)\} = \frac{1}{s}$，因此根據頻率微分性質(6.1-18)可得

$$\mathcal{L}\{t^n\} = \mathcal{L}\{t^n u(t)\} = (-1)^n \frac{d^n \mathcal{L}\{u(t)\}}{ds^n}$$

$$= (-1)^n \frac{d^n}{ds^n}\left(\frac{1}{s}\right) = \frac{n!}{s^{n+1}} \tag{6.1-39}$$

此式與(6.1-38)相同。

在電路中除了直流電源外，最常見的是弦波電源，其形式可能是 $cos\beta t$ 或 $sin\beta t$，在介紹這兩種弦波訊號的拉氏轉換之前，先來說明具有純虛數的指數訊號 $e^{j\beta t}$，根據自然指數的定義，可以表為

$$e^x = \sum_{n=0}^{\infty} \frac{x^n}{n!} = 1 + x + \frac{x^2}{2!} + \frac{x^3}{3!} + \frac{x^4}{4!} + \cdots，當 x=j\beta t \text{ 時可得}$$

$$e^{j\beta t} = \sum_{n=0}^{\infty} \frac{(j\beta t)^n}{n!} = 1 + j\beta t + \frac{(j\beta t)^2}{2!} + \cdots \tag{6.1-40}$$

進一步將實部與虛部分開可得

$$e^{j\beta t} = \left(1 - \frac{(\beta t)^2}{2!} + \frac{(\beta t)^4}{4!} - \frac{(\beta t)^6}{6!} + \cdots \right)$$
$$+ j \left(\beta t - \frac{(\beta t)^3}{3!} + \frac{(\beta t)^5}{5!} - \frac{(\beta t)^7}{7!} + \cdots \right)$$

(6.1-41)

由於 $cos\beta t$ 與 $sin\beta t$ 在 $t=0$ 時的泰勒展開式分別為

$$cos\,\beta t = 1 - \frac{(\beta t)^2}{2!} + \frac{(\beta t)^4}{4!} - \frac{(\beta t)^6}{6!} + \cdots$$

(6.1-42)

$$sin\,\beta t = \beta t - \frac{(\beta t)^3}{3!} + \frac{(\beta t)^5}{5!} - \frac{(\beta t)^7}{7!} + \cdots$$

(6.1-43)

因此(6.1-41)可以化為著名的尤拉公式(Euler formula)如下：

$$e^{j\beta t} = cos\,\beta t + j\,sin\,\beta t$$

(6.1-44)

根據(6.1-2)可得拉氏轉換

$$\mathcal{L}\left\{ e^{j\beta t} \right\} = \int_{0^-}^{\infty} e^{j\beta t} e^{-st} dt = \int_{0^-}^{\infty} e^{-(s-j\beta)t} dt$$
$$= -\frac{1}{s-j\beta} e^{-(s-j\beta)t} \Big|_{t=0^-}^{\infty} = \frac{1}{s-j\beta}$$

(6.1-45)

此式必須具有 $ROC: Re(s)>0$ 的收斂條件，使得 $e^{-(s-j\beta)\infty}=0$，故

$$\mathcal{L}\left\{ e^{j\beta t} \right\} = \frac{1}{s-j\beta} = \frac{s}{s^2+\beta^2} + j\frac{\beta}{s^2+\beta^2}$$

(6.1-46)

再利用尤拉公式(6.1-45)與線性性質(6.1-7)，$\mathcal{L}\left\{ e^{j\beta t} \right\}$ 可改寫為

$$\mathcal{L}\{e^{j\beta t}\} = \mathcal{L}\{cos\,\beta t + j\,sin\,\beta t\}$$
$$= \mathcal{L}\{cos\,\beta t\} + j\mathcal{L}\{sin\,\beta t\} \tag{6.1-47}$$

比較(6.1-46)與(6.1-47)兩式可得

$$\mathcal{L}\{cos\,\beta t\} = \frac{s}{s^2 + \beta^2} \tag{6.1-48}$$

$$\mathcal{L}\{sin\,\beta t\} = \frac{\beta}{s^2 + \beta^2} \tag{6.1-49}$$

此為弦波訊號的拉氏轉換。

除了弦波訊號以外，還有指數與弦波函數的複合訊號，其形式包括 $e^{-\alpha t}\,cos\,\beta t$ 與 $e^{-\alpha t}\,sin\,\beta t$，為了說明方便，令兩者的拉氏轉換分別為 $F_c(s) = \mathcal{L}\{cos\,\beta t\}$ 與 $F_s(s) = \mathcal{L}\{sin\,\beta t\}$，則利用頻率平移公式(6.1-12)與(6.1-48)可得

$$\mathcal{L}\{e^{-\alpha t}\,cos\,\beta t\} = F_c(s+\alpha) = \frac{s+\alpha}{(s+\alpha)^2 + \beta^2} \tag{6.1-50}$$

同樣地，由(6.1-49)可得

$$\mathcal{L}\{e^{-\alpha t}\,sin\,\beta t\} = F_s(s+\alpha) = \frac{\beta}{(s+\alpha)^2 + \beta^2} \tag{6.1-51}$$

底下以一些範例來說明拉氏轉換的運算。

《範例 6.1-1》

求下列函數之拉氏轉換：

(A) $f(t) = (2 + 3e^{-3t})u(t)$　　　(B) $g(t) = (cos\,2t - e^{-t})u(t)$

解答：

(A)根據線性性質(6.1-7)可知

$$\mathcal{L}\{f(t)\} = 2\mathcal{L}\{u(t)\} + 3\mathcal{L}\{e^{-3t}\}$$

$$= \frac{2}{s} + \frac{3}{s+3} = \frac{2(s+3)+3s}{s(s+3)} = \frac{5s+6}{s^2+3s}$$

(B)根據線性性質(6.1-7)可知

$$\mathcal{L}\{g(t)\} = \mathcal{L}\{cos\,2t\} - \mathcal{L}\{e^{-t}\}$$

$$= \frac{s}{s^2+2^2} - \frac{1}{s+1} = \frac{s(s+1)-(s^2+2^2)}{(s^2+2^2)(s+1)}$$

$$= \frac{s-4}{s^3+s^2+4s+4}$$

【練習 6.1-1】

求下列函數之拉氏轉換：

(A) $f(t) = (1 - 2e^{-4t})u(t)$

(B) $g(t) = (2\,sin\,3t - 4e^{-3t})u(t)$

◀◀◀

《範例 6.1-2》

求 $f(t) = t^2\,sin\,2t\,u(t)$ 之拉氏轉換。

解答：

因為已知 $\mathcal{L}\{sin\,2t\} = \dfrac{2}{s^2 + 2^2}$ ，所以根據(6.1-18)之頻率微分性質可得

$$\mathcal{L}\{f(t)\} = \mathcal{L}\{t^2\,sin\,2t\} = (-1)^2\,\frac{d^2}{ds^2}\left(\frac{2}{s^2 + 4}\right)$$

$$= \frac{d}{ds}\left(\frac{-4s}{\left(s^2 + 4\right)^2}\right) = \frac{12s^2 - 16}{\left(s^2 + 4\right)^3}$$

【練習 6.1-2】

　　求 $f(t) = t^2\,cos\,2t\,u(t)$ 之拉氏轉換。

《範例 6.1-3》

　　求 $f(t) = cos\,3t\,u(t-1)$ 之拉氏轉換。

解答：

首先將 $f(t)$ 改寫為

$$f(t) = cos(3(t-1) + 3)u(t-1)$$
$$= (cos\,3\,cos\,3(t-1) - sin\,3\,sin\,3(t-1))u(t-1)$$
$$= cos\,3\,cos\,3(t-1)u(t-1) - sin\,3\,sin\,3(t-1)u(t-1)$$

因此

$$\mathcal{L}\{f(t)\} = cos\,3\,\mathcal{L}\{cos\,3(t-1)u(t-1)\}$$
$$- sin\,3\,\mathcal{L}\{sin\,3(t-1)u(t-1)\}$$

利用時間平移性質(6.1-9)，取拉氏轉換可得

$$\mathcal{L}\{f(t)\} = \cos 3 \frac{s}{s^2 + 3^2} e^{-s} - \sin 3 \frac{3}{s^2 + 3^2} e^{-s}$$

$$= \frac{(\cos 3)s - 3\sin 3}{s^2 + 9} e^{-s}$$

【練習 6.1-3】

求 $f(t) = \sin t\, u(t-2)$ 之拉氏轉換。

◀◀◀

《範例 6.1-4》

求 $f(t) = 2u(t) - t\, u(t-1)$ 之拉氏轉換。

解答：

首先將 f(t) 改寫為

$$f(t) = 2u(t) - (t-1)u(t-1) - u(t-1)$$

取拉氏轉換可得

$$\mathcal{L}\{f(t)\} = 2\,\mathcal{L}\{u(t)\} - \mathcal{L}\{(t-1)u(t-1)\} - \mathcal{L}\{u(t-1)\}$$

$$= \frac{2}{s} + \left(\frac{d}{ds}\left(\frac{1}{s}\right)\right)e^{-s} - \frac{1}{s}e^{-s} = \frac{2s - (1+s)e^{-1}}{s^2}$$

【練習 6.1-4】

求 $f(t) = t\,u(t) + 2t\,u(t-2)$ 之拉氏轉換。

《範例 6.1-5》

若 $F(s) = \dfrac{3s+1}{s(s^2+s+1)}$ 與 $G(s) = \dfrac{2s^2-1}{s(s^2+1)}$ 分別為 $f(t)$ 與 $g(t)$ 之拉氏轉換，求 $f(0)$、$g(0)$、$f(\infty)$ 與 $g(\infty)$。

解答：

由於不考慮脈衝訊號，因此 $f(0) = f(0^+)$，利用初值定理可得

$$f(0) = \lim_{s\to\infty} sF(s) = \lim_{s\to\infty} \frac{3s+1}{s^2+s+1} = 0$$

$$g(0) = \lim_{s\to\infty} sG(s) = \lim_{s\to\infty} \frac{2s^2-1}{s^2+1} = 2$$

但是利用終值定理時，必須先確定 $f(\infty)$ 是否為定值，也就是檢驗 $sF(s)$ 與 $sG(s)$ 的分母為 0 時，它們的解是否為負實數或具有負實部的複數。觀察 $sF(s)$ 可知當 $s^2+s+1 = 0$ 時，其解為 $s = \dfrac{-1\pm\sqrt{3}j}{2}$，具有負實部，可使用終值定理，故

$$f(\infty) = \lim_{s\to 0} sF(s) = \lim_{s\to 0} \frac{3s+1}{s^2+s+1} = 1$$

觀察 $sG(s)$ 可知當 $s^2+1 = 0$ 時，它的解為 $\pm j$，實部為 0，故不能使用終值定理，$g(\infty)$ 不存在。

【練習 6.1-5】

若 $F(s) = \dfrac{s-1}{s(s^2 + 2s + 1)}$ 與 $G(s) = \dfrac{s^2 + 1}{s(s^2 - 2s + 1)}$ 分別為 $f(t)$ 與 $g(t)$ 之

拉氏轉換，求 $f(0)$ 、$g(0)$、$f(\infty)$ 與 $g(\infty)$。

◀◀◀

6.2 反拉氏轉換-部份分式

在工程領域中，拉氏轉換與反拉氏轉換是分析線性非時變系統(LTI)時，非常重要的工具，通常以常數係數的 ODE 來描述此類系統，數學模式如下：

$$y^{(n)}(t) + a_{n-1} y^{(n-1)}(t) + \cdots + a_1 \dot{y}(t) + a_0 y(t)$$
$$= b_m w^{(m)}(t) + b_{m-1} w^{(m-1)}(t) + \cdots + b_1 \dot{w}(t) + b_0 w(t) \tag{6.2-1}$$

其中 $n \geq m$ 且給定 n 個初值條件如下：

$$y(0) = y_0 \;,\; \dot{y}(0) = y_1 \;,\; \cdots \;,\; y^{(n-1)}(0) = y_{n-1} \tag{6.2-2}$$

此處不考慮在 $t=0$ 時具有脈衝訊號之情況，因此初值條件不以 $t=0^-$ 來表示，而直接採用 $t=0$ 時的數值。根據微分方程原理，在給定已知輸入 $w(t)$ 之情況下，$y(t)$ 具有唯一解，若是採用前兩章所使用的求解步驟，則必須分別求出齊次解與特殊解，這種方式會讓整個求解過程變得相當複雜，為了避免此項缺失乃發展出拉氏-反拉氏轉換法，或單純稱為拉氏轉換法，將齊次解與特殊解同時解出，進而簡化整個求解的過程。

■ 系統之拉氏轉換

若是令 $\mathbf{\mathcal{L}}\{y(t)\} = F(s)$ 與 $\mathbf{\mathcal{L}}\{w(t)\} = W(s)$，則將時間微分公式(6.1-14)應用於系統(6.2-1)時，可得拉氏轉換

$$
\begin{aligned}
&\left(s^n + a_{n-1}s^{n-1} + \cdots + a_1 s + a_0\right)Y(s) \\
&= \left(b_m s^m + \cdots + b_1 s + b_0\right)W(s) + r_{n-1}s^{n-1} + \cdots + r_1 s + r_0
\end{aligned}
\tag{6.2-3}
$$

其中

$$
\begin{aligned}
&r_{n-1}s^{n-1} + \cdots + r_1 s + r_0 \\
&= \left(s^{n-1}y_0 + s^{n-2}y_1 + \cdots + sy_{n-2} + y_{n-1}\right) \\
&\quad + a_{n-1}\left(s^{n-2}y_0 + \cdots + sy_{n-3} + y_{n-2}\right) + \cdots + a_1 y_0 \\
&\quad - b_m\left(s^{m-1}w_0 + \cdots + sw_{m-2} + w_{m-1}\right) \\
&\quad - b_{m-1}\left(s^{m-2}w_0 + \cdots + sw_{m-3} + w_{m-2}\right) - \cdots - b_1 w_0
\end{aligned}
\tag{6.2-4}
$$

顯然地，係數 r_0、r_1、$\cdots$、r_{n-1} 與輸入的初值 $w(0) = w_0$，$\dot{w}(0) = w_1$，$\cdots$，$w^{(m-1)}(0) = w_{m-1}$，以及輸出的初值(6.2-2)有關，由(6.2-3)可得

$$
Y(s) = H(s)W(s) + Y_0(s)
\tag{6.2-5}
$$

其中

$$
H(s) = \frac{b_m s^m + \cdots + b_1 s + b_0}{s^n + a_{n-1}s^{n-1} + \cdots + a_1 s + a_0}
\tag{6.2-6}
$$

$$
Y_0(s) = \frac{r_{n-1}s^{n-1} + \cdots + r_1 s + r_0}{s^n + a_{n-1}s^{n-1} + \cdots + a_1 s + a_0}
\tag{6.2-7}
$$

由於一般輸入訊號 $w(t)$ 的拉氏轉換 $W(s)$ 為真分式，即

$$W(s) = \frac{d_q s^q + \cdots + d_1 s + d_0}{s^l + c_{l-1} s^{l-1} + \cdots + c_1 s + c_0} \tag{6.2-8}$$

其中 $l > q$，代入(6.2-5)可得

$$Y(s) = \frac{Z(s)}{P(s)} \tag{6.2-9}$$

其分子為

$$Z(s) = z_{n+l-1} s^{n+l-1} + z_{n+l-2} s^{n+l-2} + \cdots + z_1 s + z_0 \tag{6.2-10}$$

分母為

$$P(s) = s^{n+l} + p_{n+l-1} s^{n+l-1} + \cdots + p_1 s + p_0 \tag{6.2-11}$$

顯然地，$Y(s)$也是真分式，最後利用(6.1-6)之反拉氏轉換，可求得(6.2-1)的解為

$$
\begin{aligned}
y(t) &= \mathcal{L}^{-1}\{Y(s)\} \\
&= \frac{1}{2\pi j} \int_{\sigma-j\infty}^{\sigma+j\infty} (H(s)W(s) + Y_0(s)) e^{st} \, ds
\end{aligned} \tag{6.2-12}
$$

由於輸出 $Y(s)$是由輸入訊號 $W(s)$和初值條件 y_0、$\cdots$、y_{n-1} 所決定，因此利用以上的方法可以同時求得特殊解與齊次解。不過，觀察(6.2-12)之複數積分可知，此運算式相當複雜，用來直接求解的話，並不容易，在工程應用中通常都採用部份分式的方法，將 $Y(s)$先予以分項後，再逐項求取 $y(t)$，底下開始介紹部份分式法。

■ 部份分式

由於 $Y(s)$為實係數真分式，其分母 $P(s)$為實係數多項式，如(6.2-11)所示，其中 p_0、p_1、$\cdots$、p_{n+l-1} 都是實數，因此 $P(s)=0$ 具有 $n+l$ 個根，包括實

數根或共軛複數根，若是 $P(s)=0$ 具有單一的實數根 $s=-a$，則

$$P(s) = (s+a)P_1(s) \tag{6.2-13}$$

此時，根據部份分式法可將 $Y(s)$ 拆解如下：

$$Y(s) = \frac{Z(s)}{(s+a)P_1(s)} = \frac{b}{s+a} + \frac{Z_1(s)}{P_1(s)} \tag{6.2-14}$$

其中

$$b = (s+a)Y(s)\Big|_{s=-a} = \frac{Z(-a)}{P_1(-a)} \tag{6.2-15}$$

對(6.2-14)取拉氏轉換後成為

$$
\begin{aligned}
y(t) = \mathcal{L}\{Y(s)\} &= \mathcal{L}\left\{\frac{b}{s+a}\right\} + \mathcal{L}\left\{\frac{Z_1(s)}{P_1(s)}\right\} \\
&= be^{-at}u(t) + \mathcal{L}\left\{\frac{Z_1(s)}{P_1(s)}\right\}
\end{aligned} \tag{6.2-16}
$$

顯然地，當 $P(s)=0$ 具有單一實數根 $s=-a$ 時，$y(t)$ 包括指數項 $be^{-at}u(t)$。其次，若是 $P(s)=0$ 具有雙重實數根 $s=-a$，則

$$P(s) = (s+a)^2 P_2(s) \tag{6.2-17}$$

根據部份分式法可將 $Y(s)$ 拆解如下：

$$Y(s) = \frac{Z(s)}{(s+a)^2 P_2(s)} = \frac{b}{(s+a)^2} + \frac{c}{s+a} + \frac{Z_2(s)}{P_2(s)} \tag{6.2-18}$$

其中

$$b = (s+a)^2 Y(s)\Big|_{s=-a} = \frac{Z(-a)}{P_2(-a)} \tag{6.2-19}$$

$$c = \frac{d}{ds}\left((s+a)^2 Y(s)\right)\Big|_{s=-a} = \frac{d}{ds}\left(\frac{Z(s)}{P_2(s)}\right)\Big|_{s=-a} \tag{6.2-20}$$

對(6.2-18)取拉氏轉換後成為

$$\begin{aligned}
y(t) &= \mathcal{L}\{Y(s)\} \\
&= \mathcal{L}\left\{\frac{b}{(s+a)^2}\right\} + \mathcal{L}\left\{\frac{c}{s+a}\right\} + \mathcal{L}\left\{\frac{Z_2(s)}{P_2(s)}\right\} \\
&= bte^{-at}u(t) + ce^{-at}u(t) + \mathcal{L}\left\{\frac{Z_2(s)}{P_2(s)}\right\}
\end{aligned} \tag{6.2-21}$$

亦即當 $P(s)=0$ 具有雙重實數根 $s=-a$ 時，$y(t)$包括指數項 $bte^{-at}u(t)$ 與 $ce^{-at}u(t)$。若 $P(s)=0$ 具有三重以上的實數根時，可以依據上述之方式逐一類推。

接著是 $P(s)=0$ 具有共軛複數根 $s=-\alpha \pm j\beta$，在此情況下 $P(s)$可分解為

$$\begin{aligned}
P(s) &= \left(s^2 + 2\alpha s + \alpha^2 + \beta^2\right)P_3(s) \\
&= \left((s+\alpha)^2 + \beta^2\right)P_3(s)
\end{aligned} \tag{6.2-22}$$

根據部份分式法，將 $Y(s)$拆解如下：

$$\begin{aligned}
Y(s) &= \frac{Z(s)}{\left((s+\alpha)^2 + \beta^2\right)P_2(s)} \\
&= \frac{\gamma(s+\alpha)}{(s+\alpha)^2 + \beta^2} + \frac{\beta\delta}{(s+\alpha)^2 + \beta^2} + \frac{Z_2(s)}{P_2(s)}
\end{aligned} \tag{6.2-23}$$

根據此式可得

$$\left(\left(s+\alpha\right)^2+\beta^2\right)Y(s)\bigg|_{s=-\alpha+j\beta} = \frac{Z\left(-\alpha+j\beta\right)}{P_2\left(-\alpha+j\beta\right)} \qquad (6.2\text{-}24)$$
$$= \beta\delta + j\beta\gamma$$

故

$$\delta = Re\left(\frac{Z\left(-\alpha+j\beta\right)}{\beta P_2\left(-\alpha+j\beta\right)}\right) \qquad (6.2\text{-}25)$$

$$\gamma = Im\left(\frac{Z\left(-\alpha+j\beta\right)}{\beta P_2\left(-\alpha+j\beta\right)}\right) \qquad (6.2\text{-}26)$$

對(6.2-23)取拉氏轉換後成為

$$y(t) = \mathcal{L}\{Y(s)\}$$
$$= \mathcal{L}\left\{\frac{\gamma\left(s+\alpha\right)}{\left(s+\alpha\right)^2+\beta^2}\right\} + \mathcal{L}\left\{\frac{\beta\delta}{\left(s+\alpha\right)^2+\beta^2}\right\} + \mathcal{L}\left\{\frac{Z_2(s)}{P_2(s)}\right\}$$
$$= \gamma e^{-\alpha t}cos\beta t\, u(t) + \delta e^{-\alpha t}sin\beta t\, u(t) + \mathcal{L}\left\{\frac{Z_2(s)}{P_2(s)}\right\}$$

$$(6.2\text{-}27)$$

亦即當 $P(s)=0$ 具有共軛複數根 $s=-\alpha\pm j\beta$ 時，$y(t)$必須包括兩個指數與弦波訊號的複合項 $\gamma e^{-\alpha t} cos\,\beta t\, u(t)$ 或 $\delta e^{-\alpha t} sin\,\beta t\, u(t)$。

　部份分式法就是利用以上的技巧，將 $Y(s)$逐次拆解至所有的分項都是真分式，且各項的分母為單一的實數根、實數重根或複數共軛根。底下將以一些範例來說明部份分式的求解過程。

《範例 6.2-1》

若 $f(t)$ 的拉氏轉換為 $F(s) = \dfrac{s^2 + 3}{s(s+1)(s+2)}$，求 $f(t)$ 為何？

解答：

利用部份分式法可得

$$F(s) = \frac{s^2 + 3}{s(s+1)(s+2)} = \frac{a}{s} + \frac{b}{s+1} + \frac{c}{s+2}$$

其中

$$a = sF(s)\Big|_{s=0} = \frac{s^2 + 3}{(s+1)(s+2)}\bigg|_{s=0} = \frac{3}{2}$$

$$b = (s+1)F(s)\Big|_{s=1} = \frac{s^2 + 3}{s(s+2)}\bigg|_{s=-1} = -4$$

$$c = (s+2)F(s)\Big|_{s=2} = \frac{s^2 + 3}{s(s+1)}\bigg|_{s=-2} = \frac{7}{2}$$

故 $f(t) = \left(a + be^{-t} + ce^{-2t}\right)u(t) = \left(\frac{3}{2} - 4e^{-t} + \frac{7}{2}e^{-2t}\right)u(t)$

【練習 6.2-1】

若 $f(t)$ 的拉氏轉換為 $F(s) = \dfrac{s - 12}{s(s+2)(s+3)}$，求 $f(t)$ 為何？

《範例 6.2-2》

若 $f(t)$ 的拉氏轉換為 $F(s) = \dfrac{s^2 + 3}{s(s+1)^2}$ ，求 $f(t)$ 為何？

解答：

利用部份分式法可得

$$F(s) = \frac{s^2 + 3}{s(s+1)^2} = \frac{a}{s} + \frac{b}{(s+1)^2} + \frac{c}{s+1} \qquad \text{(Eq.1)}$$

其中

$$a = sF(s)\big|_{s=0} = \frac{s^2+3}{(s+1)^2}\bigg|_{s=0} = 3$$

$$b = (s+1)^2 F(s)\big|_{s=1} = \frac{s^2+3}{s}\bigg|_{s=-1} = -4$$

$$c = \frac{d}{ds}\left((s+1)^2 F(s)\right)\bigg|_{s=-1} = -2 \qquad \text{(Eq.2)}$$

事實上，係數 c 也可以直接利用比較係數法求得，先將(Eq.1)化為

$$s^2 + 3 = a(s+1)^2 + bs + cs(s+1)$$

比較等號兩邊的 s^2 項可得

$$1 = a + c = 3 + c$$

故 $c=-2$ ，與(Eq.2)相同，其結果為

$$f(t) = \left(a + bte^{-t} + ce^{-t}\right)u(t) = \left(3 - 4te^{-t} - 2e^{-t}\right)u(t)$$

【練習 6.2-2】

若 $f(t)$ 的拉氏轉換為 $F(s) = \dfrac{s-12}{s(s+2)^2}$ ，求 $f(t)$ 為何？

◀◀◀

《範例 6.2-3》

若 $f(t)$ 的拉氏轉換為 $F(s) = \dfrac{s^2+3}{(s+1)^3}$ ，求 $f(t)$ 為何？

解答：

利用部份分式法可得

$$F(s) = \frac{s^2+3}{(s+1)^3} = \frac{a}{(s+1)^3} + \frac{b}{(s+1)^2} + \frac{c}{s+1} \tag{Eq.1}$$

在此範例中改用其他方法，先將(Eq.1)化為

$$s^2+3 = a + b(s+1) + c(s+1)^2 \tag{Eq.2}$$

當 $s=-1$ 時可得 $a=4$ ，再將(Eq.2)對 s 微分後成為

$$2s = b + 2c(s+1) \tag{Eq.3}$$

當 $s=-1$ 時可得 $b=-2$ ，再對(Eq.3)微分可得 $c=1$ ，故

$$f(t) = \left(\frac{a}{2} t^2 e^{-t} + bte^{-t} + ce^{-t} \right) u(t) = \left(2t^2 - 2t + 1 \right) e^{-t} u(t)$$

【練習 6.2-3】

若 $f(t)$ 的拉氏轉換為 $F(s) = \dfrac{s-12}{(s+2)^3}$ ，求 $f(t)$ 為何？

◀◀◀

《範例 6.2-4》

若 $f(t)$ 的拉氏轉換為 $F(s) = \dfrac{s^2 + 3}{(s+2)(s^2 + 2s + 5)}$ ，求 $f(t)$ 為何？

解答：

利用部份分式法可得

$$
\begin{aligned}
F(s) &= \frac{s^2 + 3}{(s+2)(s^2 + 2s + 5)} \\
&= \frac{a}{(s+2)} + \frac{b(s+1)}{(s+1)^2 + 2^2} + \frac{2c}{(s+1)^2 + 2^2}
\end{aligned}
\tag{Eq.1}
$$

此式可再化為

$$
s^2 + 3 = a(s^2 + 2s + 5) + b(s+1)(s+2) + 2c(s+2)
\tag{Eq.2}
$$

當 $s=-2$ 時可得 $a = \dfrac{7}{5}$ ，當 $s=-1$ 時可得 $c = 2 - 2a = -\dfrac{4}{5}$ ，當 $s=0$ 時

可得 $b = \dfrac{3}{2} - \dfrac{5}{2}a - 2c = -\dfrac{2}{5}$ ，故

$$
\begin{aligned}
f(t) &= \left(ae^{-2t} + be^{-t}\cos 2t + ce^{-t}\sin 2t \right)u(t) \\
&= \left(\frac{7}{5}e^{-2t} - \frac{2}{5}e^{-t}\cos 2t - \frac{4}{5}e^{-t}\sin 2t \right)u(t)
\end{aligned}
$$

【練習 6.2-4】

若 $f(t)$ 的拉氏轉換為 $F(s) = \dfrac{s^2 - 3s + 1}{(s+1)(s^2 + 4s + 5)}$ ，求 $f(t)$ 為何？

◀◀◀

6.3 元件方程式拉氏轉換

若要在電路分析中採用拉氏轉換，首先必須先將電阻、電容與電感化為拉氏轉換的數學模式，再利用前面章節介紹過的方法進行分析，底下開始說明如何求得這些元件的拉氏轉換。

■ 電阻元件拉氏轉換

圖 6.3-1(a)中為線性電阻元件，根據歐姆定律，通過電阻的電流 $i_R(t)$ 與其兩端的電壓 $v_R(t)$ 成正比，表示式為

$$v_R(t) = R \cdot i_R(t) \tag{6.3-1}$$

令 $i_R(t)$ 與 $v_R(t)$ 的拉氏轉換分別為 $I_R(s)$ 與 $V_R(s)$，將(6.3-1)取拉氏轉換後成為

$$V_R(s) = R \cdot I_R(s) \tag{6.3-2}$$

此式即電阻元件的拉氏轉換，如圖 6.3-1(b)所示。

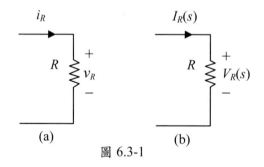

圖 6.3-1

■ 電容元件拉氏轉換

圖 6.3-2(a)為電容元件，根據元件的特性，電容的電流 $i_C(t)$ 與其兩端的電壓 $v_C(t)$ 的關係式為

$$i_C(t) = C \frac{dv_C(t)}{dt} \qquad (6.3\text{-}3)$$

令 $i_C(t)$ 與 $v_C(t)$ 的拉氏轉換分別為 $I_C(s)$ 與 $V_C(s)$，將(6.3-3)取拉氏轉換後成為

$$I_C(s) = sCV_C(s) - Cv_C(0) \qquad (6.3\text{-}4)$$

其中 $v_C(0)$ 為電容在 $t=0$ 時之初值，此式即電容元件的拉氏轉換，如圖 6.3-2(b) 所示；有時也可以將(6.3-4)整理如下：

$$V_C(s) = \frac{1}{sC} I_C(s) + \frac{v_C(0)}{s} \qquad (6.3\text{-}5)$$

如圖 6.3-2(c)所示，當電容電壓初值 $v_C(0)=0$，(6.3-5)可化為

$$V_C(s) = \frac{1}{sC} I_C(s) \qquad (6.3\text{-}6)$$

比較(6.3-2)可知電容的 $\frac{1}{sC}$ 等同於電阻的 R，通常在電路中都標示 $\frac{1}{sC}$ 來代表電容。

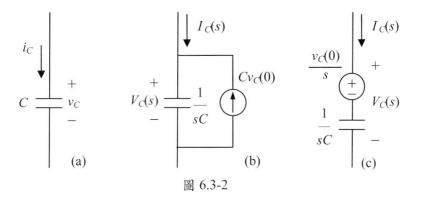

圖 6.3-2

■ 電感元件拉氏轉換

圖 6.3-3(a)為電感元件，根據元件的特性，電感的電流 $i_L(t)$ 與其兩端的電壓 $v_L(t)$ 的關係式為

$$v_L(t) = L\frac{di_L(t)}{dt} \tag{6.3-7}$$

令 $i_L(t)$ 與 $v_L(t)$ 的拉氏轉換分別為 $I_L(s)$ 與 $V_L(s)$，將(6.3-7)取拉氏轉換後成為

$$V_L(s) = sLI_L(s) - Li_L(0) \tag{6.3-8}$$

其中 $v_L(0)$ 為電感在 $t=0$ 時之初值，此式即電感的拉氏轉換，如圖 6.3-3(b) 所示；有時也可以將(6.3-7)整理如下：

$$I_L(s) = \frac{1}{sL}V_L(s) + \frac{i_L(0)}{s} \tag{6.3-9}$$

如圖 6.3-3(c)所示。當電感電流初值 $i_L(0)=0$，(6.3-8)可化為

$$V_L(s) = sLI_L(s) \tag{6.3-10}$$

比較(6.3-2)可知電感的 sL 等同於電阻的 R，通常在電路中都標示 sL 來代表電感。

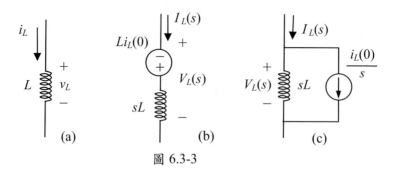

圖 6.3-3

6.4 一階電路拉氏轉換分析

在這一節中將針對一階電路的拉氏轉換分析作說明，由於電容 C 與電感 L 都已化為類似電阻的表示式 $\dfrac{1}{sC}$ 與 sL，因此可以直接利用在電阻電路分析中所採用的方法，如節點分析法或網目分析法，底下將重新演算第四章的一些範例，所不同的是，本章的範例所使用的電源除了直流電源外，也使用弦波電源。

《範例 6.4-1》 無電源之 RC 電路

有一 RC 電路如右圖所示，在電路中未加入任何電源，且 $R=2k\Omega$，$C=10\mu F$，電容的初值為 $v_C(0)=2V$，求 $v_C(t)$ 與 $i_R(t)$ 各為何？

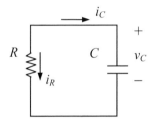

解答：

利用並聯電流源之電容初值模式，首先將原電路化為拉氏轉換之數學模式如下：

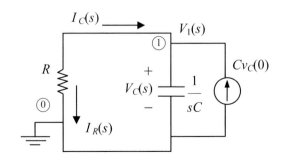

利用節點分析法於節點①，其方程式為

KCL①: $\dfrac{V_1(s)}{R} + sCV_1(s) - Cv_C(0) = 0$

整理後可得

$V_1(s) = \dfrac{RCv_C(0)}{1+sRC} = \dfrac{0.04}{1+0.02s} = \dfrac{2}{s+50}$

故

$V_C(s) = V_1(s) = \dfrac{2}{s+50}$

$I_R(s) = \dfrac{V_1(s)}{R} = \dfrac{10^{-3}}{s+50}$

取反拉氏轉換後，其結果為

$v_C(t) = 2e^{-50t}u(t)$ V

$i_R(t) = e^{-50t}u(t)$ mA

【練習 6.4-1】

有一 RC 電路如右圖所示，在電路中
未加入任何電源，且 R=20$k\Omega$，
C=0.1mF，電容初值為 $v_C(0)$=1V，求
$v_C(t)$ 與 $i_R(t)$ 各為何？

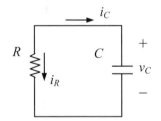

◀◀◀

《範例 6.4-2》　具電源之 RC 電路

有一 *RC* 電路如右圖所示，所加
入之電壓源為 $v_s(t)$，且 $R=2k\Omega$，
$C=10\mu F$，電容的初值為
$v_C(0)=0V$，

(A) 當 $v_s(t)=5V$ 時，$v_C(t)$ 為何？

(B) 當 $v_s(t)=3cos25t$ V 時，$v_C(t)$
　　為何？

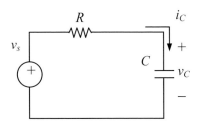

解答：

利用並聯電流源之電容初值模式，首先將原電路化為拉氏轉換之數學
模式如下：

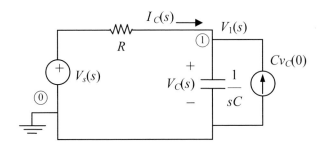

利用節點分析法於節點①，其方程式為

$$\text{KCL①:} \quad \frac{V_1(s)-V_s(s)}{R}+sCV_1(s)-Cv_C(0)=0$$

整理後可得 $V_1(s)=\dfrac{V_s(s)}{1+sRC}$ ，故

$$V_C(s) = V_1(s) = \frac{50}{s+50} V_s(s) \tag{Eq.1}$$

(A)因為 $v_s(t)$=5V，所以 $V_s(s) = \dfrac{5}{s}$ ，代入(Eq.1)可得

$$V_C(s) = \frac{250}{s(s+50)} = \frac{5}{s} - \frac{5}{s+50}$$

取反拉氏轉換後，其結果為

$$v_C(t) = \left(5 - 5e^{-50t}\right)u(t) \text{ V}$$

(B)因為 $v_s(t)$= $3cos25t$ V，所以 $V_s(s) = \dfrac{3s}{s^2+25^2}$ ，代入(Eq.1)可得

$$\begin{aligned}
V_C(s) &= \frac{150s}{(s+50)(s^2+25^2)} \\
&= \frac{a}{s+50} + \frac{bs}{s^2+25^2} + \frac{25c}{s^2+25^2}
\end{aligned} \tag{Eq.2}$$

即

$$150s = a(s^2+25^2) + bs(s+50) + 25c(s+50) \tag{Eq.3}$$

當 s=–50 時， $a = \dfrac{150s}{s^2+25^2}\bigg|_{s=-50} = -2.4$

當 s=0 時， $c = \dfrac{2.4 \times 25^2}{25 \times 50} = 1.2$

再比較(Eq.3)中 s^2 的係數可知 $a+b$=0，即 b=$-a$=2.4，故對(Eq.2)取反拉氏轉換後，其結果為

$$v_C(t) = \left(-2.4e^{-50t} + 2.4\cos 25t + 1.2\sin 25t\right)u(t) \text{ V}$$

【練習 6.4-2】

有一 RC 電路如右圖所示，所加
入之電流源為 $i_s(t)$，且 $R=2k\Omega$，
$C=10\mu F$，電容的初值為
$v_C(0)=0V$，

(A)當 $i_s(t)=1mA$ 時，$v_C(t)$為何？
(B)當 $i_s(t)=2sin25t$ mA 時，$v_C(t)$為何？

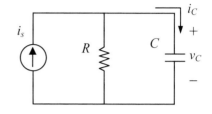

◀◀◀

《範例 6.4-3》 無電源之 RL 電路

有一 RL 電路如右圖所示，在電路中未
加入任何電源，且 $R=10\Omega$，$L=50mH$，
電感的初值為 $i_L(0)=1A$，求 $i_L(t)$與 $v_R(t)$
各為何？

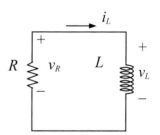

解答：

利用並聯電流源之電感初值模式，首先將原電路化為拉氏轉換之數學
模式如下：

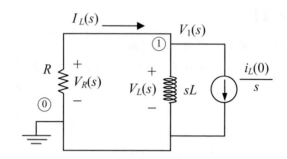

利用節點分析法於節點①，其方程式為

KCL①: $\dfrac{V_1(s)}{R}+\dfrac{V_1(s)}{sL}+\dfrac{i_L(0)}{s}=0$

整理後可得

$$V_1(s)=-\dfrac{Ri_L(0)}{s+\dfrac{R}{L}}=-\dfrac{10}{s+200}$$

故

$$I_L(s)=\dfrac{V_1(s)}{sL}+\dfrac{i_L(0)}{s}=-\dfrac{200}{s(s+200)}+\dfrac{1}{s}=\dfrac{1}{s+200}$$

$$V_R(s)=V_1(s)=-\dfrac{10}{s+200}$$

取反拉氏轉換後，其結果為

$$i_L(t)=e^{-200t}u(t)\ \ \text{A}$$

$$v_R(t)=-10e^{-200t}u(t)\ \ \text{V}$$

【練習 6.4-3】

有一 *RL* 電路如右圖所示，在電路中未
加入任何電源，且 *R*=25Ω，*L*=0.2H，電
感的初值為 $i_L(0)=-1$A，求 $i_L(t)$ 與 $v_R(t)$
各為何？

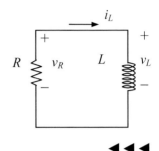

◀◀◀

《範例 6.4-4》　具電源之 *RL* 電路

RL 電路如右圖所示，所加入之電壓源
為 $v_s(t)$，且 *R*=10Ω，*L*=50mH，電感的
初值為 $i_L(0)=0$A，

(A) 當 $v_s(t)=5$V 時，$i_L(t)$為何？
(B) 當 $v_s(t)=2\sin100t$ V 時，$i_L(t)$為何？

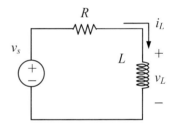

解答：

利用並聯電流源之電感初值模式，首先將原電路化為拉氏轉換之數學
模式如下：

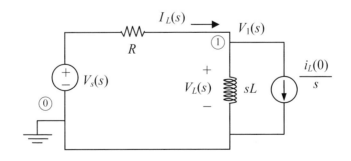

345

利用節點分析法於節點①，其方程式為

KCL①: $\dfrac{V_1(s) - V_s(s)}{R} + \dfrac{V_1(s)}{sL} + \dfrac{i_L(0)}{s} = 0$

整理後可得

$$V_1(s) = \dfrac{s}{s + \dfrac{R}{L}} V_s(s) = \dfrac{s}{s + 200} V_s(s)$$

故

$$I_L(s) = \dfrac{V_1(s)}{sL} + \dfrac{i_L(0)}{s} = \dfrac{20}{s + 200} V_s(s) \qquad \text{(Eq.1)}$$

(A)因為 $v_s(t)=5\text{V}$，所以 $V_s(s) = \dfrac{5}{s}$，代入(Eq.1)可得

$$I_L(s) = \dfrac{100}{s(s + 200)} = 0.5\left(\dfrac{1}{s} - \dfrac{1}{s + 200} \right)$$

取反拉氏轉換後，其結果為

$$i_L(t) = 0.5\left(1 - e^{-200t}\right)u(t) \ \text{V}$$

(B)因為 $v_s(t)=2\sin100t$，所以 $V_s(s) = \dfrac{200}{s^2 + 100^2}$，代入(Eq.1)可得

$$I_L(s) = \dfrac{4000}{(s + 200)(s^2 + 100^2)}$$
$$= \dfrac{a}{s + 200} + \dfrac{bs}{s^2 + 100^2} + \dfrac{100c}{s^2 + 100^2} \qquad \text{(Eq.2)}$$

即

$$4000 = a(s^2 + 100^2) + (bs + 100c)(s + 200) \qquad \text{(Eq.3)}$$

當 $s=-200$ 時，$a=0.08$，當 $s=0$ 時，$c=0.16$，再比較(Eq.3)中 s^2 的係數

可知 $a+b=0$，即 $b=-a=-0.08$，故對(Eq.2)取反拉氏轉換後，其結果為

$$i_L(t) = \left(0.08e^{-200t} - 0.08\cos 100t + 0.16\sin 100t\right)u(t) \text{ A}$$

【練習 6.4-4】

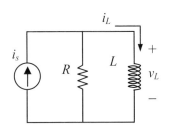

RL 電路如右圖所示，所加入之電流源為 $i_s(t)$，且 $R=10\Omega$，$L=50\text{mH}$，電感的初值為 $i_L(0)=0\text{A}$

(A) 當 $i_s(t)=1\text{mA}$ 時，$i_L(t)$為何？

(B) 當 $i_s(t)=5\cos 100t$ mA 時，$i_L(t)$為何？

《範例 6.4-5》

在下圖中，$R_1=R_2=4\ \Omega$，$R_3=2\ \Omega$，$C=1/12\ \text{F}$，且電容電壓的初值為 $v_C(0)=0\text{V}$，若施加電壓 $v_s(t)$，則

(A) 當 $v_s(t)=2\text{V}$ 時，$v_2(t)$為何？

(B) 當 $v_s(t)=4\sin 5t$ V 時，$v_2(t)$為何？

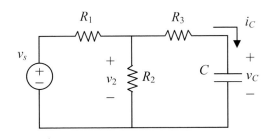

解答：

由於電容初值 $v_C(0)=0V$，因此不需要加入初值元件，原電路之拉氏轉換數學模式如下：

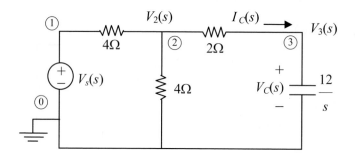

利用節點分析法於各節點，其中節點①之電壓即 $V_s(s)$，其餘兩節點之方程式為

KCL②: $\dfrac{V_2(s)-V_s(s)}{4}+\dfrac{V_2(s)}{4}+\dfrac{V_2(s)-V_3(s)}{2}=0$

KCL③: $\dfrac{V_3(s)-V_2(s)}{2}+\dfrac{V_3(s)}{12/s}=0$

整理後可得

$$\begin{cases} 4V_2(s)-2V_3(s)=V_s(s) \\ (s+6)V_3(s)-6V_2(s)=0 \end{cases}$$

故

$$V_2(s)=\frac{s+6}{4(s+3)}V_s(s) \qquad\qquad (Eq.1)$$

(A)因為 $v_s(t)=2V$，所以 $V_s(s)=\dfrac{2}{s}$，代入(Eq.1)可得

$$V_2(s) = \frac{s+6}{2s(s+3)} = \frac{1}{s} - \frac{0.5}{s+3}$$

取反拉氏轉換後，其結果為

$$v_2(t) = \left(1 - 0.5e^{-3t}\right)u(t) \text{ V}$$

(B)因為 $v_s(t)=4\sin 5t$ V，所以 $V_s(s) = \dfrac{20}{s^2 + 5^2}$，代入(Eq.1)可得

$$V_2(s) = \frac{5(s+6)}{(s+3)(s^2 + 5^2)} = \frac{a}{s+3} + \frac{bs}{s^2 + 5^2} + \frac{5c}{s^2 + 5^2} \qquad \text{(Eq.2)}$$

即

$$5(s+6) = a(s^2 + 5^2) + bs(s+3) + 5c(s+3) \qquad \text{(Eq.3)}$$

當 $s=-3$ 時，$a = \dfrac{5(s+6)}{s^2 + 5^2}\bigg|_{s=-3} = \dfrac{15}{34}$

當 $s=0$ 時，$c = \dfrac{1}{15}\left(30 - \dfrac{15}{34} \times 25\right) = \dfrac{43}{34}$

再比較(Eq.3)中 s^2 的係數可知 $a+b=0$，即 $b = -a = -\dfrac{15}{34}$，故對(Eq.2)

取反拉氏轉換後，其結果為

$$v_2(t) = \left(\frac{15}{34}e^{-3t} - \frac{15}{34}\cos 5t + \frac{43}{34}\sin 5t\right)u(t) \text{ V}$$

【練習 6.4-5】

在下圖中，$R_1=R_2=4\,\Omega$，$R_3=2\,\Omega$，$L=1$ H，且電感電流的初值為
$i_L(0)=0$A，若施加電壓 $v_s(t)$，則
(A) 當 $v_s(t)=2$V 時，$v_2(t)$為何？

(B) 當 $v_s(t)=4sin5t$ V 時，$v_2(t)$為何？

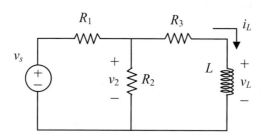

◄◄◄

《範例 6.4-6》

在下圖中，$R_1=R_2=4\ \Omega$，$R_3=2\ \Omega$，$L=1$ H，且電容電壓的初值為 $i_L(0)=0$ A，若施加電流 $i_s(t)$，則

(A) 當 $i_s(t)=2$ A 時，$v_2(t)$為何？

(B) 當 $i_s(t)=3cos4t$ A 時，$v_2(t)$為何？

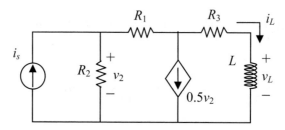

解答：

由於電感初值 $i_L(0)=0$A，因此不需要加入初值元件，原電路之拉氏轉換數學模式如下：

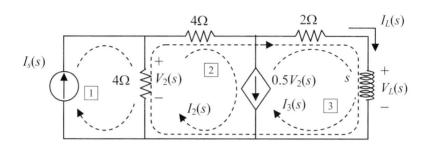

其中因為所以沒有與電感初值相關的元件,利用網目分析法於各網目,其中網目①之電流即 $I_s(s)$,其餘兩網目形成一個超網目②③,其方程式為

KCL②③: $I_2(s) - I_3(s) = 0.5V_2(s) = 0.5 \times 4\big(I_s(s) - I_2(s)\big)$

KVL②③: $4I_2(s) + (s+2)I_3(s) + 4\big(I_2(s) - I_s(s)\big) = 0$

整理後可得

$$\begin{cases} 3I_2(s) - I_3(s) = 2I_s(s) \\ 8I_2(s) + (s+2)I_3(s) = 4I_s(s) \end{cases}$$

故 $I_2(s) = \dfrac{2(s+4)}{3s+14}I_s(s)$,再觀察電路可知

$$V_2(s) = 4\big(I_s(s) - I_2(s)\big) = \frac{4(s+6)}{3s+14}I_s(s) \tag{Eq.1}$$

(A)因為 $i_s(t)=2\text{A}$,所以 $I_s(s) = \dfrac{2}{s}$,代入(Eq.1)可得

$$V_2(s) = \frac{8(s+6)}{s(3s+14)} = \frac{24}{7}\left(\frac{1}{s}\right) - \frac{16}{21}\frac{1}{\left(s + \dfrac{14}{3}\right)}$$

取反拉氏轉換後，其結果為

$$v_2(t) = \left(\frac{24}{7} - \frac{16}{21} e^{-\frac{14}{3}t} \right) u(t) \text{ V}$$

(B)因為 $i_s(t)=3cos4t$ A，所以 $I_s(s) = \dfrac{3s}{s^2 + 4^2}$，代入(Eq.1)可得

$$V_2(s) = \frac{4s(s+6)}{(s+(14/3))(s^2 + 4^2)} = \frac{a}{s + \dfrac{14}{3}} + \frac{bs}{s^2 + 4^2} + \frac{4c}{s^2 + 4^2}$$

(Eq.2)

即

$$4s(s+6) = a(s^2 + 4^2) + bs\left(s + \frac{14}{3}\right) + 4c\left(s + \frac{14}{3}\right) \qquad \text{(Eq.3)}$$

當 s=−14/3 時，$a = \dfrac{4s(s+6)}{s^2 + 4^2}\bigg|_{s=-\frac{14}{3}} = -0.659$

當 s=0 時，$c = \dfrac{3}{56}(0.659 \times 16) = 0.565$

再比較(Eq.3)中 s^2 的係數可知 $a+b$=4，即 $b = 4 - a = 4.659$，故對(Eq.2)取反拉氏轉換後，其結果為

$$v_2(t) = \left(-0.659 e^{-\frac{14}{3}t} + 4.659\cos 4t + 0.565\sin 4t \right) u(t) \text{ V}$$

【練習 6.4-6】

在右圖中，$R_1=R_2=4$
Ω，$R_3=2\,\Omega$，$C=1/12$ F，
且電容電壓的初值為
$v_C(0)=0$V，若施加電流
$i_s(t)$，$t\geq0$，則

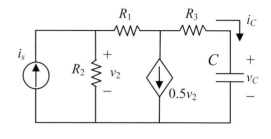

(A) 當 $i_s(t)=2$ A 時，$v_2(t)$
　　為何？

(B) 當 $i_s(t)=3cos4t$ A 時，$v_2(t)$為何？

◀◀◀

6.5 二階電路拉氏轉換分析

在這一節中將針對二階電路的拉氏轉換分析作說明，同樣地，由於電容 C 與電感 L 都已化為類似電阻的表示式 $\dfrac{1}{sC}$ 與 sL，因此可以直接利用在電阻電路分析中所採用的方法，如節點分析法或網目分析法，底下將重新演算第五章的範例，並引入弦波訊號為電源。

《範例 6.5-1》無電源 RLC 並聯電路

在下圖電路中之 $R=4\,\Omega$，$L=2$H，$C=\dfrac{1}{8}$F，且在 $t=0$ 時，電感電流 $i_L(0)=1$A，電容電壓 $v_C(0)=2$V，求 $i_L(t)$為何？

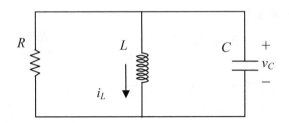

解答：

利用並聯電流源之電容與電感初值模式，將原電路化為拉氏轉換之數學模式如下：

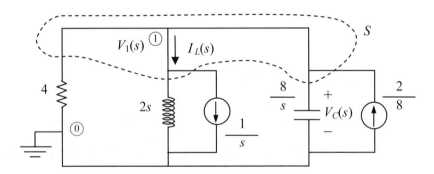

利用節點分析法於節點①，由封閉面 S 可得方程式為

KCL①：$\dfrac{V_1(s)}{4}+\dfrac{V_1(s)}{2s}+\dfrac{1}{s}+\dfrac{V_1(s)}{8/s}-\dfrac{2}{8}=0$

整理後可得

$$V_1(s)=\dfrac{2s-8}{s^2+2s+4}$$

故

$$I_L(s) = \frac{V_1(s)}{2s} + \frac{1}{s} = \frac{s+3}{s^2 + 2s + 4}$$

$$= \frac{s+1}{(s+1)^2 + \sqrt{3}^2} + \frac{2}{\sqrt{3}} \frac{\sqrt{3}}{(s+1)^2 + \sqrt{3}^2}$$

取反拉氏轉換後，其結果為

$$i_L(t) = \left(\cos\sqrt{3}t + \frac{2}{\sqrt{3}} \sin\sqrt{3}t \right) e^{-t} u(t) \text{ A}$$

【練習 6.5-1】

在下圖電路中之 $R=2\,\Omega$，L=1H，$C = \dfrac{1}{4}$F，且在 t=0 時，電感電流 $i_L(0)$=1A，電容電壓 $v_C(0)$=2V，求 $v_C(t)$ 為何？

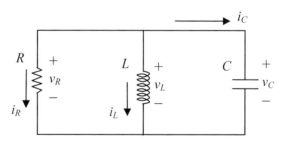

◀◀◀

《範例 6.5-2》具電源 RLC 並聯電路

在下圖電路中，$R=4\,\Omega$，L=2H，$C = \dfrac{1}{8}$F，且 t=0 時，電感電流 $i_L(0)$=1A，電容電壓 $v_C(0)$=2V，若電流源為 $i_s(t)$，求

(A) 當 $i_s(t)=1$A 時，$i_L(t)$為何？

(B) 當 $i_s(t)=2cos3t$ A 時，$i_L(t)$為何？

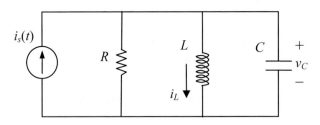

解答：

利用並聯電流源之電容與電感初值模式，將原電路化為拉氏轉換之數學模式如下：

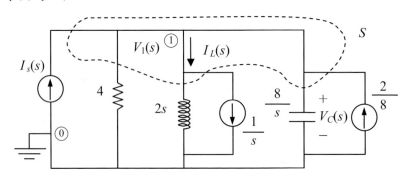

利用節點分析法於節點①，由封閉面 S 可得方程式為

KCL①: $\dfrac{V_1(s)}{4}+\dfrac{V_1(s)}{2s}+\dfrac{1}{s}+\dfrac{V_1(s)}{8/s}-\dfrac{2}{8}=I_s(s)$

整理後可得 $V_1(s)=\dfrac{8s}{s^2+2s+4}I_s(s)+\dfrac{2s-8}{s^2+2s+4}$，故

$$I_L(s)=\dfrac{V_1(s)}{2s}+\dfrac{1}{s}=\dfrac{4}{s^2+2s+4}I_s(s)+\dfrac{s+3}{s^2+2s+4} \qquad \text{(Eq.1)}$$

(A)當 $i_s(t)$=1A 時，拉氏轉換為 $I_s(s) = \dfrac{1}{s}$，代入(Eq.1)後可得

$$I_L(s) = \frac{4}{s(s^2 + 2s + 4)} + \frac{s + 3}{s^2 + 2s + 4} = \frac{s^2 + 3s + 4}{s(s^2 + 2s + 4)}$$

$$= \frac{1}{s} + \frac{1}{\sqrt{3}} \frac{\sqrt{3}}{(s+1)^2 + \sqrt{3}^2}$$

取反拉氏轉換後，其結果為

$$i_L(t) = \left(1 + \frac{1}{\sqrt{3}} e^{-t} \sin\sqrt{3}t\right) u(t) \ \text{A}$$

(B)當 $i_s(t)$=2cos3t A 時，拉氏轉換為 $I_s(s) = \dfrac{2s}{s^2 + 3^2}$，代入(Eq.1)後成為

$$I_L(s) = \frac{8s}{(s^2 + 2s + 4)(s^2 + 3^2)} + \frac{s + 3}{s^2 + 2s + 4}$$

$$= \frac{s^3 + 3s^2 + 17s + 27}{(s^2 + 2s + 4)(s^2 + 3^2)} = \frac{as + b}{s^2 + 2s + 4} + \frac{cs + d}{s^2 + 9}$$

經整理後可得

$$s^3 + 3s^2 + 17s + 27 = (as + b)(s^2 + 9) + (cs + d)(s^2 + 2s + 4)$$

$$(\text{Eq.2})$$

將 s=0,1,–1,2 代入(Eq.2)後，其結果如下：

$$9b + 4d = 27$$
$$10a + 10b + 7c + 7d = 48$$
$$10a - 10b + 3c - 3d = -12$$
$$26a + 13b + 24c + 12d = 81$$

求解後可得 a=1.656，b=1.951，c=–0.656，d=2.361，即

$$I_L(s) = \frac{1.656s + 1.951}{s^2 + 2s + 4} - \frac{0.656s - 2.361}{s^2 + 9}$$

$$= \frac{1.656(s+1)}{(s+1)^2 + \sqrt{3}^2} + \frac{0.170\sqrt{3}}{(s+1)^2 + \sqrt{3}^2} - \frac{0.656s}{s^2 + 9} + \frac{0.787 \times 3}{s^2 + 9}$$

取反拉氏轉換後，其結果為

$$i_L(t) = \left(1.656e^{-t}\cos\sqrt{3}t + 0.170e^{-t}\sin\sqrt{3}t \right.$$
$$\left. -0.656\cos 3t + 0.787\sin 3t\right)u(t)\,\mathrm{A}$$

【練習 6.5-2】

下圖電路中，$R = 2\,\Omega$，$L = 1\mathrm{H}$，$C = \dfrac{1}{4}\mathrm{F}$，且 $t=0$ 時，電感電流 $i_L(0)=1\mathrm{A}$，

電容電壓 $v_C(0) = 2\mathrm{V}$，若電流源為 $i_s(t)$，求

(A) 當 $i_s(t) = 1\mathrm{A}$ 時，$i_L(t)$ 為何？

(B) 當 $i_s(t) = 2\cos 3t\,\mathrm{A}$ 時，$i_L(t)$ 為何？

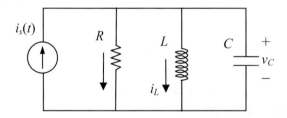

《範例 6.5-3》 無電源 RLC 串聯電路

在下圖電路中，$R=4\ \Omega$，$L=2H$，$C=\dfrac{1}{8}F$，且 $t=1$ 時，電感電流 $i_L(1)=1A$，

電容電壓 $v_C(1)=2V$，求當 $t \geq 1$ 時，$i_L(t)$ 為何？

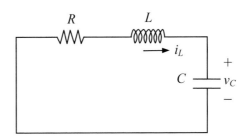

解答：

由於起始時間為 $t=1$，而不是 $t=0$，已經延遲 1 秒，因此拉氏轉換必須
乘上 e^{-s}，利用串聯電壓源之電容與電感初值模式，原電路之拉氏轉
換數學模式如下：

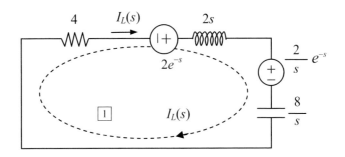

這是一個單網目的電路，網目 $\boxed{1}$ 之電流為 $I_L(s)$，利用網目分析法可得
方程式為

$$\left(4 + 2s + \frac{8}{s}\right)I_L(s) = \left(-\frac{2}{s} + 2\right)e^{-s}$$

整理後可得

$$I_L(s) = \frac{s-1}{s^2 + 2s + 4}e^{-s} = \frac{(s+1)-2}{s^2 + 2s + 4}e^{-s}$$

$$= \frac{s+1}{(s+1)^2 + \sqrt{3}^2}e^{-s} - \frac{2}{\sqrt{3}}\frac{\sqrt{3}}{(s+1)^2 + \sqrt{3}^2}e^{-s}$$

取反拉氏轉換後，其結果為

$$i_L(t) = \left(cos\sqrt{3}(t-1) - \frac{2}{\sqrt{3}}sin\sqrt{3}(t-1)\right)e^{-(t-1)}u(t-1) \ \text{A}$$

【練習 6.5-3】

在右圖電路中，$R = 2\,\Omega$，$L = 1\text{H}$，$C = 0.25\text{F}$，且 $t=1$ 時，電感電流 $i_L(1) = -3\text{A}$，電容電壓 $v_C(1) = 1\text{V}$，求 $i_L(t)$ 為何？

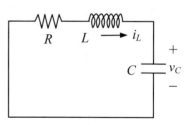

◄◄◄

《範例 6.5-4》具電源 RLC 串聯電路

下圖中 $R = 4\,\Omega$，$L = 2\text{H}$，$C = \dfrac{1}{8}\text{F}$，且 $t=0$ 時，電感電流 $i_L(0) = 1\text{A}$，電容電壓 $v_C(0) = 2\text{V}$，若電壓源為 $v_s(t)$，求

(A) 當 $v_s(t) = 1\text{V}$ 時，$i_L(t)$ 為何？

(B) 當 $v_s(t) = 3cos2t$ V 時，$i_L(t)$ 為何？

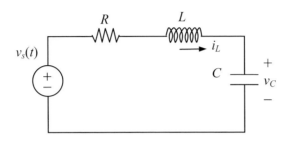

解答：

利用串聯電壓源之電容與電感初值模式，原電路之拉氏轉換數學模式
如下：

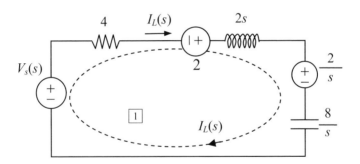

這是一個單網目的電路，網目 $\boxed{1}$ 之電流為 $I_L(s)$，利用網目分析法可得
方程式為

$$\left(4 + 2s + \frac{8}{s}\right) I_L(s) = V_s(s) + 2 - \frac{2}{s}$$

整理後可得

$$I_L(s) = \frac{sV_s(s) + 2s - 2}{2(s^2 + 2s + 4)} \qquad \text{(Eq.1)}$$

361

(A)當 $v_s(t)=1V$ 時，拉氏轉換 $V_s(s) = \dfrac{1}{s}$，代入(Eq.1)成為

$$I_L(s) = \frac{2s-1}{2(s^2+2s+4)} = \frac{s+1}{(s+1)^2+\sqrt{3}^2} - \frac{\sqrt{3}}{2}\frac{\sqrt{3}}{(s+1)^2+\sqrt{3}^2}$$

取反拉氏轉換後，其結果為

$$i_L(t) = \left(\cos\sqrt{3}t - \frac{\sqrt{3}}{2}\sin\sqrt{3}t \right)e^{-t}\,u(t) \quad A$$

(B)當 $v_s(t)=3\cos 2t$ V 時，$V_s(s) = \dfrac{3s}{s^2+2^2}$，代入(Eq.1)成為

$$I_L(s) = \frac{2s^3+s^2+8s-8}{2(s^2+2s+4)(s^2+2^2)} = \frac{as+b}{s^2+2s+4} + \frac{cs+d}{s^2+2^2}$$

經整理後可得

$$2s^3+s^2+8s-8 = 2(as+b)(s^2+2^2) + 2(cs+d)(s^2+2s+4)$$

$$(Eq.2)$$

將 $s=0,1,-1,2$ 代入(Eq.2)後，其結果如下：

$b+d=-1$, $\qquad\qquad 10a+10b+14c+14d=3$

$10a-10b+6c-6d=17$, $\quad 8a+4b+12c+6d=7$

求解後可得 $a=0.25$，$b=-1$，$c=0.75$，$d=0$，即

$$I_L(s) = \frac{0.25s-1}{s^2+2s+4} + \frac{0.75s}{s^2+2^2}$$

$$= \frac{0.25(s+1)}{(s+1)^2+\sqrt{3}^2} - \frac{0.722\sqrt{3}}{(s+1)^2+\sqrt{3}^2} + \frac{0.75s}{s^2+2^2}$$

取反拉氏轉換後，其結果為

$$i_L(t) = \left(0.25e^{-t}\cos\sqrt{3}t \right)u(t)$$

$$-\left(0.722e^{-t}\sin\sqrt{3}t+0.75\cos 3t\right)u(t)\ \text{A}$$

【練習 6.5-4】

下圖中 $R=2\,\Omega$，$L=1\text{H}$，$C=0.25\text{F}$，且 $t=0$ 時，電感電流 $i_L(0)=0\text{A}$，電容電壓 $v_C(0)=2\text{V}$，若電壓源為 $v_s(t)$，求

(A) 當 $v_s(t)=1\text{V}$ 時，$i_L(t)$ 為何？

(B) 當 $v_s(t)=2\cos 3t\ \text{V}$ 時，$i_L(t)$ 為何？

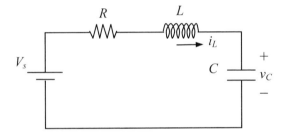

◀◀◀

6.6 一般電路拉氏轉換分析

除了一階電路與二階的 RLC 並聯或串聯電路以外，拉氏轉換還適用於一般的複雜電路分析，底下將利用一些具有複雜結構的電路做為範例，來說明拉氏轉換法的便利性與可行性。

《範例 6.6-1》

如下圖所示，電感電流 $i_L(0)=1\text{A}$，電容電壓 $v_C(0)=1\text{V}$，當 $t\geq 0$ 時，求 $i_L(t)$ 為何？

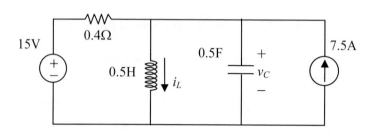

解答：

利用並聯電流源之電容與電感初值模式，將原電路化為拉氏轉換之數學模式如下：

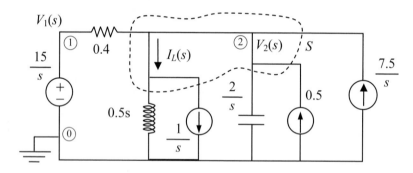

利用節點分析法可得節點①的電壓為 $V_1(s) = \dfrac{15}{s}$ ，再由節點②之封閉面 S 可得方程式為

$$\text{KCL②:} \quad \frac{V_2(s) - V_1(s)}{0.4} + \frac{V_2(s)}{0.5s} + \frac{1}{s} + \frac{V_2(s)}{2/s} - 0.5 - \frac{7.5}{s} = 0$$

將 $V_1(s) = \dfrac{15}{s}$ 代入上式可得 $V_2(s) = \dfrac{s+88}{s^2+5s+4}$ ，故

$$I_L(s) = \frac{V_2(s)}{0.5s} + \frac{1}{s} = \frac{2(s+88)}{s(s^2+5s+4)} + \frac{1}{s}$$

$$= \frac{45}{s} - \frac{58}{s+1} + \frac{14}{s+4}$$

取反拉氏轉換後，其結果為

$$i_L(t) = \left(45 - 58e^{-t} + 14e^{-4t}\right)u(t) \quad \text{A}$$

【練習 6.6-1】

如下圖所示，電感電流 $i_L(0)=-1\text{A}$，電容電壓 $v_C(0)=0\text{V}$，當 $t \geq 0$ 時，求 $v_C(t)$ 為何？

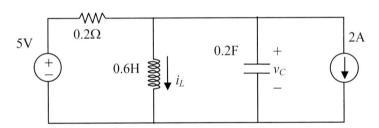

《範例 6.6-2》

如下圖所示，當 $t<0$ 時，電流源已經作用於此電路一段很長的時間，直到 $t=0$ 時開關才瞬間切換，讓電壓源也產生作用，則 $t>0$ 時，電容電壓 $v_C(t)$ 為何？

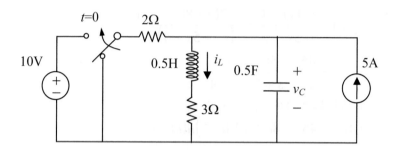

解答：

當 t<0 時，由於電流源已經作用一段很長的時間，所以電容視為開路，電感視為短路，使得電流源的電流只流過並聯的兩電阻 2Ω 與 3Ω，根據分流公式可得通過電感的電流為 $i_L(t) = \dfrac{2}{2+3} \times 5 = 2$ A，而跨越 3Ω 電阻的電壓即電容電壓 $v_C(t) = 2 \times 3 = 6$ V，故 $i_L(0^-) = 2$ A，$v_C(0^-) = 6$ V，當 t=0 時，開關瞬間切換，由電感電流與電容電壓的連續性可得當 t>0 時的初值為 $i_L(0^+) = i_L(0^-) = 2$ A，$v_C(0^+) = v_C(0^-) = 6$ V，接著利用並聯電流源之電容與電感初值模式，將 t>0 時之電路化為拉氏轉換之數學模式如下：

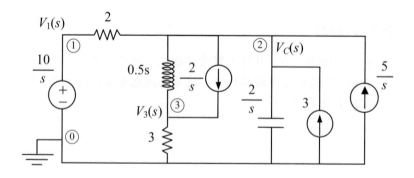

其中節點②的電壓即電容電壓 $V_C(s)$，利用節點分析法於各節點可得方程式如下：

KVL①: $V_1(s) = \dfrac{10}{s}$ (Eq.1)

KCL②: $\dfrac{V_C(s) - V_1(s)}{2} + \dfrac{V_C(s) - V_3(s)}{0.5s}$

$$+ \dfrac{2}{s} + \dfrac{V_C(s)}{2/s} - 3 - \dfrac{5}{s} = 0 \quad \text{(Eq.2)}$$

KCL③: $\dfrac{V_3(s)}{3} + \dfrac{V_3(s) - V_C(s)}{0.5s} - \dfrac{2}{s} = 0$ (Eq.3)

利用(Eq.1)與(Eq.3)可將(Eq.2)改寫為

KCL②: $\dfrac{sV_C(s) - 10}{2s} + \dfrac{V_3(s)}{3} + \dfrac{sV_C(s)}{2} - 3 - \dfrac{5}{s} = 0$ (Eq.4)

再由(Eq.3)與(Eq.4)可求得

$$V_C(s) = \dfrac{2(3s^2 + 26s + 60)}{s(s^2 + 7s + 10)} = \dfrac{12}{s} - \dfrac{20/3}{s+2} + \dfrac{2/3}{s+5}$$

取反拉氏轉換後，其結果為

$$v_C(t) = \left(12 - \dfrac{20}{3}e^{-2t} + \dfrac{2}{3}e^{-5t}\right)u(t) \ \ \text{V}$$

【練習 6.6-2】

如下圖所示，當 $t<0$ 時，電壓源已經作用於此電路一段很長的時間，直到 $t=0$ 時開關才瞬間切換，讓電流源也產生作用，則 $t>0$ 時，電感電流 $i_L(t)$ 為何？

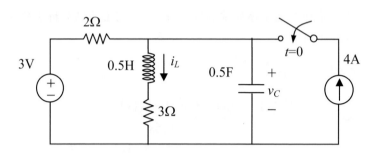

‹‹‹

《範例 6.6-3》

如下圖所示，當 $t=0$ 時，電路無起始能量，求當 $t>0$ 時，$v_1(t)$為何？

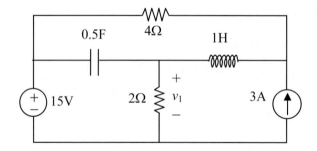

解答：

由於電路無起始能量，所以電容與電感不存在初值，使得 $t>0$ 時電路之拉氏轉換數學模式如下：

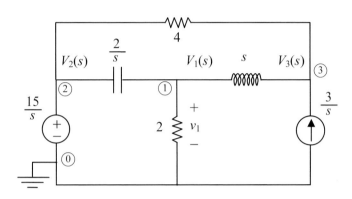

利用節點分析法於各節點可得方程式如下：

KCL①: $\dfrac{V_1(s)-V_2(s)}{2/s}+\dfrac{V_1(s)}{2}+\dfrac{V_1(s)-V_3(s)}{s}=0$ (Eq.1)

KVL②: $V_2(s)=\dfrac{15}{s}$ (Eq.2)

KCL③: $\dfrac{V_3(s)-V_1(s)}{s}+\dfrac{V_3(s)-V_2(s)}{4}=\dfrac{3}{s}$ (Eq.3)

利用(Eq.2)可將(Eq.1)與(Eq.3)改寫為

KCL①: $(s^2+s+2)V_1(s)-2V_3(s)=15s$ (Eq.4)

KCL③: $-4V_1(s)+(s+4)V_3(s)=27$ (Eq.5)

再由(Eq.4)與(Eq.5)可求得

$$V_1(s)=\frac{15s^2+60s+54}{s^3+5s^2+6s}=\frac{9}{s}+\frac{3}{s+2}+\frac{3}{s+3}$$

取反拉氏轉換後，其結果為

$$v_1(t)=\left(9+3e^{-2t}+3e^{-3t}\right)u(t)\ \ \text{V}$$

【練習 6.6-3】

如下圖所示，當 $t=0$ 時電路無起始能量，求當 $t>0$ 時，$v_1(t)=$？

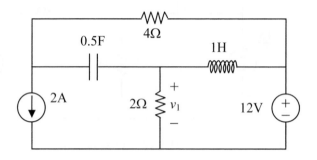

習題

P6-1 求下列函數之拉氏轉換：

(A) $f(t) = \left(4 + e^{-3t}\right)u(t)$,   (B) $g(t) = \left(2\cos t - e^{-t}\right)u(t)$

P6-2 求 $f(t) = \left(t\sin t - t^2\cos 2t\right)u(t)$ 之拉氏轉換。

P6-3 求 $f(t) = 2\sin(3t-1)u(t-3)$ 之拉氏轉換。

P6-4 求 $f(t) = 3u(t-1) + 2t\,u(t-2)$ 之拉氏轉換。

P6-5 若 $F(s) = \dfrac{5s-3}{s^2+3s+4}$ 與 $G(s) = \dfrac{s^2-3}{s\left(s^2-3s+2\right)}$ 分別為 $f(t)$ 與 $g(t)$ 之拉

氏轉換，求 $f(0)$、$g(0)$、$f(\infty)$ 與 $g(\infty)$。

P6-6 若 $f_1(t)$ 的拉氏轉換為 $F_1(s) = \dfrac{s-2}{s(s+1)(s+2)}$ ，求 $f_1(t)$ 為何？

P6-7 若 $f_2(t)$ 的拉氏轉換為 $F_2(s) = \dfrac{s-12}{(s+1)(s+3)^2}$ ，求 $f_2(t)$ 為何？

P6-8 若 $f_3(t)$ 的拉氏轉換為 $F_3(s) = \dfrac{s^2+2}{(s+3)^3}$ ，求 $f_3(t)$ 為何？

P6-9 若 $f_4(t)$ 的拉氏轉換為 $F_4(s) = \dfrac{s^2-3s+1}{(s+1)(s^2+2s+5)}$ ，求 $f_4(t)=$？

P6-10 如下圖所示，在 RC 電路中未加入任何電源，且 $R=10k\Omega$，$C=0.3$mF，
電容的初值為 $v_C(0)=-1$V，求 $v_C(t)$ 與 $i_R(t)$ 各為何？

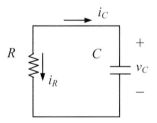

P6-11 有一 RC 電路如右圖所示，所加
入之電壓源為 $v_s(t)$，且 $R=5k\Omega$，
$C=20\mu$F，電容的初值為
$v_C(0)=1$V，

(A) 當 $v_s(t)=3$V 時，$v_C(t)$ 為何？

(B) 當 $v_s(t)=2\cos5t$ V 時，$v_C(t)$

　　為何？

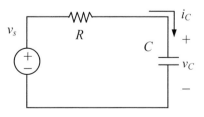

P6-12 *RL* 電路如右圖所示,在電路中未加入任何電源,且 R=15Ω,L=0.6H,
電感的初值為 $i_L(0)$=2A,求 $i_L(t)$ 與 $v_R(t)$ 各為何?

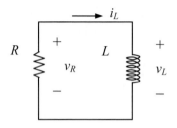

P6-13 有一 *RL*   電路如下圖所示,所加入
之電流源為 i_s(t),且 R=10Ω,L=40mH,電感的初值為 $i_L(0)$= 5 mA,
(A) 當 $i_s(t)$=2mA 時,$i_L(t)$ 為何?
(B) 當 $i_s(t)$=3$sin100t$ mA 時,$i_L(t)$ 為何?

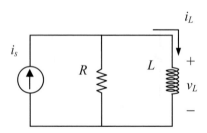

P6-14 在下圖中 R_1=R_2=4 Ω,R_3=2 Ω,C=1/12 F,且電容電壓的初值為
$v_C(0)$=1V,若施加電壓 $v_s(t)$,則
(A) 當 $v_s(t)$=2V 時,$v_2(t)$ 為何?
(B) 當 $v_s(t)$=4$sin5t$ V 時,$v_2(t)$ 為何?

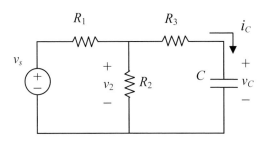

P6-15 在下圖中 $R_1=R_2=4\,\Omega$，$R_3=2\,\Omega$，$L=1$ H，且電感電流的初值為

$i_L(0)=-1$A，若施加電壓 $v_s(t)$，則

(A) 當 $v_s(t)=2$V 時，$v_2(t)$為何？

(B) 當 $v_s(t)=4sin5t$ V 時，$v_2(t)$為何？

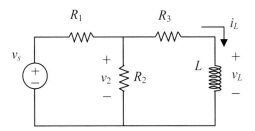

P6-16 在下圖電路中之 $R=6\,\Omega$，$L=2$H，$C=\dfrac{1}{3}$F，且在 $t=0$ 時，電感電流

$i_L(0)=2$A，電容電壓 $v_C(0)=1$V，求 $i_L(t)$為何？

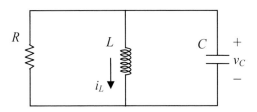

P6-17 在下圖電路中，R=3 Ω，L=2H，$C = \dfrac{1}{6}$F，且 t=0 時，電感電流

$i_L(0)$=2A，電容電壓 $v_C(0)$=1V，若電流源為 $i_s(t)$，求

    (A) 當 $i_s(t)$=2A 時，$i_L(t)$為何？

    (B) 當 $i_s(t)$=sin2t A 時，$i_L(t)$為何？

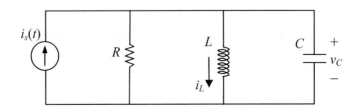

P6-18 在下圖之電路中，R=3 Ω，L=2H，$C = \dfrac{1}{6}$F，且 t=1 時，電感電流

$i_L(1)$=1A，電容電壓 $v_C(1)$=2V，求 $i_L(t)$為何？

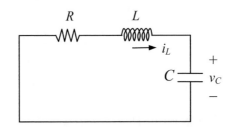

P6-19 下圖中 R=3 Ω，L=2H，$C = \dfrac{1}{6}$F，且 t=0 時，電感電流 $i_L(0)$=2A，電

容電壓 $v_C(0)$=1V，若電壓源為 $v_s(t)$，求

    (A) 當 $v_s(t)$=1V 時，$i_L(t)$為何？

    (B) 當 $v_s(t)$=4sin3t V 時，$i_L(t)$為何？

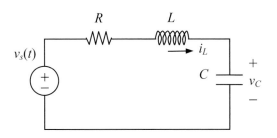

P6-20 如下圖所示，電感電流 $i_L(0)=0A$，電容電壓 $v_C(0)=-1V$，當 $t\geq0$ 時，求 $i_L(t)$ 為何？

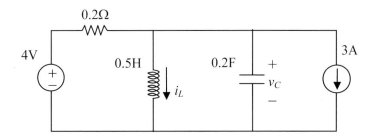

P6-21 如下圖所示，當 $t<0$ 時，電流源已經作用於此電路一段很長的時間，直到 $t=0$ 時兩個開關才同時瞬間切換，讓電壓源產生作用，並且切斷電流源，則 $t>0$ 時，電容電壓 $v_C(t)$ 為何？

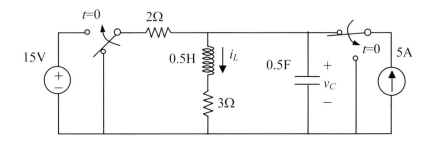

P6-22 如下圖所示，當 $t=0$ 時，電路無起始能量，求當 $t>0$ 時，$v_1(t)$ 為何？

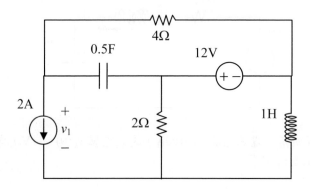

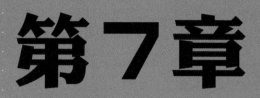

第7章

交流電路分析

相量法

在本章中將介紹拉氏轉換法的應用—相量法(phasor method)，通常使用在交流電路的分析上，所謂交流電路就是指在電路上只存在弦波訊號的電流或電壓，例如電力公司所提供給一般家庭或工廠的電力就是弦波訊號，由此例子便可看出交流電路分析的重要性與實用性。

7.1 單頻響應

交流電路分析也可稱為單頻電路分析，因為交流電路只使用單一頻率的輸入，使得電路中所有元件的電流與電壓也是此一頻率的訊號。

單頻電路分析所採用的工具是拉氏轉換。在上一章中已經說明過一般電路的數學模式可以表為：

$$y^{(n)}(t) + a_{n-1}y^{(n-1)}(t) + \cdots + a_1\dot{y}(t) + a_0 y(t)$$
$$= b_m\, w^{(m)}(t) + b_{m-1}\, w^{(m-1)}(t) + \cdots + b_1\, \dot{w}(t) + b_0\, w(t) \tag{7.1-1}$$

其中 $n \geq m$ 且給定 n 個初值條件

$$y(0) = y_0, \quad \dot{y}(0) = y_1, \quad \cdots, \quad y^{(n-1)}(0) = y_{n-1} \tag{7.1-2}$$

在此處仍然不考慮 $t=0$ 時具有脈衝訊號之情況。

若是令 $\mathcal{L}\{y(t)\} = F(s)$ 與 $\mathcal{L}\{w(t)\} = W(s)$，則(7.1-1)取拉氏轉換後可得

$$\left(s^n + a_{n-1}s^{n-1} + \cdots + a_1 s + a_0\right)Y(s)$$
$$= \left(b_m s^m + \cdots + b_1 s + b_0\right)W(s) + r_{n-1}s^{n-1} + \cdots + r_1 s + r_0 \tag{7.1-3}$$

其中 r_0、r_1、$\cdots$、r_{n-1} 與輸入和輸出之初值有關，進一步整理(7.1-3)成為

$$Y(s) = H(s)W(s) + Y_0(s) \tag{7.1-4}$$

其中

$$H(s) = \frac{Q(s)}{P(s)} \tag{7.1-5}$$

$$Y_0(s) = \frac{r_{n-1}s^{n-1} + \cdots + r_1 s + r_0}{P(s)} \tag{7.1-6}$$

$$P(s) = s^n + a_{n-1}s^{n-1} + \cdots + a_1 s + a_0 \tag{7.1-7}$$

$$Q(s) = b_m s^m + \cdots + b_1 s + b_0 \tag{7.1-8}$$

$P(s)$稱為電路的特徵多項式,由於一般的電路設計都是以穩定為前題,因此 $P(s)=0$ 的 n 個根都必須是負實數或具有負實部的複數,在此條件下 $a_0 \neq 0$,若採用終值定理來求解 $\mathcal{L}^{-1}\{Y_0(s)\}\big|_{t \to \infty}$,其結果如下:

$$
\begin{aligned}
y_0(t) = \mathcal{L}^{-1}\{Y_0(s)\}\big|_{t \to \infty} &= \lim_{s \to 0} s Y_0(s) \\
&= \lim_{s \to 0} s \frac{r_0}{a_0} \to 0
\end{aligned} \tag{7.1-9}
$$

換句話說,與初值相關的訊號 $y_0(t)$,將隨著時間變化逐漸減弱,最後趨近於 0,不再對電路產生任何影響。根據以上的事實,在分析電路時,都不考慮 $Y_0(s)$的影響,並將電路的數學模式視為

$$Y(s) = H(s)W(s) = \frac{Q(s)}{P(s)}W(s) \tag{7.1-10}$$

也就是說,電路的輸出 $y(t)$主要是由輸入 $w(t)$來決定。對於具有頻率為ω的單頻電路而言,其輸入訊號可表為

$$w(t) = C\cos\omega t - D\sin\omega t = A\cos(\omega t + \phi) \tag{7.1-11}$$

其中 A 與 ϕ 分別稱為 $w(t)$ 的振幅(magnitude)與相位(phase)，滿足

$$A = \sqrt{C^2 + D^2} \qquad (7.1\text{-}12)$$

$$\phi = tan^{-1}\frac{D}{C} \qquad (7.1\text{-}13)$$

(7.1-11)經拉氏轉換後成為

$$W(s) = \frac{Cs - D\omega}{s^2 + \omega^2} \qquad (7.1\text{-}14)$$

代入(7.1-10)後可得

$$Y(s) = H(s)W(s) = \frac{Q(s)(Cs - D\omega)}{P(s)(s^2 + \omega^2)} \qquad (7.1\text{-}15)$$

由部份分式法，此式可再化為

$$Y(s) = \frac{G(s)}{P(s)} + \frac{Ms - N\omega}{s^2 + \omega^2} \qquad (7.1\text{-}16)$$

其中

$$G(s) = g_{n-1}s^{n-1} + \cdots + g_1 s + g_0 \qquad (7.1\text{-}17)$$

且 $g_0 \cdot g_1 \cdot \cdots \cdot g_{n-1} \cdot M \cdot N$ 皆為實數，比較(7.1-15)與(7.1-16)兩式可知

$$Q(s)(Cs - D\omega) = G(s)(s^2 + \omega^2) + P(s)(Ms - N\omega) \quad (7.1\text{-}18)$$

當 $s=j\omega$ 時，可得

$$Q(j\omega)(jC\omega - D\omega) = P(j\omega)(jM\omega - N\omega) \qquad (7.1\text{-}19)$$

整理後成為

$$H(j\omega)(C + jD) = (M + jN) \qquad (7.1\text{-}20)$$

由於任意複數 $z=x+jy$ 皆可表為極座標之形式如下：

$$z = x + jy = |z| \cdot e^{j\varphi} \qquad (7.1\text{-}21)$$

其中 $|z| = \sqrt{x^2 + y^2}$ 與 $\varphi = tan^{-1}\dfrac{y}{x}$ 分別稱為 z 的長度(magnitude)與輻角

(angle)，利用此形式將 $H(j\omega)$、$(C + jD)$ 與 $(M + jN)$ 分別設定為

$$H(j\omega) = |H(j\omega)| \cdot e^{j\theta} \qquad (7.1\text{-}22)$$

$$C + jD = A \cdot e^{j\phi} \qquad (7.1\text{-}23)$$

$$M + jN = B \cdot e^{j\beta} \qquad (7.1\text{-}24)$$

其中 $|H(j\omega)|$ 與 θ 分別為 $H(j\omega)$ 的長度與輻角，而 A 與 ϕ 如(7.1-12)與(7.1-13)

所示，至於 B 與 β 則為

$$B = \sqrt{M^2 + N^2} \qquad (7.1\text{-}25)$$

$$\beta = tan^{-1}\dfrac{N}{M} \qquad (7.1\text{-}26)$$

利用(7.1-22)-(7.1-24)可將(7.1-20)改寫為

$$A|H(j\omega)| \cdot e^{j(\phi+\theta)} = B \cdot e^{j\beta} \qquad (7.1\text{-}27)$$

比較等號兩邊的長度與輻角後可知

$$B = \sqrt{M^2 + N^2} = A \cdot |H(j\omega)| \qquad (7.1\text{-}28)$$

$$\beta = \tan^{-1}\frac{N}{M} = \phi + \theta \tag{7.1-29}$$

接著討論(7.1-16)之 $Y(s)$，經反拉氏轉換後可得

$$y(t) = \mathcal{L}^{-1}\{Y(s)\} = \mathcal{L}^{-1}\left\{\frac{G(s)}{P(s)}\right\} + \mathcal{L}^{-1}\left\{\frac{Ms - N\omega}{s^2 + \omega^2}\right\} \tag{7.1-30}$$

同樣地，根據在(7.1-4)中忽略 $Y_0(s)$的相同理由，因為 $P(s)=0$ 的 n 個根都是負實數或具有負實部的複數，所以當 $t\to\infty$時，上式中的 $\mathcal{L}^{-1}\left\{\dfrac{G(s)}{P(s)}\right\}$ 也可予以忽略，換句話說，輸出訊號為

$$\begin{aligned} y(t) &= \mathcal{L}^{-1}\left\{\frac{Ms - N\omega}{s^2 + \omega^2}\right\} = M\cos\omega t - N\sin\omega t \\ &= B\cos(\omega t + \beta) \end{aligned} \tag{7.1-31}$$

其中 $B = \sqrt{M^2 + N^2}$ 與 $\beta = tan^{-1}\dfrac{N}{M}$ 如 (7.1-25)與(7.1-26)所示，再根據(7.1-28)與(7.1-29)兩式可知

$$y(t) = B\cos(\omega t + \beta) = A|H(j\omega)|\cos(\omega t + \phi + \theta) \tag{7.1-32}$$

綜言之，當考慮一個穩定系統(7.1-1)，其初值的影響會隨著時間的增加而漸趨於 0，因此輸出與輸入的關係可由 (7.1-10) 來描述，亦即 $Y(s) = H(s)W(s)$，由(7.1-5)-(7.1-8)可知

$$H(s) = \frac{b_m s^m + \cdots + b_1 s + b_0}{s^n + a_{n-1}s^{n-1} + \cdots + a_1 s + a_0} \tag{7.1-33}$$

當 $s=j\omega$ 時，可得

$$H(j\omega) = |H(j\omega)| \cdot e^{j\theta} \qquad (7.1\text{-}34)$$

若輸入為(7.1-11)之單頻訊號

$$w(t) = C\cos\omega t - D\sin\omega t = A\cos(\omega t + \phi) \qquad (7.1\text{-}35)$$

則根據(7.1-32)，輸出為

$$y(t) = B\cos(\omega t + \beta)) = A|H(j\omega)|\cos(\omega t + \phi + \theta) \qquad (7.1\text{-}36)$$

亦即輸出訊號 $y(t)$ 之頻率 ω 必須與輸入訊號 $w(t)$ 相同，但是振幅變為輸入訊號的 $|H(j\omega)|$ 倍，即 $B = A \cdot |H(j\omega)|$，相位也比輸入訊號增加 θ，即 $\beta = \phi + \theta$。此結論，通常以圖 7.1-1 來描述，其中電路系統以 $H(j\omega)$ 來代表。此外，由於

$$sin\,\omega t = cos(\omega t - 90°) \qquad (7.1\text{-}37)$$

亦即 $sin\omega t$ 的相位比 $cos\omega t$ 落後 $90°$，因此當輸入為 $w(t) = A\sin(\omega t + \phi)$ 時，可改寫如下：

$$w(t) = A\sin(\omega t + \phi) = A\cos(\omega t + \phi - 90°) \qquad (7.1\text{-}38)$$

故輸出為

$$\begin{aligned}
y(t) &= A|H(j\omega)|\cos(\omega t + \phi + \theta - 90°) \\
&= A|H(j\omega)|\sin(\omega t + \phi + \theta)
\end{aligned} \qquad (7.1\text{-}39)$$

此結果與(7.1-32)相似，同樣描述於圖 7.1-1 中。

383

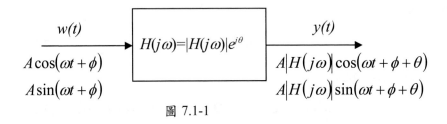

$$圖\ 7.1\text{-}1$$

《範例 7.1-1》

RC 電路如下圖所示，若所加入之電壓源為 $v_s(t)=3cos25t$ V，且 $R=2k\Omega$，$C=10\mu$F，則當 $t\to\infty$時，$v_C(t)$為何？

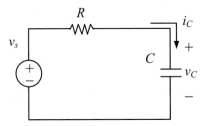

解答：

由於 RC 電路為穩定電路，因此當 $t\to\infty$時，電容的初值可以不計，首先將原電路化為拉氏轉換之數學模式如下：

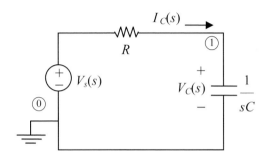

利用節點分析法於節點①，其方程式為

KCL①: $\dfrac{V_C(s) - V_s(s)}{R} + sCV_C(s) = 0$

整理後可得輸出 $V_C(s)$ 與輸入 $V_s(s)$ 之關係如下：

$$V_C(s) = H(s)V_s(s) = \dfrac{1}{1 + sRC}V_s(s)$$

其中 $H(s) = \dfrac{1}{1 + sRC}$，由於 $v_s(t)=3\cos25t$ V，其振幅為 3，頻率 $\omega=25$，

相位 $\phi=0$，因此

$$H(j\omega)\big|_{\omega=25} = \dfrac{1}{1 + j0.5} = \dfrac{2}{2 + j} = \dfrac{2}{\sqrt{5}}e^{-j26.57°}$$

即 $|H(j25)| = 2/\sqrt{5}$，$\theta = -26.57°$，根據(7.1-36)可得

$$y(t) = \dfrac{6}{\sqrt{5}}\cos(25t - 26.57°) = 2.683\cos(25t - 26.57°)$$

亦可表為

$$y(t) = 2.4\cos2t + 1.2\sin25t$$

385

【練習 7.1-1】

RC 電路如下圖所示，若所加入之電流源為 $i_s(t)=2\sin25t$ mA，且 $R=2k\Omega$，$C=10\mu F$，則當 $t\to\infty$ 時，$v_C(t)$ 為何？

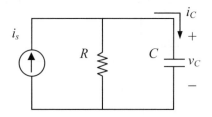

◀◀◀

《範例 7.1-2》

在下圖中有一穩定電路，$R_1=R_2=4\,\Omega$，$R_3=2\,\Omega$，$L=1$ H，若施加電流 $i_s(t)=3\sin4t$ A 時，則當 $t\to\infty$ 時，$v_2(t)$ 為何？

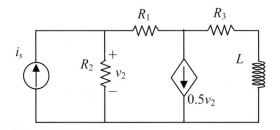

解答：

由於此電路為穩定電路，因此當 $t\to\infty$ 時，電容的初值可以不計，首先將原電路化為拉氏轉換之數學模式如下：

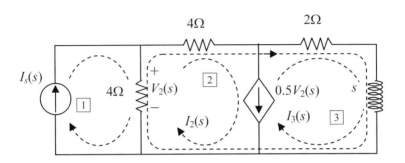

利用網目分析法於各網目,其中網目 $\boxed{1}$ 之電流即 $I_s(s)$,其餘兩網目形成一個超網目 $\boxed{2}\boxed{3}$,其方程式為

KCL $\boxed{2}\boxed{3}$: $I_2(s) - I_3(s) = 0.5V_2(s) = 0.5 \times 4\left(I_s(s) - I_2(s)\right)$

KVL $\boxed{2}\boxed{3}$: $4I_2(s) + (s+2)I_3(s) + 4\left(I_2(s) - I_s(s)\right) = 0$

整理後可得

$$\begin{cases} 3I_2(s) - I_3(s) = 2I_s(s) \\ 8I_2(s) + (s+2)I_3(s) = 4I_s(s) \end{cases}$$

故

$$I_2(s) = \frac{2(s+4)}{3s+14}I_s(s)$$

再觀察電路可知

$$V_2(s) = 4\left(I_s(s) - I_2(s)\right) = \frac{4(s+6)}{3s+14}I_s(s) = H(s)I_s(s)$$

其中 $H(s) = \dfrac{4(s+6)}{3s+14}$,由於 $i_s(t) = 3sin4t$ A,其振幅為 3,頻率 $\omega=4$,相位 $\phi = -90°$,因此

$$H(j\omega)\Big|_{\omega=4} = \frac{4(j4+6)}{j12+14} = \frac{4}{85}(33 - j4) = 1.564e^{-j6.91°}$$

387

即 $|H(j4)| = 1.564$ ， $\theta = -6.91°$ ，根據(7.1-39)可得

$$y(t) = 3 \times 1.564 \sin(4t - 6.91°) = 4.692 \sin(4t - 6.91°)$$

亦可表為

$$y(t) = -0.564 \cos 4t + 4.658 \sin 4t$$

【練習 7.1-2】

在下圖中有一穩定電路，$R_1 = R_2 = 4\,\Omega$，$R_3 = 2\,\Omega$，$C = 1/12$ F，若施加電流 $i_s(t) = 3\cos 4t$ A，則 $v_2(t)$ 為何？

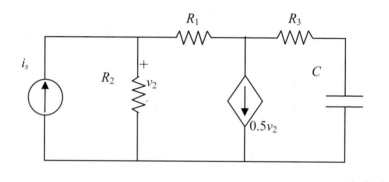

◀◀◀

7.2 弦波訊號相量表示法

從上一節的分析中，可以看出弦波訊號具有十分特別的性質，若電路中只存在弦波訊號時，則 $H(j\omega)$ 的複數形式可用來簡化電路的分析，這也是複數在工程應用中為何如此重要的原因之一。

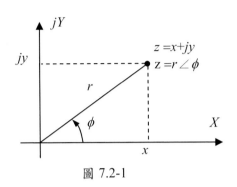

圖 7.2-1

複數的表示法除了標準的直角座標形式 $z=x+jy$ 與指數形式 $z=re^{j\phi}$ 以外，還有另一種極座標形式 $z=r\angle\phi$，這也是相量法中所採行的寫法，由圖 7.2-1 可知

$$r = \sqrt{x^2 + y^2}, \qquad \phi = tan^{-1}\frac{y}{x} \qquad (7.2\text{-}1)$$

$$x = r\,cos\,\phi, \qquad y = r\,sin\,\phi \qquad (7.2\text{-}2)$$

若是令

$$z = x + jy = r\angle\phi \qquad (7.2\text{-}3)$$

$$z_1 = x_1 + jy_1 = r_1\angle\phi_1 \qquad (7.2\text{-}4)$$

$$z_2 = x_2 + jy_2 = r_2\angle\phi_2 \qquad (7.2\text{-}5)$$

則常用的相量法複數運算如下：

加法： $\qquad z_1 + z_2 = (x_1 + x_2) + j(y_1 + y_2) \qquad (7.2\text{-}6)$

減法： $\qquad z_1 - z_2 = (x_1 - x_2) + j(y_1 - y_2) \qquad (7.2\text{-}7)$

乘法： $\qquad z_1 z_2 = r_1 r_2 \angle(\phi_1 + \phi_2) \qquad (7.2\text{-}8)$

除法：
$$\frac{z_1}{z_2} = \frac{r_1}{r_2} \angle\left(\phi_1 - \phi_2\right) \tag{7.2-9}$$

倒數：
$$\frac{1}{z} = \frac{1}{r} \angle\left(-\phi\right) \tag{7.2-10}$$

共軛：
$$z^* = x - jy = r\angle\left(-\phi\right) \tag{7.2-11}$$

顯然地，直角座標形式適合加法與減法，而極座標形式則適合乘法與除法。

相量法的觀念主要來自尤拉公式：$e^{j\phi} = cos\,\phi + j\,sin\,\phi$，根據此公式可知 $e^{j\phi}$ 的實部與虛部分別為 $cos\phi$ 與 $sin\phi$，亦即

$$cos\,\phi = Re\left(e^{j\phi}\right) \tag{7.2-12}$$

$$sin\,\phi = Im\left(e^{j\phi}\right) \tag{7.2-13}$$

利用此表示法可將弦波訊號 $v(t)=V_m cos(\omega t+\phi)$ 表為

$$\begin{aligned} v(t) &= V_m\,cos\left(\omega t + \phi\right) \\ &= Re\left(V_m e^{j(\omega t+\phi)}\right) = Re\left(V_m e^{j\phi} e^{j\omega t}\right) \end{aligned} \tag{7.2-14}$$

若是令

$$V = V_m e^{j\phi} = V_m \angle\phi \tag{7.2-15}$$

則

$$v(t) = Re\left(V e^{j\omega t}\right) \tag{7.2-16}$$

稱 $V = V_m \angle\phi$ 為相量(phasor)，顯然地，相量 $V = V_m \angle\phi$ 必須包括大小 (magnitude)V_m 與相位(phase)ϕ 兩部分。

接著探討相量表示法與單頻響應的關係，由圖 7.1-1 可知，當穩定電路所具有的特性為

$$H(j\omega) = |H(j\omega)|e^{j\theta} = |H(j\omega)|\angle\theta \qquad (7.2\text{-}17)$$

且輸入為弦波訊號

$$w(t) = A\cos(\omega t + \phi) = \text{Re}\left(Ae^{j(\omega t + \phi)}\right) = \text{Re}\left(We^{j\omega t}\right) \quad (7.2\text{-}18)$$

則所獲得的輸出為

$$\begin{aligned}
y(t) &= A|H(j\omega)|\cos(\omega t + \phi + \theta) \\
&= \text{Re}\left(A|H(j\omega)|e^{j(\omega t + \phi + \theta)}\right) = \text{Re}\left(Ye^{j\omega t}\right)
\end{aligned} \qquad (7.2\text{-}19)$$

在以上兩式中的輸入與輸出相量分別為

$$W = Ae^{j\phi} = A\angle(\phi) \qquad (7.2\text{-}20)$$

$$Y = A|H(j\omega)|e^{j(\phi+\theta)} = A|H(j\omega)|\angle(\phi + \theta) \qquad (7.2\text{-}21)$$

由(7.2-17)、(7.2-20)與(7.2-21)可知

$$Y = H(j\omega)W \qquad (7.2\text{-}22)$$

換句話說，圖 7.1-1 中的弦波訊號運算，在單頻的條件下可以簡化為(7.2-22)的相量運算。不過，截至目前為止，$H(j\omega)$仍然必須仰賴拉氏轉換 $H(s)$的取得，這種情況使得整個分析過程還是相當煩瑣，若要進一步簡化計算，則必須引入阻抗(impedance)元件的概念，在下一節中將說明阻抗元件在電路上的應用。

《範例 7.2-1》

求下列弦波訊號的相量為何？

391

(A) $v(t) = -3\cos(5t - 20°)$

(B) $y(t) = 2\sin(14t + 50°)$

解答：

(A) 由於 $-\cos\theta = \cos(\theta + 180°)$，因此

$$v(t) = -3\cos(5t - 20°) = 3\cos(5t + 160°)$$

故 $v(t)$ 的相量為 $V = 3\angle 160°$

(B) 由於 $\sin\theta = \cos(\theta - 90°)$，因此

$$y(t) = 2\sin(14t + 50°) = 2\cos(14t - 40°)$$

故 $y(t)$ 的相量為 $Y = 2\angle -40°$

【練習 7.2-1】

求下列弦波訊號的相量為何？

(A) $i(t) = -20\sin(0.4t - 100°)$

(B) $w(t) = 1.5\cos(4t + 150°) + \sin(4t - 10°)$

《範例 7.2-2》

令弦波訊號的頻率為 ω，求下列相量所對應的弦波訊號：

(A) $V = -12 + j5$，$\omega = 3$ rad

(B) $Y = j10\, e^{-j15°}$，$\omega = 20$ rad

解答：

(A)由於 $V = -12 + j5 = 13\angle157°$，因此 $v(t) = 13\cos(3t + 157°)$

(B)由於 $Y = j10\,e^{-j15°} = 10\angle75°$，因此 $y(t) = 10\cos(20t + 75°)$

【練習 7.2-2】

令弦波訊號的頻率為 ω，求下列相量所對應的弦波訊號：

(A) $V = 3 - j4$，ω=5 rad

(B) $Y = 10\,e^{j35°}(1 + j)$，ω=12 rad

◄◄◄

《範例 7.2-3》

考慮兩個弦波訊號 $v_1(t) = 12\cos 3t$ 與 $v_2(t) = 4\cos(3t + 30°)$，請利用三角公式與相量法分別計算 $v_1(t) + v_2(t)$，並驗證兩種方法之結果是否相同。

解答：

首先利用三角公式，其結果如下：

$$
\begin{aligned}
v_1(t) + v_2(t) &= 12\cos 3t + 4\cos(3t + 30°) \\
&= 12\cos 3t + 4(\cos 3t\cos 30° - \sin 3t\sin 30°) \\
&= 12\cos 3t + 3.464\cos 3t - 2\sin 3t \\
&= 15.464\cos 3t - 2\sin 3t \\
&= 15.593\cos(3t + 7.37°)
\end{aligned}
$$

其次是相量法，由 $v_1(t) = Re(12e^{j3t})$ 與 $v_2(t) = Re(4e^{j(3t+30°)})$ 可知兩

者的相量分別為 $V_1 = 12\angle 0°$ 與 $V_2 = 4\angle 30°$ ，使得

$$V_1 + V_2 = 12\angle 0° + 4\angle 30° = 12 + 3.464 + j2$$
$$= 15.464 + j2 = 15.593\angle 7.37°$$

故 $v_1(t) + v_2(t) = 15.593\cos(3t + 7.37°)$ ，此結果與利用三角公式所獲得的結果相同。

【練習 7.2-3】

考慮兩個弦波訊號 $v_1(t) = 4\cos 2t$ 與 $v_2(t) = 3\cos(2t - 45°)$ ，請利用三角公式與相量法分別計算 $v_1(t) - v_2(t)$ ，並驗證兩種方法之結果是否相同。

◀◀◀

7.3 阻抗與導納

利用相量法來分析穩定電路的單頻響應時，電路中的電壓與電流為弦波訊號，都必須以相量來表示，而電路中的元件則是以阻抗(impedance)或導納(admittance)為參數來描述，其作用與電阻或電導相同，因此也有人稱它們為複數電阻或複數電導。令元件上的電壓與電流為

$$v(t) = V\cos(\omega t + \phi_v) = Re(Ve^{j(\omega t + \phi_v)}) = Re(Ve^{j\omega t}) \tag{7.3-1}$$

$$i(t) = I\cos(\omega t + \phi_i) = Re(Ie^{j(\omega t + \phi_i)}) = Re(Ie^{j\omega t}) \tag{7.3-2}$$

其中 $V = Ve^{j\phi_v}$ 稱為元件的電壓相量，$I = Ie^{j\phi_i}$ 為電流相量，定義元件阻

抗 Z 為電壓相量 $V = Ve^{j\phi_v}$ 與電流相量 $I = Ie^{j\phi_i}$ 的比值，即

$$Z = \frac{V}{I} = \frac{V}{I}e^{j(\phi_v - \phi_i)} = \frac{V}{I}\angle(\phi_v - \phi_i)$$

$$= \frac{V}{I}cos(\phi_v - \phi_i) + j\frac{V}{I}sin(\phi_v - \phi_i) \qquad (7.3\text{-}3)$$

$$= R + jX$$

其中 $X = \frac{V}{I}sin(\phi_v - \phi_i)$ 稱為電抗(reactance)，$R = \frac{V}{I}cos(\phi_v - \phi_i)$ 稱為電阻，而且阻抗 Z、電阻 R 與電抗 X 的單位都是Ω。元件的導納 Y 為電流相量 $I = Ie^{j\phi_i}$ 與電壓相量 $V = Ve^{j\phi_v}$ 的比值，即

$$Y = \frac{I}{V} = \frac{I}{V}e^{j(\phi_i - \phi_v)} = \frac{I}{V}\angle(\phi_i - \phi_v)$$

$$= \frac{I}{V}cos(\phi_i - \phi_v) + j\frac{I}{V}sin(\phi_i - \phi_v) \qquad (7.3\text{-}4)$$

$$= G + jB$$

其中 $B = \frac{I}{V}sin(\phi_i - \phi_v)$ 稱為電納(susceptance)，$G = \frac{I}{V}cos(\phi_i - \phi_v)$ 稱為電導，而且導納 Y、電導 G 與電納 B 的單位都是 S。顯然地，導納與阻抗互為倒數，底下將分別探討電阻、電容及電感的阻抗與導納，以及它們與頻率的關係。

■ 電阻元件之阻抗

圖 7.3-1(a)中為線性電阻元件，根據歐姆定律，通過電阻的電流 $i_R(t)$ 與其兩端的電壓 $v_R(t)$ 成正比，表示式為

$$v_R(t) = R \cdot i_R(t) \qquad (7.3\text{-}5)$$

在單頻電路中，令 $v_R(t)=A\cos\omega t$，則 $i_R(t)=A\cos\omega t/R$，兩者的相量分別為

$V_R=A\angle 0°$ 與 $I_R=\dfrac{A}{R}\angle 0°$，顯然地，電壓與電流的相位相同，根據(7.3-3)與

(7.3-4)可得電阻的阻抗與導納分別為

$$Z_R = \frac{V_R}{I_R} = \frac{A\angle 0°}{\dfrac{A}{R}\angle 0°} = R \quad (\Omega) \qquad (7.3\text{-}6)$$

$$Y_R = \frac{I_R}{V_R} = \frac{\dfrac{A}{R}\angle 0°}{A\angle 0°} = \frac{1}{R} \quad (S) \qquad (7.3\text{-}7)$$

圖 7.3-1(b)為電阻在單頻電路分析中所採用的阻抗模式，圖 7.3-1(c)為電阻

的相量圖，利用向量方式來表示 $V_R=A\angle 0°$ 與 $I_R=\dfrac{A}{R}\angle 0°$，以長度代表相量

大小，以夾角代表相位差，由於 $V_R=A\angle 0°$ 與 $I_R=\dfrac{A}{R}\angle 0°$ 的相位差為 0，因

此兩向量的方向相同。

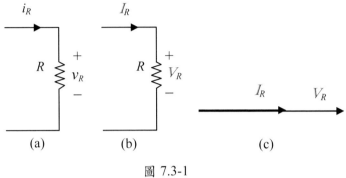

圖 7.3-1

■ 電容元件之阻抗

圖 7.3-2(a)為電容元件，根據元件的特性，電容的電流 $i_C(t)$ 與其兩端的電壓 $v_C(t)$ 的關係式為

$$i_C(t) = C\frac{dv_C(t)}{dt} \tag{7.3-8}$$

令 $v_C(t)=A\cos\omega t$，則 $i_C(t)=-A\omega C\sin\omega t = A\omega C\cos(\omega t + 90°)$，兩者的相量分別為 $V_C=A\angle 0°$ 與 $I_C=A\omega C\angle 90°$，顯然地，電流的相位領先電壓 $90°$，根據(7.3-3)與(7.3-4)可得電容的阻抗與導納分別為

$$Z_C = \frac{V_C}{I_C} = \frac{A}{A\omega C\angle 90°} = \frac{1}{j\omega C} \quad (\Omega) \tag{7.3-9}$$

$$Y_C = \frac{I_C}{V_C} = \frac{A\omega C\angle 90°}{A} = \omega C\angle 90° = j\omega C \quad (S) \tag{7.3-10}$$

圖 7.3-2(b)為電容在單頻電路分析中所採用的阻抗模式，圖 7.3-2(c)為電容的相量圖，其中 $I_C=A\omega C\angle 90°$ 的相位比 $V_C=A\angle 0°$ 領先 $90°$。

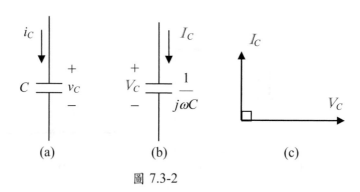

$$\text{圖 } 7.3\text{-}2$$

■ 電感元件之阻抗

圖 7.3-3(a)為電感元件，根據元件的特性，電感的電流 $i_L(t)$ 與其兩端的電壓 $v_L(t)$ 的關係式為

$$v_L(t) = L\frac{di_L(t)}{dt} \tag{7.3-11}$$

令 $i_L(t) = A\cos\omega t$，則 $v_L(t) = -A\omega L\sin\omega t = A\omega L\cos(\omega t + 90°)$，兩者的相量分別為 $I_L(j\omega) = A\angle 0°$ 與 $V_L = A\omega L\angle 90°$，顯然地，電流的相位落後電壓 $90°$，根據(7.3-3)與(7.3-4)可得電感的阻抗與導納分別為

$$Z_L = \frac{V_L}{I_L} = \frac{A\omega L\angle 90°}{A} = \omega L\angle 90° = j\omega L \quad (\Omega) \tag{7.3-12}$$

$$Y_L = \frac{I_L}{V_L} = \frac{A}{A\omega L\angle 90°} = \frac{1}{j\omega L} \quad (S) \tag{7.3-13}$$

圖 7.3-3(b)為電感的單頻電路分析阻抗模式，圖 7.3-3(c)為電感的相量圖，其中 $V_L = A\omega L\angle 90°$ 的相位比 $I_L(j\omega) = A\angle 0°$ 領先 $90°$。

398

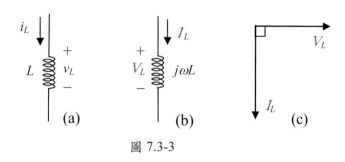

圖 7.3-3

阻抗與導納通常被視複數的電阻與電導，它們除了在定義上極為相近外，在結構上串聯或並聯的處理也都相同，底下以圖 7.3-4(a)為例來說明阻抗相結合後所形成的等效阻抗 Z 或導納 Y。

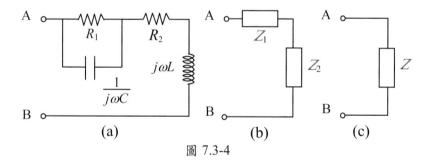

圖 7.3-4

■ 等效阻抗與導納

在圖 7.3-4(a)中電阻 R_1 與電容 C 並聯，阻抗分別為 $Z_{R1} = R_1$ 與 $Z_C = \dfrac{1}{j\omega C}$，若將阻抗視為電阻，則根據並聯公式可得兩阻抗之等效阻抗如下：

$$Z_1 = \left(\frac{1}{Z_{R1}} + \frac{1}{Z_C} \right)^{-1} = \left(\frac{1}{R_1} + j\omega C \right)^{-1}$$

$$= \frac{R_1}{1 + j\omega R_1 C} \tag{7.3-14}$$

其次是電阻 R_2 與電感 L 串聯,兩者阻抗為 $Z_{R2} = R_2$ 與 $Z_L = j\omega L$,根據串聯公式可得兩阻抗之等效阻抗如下:

$$Z_2 = Z_{R1} + Z_L = R_2 + j\omega L \tag{7.3-15}$$

在圖 7.3-4(b)所示為 Z_1 與 Z_2 所形成的阻抗串聯結構,再經串聯處理後可得整個電路的等效阻抗如下:

$$Z = Z_1 + Z_2 = \frac{R_1}{1 + j\omega R_1 C} + R_2 + j\omega L \tag{7.3-16}$$

取其倒數後即可得等效導納 $Y = Z^{-1}$,最後利用一些範例來熟悉多阻抗結合的處理方式。

《範例 7.3-1》

考慮下列之電路,若頻率 ω=4 rad,則由 AB 兩端所觀察到的阻抗 Z 為何?導納 Y 為何?電阻、電抗、電導與電納各為何?

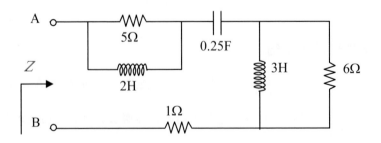

解答：

在頻率 $\omega=4$ rad 的條件下，此電路的阻抗圖如下所示：

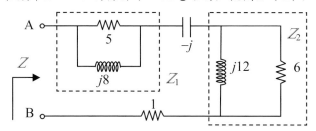

其中 5 與 $j8$ 並聯後的等效電阻為

$$Z_1 = \left(\frac{1}{5} + \frac{1}{j8}\right)^{-1} = \frac{j40}{5 + j8} = 3.596 + j2.247$$

而 6 與 $j12$ 並聯後的等效電阻為

$$Z_2 = \left(\frac{1}{6} + \frac{1}{j12}\right)^{-1} = \frac{j12}{1 + j2} = 4.8 + j2.4$$

由 AB 兩端所觀察到的阻抗 Z 為 Z_1、$-j$、Z_2 與 1 串聯而成，故阻抗為

$$Z = Z_1 - j + Z_2 + 1$$
$$= (3.596 + j2.247) - j + (4.8 + j2.4) + 1$$
$$= 9.396 + j3.647 \quad (\Omega)$$

其中電阻為 9.396Ω，電抗為 $3.647\ \Omega$。而導納為阻抗的倒數，故導納為

$$Y = Z^{-1} = (9.396 + j3.647)^{-1}$$
$$= 0.0925 - j0.0359 \quad (\text{S})$$

其中電導為 0.0925 S，電納為 -0.0359 S

【練習 7.3-1】

考慮下列之電路，若頻率 $\omega=5$ rad，則由 AB 兩端所觀察到的阻抗 Z 為何？導納 Y 為何？電阻、電抗、電導與電納各為何？

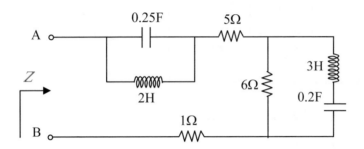

◀◀◀

7.4 交流電路分析

　　在這一節中將以範例來介紹如何利用相量與阻抗來求解具單頻弦波訊號的交流電路，由於阻抗可視為複數電阻，因此在電阻電路中所使用的等效電路法、節點分析法與網目分析法也都適用於單頻交流電路的分析。

《範例 7.4-1》

下圖中 $R_1=R_2=4\,\Omega$，$R_3=2\,\Omega$，$C=1/12$ F，若施加 $v_s(t)=4sin5t$ V，則當 $t\rightarrow\infty$ 時 $v_2(t)$ 為何？

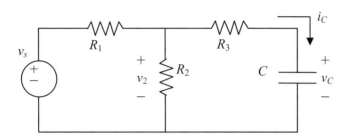

解答：

當 $t \to \infty$ 時，不需考慮初值影響，由於電路之頻率為 $\omega = 5$ rad，所以原電路之相量阻抗模式如下：

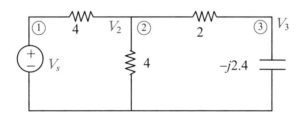

利用節點分析法，節點①之電壓即 $V_s = 4\angle(-90°) = -j4$，其餘兩節點之方程式為

KCL②： $\dfrac{V_2 - V_s}{4} + \dfrac{V_2}{4} + \dfrac{V_2 - V_3}{2} = 0$

KCL③： $\dfrac{V_3 - V_2}{2} + \dfrac{V_3}{-j2.4} = 0$

整理後成為

$$\begin{cases} 4V_2 - 2V_3 = V_s \\ (6 + j5)V_3 - 6V_2 = 0 \end{cases}$$

計算後可得

$$V_2 = \frac{6+j5}{12+j20}V_s = \frac{6+j5}{12+j20}(-j4) = 1.339\angle(-109.2°)$$

故 $v_2(t) = 1.339\cos(5t-109.2°) = -0.44\cos 5t + 1.26\sin 5t$ V

【練習 7.4-1】

下圖中 $R_1=R_2=4\ \Omega$，$R_3=2\ \Omega$，$L=1$ H，若施加 $v_s(t)=4\sin 5t$ V，則當 $t\to\infty$ 時 $v_2(t)$ 為何？

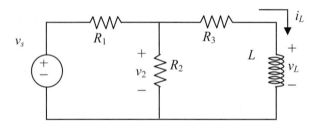

《範例 7.4-2》

在下圖之穩定電路中，$R_1=R_2=4\ \Omega$，$R_3=2\ \Omega$，$L=1$ H，若施加電流 $i_s(t)=3\cos 4t$ A，則當 $t\to\infty$ 時 $v_2(t)$ 為何？

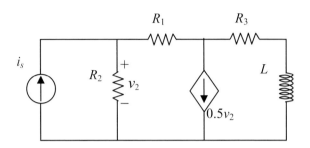

解答：

當 $t \to \infty$ 時，不需考慮初值影響，由於電路之頻率為 $\omega = 4$ rad，所以原穩定電路之相量阻抗模式如下：

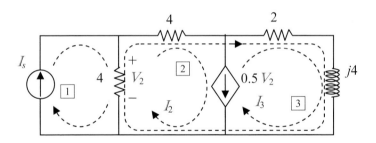

利用網目分析法目，網目 ①之電流即 $I_s = 3\angle 0° = 3$，其餘兩網目形成一個超網目 ②③，其方程式為

KCL②③：$I_2 - I_3 = 0.5V_2 = 0.5 \times 4(I_s - I_2)$

KVL②③：$4I_2 + (2 + j4)I_3 + 4(I_2 - I_s) = 0$

整理後成為

$$\begin{cases} 3I_2 - I_3 = 2I_s \\ 8I_2 + (2 + j4)I_3 = 4I_s \end{cases}$$

計算後可得

$$I_2 = \frac{4 + j4}{7 + j6} I_s = \frac{12 + j12}{7 + j6}$$

再觀察電路可知

$$V_2 = 4(I_s - I_2) = 4\left(3 - \frac{12 + j12}{7 + j6}\right) = 4.693\angle(-7°)$$

故 $v_2(t) = 4.693\cos(4t - 7°) = 4.659\cos 4t + 0.565\sin 4t$ V

【練習 7.4-2】

在下圖之穩定電路中，$R_1 = R_2 = 4\,\Omega$，$R_3 = 2\,\Omega$，$C = 1/12$F，若施加電流 $i_s(t) = 3\cos 4t$ A，則當 $t \rightarrow \infty$ 時 $v_2(t)$ 為何？

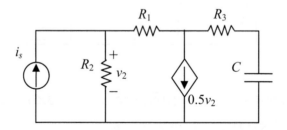

◄◄◄

《範例 7.4-3》

在下圖電路中之頻率為 $\omega = 3$ rad，並聯阻抗分別為 $Z_1 = 4\,\Omega$，$Z_2 = j6\,\Omega$，$Z_3 = -j8/3\,\Omega$，若電流源相量為 $I_s = 2\angle 0°$ A，求 I_2 與它相對應的弦波訊號 $i_2(t)$ 各為何？

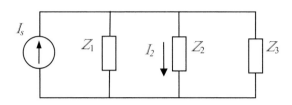

解答：

根據分流公式可知

$$I_2 = \frac{Z_2^{-1}}{Z_1^{-1} + Z_2^{-1} + Z_3^{-1}} I_s = \frac{1/j6}{\dfrac{1}{4} + \dfrac{1}{j6} + \dfrac{1}{-j8/3}} \times 2$$

$$= -0.656 - j0.788 \text{ (A)} = 1.024\angle(-129.8°) \text{ (A)}$$

故

$$i_2(t) = 1.024\cos(3t - 129.8°) \text{ (A)}$$

$$= -0.656\cos 3t + 0.787\sin 3t \text{ (A)}$$

【練習 7.4-3】

在下圖電路中之頻率為 $\omega=3$ rad，並聯阻抗分別為 $Z_1=2\,\Omega$，$Z_2 = -j3\Omega$，$Z_3 = -j4/3$，若電流源相量為 $I_s = 2\angle0°$ A，求 I_2 與它相對應的弦波訊號 $i_2(t)$ 各為何？

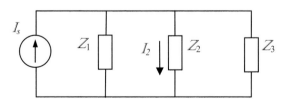

《範例 7.4-4》

如下圖所示，若頻率為 ω，則相量 I 與它所對應的弦波電流 $i(t)$ 各為何？

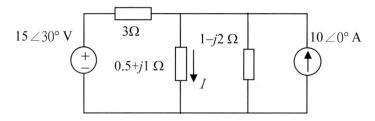

解答：

利用電源轉換將左端之電壓源轉為電流源，轉換後之電路如下所示：

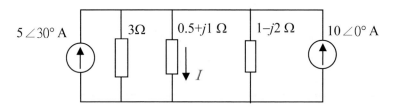

將兩電流源合併後成為

$$5\angle 30° + 10\angle 0° = \left(\frac{5\sqrt{3}}{2} + j\frac{5}{2} \right) + 10$$

$$= 14.33 + j2.5 = 14.55\angle 9.9°$$

再求 3Ω 與 $1-j2\Omega$ 之並聯等效阻抗，其結果為

$$\left(\frac{1}{3} + \frac{1}{1-j2} \right)^{-1} = 1.2 - j0.9$$

利用以上之數據，電路可再轉換如下：

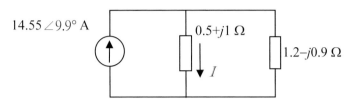

根據分流公式可知

$$I = \frac{1.2 - j0.9}{(0.5 + j1) + (1.2 - j0.9)} \times 14.55\angle 9.9°$$

$$= 12.82\angle(-30.34°) \ (A)$$

故 $i(t) = 12.82\,cos(\omega t - 30.34°) \ (A)$

【練習 7.4-4】

如下圖所示，若頻率為ω，則相量 V 與它所對應的弦波電壓 $v(t)$各為何？

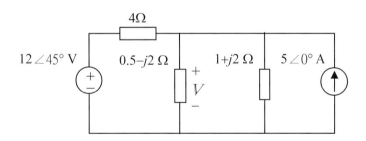

◀◀◀

7.5 平均功率與複數功率

　　在電路運作時必須利用電源來提供能量，若是採用弦波電源，則在電路中所產生的電壓或電流都是週期性的訊號，因此只需知道在一個週期內的電能，即可確認在一段時間內的總能量，這裡所說的"在一個週期內的電能"，它的觀念正與第一章中(1.4-6)所提及的平均功率有關，這也是本節中所要探討的主題之一。

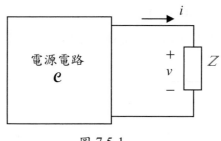

圖 7.5-1

■ 瞬時功率與平均功率

　　考慮圖 7.5-1 之交流電路，包括電源電路 $\mathcal{C}$ 與輸出負載 Z，在不失一般性的情況下，可選取負載上的電壓相位為 $0°$ 當作基準，令 $v(t)=V\cos(\omega t)$，且通過的電流為 $i(t)=I\cos(\omega t-\theta)$，亦即電流與電壓間的相位差為 θ，則負載所吸收的瞬時功率為

$$p(t) = v(t)i(t) = VI\cos\omega t\cos(\omega t - \theta)$$
$$= \frac{1}{2}VI\cos\theta + \frac{1}{2}VI\cos(2\omega t - \theta)$$
$$= \frac{1}{2}VI\cos\theta(1 + \cos 2\omega t) + \frac{1}{2}VI\sin\theta\sin 2\omega t \qquad (7.5\text{-}1)$$
$$= P(1 + \cos 2\omega t) + Q\sin 2\omega t$$
$$= 2P\cos^2\omega t + Q\sin 2\omega t$$

其中 $P = \frac{1}{2}VI\cos\theta$，$Q = \frac{1}{2}VI\sin\theta$，計算一個週期 T 內的平均功率可得

$$P_{av} = \frac{1}{T}\int_T p(t)dt = \frac{1}{T}\int_T \left(2P\cos^2\omega t + Q\sin 2\omega t\right)dt$$
$$= \frac{2P}{T}\int_T \cos^2\omega t\,dt + \frac{Q}{T}\int_T \sin 2\omega t\,dt \qquad (7.5\text{-}2)$$

其中週期 $T = \frac{2\pi}{\omega}$，由於 $\int_T \cos^2\omega t\,dt = \frac{T}{2}$，以及 $\int_T \sin 2\omega t\,dt = 0$，故平均功率

$$P_{av} = \frac{2P}{T}\int_T \cos^2\omega t\,dt = \frac{2P}{T}\cdot\frac{T}{2} = P = \frac{1}{2}VI\cos\theta \qquad (7.5\text{-}3)$$

這個結果所代表的意義是，瞬時功率 $p(t)$ 中的 $2P\cos^2\omega t$ 是真正被負載所吸收的功率，且在週期 T 內所吸收的平均功率為 $P = \frac{1}{2}VI\cos\theta$；但是瞬時功率 $p(t)$ 中的 $Q\sin 2\omega t$，因為在週期 T 內的平均值為 0，所以與 $Q = \frac{1}{2}VI\sin\theta$ 相關的能量並沒有被負載吸收，它只是在電源與負載之間流

動。根據這個事實，通常將 P 稱為實功率(real power)，而將 Q 稱為虛功率(reactive power)，這兩種功率會在複數功率的定義中再度出現。

利用相量表示法可得 $v(t)=V cos \omega t$ 的相量為 $V = V \angle 0°$ 與 $i(t)=I cos(\omega t - \theta)$ 的相量為 $I = I \angle (-\theta)$，若是先將電流相量取共軛運算如下：

$$I^* = I \angle \theta \qquad (7.5\text{-}4)$$

再與電壓相量相乘，則可得

$$\begin{aligned} VI^* &= (V \angle 0°)(I \angle \theta) = VI \angle \theta \\ &= VI cos \theta + jVI sin \theta \end{aligned} \qquad (7.5\text{-}5)$$

比較(7.5-3)與(7.5-5)可得

$$P = Re \left(\frac{1}{2} VI^* \right) \qquad (7.5\text{-}6)$$

故平均功率可以利用電壓相量與電流相量直接求得。不過，在此式中存在係數 $\frac{1}{2}$，這種表示法與傳統的功率公式 $p(t)=v(t)i(t)$ 有些差異，為了予以修正，通常在交流分析時改採有效值(effective value)的觀念，重新定義電壓相量與電流相量，進而引入複數功率來增加交流分析的便利性，底下就來探討這些新的定義。

■ 有效值

在瞬時功率(7.5-1)中，與平均功率相關的項為 $2P cos^2 \omega t$，顯然地，雖然弦波訊號在一個週期內的平均值為 0，但是會以 $cos^2 \omega t$ 的方式呈現在平均功率上，根據這個觀察，首先針對電壓 $v(t)=V cos \omega t$ 與 $i(t)=I cos(\omega t - \theta)$ 進行底下之方均根(root-mean-square value, 簡稱 rms)運算：

$$\widetilde{V} = \sqrt{\frac{1}{T} \int_T v^2(t) dt} = \sqrt{\frac{V^2}{T} \int_T \cos^2 \omega t\, dt}$$

$$= \sqrt{\frac{V^2}{T} \cdot \frac{T}{2}} = \sqrt{\frac{V^2}{2}} = \frac{V}{\sqrt{2}} \tag{7.5-7}$$

$$\widetilde{I} = \sqrt{\frac{1}{T} \int_T i^2(t) dt} = \sqrt{\frac{I^2}{T} \int_T \cos^2(\omega t - \theta)\, dt}$$

$$= \sqrt{\frac{I^2}{T} \cdot \frac{T}{2}} = \sqrt{\frac{I^2}{2}} = \frac{I}{\sqrt{2}} \tag{7.5-8}$$

特稱 $\widetilde{V} = \dfrac{V}{\sqrt{2}}$ 與 $\widetilde{I} = \dfrac{I}{\sqrt{2}}$ 為方均根值或有效值(effective value),利用以上之

有效值重新定義弦波訊號 $v(t)=V\cos\omega t$ 與 $i(t)=I\cos(\omega t-\theta)$ 的相量如下:

$$\widetilde{V} = \frac{V}{\sqrt{2}} = \frac{V}{\sqrt{2}} \angle 0° = \widetilde{V} \angle 0° \tag{7.5-9}$$

$$\widetilde{I} = \frac{I}{\sqrt{2}} = \frac{I}{\sqrt{2}} \angle \theta = \widetilde{I} \angle \theta \tag{7.5-10}$$

換句話說,電壓相量與電流相量可以是原先的表示法 $V = V\angle 0°$ 與 $I = I\angle(-\theta)$,也可以是有效值的表示法 $\widetilde{V} = \widetilde{V}\angle 0°$ 與 $\widetilde{I} = \widetilde{I}\angle(-\theta)$,在使用相量法時,必須特別注意到底是採用那一種方式,並且應避免混用,此外,不論是採用那一種表示法,它們所對應的都是電壓 $v(t)=V\cos\omega t$ 與電流 $i(t)=I\cos(\omega t-\theta)$。

■ 複數功率

接著以 $\widetilde{V} = \widetilde{V}\angle 0°$ 與 $\widetilde{I} = \widetilde{I}\angle(-\theta)$ 來定義複數功率(complex power),

其表示式為

$$S = \widetilde{V}\,\widetilde{I}^* = \widetilde{V}\,\widetilde{I}\angle\theta = \frac{V}{\sqrt{2}}\frac{I}{\sqrt{2}}\angle\theta$$

$$= \frac{1}{2}VI\cos\theta + j\frac{1}{2}VI\sin\theta \qquad (7.5\text{-}11)$$

$$= P + jQ = S\angle\theta$$

其中

$$S = |S| = \widetilde{V}\,\widetilde{I} = \frac{1}{2}VI \qquad (7.5\text{-}12)$$

$$P = \frac{1}{2}VI\cos\theta = Re\left(\widetilde{V}\,\widetilde{I}^*\right) = Re(S) \qquad (7.5\text{-}13)$$

$$Q = \frac{1}{2}VI\sin\theta = Im\left(\widetilde{V}\,\widetilde{I}^*\right) = Im(S) \qquad (7.5\text{-}14)$$

其中 $S = \widetilde{V}\,\widetilde{I}$ 稱為視在功率(apparent power)，$P = Re\left(\widetilde{V}\,\widetilde{I}^*\right)$ 稱為實功率，$Q = Im\left(\widetilde{V}\,\widetilde{I}^*\right)$ 稱為虛功率，且在 S、P 與 Q 的功率表示式中皆不存在 $\frac{1}{2}$ 的係數，因此可維持功率 $p(t)=v(t)i(t)$ 的傳統形式以避免混淆。此外，在單位方面，雖然 S、P 與 Q 都是功率，可以單純採用 VA 或 W，不過為了在表達時能夠清楚分辨，規定視在功率 S 與複數功率 S 的單位為 VA(volt-ampere)，實功率 P 的單位為 W(watt)，虛功率 Q 的單位為 VAR(volt-ampere-reactive)，這些單位的使用在交流分析時應特別留意。

圖 7.5-2 為複數功率 S 在複數平面上的相量圖，經常使用在交流功率的分析上，其中以電壓相量為基準，正好位在實軸上，而當 $\theta>0$ 時，電流的相位比電壓落後 θ ，如圖所示，此外，實功率 P 與虛功率 Q 分別為複數功

率 S 在實軸與虛軸上的投影量。

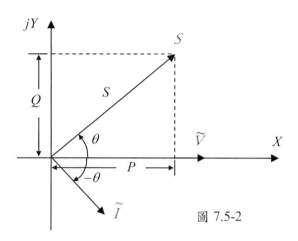

圖 7.5-2

進一步考慮負載阻抗的效應，令 $Z = R + jX$ ，其中 R 為電阻，X 為電抗，則負載的相量數學式為

$$\widetilde{V} = \widetilde{I} \, Z \tag{7.5-15}$$

即

$$Z = \frac{\widetilde{V}}{\widetilde{I}} = \frac{\widetilde{V}}{\widetilde{I}} \angle \theta = \frac{V}{I} \angle \theta = Z \angle \theta \tag{7.5-16}$$

故阻抗的大小為 $Z = \dfrac{V}{I}$ ，相位為 θ ，將(7.5-15)代入(7.5-11)可得複數功率為

$$S = \widetilde{V} \, \widetilde{I}^* = \widetilde{I} \, \widetilde{I}^* Z = \widetilde{I}^2 \, Z \angle \theta = S \angle \theta \tag{7.5-17}$$

或者是

$$S = \tilde{V}\,\tilde{I}^* = \tilde{I}\,\tilde{I}^*Z$$
$$= \tilde{I}^2(R + jX) = \tilde{I}^2 R + j\tilde{I}^2 X \qquad (7.5\text{-}18)$$
$$= P + jQ$$

故視在功率、實功率與虛功率分別為

$$S = \tilde{I}^2 Z = \frac{1}{2}I^2 Z \quad \text{(VA)} \qquad (7.5\text{-}19)$$

$$P = \tilde{I}^2 R = \frac{1}{2}I^2 R \quad \text{(W)} \qquad (7.5\text{-}20)$$

$$Q = \tilde{I}^2 X = \frac{1}{2}I^2 X \quad \text{(VAR)} \qquad (7.5\text{-}21)$$

由以上的分析，可以看出來複數功率的應用，確實大幅簡化了交流功率的計算。

■ 能量守恆定理

根據能量守恆定理，當一個電路具有 n 個元件時，此電路在任何時刻所吸收的總功率為 0，表示式如下：

$$p(t) = \sum_{k=1}^{n} p_k(t) = \sum_{k=1}^{n} v_k(t)i_k(t) = 0 \qquad (7.5\text{-}22)$$

其中 $v_k(t)$、$i_k(t)$ 與 $p_k(t)$ 分別為第 k 個元件的電壓、電流與功率。對於交流電路而言，利用(7.5-1)可將第 k 個元件的功率表為

$$p_k(t) = 2P_k \cos^2 \omega t + Q_k \sin 2\omega t, \qquad k=1,2,\cdots,n. \quad (7.5\text{-}23)$$

代入(7.5-22)可得

$$\sum_{k=1}^{n} p_k(t) = \sum_{k=1}^{n} \left(2P_k \cos^2 \omega t + Q_k \sin 2\omega t \right)$$

$$= 2\left(\sum_{k=1}^{n} P_k \right) \cos^2 \omega t + \left(\sum_{k=1}^{n} Q_k \right) \sin 2\omega t = 0 \tag{7.5-24}$$

由於此式在任何時刻都必須成立，因此 $\sum_{k=1}^{n} P_k = 0$ 且 $\sum_{k=1}^{n} Q_k = 0$，再利用

(7.5-11)可知，第 k 個元件的複數功率為 $S_k = P_k + jQ_k$，故總複數功率為

$$S = \sum_{k=1}^{n} S_k = \sum_{k=1}^{n} P_k + j\sum_{k=1}^{n} Q_k = 0 \tag{7.5-25}$$

換句話說，能量守恆定理不僅代表「電路在任何時刻所吸收的總功率為 0」，
也代表「電路在任何時刻的總複數功率為 0」。

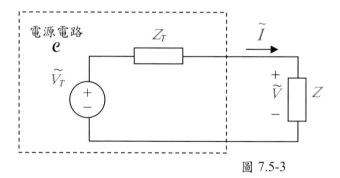

圖 7.5-3

■ 最大實功率傳輸定理

　　最後探討在圖 7.5-1 中的電路，如何選擇適當的負載 Z，才能將最大的
實功率由電源電路傳送至負載上？為了討論此問題，先將電源電路 $\mathcal{C}$ 轉換
為戴維寧等效電路，包括等效電壓 $\widetilde{V}_T$ 與等效阻抗 Z_T，如圖 7.5-3 所示，其

中 $\widetilde{V}_T$ 與 Z_T 為已知，而 Z 則尚待決定。觀察此電路可知負載之電壓與電流分別為

$$\widetilde{V} = \frac{Z}{Z_T + Z}\widetilde{V}_T \tag{7.5-26}$$

$$\widetilde{I} = \frac{\widetilde{V}_T}{Z_T + Z} \tag{7.5-27}$$

因此負載的複數功率為

$$\widetilde{V}\,\widetilde{I}^* = \frac{Z}{(Z_T + Z)(Z_T^* + Z^*)}\widetilde{V}_T\widetilde{V}_T^* \tag{7.5-28}$$

令

$$Z_T = R_T + jX_T \tag{7.5-29}$$

$$Z = R + jX \tag{7.5-30}$$

$$\widetilde{V}_T = \widetilde{V}_T\angle 0° \tag{7.5-31}$$

代入(7.5-28)後可得

$$\widetilde{V}\,\widetilde{I}^* = \frac{R + jX}{(R_T + R)^2 + (X_T + X)^2}\widetilde{V}_T^{\,2} \tag{7.5-32}$$

故由電源電路傳送至負載的實功率為

$$P = Re\left(\widetilde{V}\,\widetilde{I}^*\right) = \frac{R\widetilde{V}_T^{\,2}}{(R_T + R)^2 + (X_T + X)^2} \tag{7.5-33}$$

其中 R 與 X 為變數，計算 P 對 R 與 X 的偏微分如下：

$$\frac{\partial P}{\partial R} = \frac{R_T^2 - R^2 + \left(X_T + X\right)^2}{\left(\left(R_T + R\right)^2 + \left(X_T + X\right)^2\right)^2} \widetilde{V}_T^{\,2} \tag{7.5-34}$$

$$\frac{\partial P}{\partial X} = \frac{-2R\left(X_T + X\right)}{\left(\left(R_T + R\right)^2 + \left(X_T + X\right)^2\right)^2} \widetilde{V}_T^{\,2} \tag{7.5-35}$$

當實功率 P 為最大值時,必須滿足 $\dfrac{\partial P}{\partial X} = 0$ 且 $\dfrac{\partial P}{\partial R} = 0$,其結果為 $X = -X_T$ 且 $R = R_T$,亦即 Z_T 與 Z 互為共軛,關係式如下:

$$Z = Z_T^* \tag{7.5-36}$$

此負載阻抗稱為匹配阻抗(matching impedance),在此條件下可得

$$\widetilde{V} = \frac{R_T - jX_T}{2R_T} \widetilde{V}_T \tag{7.5-37}$$

$$\widetilde{I} = \frac{\widetilde{V}_T}{2R_T} \tag{7.5-38}$$

因此電源所提供的實功率 P_T 與負載所吸收的最大實功率 P_{max} 為

$$P_T = Re\left(\widetilde{V}_T \ \widetilde{I}^{\,*}\right) = \frac{\widetilde{V}_T^{\,2}}{2R_T} \tag{7.5-39}$$

$$P_{max} = Re\left(\widetilde{V} \ \widetilde{I}^{\,*}\right) = \frac{\widetilde{V}_T^{\,2}}{4R_T} = \frac{1}{2} P_T \tag{7.5-40}$$

顯然地,負載所能吸收的最大實功率正好是電源所提供實功率的一半。以上即是交流電路的最大實功率傳輸定理。

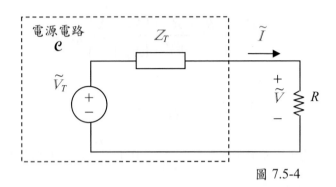

圖 7.5-4

在有些情況下,若所外加的是純電阻,如圖 7.5-4 所示,則該如何選取 R 才能獲得最大的實功率?此電路與圖 7.5-3 相比較,兩者的差異僅在 X 的有無,由於此電路的 $X=0$,因此只需考慮 P 對 R 的偏微,由(7.5-34)可知

$$\frac{\partial P}{\partial R} = \frac{R_T^2 - R^2 + X_T^2}{\left(\left(R_T + R \right)^2 + X_T^2 \right)^2} \widetilde{V}_T^2 \tag{7.5-41}$$

當負載獲得最大實功率時,$\dfrac{\partial P}{\partial R} = 0$,故應選取電阻

$$R = \sqrt{R_T^2 + X_T^2} \tag{7.5-42}$$

在此情況下,負載上之電壓與電流分別為

$$\widetilde{V} = \frac{R}{Z_T + R} \widetilde{V}_T \tag{7.5-43}$$

$$\widetilde{I} = \frac{\widetilde{V}_T}{Z_T + R} = \frac{\widetilde{V}}{R} \tag{7.5-44}$$

因此電源所提供的實功率 P_T 與負載所吸收的最大實功率 P_{max} 為

$$P_T = Re\left(\widetilde{V}_T \ \widetilde{I}^*\right) = Re\left(\frac{\widetilde{V}_T \ \widetilde{V}_T^*}{Z_T^* + R}\right)$$

(7.5-45)

$$= \frac{\widetilde{V}_T^2\left(R + R_T\right)}{\left(R + R_T\right)^2 + X_T^2} = \frac{\widetilde{V}_T^2}{2R}$$

$$P_{max} = Re\left(\widetilde{V} \ \widetilde{I}^*\right) = Re\left(\frac{\widetilde{V} \ \widetilde{V}^*}{R}\right) = \frac{\widetilde{V} \ \widetilde{V}^*}{R}$$

(7.5-46)

$$= \frac{R \ \widetilde{V}_T \ \widetilde{V}_T^*}{\left(Z_T + R\right)\left(Z_T^* + R\right)} = \frac{\widetilde{V}_T^2}{2\left(R + R_T\right)} = \frac{R}{R + R_T} P_T$$

顯然地，負載所吸收的最大實功率正好是電源提供的 $\dfrac{R}{R + R_T}$ 倍。

《範例 7.5-1》

如下圖所示，以 RC 並聯電路為負載，$R=5\Omega$，$C=100\mu F$，頻率 $f=60Hz$，
若 $v_s(t)=110\ sin2\pi ft$ V，則負載所消耗的瞬時功率、平均功率、複數功
率、實功率與虛功率各為何？

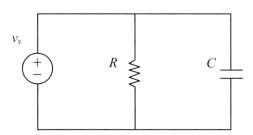

解答：

因為頻率 $\omega=2\pi f=377$，所以電容阻抗為 $\dfrac{1}{j\omega C} = -j26.53$，此外電壓

源 可 表 示 為 $v_s(t)=110cos(377t-90°)$ V，若 以 相 量 來 表 示 則 為

$$\widetilde{V}_s = \frac{110}{\sqrt{2}} \angle(-90°) = 77.78\angle(-90°)$$，所 以 原 電 路 之 相 量 阻 抗 模 式

如 下 所 示：

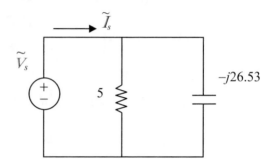

計 算 電 流 $i_s(t)$ 的 相 量 $\widetilde{I}_s$ 如 下：

$$\widetilde{I}_s = \frac{\widetilde{V}_s}{5} + \frac{\widetilde{V}_s}{-j26.53} = \frac{-j77.78}{5} + \frac{-j77.78}{-j26.53}$$
$$= 2.932 - j15.56 = 15.83\angle(-79.3)°$$

所 以 電 壓 源 提 供 的 電 流 為

$$i_s(t) = 15.83\sqrt{2}\, cos(337t - 79.3°)$$
$$= 22.387\, cos(337t - 79.3°)$$

由 於 負 載 的 電 壓 為 $v_s(t)$，流 過 的 電 流 為 $i_s(t)$，故 所 消 耗 的 瞬 時 功 率 為

$$p(t) = v_s(t)i_s(t)$$
$$= 110\, cos(377t - 90°) \times 22.387\, cos(377t - 79.3°)$$
$$= 1231.3\, cos(754t - 169.3°) + 1210 \text{ (W)}$$

根 據 此 式 可 知 負 載 的 平 均 功 率 為 $P=1210$W。再 由 相 量 $\widetilde{V}_s$ 與 $\widetilde{I}_s$ 可 得 複 數 功 率 為

$$S = \tilde{V}_s \tilde{I}_s^* = 77.78\angle(-90°) \times 15.83\angle(79.3)°$$
$$= 1231.3\angle(-10.7°) = 1210 - j228.6 \ (VA)$$

即實功率 1210W，虛功率為−j228.6 VAR。

【練習 7.5-1】

如右圖所示，以 RL 串聯電路為負載，
R=5Ω，L=10mH，頻率 f=60Hz，若
$v_s(t)$=110 $sin2\pi ft$ V，則負載所消耗的瞬
時功率、平均功率、複數功率、實功率
與虛功率各為何？

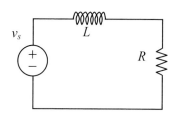

◀◀◀

《範例 7.5-2》

如下圖所示，若電壓源為 $\tilde{V}_s = 110\angle0°$ V，則

(A)當負載為 $Z = R + jX$ 且獲得最大實功率 P_{max} 時，Z=? P_{max}=?

(B) 當負載為純電阻 $Z = R$ 且獲得最大實功率 P_{max} 時，Z=? P_{max}=?

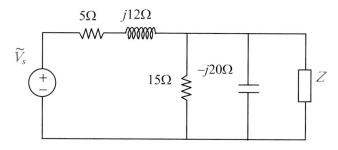

解答：

先將原電路轉換為戴維寧等效電路如下：

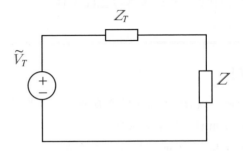

其中

$$\widetilde{V}_T = \frac{\left(\dfrac{1}{15}+\dfrac{1}{-j20}\right)^{-1}}{5+j12+\left(\dfrac{1}{15}+\dfrac{1}{-j20}\right)^{-1}}\widetilde{V}_s = \frac{9.6-j7.2}{14.6+j4.8}\times110$$

$$= 49.19 - j70.41 = 85.89\angle\left(-55.1°\right) \ (V)$$

$$Z_T = \left(\frac{1}{15}+\frac{1}{-j20}+\frac{1}{5+j12}\right)^{-1}$$

$$= 9.917 + j2.164 = R_T + jX_T \quad (\Omega)$$

(A)當負載為一般阻抗 $Z = R + jX$ 且獲得最大實功率 P_{max} 時，

$$Z = Z_T^* = 9.917 - j2.164 \ \Omega$$

由(7.5-40)可得

$$P_{max} = \frac{\widetilde{V}_T^2}{4R_T} = \frac{85.89^2}{4\times9.917} = 185.97 \quad W$$

(B) 當負載為純電阻 $Z = R$ 且獲得最大實功率 P_{max} 時

$$Z = R = \sqrt{R_T^2 + X_T^2} = \sqrt{9.917^2 + 2.164^2} = 10.15 \quad \Omega$$

由(7.5-46)可得

$$P_{max} = \frac{\tilde{V}_T^2}{2(R + R_T)} = \frac{85.89^2}{2(10.15 + 9.917)} = 183.81 \quad W$$

【練習 7.5-2】

如下圖所示，若電流源為 $\tilde{I}_s = 15\angle 30°$ A，則

(A)當負載為一般阻抗 $Z = R + jX$ 且獲得最大實功率 P_{max} 時，$Z = ?$ $P_{max} = ?$

(B)當負載為純電阻 $Z = R$ 且獲得最大實功率 P_{max} 時，$Z = ?$ $P_{max} = ?$

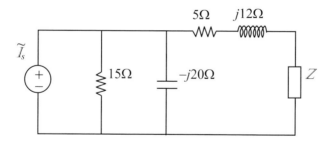

7.6 功率因素校正

功率因素校正(power factor correction)，簡稱為功因校正，在交流電力傳輸系統上是相當重要的議題，在這一節中將先介紹功率因素的意義，進而說明當功率因素不佳時，該如何予以校正。

在上一節之圖 7.5-2 中描繪了交流電路的複數功率 S 以及與它相關的視在功率 S、實功率 P 與虛功率 Q，為了讓說明更清楚，將此圖改畫於圖 7.6-1 中，其中電壓相量與電流向量刻意加入相位，表示式為 $\tilde{V} = \tilde{V} \angle \theta_v$ 與 $\tilde{I} = \tilde{I} \angle \theta_i$，兩者的相位差為 $\theta = \theta_v - \theta_i$，在此情況下，複數功率為 $S = \tilde{V} \tilde{I}^* = S \angle \theta$，阻抗為 $Z = \dfrac{\tilde{V}}{\tilde{I}} = Z \angle \theta$，當 $\theta > 0$ 時，表示電流相量落後電壓向量，或直稱電流落後電壓；而當 $\theta < 0$ 時，則是電流領先電壓。在圖 7.6-1 中所描述的正是電流落後電壓之情形，其中 $\theta_v < 0$，$\theta_i < 0$，而複數功率 S 的相位角為 $\theta = \theta_v - \theta_i > 0$。

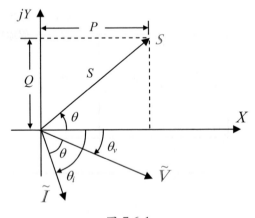

圖 7.6-1

在分析交流電路時，通常將重點放在實功率的探討，因為負載所能吸收的是實功率，而不是虛功率，這些虛功率只會在電源電路與負載之間交換，不會有任何損耗。然而，在實際的交流電路中，除了負載以外，還必須考慮電路中傳輸線的電阻效應，當電流在傳輸線上流動時，也會有額外的功率耗損。觀察圖 7.6-1 可知，當負載所吸收的實功率 P 固定時，若是虛功率的大小$|Q|$過多時，視在功率 S 也會過大，此時電流的有效值或振幅也會提升，在此情況之下，當然造成額外的實功率耗損於傳輸線上，因此在傳送電力時必須避免過多的虛功率 Q，也就是說，僅可能讓實功率 P 反應在視在功率 S 上，以提升整體電力的傳輸效率。

■ 功率因素

在交流系統中為了判斷電力的傳輸效率，通常以實功率 P 與視在功率 S 的比值做為依據，這個比值稱為功率因素(power factor)，表示式如下：

$$pf = \frac{P}{S} = \frac{P}{\tilde{V}\tilde{I}} = cos\,\theta = cos\left(\theta_v - \theta_i\right) \tag{7.6-1}$$

其中θ為複數功率 S 的相位，也是電流落後電壓的相位。在純電容性負載中，如圖 7.3-2 所示，由於阻抗為 $Z = -jX_C = X_C\angle\left(-90°\right)$，使得電流領先電壓 90°，即$\theta=-90°$，代入(7.6-1)可得

$$pf = cos\,\theta = cos\left(-90°\right) = 0 \tag{7.6-2}$$

在純電感性的負載中，如圖 7.3-3 所示，由於阻抗為 $Z = jX_L = X_L\angle\left(90°\right)$，使得電流落後電壓 90°，即$\theta=90°$，代入(7.6-1)可得

$$pf = cos\,\theta = cos\left(90°\right) = 0 \tag{7.6-3}$$

由(7.6-2)與(7.6-3)可知，純電容性與純電感性負載的功率因素皆為 0，換句話說，這兩種負載上的功率都是虛功率，並無法吸收實功率。

若是負載為純電阻，如圖 7.3-1 所示，由於阻抗為 $Z = R = R\angle 0°$，使得電流與電壓同相位，即 $\theta = 0°$，代入(7.6-1)可得

$$pf = cos\,\theta = cos(0°) = 1 \tag{7.6-4}$$

即純電阻性負載的功率因素為 1，它所吸收的功率都是實功率，因此所有的功率都會被負載完全吸收。

■ 電感性阻抗

在實際的負載中，純電容、純電感或純電阻性的負載並不存在，一般負載的阻抗可表為

$$Z = R + jX = Z\angle\theta \tag{7.6-5}$$

或

$$Z = R - jX = Z\angle(-\theta) \tag{7.6-6}$$

其中 $R>0$、$X>0$、$Z>0$ 與 $90°>\theta>0°$，當負載阻抗為(7.6-5)時，稱為電感性阻抗，因為它可以視為由電阻 R 與電感 L 串聯而成，如圖 7.6-2(a)(b)所示，其中電抗為 $X=\omega L$，若假設 $\widetilde{V} = \widetilde{V}\angle 0°$，則電流為

$$\widetilde{I} = \frac{\widetilde{V}}{Z} = \frac{\widetilde{V}}{Z}\angle(-\theta) = \widetilde{I}\angle(-\theta) \tag{7.6-7}$$

即電流落後電壓，相位差為 θ，如圖 7.6-2(c)所示，其複數功率為

$$S = \widetilde{V}\,\widetilde{I}^* = \widetilde{V}\widetilde{I}\angle\theta = S\angle\theta \tag{7.6-8}$$

視在功率為 S，實功率為 $P = S\,cos\,\theta$，虛功率為 $Q = S\,sin\,\theta > 0$，故功率因素為

$$pf = \frac{P}{S} = \cos\theta \qquad (7.6\text{-}9)$$

滿足下列條件：

$$0 < pf < 1 \qquad (7.6\text{-}10)$$

由於電感性阻抗的電流落後電壓，因此稱它的功率因素為落後功率因素 (lagging power factor)，所對應的虛功率 $Q>0$。

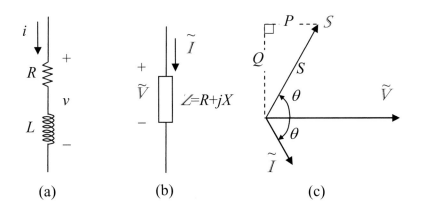

(a)　　　　　(b)　　　　　(c)

圖 7.6-2

■ 電容性阻抗

　　當負載阻抗為(7.6-6)時，稱為電容性阻抗，因為它可以視為由電阻 R' 與電容 C 並聯而成，如圖 7.6-3(a)(b)所示，由於電阻 R' 與電容 C 並聯而成的阻抗為

$$Z = \left(\frac{1}{R'} + j\omega C\right)^{-1} = \frac{R'}{1+(\omega R'C)^2} - \frac{j\omega R'^2 C}{1+(\omega R'C)^2} \qquad (7.6\text{-}11)$$

此式與(7.6-6)相比較，可得 $Z=R-jX=Z\angle-\theta$，其中電阻 $R = \dfrac{R'}{1+\left(\omega R'C\right)^2}$，

電抗 $-X = \dfrac{-\omega R'^2 C}{1+\left(\omega R'C\right)^2}$，若假設 $\widetilde{V} = \widetilde{V}\angle 0°$，則電流為

$$\widetilde{I} = \frac{\widetilde{V}}{Z} = \frac{\widetilde{V}}{Z}\angle\theta = \widetilde{I}\angle\theta \qquad (7.6\text{-}12)$$

即電流領先電壓，如圖 7.6-3(c)所示，其複數功率為

$$S = \widetilde{V}\,\widetilde{I}^* = \widetilde{V}\widetilde{I}\angle\left(-\theta\right) = S\angle\left(-\theta\right) \qquad (7.6\text{-}13)$$

視在功率為 S，實功率 $P = S\cos\left(-\theta\right)$，虛功率 $Q = S\sin\left(-\theta\right)<0$，故功率因素為

$$pf = \frac{P}{S} = \cos\left(-\theta\right) = \cos\theta \qquad (7.6\text{-}14)$$

滿足下列條件：

$$0 < pf < 1 \qquad (7.6\text{-}15)$$

以上兩式與電感性阻抗的(7.6-9)與(7.6-10)完全相同，由於電容性阻抗的電流領先電壓，因此稱它的功率因素為領先功率因素(leading power factor)，所對應的虛功率 $Q<0$。

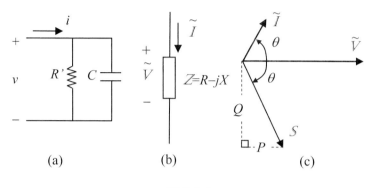

$$(a) \qquad\qquad (b) \qquad\qquad (c)$$

圖 7.6-3

■ 功因校正

雖然一般的負載可以分為電感性與電容性兩種阻抗，但是最常見的是電感性的負載，例如：電扇、吹風機、馬達、冷氣機等都是屬於電感性負載，當大量使用同一類型的電感性負載時，勢必造成虛功率的上升，導致交流電源的電流也跟著增大，許多功率便在傳輸線上無端的耗損掉，因此電力公司對於大電量用戶，例如大量使用馬達的工廠，都會要求其功率因素必須達到一定的標準之後，才願意提供所需用電。這些工廠為了符合功率因素的要求，通常都加入電容性的負載來加以調整，這種技術就是所謂的功因校正，底下以一些範例來加以說明。

《範例 7.6-1》

如下圖所示，電壓源為 $\tilde{V}_s = 77.8\angle 0°$，頻率為 $\omega = 377$ rad，連結至阻抗為 $Z = 40 + j75\ \Omega$ 的電感性負載，則

(A) 負載上的複數功率 S、視在功率 S、實功率 P 與虛功率 Q 各為何？

(B) 功率因素 pf 為何？

(C) 為了改善功率因素為 $pf=1$，通常將電容 C 並聯至此負載，求 $C=$？

(D) 在功率因素改善後，電源所輸出的電流相量 $I=$？輸出的電流 $i(t)=$？

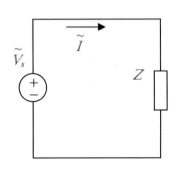

解答：

(A) 負載上的電壓相量為 $\widetilde{V}_s$，電流相量為

$$\widetilde{I} = \frac{\widetilde{V}_s}{Z} = \frac{77.8}{40+j75} = 0.4307 - j0.8076 = 0.9153\angle(-61.9°)$$

故負載的複數功率為

$$S = \widetilde{V}_s \widetilde{I}^* = 77.8 \times 0.9153\angle(61.9°)$$
$$= 71.21\angle(61.9°) = 33.54 + j62.82 \ (VA)$$

其中視在功率 $S=71.21$ VA，實功率 $P=33.54$ W，虛功率 $Q=62.82$ VAR。

(B) 功率因素為

$$pf = \frac{P}{S} = \frac{33.54}{71.21} = 0.47$$

(C) 將電容 C 並聯至此負載，如右圖所示：

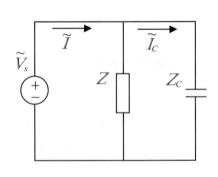

其中電容 C 的阻抗為 $Z_C = \dfrac{1}{j\omega C}$，

電壓相量為 $\widetilde{V}_s$，電流相量為

$$\widetilde{I}_C = \frac{\widetilde{V}_s}{Z_C} = 77.8(j\omega C) = j(77.8 \times 377C) = j29331C$$

故電容的複數功率為

$$S_C = \widetilde{V}_s \widetilde{I}_C^* = 77.8 \times (-j29331C) = -j2.282 \times 10^6 C \quad \text{(VA)}$$

為了改善功率因素為 $pf=1$，必須讓負載與電容的複數功率和 $S + S_C$ 只剩下實功率，亦即

$$S + S_C = 33.54 + j62.82 - j2.282 \times 10^6 C = 33.54$$

故

$$C = \frac{62.82}{2.282} \times 10^{-6} = 27.53 \quad (\mu F)$$

(D) 在功率因素改善後，電源所輸出的電流相量為 $\widetilde{I} = \dfrac{\widetilde{V}_s}{Z} + \widetilde{I}_C$，其中 $\dfrac{\widetilde{V}_s}{Z}$ 已在(A)中求得，其值為 $\dfrac{\widetilde{V}_s}{Z} = 0.4307 - j0.8076$，而

$$\widetilde{I}_C = j29331C = j29331 \times 27.53 \times 10^{-6} = j0.8076$$

故

$$\widetilde{I} = \frac{\widetilde{V}_s}{Z} + \widetilde{I}_C = 0.4307 - j0.8076 + j0.8076$$

$$= 0.4307\angle 0° \quad \text{(A)}$$

輸出的電流為

$$i(t) = 0.4307\sqrt{2}\, cos\, 377t = 0.6091 cos\, 377t \quad \text{(A)}$$

【練習 7.6-1】

如右圖所示，電壓源為

$\tilde{V}_s = 77.8\angle 30°$，頻率為 ω=377 rad，

連結至阻抗為 $Z = 50 + j16\,\Omega$ 的電

感性負載，則

(A) 負載上的複數功率 S、視在功率
S、實功率 P 與虛功率 Q 各為何？

(B) 功率因素 pf 為何？

(C) 為了改善功率因素為 pf=1，通常將電容 C 並聯至此負載，求
C=？

(D) 在功率因素改善後，電源所輸出的電流相量 I=？輸出的電流
$i(t)$=？

◀◀◀

《範例 7.6-2》

如右圖所示，電壓源
$\tilde{V}_s = 77.8\angle 0°$，頻率為
ω=377 rad，通常利用並聯的
電容 C 來改善電感性負載的
功率因素，令負載 Z 的實功
率 P=1000W，功率因素
pf=0.8，當功率因素得到最佳
的改善時，電容 C=？

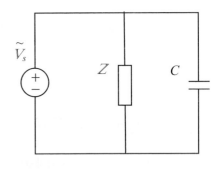

解答：

由於 Z 的實功率 P=1000W，功率因素 pf=0.8，所以視在功率為

$$S = \frac{P}{pf} = \frac{1000}{0.8} = 1250$$

故電感性負載的虛功率為

$$Q = \sqrt{S^2 - P^2} = 750$$

接著計算電容 C 的複數功率如下：

$$S_C = \widetilde{V}_s \widetilde{I}_C^* = \widetilde{V}_s \widetilde{V}_s^* (-j\omega C)$$
$$= -j\widetilde{V}_s^2 \omega C = -j77.8^2 \times 377C = -j2.2819 \times 10^6 C$$

虛功率為

$$Q_C = -2.2819 \times 10^6 C$$

當功率因素得到最佳的改善時，電容 C 的虛功率必須與負載的虛功率相抵消，故

$$2.2819 \times 10^6 C = 750$$

即

$$C = \frac{750}{2.2819 \times 10^6} = 328.7 \quad (\mu F)$$

【練習 7.6-2】

如下圖所示，電壓源 $\widetilde{V}_s = 77.8 \angle 0°$，頻率為 ω=377 rad，通常利用並聯的電容 C 來改善電感性負載的功率因素，令負載 Z 的實功率 P=1500W，功率因素 pf=0.75，當功率因素得到最佳的改善時，電容 $C = ?$

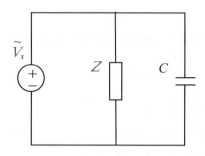

◀◀◀

7.7 三相平衡電路

在 1895 年，美國西屋公司成功地利用特斯拉(Nikola Tesla)所研發的交流三相系統，由尼加拉瀑布的水力發電廠將電力傳送到 40 公里外的工廠，自此以後，交流三相系統成為電力傳送的主流，世界各國都採用三相的交流系統來提供穩定的交流電源。

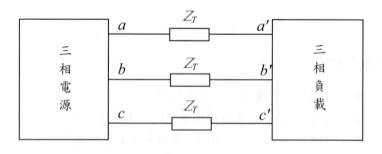

圖 7.7-1

■ 交流三相平衡系統

　　交流三相系統在結構上可概略分為三相電源、傳輸線與三相負載，如圖 7.7-1 所示，其中 Z_T 為傳輸線之阻抗，通常視為純電阻性阻抗，即 $Z_T=R_T$，當電力系統在運作時，通常都會將整個系統控制在平衡的狀況，以維持電力傳輸的品質與效率，這正是在本節中所要探討的架構—平衡三相電路。

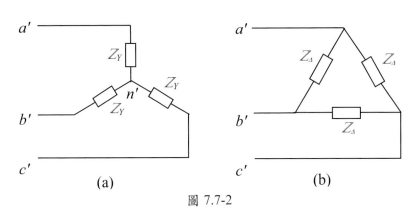

圖 7.7-2

■ 三相負載之結構

　　關於三相負載的結構，可區分為 Y 型與Δ型的兩種型態，它們與第三章中所介紹的 Y 型與Δ型電阻組相類似，參考圖 3.5-1(a)與圖 3.5-1(b)的電路結構，可得 Y 型與Δ型的阻抗組，如圖 7.7-2(a)與圖 7.7-2(b)所示，在平衡的狀況下，Y 型阻抗的三個阻抗都等於 Z_Y，Δ型阻抗的三個阻抗都等於 Z_Δ。這兩型的阻抗也可以相互轉換，其關係式為

$$Z_Y = \frac{Z_\Delta}{3} \tag{7.7-1}$$

此式的推導可參考第三章中 Y 型與Δ型電阻組的轉換公式(3.5-19)。

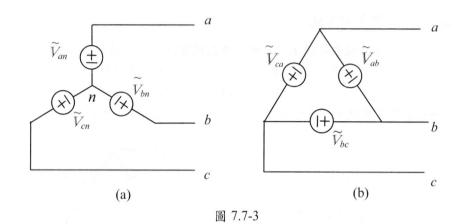

(a)　　　　　　　　　　　　(b)

圖 7.7-3

■ 三相電源之結構

　　關於三相電源的結構，同樣可區分為 Y 型與Δ型的兩種型態，分別如圖 7.7-3(a)與圖 7.7-3(b)所示，由於Δ型的三相電源電源很少使用，在本節中只探討圖 7.7-3(a)的 Y 型三相電源。

　　在 Y 型三相電源中，採用三個等振幅、同頻率與相位差 120°的電源，共同接到節點 n，各電源之表示式如下：

$$\tilde{V}_{an} = \tilde{V}_{an}\angle 0° = \tilde{V}\angle 0° \tag{7.7-2}$$

$$\tilde{V}_{bn} = \tilde{V}_{bn}\angle(-120°) = \tilde{V}\angle(-120°) \tag{7.7-3}$$

$$\tilde{V}_{cn} = \tilde{V}_{cn}\angle(-240°) = \tilde{V}_{cn}\angle 120° = \tilde{V}\angle 120° \tag{7.7-4}$$

稱 $\tilde{V}_{an}$、$\tilde{V}_{bn}$ 與 $\tilde{V}_{cn}$ 為相電壓(phase voltage)，其中 $\tilde{V}_{an} = \tilde{V}_{bn} = \tilde{V}_{cn} = \tilde{V}$，在此條件下，三個電源會達到平衡，滿足下列之方程式：

$$\tilde{V}_{an} + \tilde{V}_{bn} + \tilde{V}_{cn} = 0 \tag{7.7-5}$$

在複數平面上，三者的平衡關係如圖 7.7-4(a)所示，一般稱此種電壓的順序為正相序(positive sequence)。此外，若是將 $\widetilde{V}_{bn}$ 與 $\widetilde{V}_{cn}$ 兩相量互換，如圖 7.7-4(b)中所示，則稱為負相序(negative sequence)，在本節中所採用的是正相序。

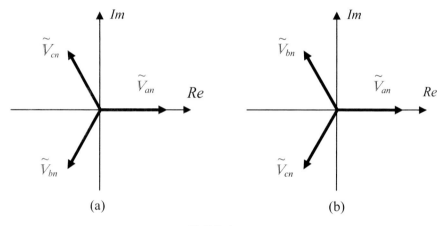

$$(a) \qquad\qquad\qquad (b)$$

圖 7.7-4

■ Y-Y 平衡電路

在只考慮 Y 型三相電源的情況下，平衡三相電路可分為兩種架構：Y-Y 平衡電路與 Y-Δ平衡電路。首先分析 Y-Y 平衡電路，如圖 7.7-5 所示，其中傳輸線為電阻性阻抗 R_T，若輸入電源為正相序電源，表示式如下：

$$\widetilde{V}_{an} = \widetilde{V} \angle 0° \qquad\qquad (7.7\text{-}6)$$

$$\widetilde{V}_{bn} = \widetilde{V} \angle (-120°) \qquad\qquad (7.7\text{-}7)$$

$$\widetilde{V}_{cn} = \widetilde{V} \angle 120° \qquad\qquad (7.7\text{-}8)$$

則三相電源之端點 a、b、c 間的電壓為

$$\tilde{V}_{ab} = \tilde{V}_{an} - \tilde{V}_{bn} = \tilde{V}\angle 0° - \tilde{V}\angle(-120°) = \sqrt{3}\tilde{V}\angle 30° \qquad (7.7\text{-}9)$$

$$\tilde{V}_{bc} = \tilde{V}_{bn} - \tilde{V}_{cn} = \tilde{V}\angle(-120°) - \tilde{V}\angle 120° = \sqrt{3}\tilde{V}\angle(-90°) \quad (7.7\text{-}10)$$

$$\tilde{V}_{ca} = \tilde{V}_{cn} - \tilde{V}_{an} = \tilde{V}\angle 120° - \tilde{V}\angle 0° = \sqrt{3}\tilde{V}\angle 150° \qquad (7.7\text{-}11)$$

稱 $\tilde{V}_{ab}$、$\tilde{V}_{bc}$ 與 $\tilde{V}_{ca}$ 為線電壓(line voltage)，這三個線電壓也會達到平衡，如圖 7.7-6 所示，滿足下列方程式：

$$\tilde{V}_{ab} + \tilde{V}_{bc} + \tilde{V}_{ca} = 0 \qquad (7.7\text{-}12)$$

此外，比較以上各式可知線電壓大小 $\sqrt{3}\tilde{V}$ 正好是相電壓大小 $\tilde{V}$ 的 $\sqrt{3}$ 倍。

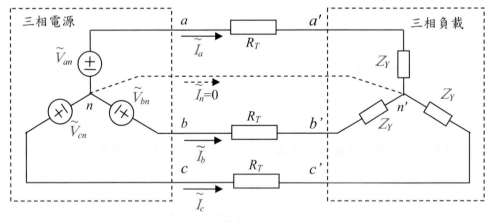

圖 7.7-5

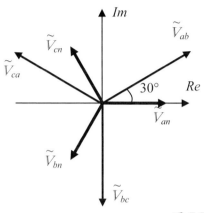

圖 7.7-6

接著討論三相電流 $\widetilde{I}_a$、$\widetilde{I}_b$ 與 $\widetilde{I}_c$，首先利用 KVL 於線電壓 $\widetilde{V}_{ab}$ 與 $\widetilde{V}_{bc}$，可得方程式如下：

$$\widetilde{V}_{ab} = \left(R_T + Z_Y\right)\widetilde{I}_a - \left(R_T + Z_Y\right)\widetilde{I}_b = \sqrt{3}\widetilde{V}\angle 30° \tag{7.7-13}$$

$$\widetilde{V}_{bc} = \left(R_T + Z_Y\right)\widetilde{I}_b - \left(R_T + Z_Y\right)\widetilde{I}_c = \sqrt{3}\widetilde{V}\angle\left(-90°\right) \tag{7.7-14}$$

再根據 KCL，由節點 n 可得

$$\widetilde{I}_a + \widetilde{I}_b + \widetilde{I}_c = 0 \tag{7.7-15}$$

由以上三式可求得

$$\widetilde{I}_a = \frac{\widetilde{V}\angle 0°}{R_T + Z_Y} \tag{7.7-16}$$

441

$$\tilde{I}_b = \frac{\tilde{V}\angle(-120°)}{R_T + Z_Y} \qquad (7.7\text{-}17)$$

$$\tilde{I}_c = \frac{\tilde{V}\angle 120°}{R_T + Z_Y} \qquad (7.7\text{-}18)$$

觀察圖 7.7-5 可知節點 n 與節點 n'間的電壓為

$$\tilde{V}_{nn'} = \tilde{V}_{an} - (R_T + Z_Y)\tilde{I}_a \qquad (7.7\text{-}19)$$

將(7.7-6)與(7.7-16)代入上式可得

$$\tilde{V}_{nn'} = 0 \qquad (7.7\text{-}20)$$

也就是說，在三相平衡的狀態下，節點 n 與節點 n'間的電壓為 0，即使將兩點間連結，在連線上也不會存在任何電流，如圖 7.7-5 中之虛線所示，在虛線上的電流 $\tilde{I}_n = 0$。綜合言之，在實際的狀況下，節點 n 與節點 n'間並不相連，且兩點間的電壓為 0，在求解 Y-Y 平衡電路時，利用此特性及(7.7-19)可以簡化整個電路為圖 7.7-7 之單相電路，其中 $\tilde{V}_p$ 代表相電壓，可以是 $\tilde{V}_{an}$、$\tilde{V}_{bn}$ 或 $\tilde{V}_{cn}$，而 $\tilde{I}_p$ 代表相電流，可以是 $\tilde{I}_a$、$\tilde{I}_b$ 或 $\tilde{I}_c$。

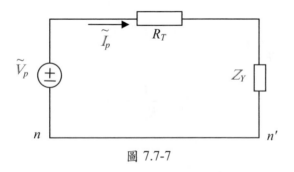

圖 7.7-7

442

此外，在 Y-Y 平衡電路中，若頻率為 ω，而且阻抗 $Z = R_T + Z_Y = Z\angle\theta$，則三相電源的電壓分別為

$$v_{an}(t) = \sqrt{2}\tilde{V}\, cos\, \omega t \tag{7.7-21}$$

$$v_{bn}(t) = \sqrt{2}\tilde{V}\, cos(\omega t - 120°) \tag{7.7-22}$$

$$v_{cn}(t) = \sqrt{2}\tilde{V}\, cos(\omega t + 120°) \tag{7.7-23}$$

三相的電流分別為

$$i_a(t) = \text{Re}\left(\frac{\sqrt{2}\tilde{V}_{an}}{Z}e^{j\omega t}\right) = \frac{\sqrt{2}\tilde{V}}{Z}cos(\omega t - \theta) \tag{7.7-24}$$

$$i_b(t) = \text{Re}\left(\frac{\sqrt{2}\tilde{V}_{bn}}{Z}e^{j\omega t}\right) = \frac{\sqrt{2}\tilde{V}}{Z}cos(\omega t - 120° - \theta) \tag{7.7-25}$$

$$i_c(t) = \text{Re}\left(\frac{\sqrt{2}\tilde{V}_{cn}}{Z}e^{j\omega t}\right) = \frac{\sqrt{2}\tilde{V}}{Z}cos(\omega t + 120° - \theta) \tag{7.7-26}$$

三相電源的瞬時功率分別為

$$\begin{aligned}p_a(t) &= v_a(t)\cdot i_a(t)\\&= \frac{\tilde{V}^2 cos\,\theta}{Z}(1 + cos\,2\omega t) + \frac{\tilde{V}^2 sin\,\theta}{Z}sin\,2\omega t\end{aligned} \tag{7.7-27}$$

$$\begin{aligned}p_b(t) &= v_b(t)\cdot i_b(t)\\&= \frac{\tilde{V}^2 cos\,\theta}{Z}(1 + cos(2\omega t + 120°)) + \frac{\tilde{V}^2 sin\,\theta}{Z}sin(2\omega t + 120°)\end{aligned}$$
$$\tag{7.7-28}$$

$$\begin{aligned}p_b(t) &= v_b(t)\cdot i_b(t)\\&= \frac{\tilde{V}^2 cos\,\theta}{Z}(1 + cos(2\omega t - 120°)) + \frac{\tilde{V}^2 sin\,\theta}{Z}sin(2\omega t - 120°)\end{aligned}$$
$$\tag{7.7-29}$$

三相電源的複數功率分別為

$$S_a = \widetilde{V}_{an} \widetilde{I}_a^* = \frac{\widetilde{V}_{an}\widetilde{V}_{an}^*}{Z^*} = \frac{\widetilde{V}^2}{Z} \angle\theta = \frac{\widetilde{V}^2}{Z}\cos\theta + j\frac{\widetilde{V}^2}{Z}\sin\theta \qquad (7.7\text{-}30)$$

$$S_b = \widetilde{V}_{bn} \widetilde{I}_b^* = \frac{\widetilde{V}_{bn}\widetilde{V}_{bn}^*}{Z^*} = \frac{\widetilde{V}^2}{Z} \angle\theta = \frac{\widetilde{V}^2}{Z}\cos\theta + j\frac{\widetilde{V}^2}{Z}\sin\theta \qquad (7.7\text{-}31)$$

$$S_c = \widetilde{V}_{cn} \widetilde{I}_c^* = \frac{\widetilde{V}_{bn}\widetilde{V}_{bn}^*}{Z^*} = \frac{\widetilde{V}^2}{Z} \angle\theta = \frac{\widetilde{V}^2}{Z}\cos\theta + j\frac{\widetilde{V}^2}{Z}\sin\theta \qquad (7.7\text{-}32)$$

由以上三式可知

$$S_a = S_b = S_c = \frac{\widetilde{V}^2}{Z}\cos\theta + j\frac{\widetilde{V}^2}{Z}\sin\theta \qquad (7.7\text{-}33)$$

且總複數功率為

$$S_Y = S_a + S_b + S_c = \frac{3\widetilde{V}^2}{Z}\cos\theta + j\frac{3\widetilde{V}^2}{Z}\sin\theta \qquad (7.7\text{-}34)$$

由此式可得三相電源所傳送的總平均功率為

$$P_Y = Re(S_Y) = \frac{3\widetilde{V}^2}{Z}\cos\theta \qquad (7.7\text{-}35)$$

再觀察(7.7-27)-(7.7-29)之瞬時功率，三者的總和為

$$p_Y(t) = p_a(t) + p_b(t) + p_c(t) = \frac{3\widetilde{V}^2\cos\theta}{Z} \qquad (7.7\text{-}36)$$

其中利用到以下兩個等式：

$$\cos 2\omega t + \cos(2\omega t + 120°) + \cos(2\omega t - 120°) = 0 \qquad (7.7\text{-}37)$$

$$\sin 2\omega t + \sin(2\omega t + 120°) + \sin(2\omega t - 120°) = 0 \qquad (7.7\text{-}38)$$

由(7.7-36)可獲得 Y 型三相電源的一個重要性質：在任意時刻所傳送的總瞬時功率為常數，並不會隨時間改變，此一性質代表三相電源的總平均功率

會等於總瞬時功率，即

$$P_Y = p_Y(t) = \frac{3\widetilde{V}^2}{Z} \cos\theta \tag{7.7-39}$$

此一性質亦可由(7.7-35)與(7.7-36)兩式得到驗證。

　　若是令負載 $Z_Y = Z_Y \angle \phi$，則利用以上相同的分析方式於三相負載中時，將可求得在端點 a' 的負載複數功率為

$$
\begin{aligned}
S_{a'} &= \widetilde{V}_{a'n'} \widetilde{I}_a^* = \left(\widetilde{I}_a Z_Y\right)\widetilde{I}_a^* = Z_Y \frac{\widetilde{V}^2}{Z^2} \\
&= \frac{Z_Y \widetilde{V}^2}{Z^2} \angle \phi = \frac{Z_Y \widetilde{V}^2}{Z^2} \cos\phi + j \frac{Z_Y \widetilde{V}^2}{Z^2} \sin\phi
\end{aligned}
\tag{7.7-40}
$$

而且三相負載的複數功率相等，即

$$S_{a'} = S_{b'} = S_{c'} = \frac{Z_Y \widetilde{V}^2}{Z^2} \angle \phi = \frac{Z_Y \widetilde{V}^2}{Z^2} \cos\phi + j \frac{Z_Y \widetilde{V}^2}{Z^2} \sin\phi \tag{7.7-41}$$

此外，在端點 a 與 a' 間的傳輸線複數功率為

$$S_{Ta} = \widetilde{V}_{Ta} \widetilde{I}_a^* = \left(R_T \widetilde{I}_a\right)\widetilde{I}_a^* = \frac{R_T \widetilde{V}^2}{Z^2} \tag{7.7-42}$$

而且三傳輸線的複數功率相等，即

$$S_{Ta} = S_{Tb} = S_{Tc} = \frac{R_T \widetilde{V}^2}{Z^2} \tag{7.7-43}$$

根據能量守恒可知

$$S_a = S_{a'} + S_{Ta} = \frac{\widetilde{V}^2}{Z^2} Z \tag{7.7-44}$$

此式可由(7.7-33)、(7.7-41)與(7.7-43)獲得驗證。

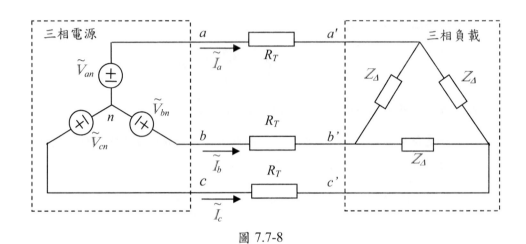

圖 7.7-8

■ Y-Δ平衡電路

接著分析 Y-Δ平衡電路，如圖 7.7-8 所示，其中傳輸線為電阻性阻抗 R_T，若輸入電源為正相序電源，表示式如下：

$$\widetilde{V}_{an} = \widetilde{V}\angle 0° \tag{7.7-45}$$

$$\widetilde{V}_{bn} = \widetilde{V}\angle(-120°) \tag{7.7-46}$$

$$\widetilde{V}_{cn} = \widetilde{V}\angle 120° \tag{7.7-47}$$

由於 Y 型與Δ型的阻抗組可以相互轉換，根據(7.7-1)可得 $Z_Y = \dfrac{Z_\Delta}{3}$，因此

圖 7.7-8 的 Y-Δ平衡電路可以轉換為圖 7.7-9 的 Y-Y 平衡電路，換句話說，

在 Y-Y 平衡電路中所推導的方程式都可適用，只需要將阻抗換為 $\dfrac{Z_\Delta}{3}$ 即可。

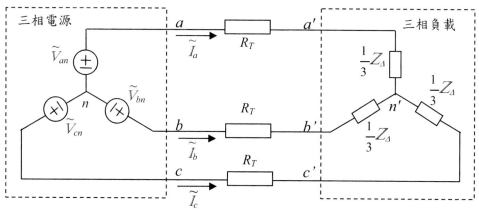

圖 7.7-9

《範例 7.7-1》

如下圖所示，有一 Y-Y 平衡電路，已知三電源為正相序，且
$\widetilde{V}_{an} = 110\angle 0°$，試求

(A) 線電壓 $\widetilde{V}_{ab}$、$\widetilde{V}_{bc}$ 與 $\widetilde{V}_{ca}$

(B) 相電流 $\widetilde{I}_{a}$、$\widetilde{I}_{b}$ 與 $\widetilde{I}_{c}$

(C) 三電源所傳送的總平均功率

(D) 三相負載的相電壓 $\widetilde{V}_{a'n'}$、$\widetilde{V}_{b'n'}$ 與 $\widetilde{V}_{c'n'}$

(E) 消耗在三相負載上的總平均功率

(F) 消耗在傳輸線的總平均功率

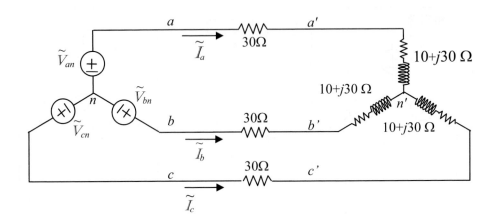

解答：

(A)在三電源為正相序的條件下，可得

$$\tilde{V}_{an} = 110\angle 0°$$

$$\tilde{V}_{bn} = 110\angle(-120°)$$

$$\tilde{V}_{cn} = 110\angle 120°$$

故線電壓為

$$\tilde{V}_{ab} = \tilde{V}_{an} - \tilde{V}_{bn} = 110\angle 0° - 110\angle(-120°) = 110\sqrt{3}\angle 30°$$

$$\tilde{V}_{bc} = \tilde{V}_{bn} - \tilde{V}_{cn} = 110\angle(-120°) - 110\angle 120° = 110\sqrt{3}\angle(-90°)$$

$$= 110\sqrt{3}\angle(-90°)$$

$$\tilde{V}_{ca} = \tilde{V}_{cn} - \tilde{V}_{an} = 110\angle 120° - 110\angle 0° = 110\sqrt{3}\angle 150°$$

(B)三相的相電流為

$$\tilde{I}_a = \frac{\tilde{V}_{an}}{30 + (10 + j30)} = 2.2\angle(-36.9°)$$

$$\tilde{I}_b = \frac{\tilde{V}_{bn}}{30 + (10 + j30)} = 2.2\angle(-156.9°)$$

$$\tilde{I}_c = \frac{\tilde{V}_{cn}}{30 + (10 + j30)} = 2.2\angle83.1°$$

(C)由於三相電源的複數功率相等，因此

$$S_a = S_b = S_c = \tilde{V}_{an}\tilde{I}_a^*$$
$$= (110\angle0°)(2.2\angle36.9) = 242\angle36.9°$$
$$= 193.5 + j145.3 \ (VA)$$

故三電源所傳送的總平均功率為$193.5 \times 3 = 580.5 \ W$。

(D)由於三相的負載為$Z_Y = 10 + j30 = 31.62\angle71.6°$，因此相電壓為

$$\tilde{V}_{a'n'} = \tilde{I}_a Z_Y = 2.2\angle(-36.9°)\cdot31.62\angle71.6°$$
$$= 69.56\angle34.7°$$

$$\tilde{V}_{b'n'} = \tilde{I}_b Z_Y = 2.2\angle(-156.9°)\cdot31.62\angle71.6°$$
$$= 69.56\angle(-85.3°)$$

$$\tilde{V}_{c'n'} = \tilde{I}_c Z_Y = 2.2\angle83.1°\cdot31.62\angle71.6°$$
$$= 69.56\angle154.7°$$

(E)三相的負載複數功率為

$$S_{a'} = \tilde{V}_{a'n'}\tilde{I}_a^* = (69.56\angle34.7°)(2.2\angle36.9)$$
$$= 153.0\angle71.6° = 48.3 + j145.2 \ (VA)$$
$$S_{b'} = \tilde{V}_{b'n'}\tilde{I}_b^* = (69.56\angle(-85.3°))(2.2\angle156.9)$$
$$= 153.0\angle71.6° = 48.3 + j145.2 \ (VA)$$

$$S_{c'} = \tilde{V}_{c'n'}\tilde{I}_c^* = (69.56\angle154.7°)(2.2\angle(-83.1°))$$
$$= 153.0\angle71.6° = 48.3 + j145.2 \ (\text{VA})$$

顯然地，$S_{a'} = S_{b'} = S_{c'} = 48.3 + j145.2$，故消耗在三相負載上的總平均功率為 $48.3 \times 3 = 144.9\,\text{W}$。

(F) 三相的傳輸線複數功率為

$$S_{Ta} = (30\tilde{I}_a)\tilde{I}_a^* = 30 \times 2.2^2 = 145.2$$
$$S_{Tb} = (30\tilde{I}_b)\tilde{I}_b^* = 30 \times 2.2^2 = 145.2$$
$$S_{Tc} = (30\tilde{I}_c)\tilde{I}_c^* = 30 \times 2.2^2 = 145.2$$

顯然地，$S_{Ta} = S_{Tb} = S_{Tc} = 145.2$，故消耗在三傳輸線上的總平均功率為 $145.2 \times 3 = 435.6\,\text{W}$。

【練習 7.7-1】

如下圖所示，有一 Y-Y 平衡電路，已知三電源為正相序，且 $\tilde{V}_{an} = 200\angle0°$，試求

(A) 線電壓 $\tilde{V}_{ab}$、$\tilde{V}_{bc}$ 與 $\tilde{V}_{ca}$

(B) 相電流 $\tilde{I}_a$、$\tilde{I}_b$ 與 $\tilde{I}_c$

(C) 三電源所傳送的總平均功率

(D) 三相負載的相電壓 $\tilde{V}_{a'n'}$、$\tilde{V}_{b'n'}$ 與 $\tilde{V}_{c'n'}$

(E) 消耗在三相負載上的總平均功率

(F) 消耗在傳輸線的總平均功率

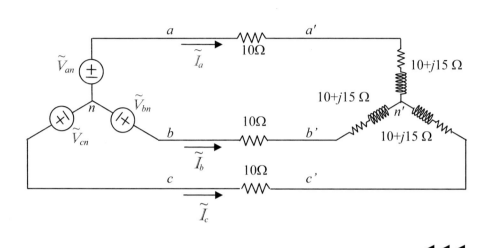

◀◀◀

7.8 磁耦合電路

在電路上若使用兩個以上的電感時，各別的電感所產生的磁場除了對自身以外，也會對其他的電感產生影響，在電力系統中最常見的變壓器，便是藉助這種電感特性所製造出來的，在這一節中所將探討的磁耦合電路 (magnetically coupled circuit)，就是由兩個電感所組成的電路。

在討論磁耦合電路之前，先來回顧在第一章中所介紹的單線圈電感，如圖 7.8-1(a)，當圈數為 n 匝的線圈通電時，電流 $i(t)$ 在線圈內產生磁通量 $\phi(t)$，且線圈兩端的電壓等於磁通鏈 $n\phi(t)$ 的時變率，即

$$v(t) = \frac{d\big(n\phi(t)\big)}{dt} \tag{7.8-1}$$

由於磁通量$\phi(t)$與電流$i(t)$成正比,定義電感為

$$L = \frac{n\phi(t)}{i(t)} \tag{7.8-2}$$

其值為常數,單位為 H,由(7.8-2)可知$n\phi(t) = L \cdot i(t)$,代入(7.8-1)可得元件方程式如下:

$$v(t) = L\frac{di(t)}{dt} \tag{7.8-3}$$

由於所有的磁通量都是由電感自身產生,因此情況較為單純。

■ 自感與互感

若電路是採用兩個線圈匝數分別為n_1與n_2的電感L_I與L_{II},且兩者所產生的磁通量$\phi_1(t)$與$\phi_2(t)$都有一部分會通過對方時,如圖 7.8-1(b)所示,則情況轉為複雜,為了描述磁通量的分布狀況,令

$$\phi_1(t) = \phi_{11}(t) + \phi_{12}(t) \tag{7.8-4}$$

$$\phi_2(t) = \phi_{22}(t) + \phi_{21}(t) \tag{7.8-5}$$

其中$\phi_{12}(t)$是由L_I所產生但通過L_{II}的磁通量,$\phi_{21}(t)$是由L_{II}所產生但通過L_I的磁通量,而$\phi_{11}(t)$與$\phi_{22}(t)$則只有分別通過L_I與L_{II},顯然地,兩個電感雖然分開,但是磁通量會相互影響,因此稱為磁耦合電路。

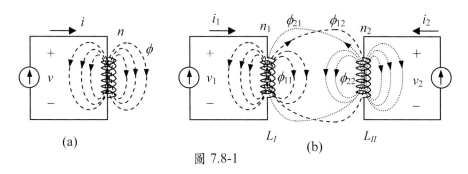

$$(a)$$ $$(b)$$

圖 7.8-1

根據法拉第定律，電感 L_I 的電壓 $v_1(t)$ 與通過線圈 n_1 匝的磁通量 $\phi_1(t)$ 與 $\phi_{21}(t)$ 有關，亦即受電流 $i_1(t)$ 與 $i_2(t)$ 的影響，表為

$$v_1(t) = L_1 \frac{d\,i_1(t)}{dt} + L_{21} \frac{d\,i_2(t)}{dt} \qquad (7.8\text{-}6)$$

同理可得電感 L_{II} 的電壓 $v_2(t)$ 為

$$v_2(t) = L_2 \frac{d\,i_2(t)}{dt} + L_{12} \frac{d\,i_1(t)}{dt} \qquad (7.8\text{-}7)$$

其中 L_1 與 L_2 稱為自感 (self-inductance)，L_{12} 與 L_{21} 稱為互感 (mutual inductance)，底下將利用磁耦合電路的能量來證明兩互感必須相等。

■ **磁耦合電路儲存之能量**

接著探討圖 7.8-1(b)中磁耦合電路所能儲存的能量，首先假設右端為開路，即 $i_2(t)=0$，如圖 7.8-2(a)所示，加入 $i_1(t)$ 使其由 0 逐漸增加至定值 I_1，則根據(7.8-6)及 $i_2(t)=0$，在這段期間的系統功率為

$$p_a(t) = v_1(t)i_1(t) + v_2(t)i_2(t) = L_1 i_1(t) \frac{d\,i_1(t)}{dt} \qquad (7.8\text{-}8)$$

故所儲存的能量為

$$w_a = \int p_a(t)dt = \int_0^{I_1} L_1 i_1 \, d\, i_1 = \frac{1}{2} L_1 I_1^2 \tag{7.8-9}$$

其次，將 $i_1(t)$ 固定為定值 I_1，不再變動，並加入 $i_2(t)$ 使其由 0 逐漸增加至定

值 I_2，則根據(7.8-6)、(7.8-7)及 $\dfrac{d\, i_2(t)}{dt} = 0$，在這段期間的系統功率為

$$\begin{aligned} p_b(t) &= v_1(t)i_1(t) + v_2(t)i_2(t) \\ &= L_{21}I_1 \frac{d\, i_2(t)}{dt} + L_2 i_2(t)\frac{d\, i_2(t)}{dt} \end{aligned} \tag{7.8-10}$$

故所儲存的能量為

$$w_b = \int p_b(t)dt = \int_0^{I_2} \left(L_{21}I_1 + L_2 i_2 \right) d\, i_2 = L_{21}I_1 I_2 + \frac{1}{2} L_2 I_2^2 \tag{7.8-11}$$

由(7.8-9)與(7.8-11)可知，最後系統所儲存的總能量為

$$w = w_a + w_b = \frac{1}{2} L_1 I_1^2 + L_{21}I_1 I_2 + \frac{1}{2} L_2 I_2^2 \tag{7.8-12}$$

若是利用相反的步驟，先加入 $i_2(t)$ 由 0 增至 I_2，再加入 $i_1(t)$ 由 0 增至 I_1，則

所求得的總能量為

$$w' = \frac{1}{2} L_1 I_1^2 + L_{12}I_1 I_2 + \frac{1}{2} L_2 I_2^2 \tag{7.8-13}$$

由於以上兩種情況的最後結果完全相同，左右兩邊的電感上分別具有固定

電流 I_1 與 I_2，故所獲得的能量必須相同，即 $w = w'$，比較(7.8-9)與(7.8-11)

兩式後，可得到一個重要的性質：$L_{12} = L_{21}$，即兩線圈的互感必須相同，

通常令互感為 M，即

$$L_{12} = L_{21} = M \qquad (7.8\text{-}14)$$

在以上的推導過程中，並未特別指明互感的效應是增強或減弱另一電感的電壓，換句話說，互感的值可能為正，亦可能為負，若假定 $M>0$，則兩電感所儲存的能量可能表為

$$w = \frac{1}{2}L_1 I_1^2 + MI_1 I_2 + \frac{1}{2}L_2 I_2^2 \qquad (7.8\text{-}15)$$

或

$$w = \frac{1}{2}L_1 I_1^2 - MI_1 I_2 + \frac{1}{2}L_2 I_2^2 \qquad (7.8\text{-}16)$$

由於能量 w 不得小於 0，因此

$$\frac{1}{2}L_1 I_1^2 \pm MI_1 I_2 + \frac{1}{2}L_2 I_2^2 \geq 0 \qquad (7.8\text{-}17)$$

此外，對任意 I_1 與 I_2 都必須滿足(7.8-17)，若是令 $I_1 = xI_2$，x 為任意數，則(7.8-17)可改寫為

$$L_1 x^2 \pm 2Mx + L_2 \geq 0 \qquad (7.8\text{-}18)$$

因為對任意 x，此式都必須成立，所以必須滿足下列條件：

$$M^2 \leq L_1 L_2 \qquad (7.8\text{-}19)$$

換句話說，互感值的大小必須滿足

$$M \leq \sqrt{L_1 L_2} \qquad (7.8\text{-}20)$$

即互感的最大值為 $\sqrt{L_1 L_2}$ 。

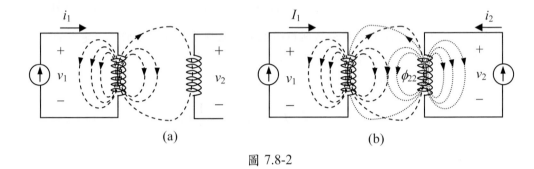

圖 7.8-2

■ 耦合係數

當電路中存在相互影響的兩電感時,為了判斷它們之間的耦合效應,特別定義耦合係數(coupling coefficient)如下:

$$k = \frac{M}{\sqrt{L_1 L_2}} \tag{7.8-21}$$

由(7.8-20)可知,耦合係數 k 的值介於 0 與 1 之間,此值與兩電感的結構及距離有關,當 k 趨近於 0 時,兩電感間可視為互不影響,反之,當 k 趨近於 1 時,代表兩電感間存在明顯的相互影響。

■ 磁耦合電路元件模式

在分析磁耦合電路時,為了避免因互感的正負性而造成困擾,通常在兩電感上加註黑點予以區分,如圖 7.8-3 所示,兩電感都以被動符號標示,且電流都流入標記黑點的一端,在此模式下之元件方程式為

$$v_1(t) = L_1 \frac{d\,i_1(t)}{dt} + M \frac{d\,i_2(t)}{dt} \qquad (7.8\text{-}22)$$

$$v_2(t) = M \frac{d\,i_1(t)}{dt} + L_2 \frac{d\,i_2(t)}{dt} \qquad (7.8\text{-}23)$$

其中 L_1 與 L_2 為自感，M 為互感。

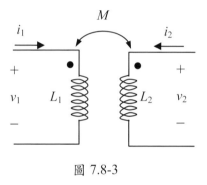

圖 7.8-3

　　由於磁耦合電路經常被應用在交流電路中，根據電感的交流元件模式，可將以上兩式改寫為

$$\widetilde{V}_1 = j\omega L_1 \widetilde{I}_1 + j\omega M \widetilde{I}_2 \qquad (7.8\text{-}24)$$

$$\widetilde{V}_2 = j\omega M \widetilde{I}_1 + j\omega L_2 \widetilde{I}_2 \qquad (7.8\text{-}25)$$

其中 $\widetilde{V}_1$、$\widetilde{V}_2$、$\widetilde{I}_1$ 與 $\widetilde{I}_2$ 為 $v_1(t)$、$v_2(t)$、$i_1(t)$ 與 $i_2(t)$ 的相量，如圖 7.8-4 所示。

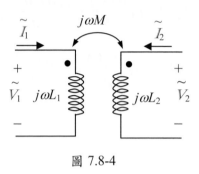

圖 7.8-4

■ 磁耦合等效電路

在處理磁耦合電路時，有時也可以將它轉換為 Y 型等效電路或Δ型等效電路，分別如圖 7.8-5(a)與圖 7.8-5(b)所示。將 KVL 利用於 Y 型線圈中，可得數學模式如下：

$$\begin{aligned}\widetilde{V}_1 &= j\omega L_a \widetilde{I}_1 + j\omega L_c\left(\widetilde{I}_1 + \widetilde{I}_2\right) \\ &= j\omega\left(L_a + L_c\right)\widetilde{I}_1 + j\omega L_c \widetilde{I}_2\end{aligned}$$ (7.8-26)

$$\begin{aligned}\widetilde{V}_2 &= j\omega L_b \widetilde{I}_2 + j\omega L_c\left(\widetilde{I}_1 + \widetilde{I}_2\right) \\ &= j\omega L_c \widetilde{I}_1 + j\omega\left(L_b + L_c\right)\widetilde{I}_2\end{aligned}$$ (7.8-27)

將此二式與(7.8-24)及(7.8-25)相比較，可得 $L_1 = L_a + L_c$、$M = L_c$ 與 $L_2 = L_b + L_c$，整理後成為

$$L_a = L_1 - M$$ (7.8-28)

$$L_b = L_2 - M$$ (7.8-29)

$$L_c = M$$ (7.8-30)

求得 Y 型等效電路。至於Δ型等效電路，可以利用以上相同的概念求得，也可以將阻抗視為電阻，直接引用第三章中 Y-Δ電阻轉換公式 (3.5-15)-(3.5-17)，其結果如下：

$$L_A = \frac{L_a L_b + L_b L_c + L_c L_a}{L_a} = \frac{L_1 L_2 - M^2}{L_1 - M} \tag{7.8-31}$$

$$L_B = \frac{L_a L_b + L_b L_c + L_c L_a}{L_b} = \frac{L_1 L_2 - M^2}{L_2 - M} \tag{7.8-32}$$

$$L_C = \frac{L_a L_b + L_b L_c + L_c L_a}{L_c} = \frac{L_1 L_2 - M^2}{M} \tag{7.8-33}$$

求得Δ型等效電路。後面將利用範例來說明如何分析磁耦合電路。

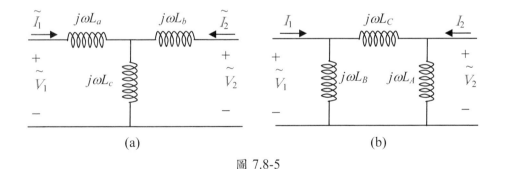

圖 7.8-5

■ 理想變壓器

在電力系統中經常使用理想變壓器(ideal transfromer)，如圖 7.8-6(a)所示，它本身包括一個磁耦合電路，以及連接兩電感的鐵磁性材料，由於鐵磁性材料能夠有效地引導磁通量$\phi(t)$在兩電感間轉移，因此在使用理想變壓

器時，通常假定全部的磁通量$\phi(t)$通過兩電感 L_I 與 L_II，而將磁漏予以忽略，在此情況下，兩電感的互感達到最大且耦合系數 $k=1$。

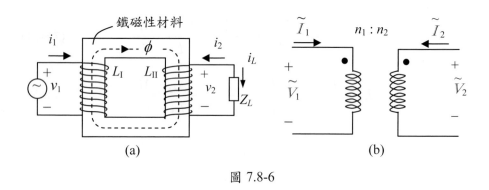

圖 7.8-6

在理想變壓器中，由於耦合係數 $k=1$，因此根據(7.8-21)可知 $M = \sqrt{L_1 L_2}$，代入(7.8-22)與(7.8-23)可得

$$v_1(t) = \sqrt{L_1}\left(\sqrt{L_1}\frac{d\,i_1(t)}{dt} + \sqrt{L_2}\frac{d\,i_2(t)}{dt}\right) \qquad (7.8\text{-}34)$$

$$v_2(t) = \sqrt{L_2}\left(\sqrt{L_1}\frac{d\,i_1(t)}{dt} + \sqrt{L_2}\frac{d\,i_2(t)}{dt}\right) \qquad (7.8\text{-}35)$$

故不論電感上的電流 $i_1(t)$ 與 $i_2(t)$ 為何，理想變壓器的電壓比只與自感有關，表為

$$\frac{v_1(t)}{v_2(t)} = \frac{\sqrt{L_1}}{\sqrt{L_2}} \qquad (7.8\text{-}36)$$

此外，因為在兩電感中的磁通量$\phi(t)$相同，所以根據(7.8-1)可得

$$v_1(t) = \frac{d(n_1\phi(t))}{dt} = n_1\frac{d\,\phi(t)}{dt} \qquad (7.8\text{-}37)$$

$$v_2(t) = \frac{d(n_2\phi(t))}{dt} = n_2\frac{d\,\phi(t)}{dt} \qquad (7.8\text{-}38)$$

由以上三式可知

$$\frac{v_1(t)}{v_2(t)} = \frac{n_1}{n_2} = \frac{\sqrt{L_1}}{\sqrt{L_2}} \qquad (7.8\text{-}39)$$

換句話說，電壓與線圈匝數成正比，此外，$\dfrac{L_1}{L_2} = \dfrac{n_1^2}{n_2^2}$，即自感與線圈匝數的平方成正比。

　　其次探討圖7.8-6(a)中電流$i_1(t)$與$i_2(t)$的關係，當左端之電壓源輸入$v_1(t)$時，在L_1產生電流$i_1(t)$，進而引發磁通量$\phi(t)$，此磁通量通過L_{II}時，根據(7.8-39)可知，會產生感應電壓$v_2(t) = \dfrac{n_2}{n_1}v_1(t)$，當此電壓作用在負載$Z_L$時，將導致電流$i_L(t)$，並傳送功率$v_2(t)i_L(t)$至負載上。由於理想變壓器不損耗能量，也不儲存能量，因此負載所獲得的功率全部是由電壓源$v_1(t)$所輸出，故

$$v_1(t)i_1(t) = v_2(t)i_L(t) = -v_2(t)i_2(t) \qquad (7.8\text{-}40)$$

整理後成為

$$\frac{i_1(t)}{i_2(t)} = -\frac{v_2(t)}{v_1(t)} = -\frac{n_2}{n_1} \qquad (7.8\text{-}41)$$

461

換句話說，電流與線圈匝數成反比。

　　顯然地，理想變壓器的電壓比與電流比只與線圈的匝數比有關，為了表示這個特性，通常都利用 n_1 與 n_2 的比例來取代互感 M，如圖 7.8-6(b)所示。底下也將利用範例來說明理想變壓器的應用。

《範例 7.8-1》

考慮右圖之磁耦合電路，其中 L_1=12 H，L_2=9 H，M=5 H，求耦合係數 k=？Y 型等效電路為何？

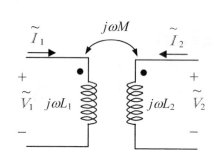

解答：

先求出耦合係數如下：

$$k = \frac{M}{\sqrt{L_1 L_2}} = \frac{5}{\sqrt{12 \times 9}} = 0.481$$

其 Y 型等效電路如下圖：

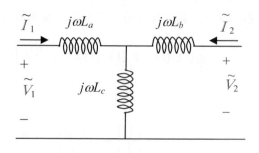

利用(7.8-28)-(7.8-30)可得各電感如下：

$$L_a = 12 - 5 = 7 \text{ H}$$

$$L_b = 9 - 5 = 4 \text{ H}$$

$$L_c = 5 \text{ H}$$

【**練習 7.8-1**】

考慮下圖之磁耦合電路，其中 L_1=20 H，L_2=15 H，M=12 H，求耦合係數 k=？Δ型等效電路為何？

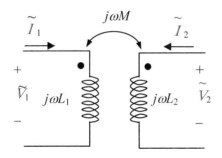

◀◀◀

《**範例 7.8-2**》

考慮下圖之磁耦合電路，其中 L_1=12 H，L_2=9 H，M=5 H，求耦合係數 k=？Y 型等效電路為何？

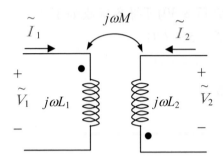

解答：

先求出耦合係數如下：

$$k = \frac{M}{\sqrt{L_1 L_2}} = \frac{5}{\sqrt{12 \times 9}} = 0.481$$

再將原電路改為以黑點當基準的磁耦合電路如下圖：

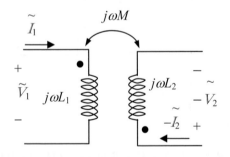

其數學模式為

$$\tilde{V}_1 = j\omega L_1 \tilde{I}_1 + j\omega M\left(-\tilde{I}_2\right)$$
$$-\tilde{V}_2 = j\omega M \tilde{I}_1 + j\omega L_2\left(-\tilde{I}_2\right)$$

故

$$\tilde{V}_1 = j\omega L_1 \tilde{I}_1 - j\omega M \tilde{I}_2 \qquad\qquad\text{(Eq.1)}$$

$$\tilde{V}_2 = -j\omega M\tilde{I}_1 + j\omega L_2 \tilde{I}_2 \qquad\qquad \text{(Eq.2)}$$

令 Y 型等效電路如下圖：

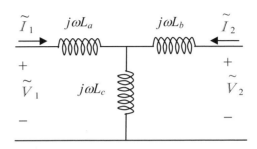

根據 KVL 可得

$$\tilde{V}_1 = j\omega(L_a + L_c)\tilde{I}_1 + j\omega L_c \tilde{I}_2$$

$$\tilde{V}_2 = j\omega L_c \tilde{I}_1 + j\omega(L_b + L_c)\tilde{I}_2$$

將此二式與(Eq.1)及(Eq.2)相比較，可得 $L_1 = L_a + L_c$、$M = -L_c$ 與

$L_2 = L_b + L_c$，整理後成為

$$L_a = L_1 + M = 17\,\text{H}\ ，\ L_b = L_2 + M = 14\,\text{H}\ ，$$

$L_c = -M = -5\,\text{H}$

顯然地，L_c 應該是電容阻抗，故 Y 型等效電路應改為

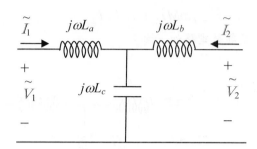

考慮右圖之磁耦合電
路，其中 $L_1=20\,H$，
$L_2=15\,H$，$M=12\,H$，求
耦合係數 $k=$？Δ型等
效電路為何？

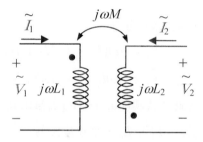

◀◀◀

《範例 7.8-3》

在下圖之交流電路中，輸入為 $\widetilde{V}_s=110\angle30°$，各阻抗為
$Z_1=10+j5\Omega$，$Z_2=40+j50\Omega$，$Z_L=80+j15\Omega$，求負載電流 $\widetilde{I}_L=$？吸收的
平均功率 $P_L=$？

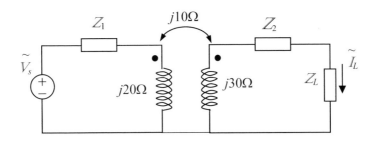

解答：

底下採用兩種求解方法，(A)為直接求解，(B)為等效電路求解。

(A) 原電路重畫如下：

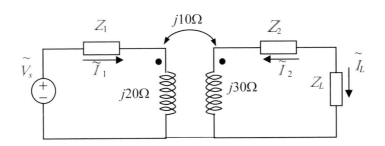

則根據 KVL 可得

$$\tilde{V}_s = \tilde{I}_1 Z_1 + j20\tilde{I}_1 + j10\tilde{I}_2$$

$$0 = j30\tilde{I}_2 + j10\tilde{I}_1 + (Z_2 + Z_L)\tilde{I}_2$$

數值代入後成為

$$95.26 + j55 = (10 + j25)\tilde{I}_1 + j10\tilde{I}_2$$

$$0 = j10\tilde{I}_1 + (120 + j95)\tilde{I}_2$$

解得 $\tilde{I}_2 = -0.2598 - j0.0685$，故

$$\tilde{I}_L = -\tilde{I}_2 = 0.2598 + j0.0685 \ \text{A}$$

平均功率為

$$P_L = Re\left(\tilde{V}_L \tilde{I}_L^*\right) = Re\left(\left(\tilde{I}_L Z_L\right)\tilde{I}_L^*\right) = 5.78 \ \text{W}$$

(B)　利用(7.8-28)-(7.8-30)可將得原電路之等效電路如下：

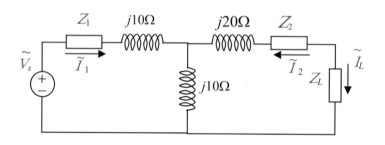

則根據 KVL 可得

$$\tilde{V}_s = \tilde{I}_1 Z_1 + j10\tilde{I}_1 + j10\left(\tilde{I}_1 + \tilde{I}_2\right)$$

$$0 = j20\tilde{I}_2 + j10\left(\tilde{I}_1 + \tilde{I}_2\right) + \left(Z_2 + Z_L\right)\tilde{I}_2$$

數值代入後成為

$$95.26 + j55 = \left(10 + j25\right)\tilde{I}_1 + j10\tilde{I}_2$$

$$0 = j10\tilde{I}_1 + \left(120 + j95\right)\tilde{I}_2$$

解得 $\tilde{I}_2 = -0.2598 - j0.0685$，故

$$\tilde{I}_L = -\tilde{I}_2 = 0.2598 + j0.0685 \ \text{A}$$

平均功率為

$$P_L = Re\left(\tilde{V}_L \tilde{I}_L^*\right) = Re\left(\left(\tilde{I}_L Z_L\right)\tilde{I}_L^*\right) = 5.78 \ \text{W}$$

【練習 7.8-3】

在下圖之交流電路中，輸入為 $\widetilde{V}_s = 110\angle 30°$，各阻抗為

$Z_1 = 10+j5\Omega$，$Z_2 = 40+j50\Omega$，$Z_L = 80+j15\Omega$，求負載電流 $\widetilde{I}_L = ?$ 吸收的

平均功率 $P_L = ?$

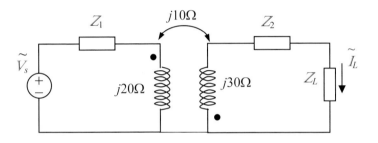

◀◀◀

《範例 7.8-4》

下圖中有一理想變壓器，已知 $n_1 = 2000$ 匝，$n_2 = 500$ 匝，若

$\widetilde{V}_s = 110\angle 0°$，$Z_1 = 20+j36\Omega$，則當有最大實功率傳送至負載時，負

載阻抗 $Z_L = ?$

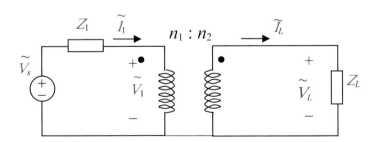

解答：

理想變壓器之數學模式為

$$\frac{\widetilde{V}_1}{\widetilde{V}_L} = \frac{\widetilde{I}_L}{\widetilde{I}_1} = \frac{n_1}{n_2} = \frac{2000}{500} = 4$$

由電路可知

$$\widetilde{V}_L = \widetilde{I}_L Z_L$$

$$\widetilde{V}_s = \widetilde{I}_1 Z_1 + \widetilde{V}_1 = \frac{1}{4}\widetilde{I}_L Z_1 + 4\widetilde{V}_L$$

$$= \frac{1}{4}\widetilde{I}_L Z_1 + 4\widetilde{I}_L Z_L = \widetilde{I}_L\left(\frac{1}{4}Z_1 + 4Z_L\right)$$

令 $Z_L = R_L + jX_L$，則

$$\widetilde{I}_L = \frac{4\widetilde{V}_s}{20 + j36 + 16R_L + j16X_L} = \frac{440}{20 + j36 + 16R_L + j16X_L}$$

可得負載的複數功率為

$$S_L = \widetilde{V}_L \widetilde{I}_L^* = \left(\widetilde{I}_L Z_L\right)\widetilde{I}_L^*$$

$$= \left(\frac{440(R_L + jX_L)}{20 + j36 + 16R_L + j16X_L}\right)\left(\frac{440}{20 - j36 + 16R_L - j16X_L}\right)$$

$$= \frac{193600}{\left(20 + 16R_L\right)^2 + \left(36 + X_L\right)^2}(R_L + jX_L)$$

即負載的實功率為

$$P_L = Re(S_L) = \frac{193600R_L}{\left(20 + 16R_L\right)^2 + \left(36 + X_L\right)^2}$$

當 $R_L = 1.25$ 且 $X_L = -36$ 時，可得 $\dfrac{dP_L}{dR_L} = 0$ 與 $\dfrac{dP_L}{dX_L} = 0$，

即可得最大實功率，故負載阻抗為

$$Z_L = 1.25 - j36\ \Omega$$

【練習 7.8-4】

下圖中有一理想變壓器，已知 $n_1=1000$ 匝，$n_2=400$ 匝，若 $\tilde{V}_s = 100\angle 30°$，$Z_1=10-j16\Omega$，則當有最大實功率傳送至負載時，負載阻抗 $Z_L=$？

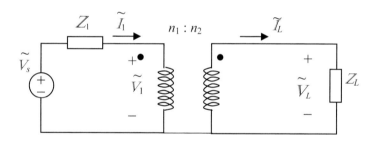

◀◀◀

習題

P7-1 有一 *RC* 電路如下圖所示,若所加入之電流源為 $i_s(t)=3\sin25t$ mA,且 $R=2k\Omega$,$C=10\mu F$,則當 $t\rightarrow\infty$ 時,$v_C(t)$ 為何?

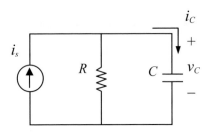

P7-2 在下圖有一穩定電路,$R_1=R_2=6\ \Omega$,$R_3=1\ \Omega$,$C=1/5$ F,若施加電流 $i_s(t)=2\cos10t$ A,則 $v_2(t)$ 為何?

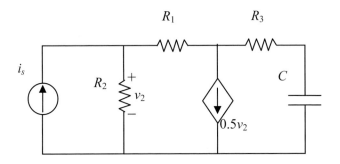

P7-3 求下列弦波訊號的相量為何?

(A) $i(t)=20\sin(40t-53°)$

(B) $v(t)=\cos(3t-50°)-\sin(3t-10°)$

(C) $w(t)=-10\cos(5t-30°)$

(D) $y(t)=-\sin(7t-110°)$

P7-4 令弦波訊號的頻率為ω，求下列相量所對應的弦波訊號為何？

(A) $V = \dfrac{12 - j5}{4e^{j20°}}$，$\omega$=16 rad

(B) $Y = -1 + j3$，ω=2 rad

P7-5 考慮下列之電路，若頻率ω=4 rad，則由 AB 兩端所觀察到的阻抗 Z 為何？導納 Y 為何？電阻、電抗、電導與電納各為何？

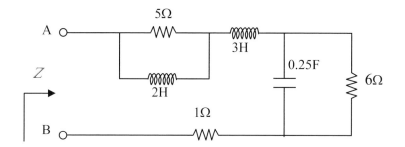

P7-6 在下圖中，$R_1=R_2=4\ \Omega$，$R_3=2\ \Omega$，C=1/12 F，若施加電壓 $v_s(t)=3sin(2t-30°)$ V，則當 $t\rightarrow\infty$時 $v_2(t)$為何？

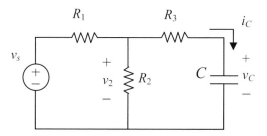

P7-7 在下圖之穩定電路中，$R_1=R_2=4\ \Omega$，$R_3=2\ \Omega$，L=1 H，若施加 $i_s(t)=2cos(3t+45°)$ A，則當 $t\rightarrow\infty$時 $v_2(t)$為何？

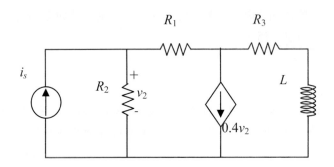

P7-8 在下圖電路中之頻率為ω=5 rad，並聯阻抗分別為 Z_1=3 Ω，
Z_2=$-j1.2$Ω，$Z_3 = 1 + j2$ Ω，若電流源相量為 $I_s = 3\angle30°$，求 I_2 與
它相對應的弦波訊號 $i_2(t)$各為何？

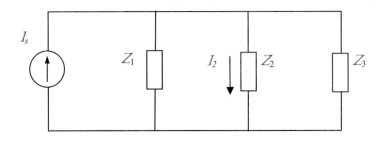

P7-9 如下圖所示，若頻率為ω，則相量 V 與它所對應的弦波電壓 $v(t)$各為
何？

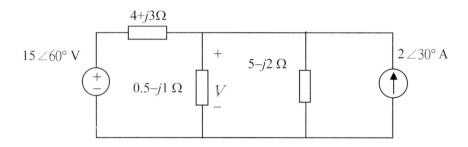

P7-10 如下圖所示，以 *RC* 並聯電路為負載，*R*=6Ω，*C*=80μF，頻率 *f*=60Hz，
若 $v_s(t)$=220 *sin*2π*ft* V，則負載所消耗的瞬時功率、平均功率、複數功
率、實功率與虛功率各為何？

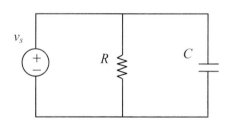

P7-11 如下圖所示，若電壓源為 $\widetilde{V}_s = 110\angle 0°$ V，則

(A) 當負載為一般阻抗 $Z = R + jX$ 且獲得最大實功率 P_{max} 時，Z= ？
P_{max}= ？

(B) 當負載為純電阻 $Z = R$ 且獲得最大實功率 P_{max} 時，Z= ？ P_{max}= ？

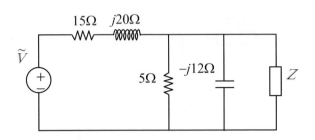

P7-12 如下圖所示，電壓源為 $\tilde{V}_s = 77.8\angle 45°$，頻率為 ω=377 rad，連結至
阻抗為 $Z = 36 + j10\,\Omega$ 的電感性負載，則

(A)負載上的複數功率 S、視在功率 S、實功率 P 與虛功率 Q 各為何？

(B)功率因素 pf 為何？

(C)為了改善功率因素為 pf=1，通常將電容 C 並聯至此負載，求 C= ？

(D)在功率因素改善後，電源所輸出的電流相量 I = ？輸出的電流
$i(t)$= ？

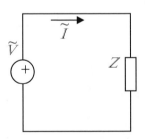

P7-13 如下圖所示，電壓源 $\tilde{V}_s = 100\angle 0°$，頻率為 ω=377 rad，通常利用並
聯的電容 C 來改善電感性負載的功率因素，令負載 Z_1 的實功率
P=3000W，功率因素 pf=0.9，負載 Z_2 的實功率 P=2000W，功率因素
pf=0.8，當功率因素得到最佳的改善時，電容 C = ？

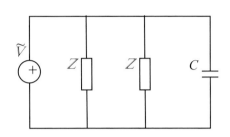

P7-14 如下圖所示，有一 Y-Y 平衡電路，已知三電源為正相序，且

$\widetilde{V}_{an} = 100\angle 0°$，試求

(A) 線電壓 $\widetilde{V}_{ab}$、$\widetilde{V}_{bc}$ 與 $\widetilde{V}_{ca}$

(B) 相電流 $\widetilde{I}_a$、$\widetilde{I}_b$ 與 $\widetilde{I}_c$

(C) 三電源所傳送的總平均功率

(D) 三相負載的相電壓 $\widetilde{V}_{a'n'}$、$\widetilde{V}_{b'n'}$ 與 $\widetilde{V}_{c'n'}$

(E) 消耗在三相負載上的總平均功率

(F) 消耗在傳輸線的總平均功率

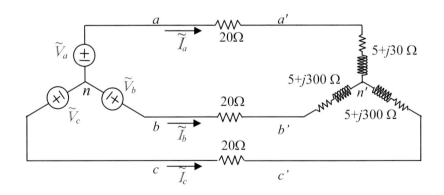

P7-15 考慮下圖之磁耦合電路，其頻率為 ω=200 rad/s，試求

477

(A) 耦合係數 $k=$ ？

(B) Y 型等效電路為何？

(C) Δ型等效電路為何？

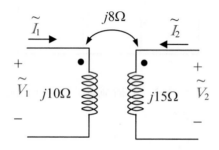

P7-16 考慮下圖之磁耦合電路，其頻率為 $\omega=200$ rad/s，試求

(A) 耦合係數 $k=$ ？

(B) Y 型等效電路為何？

(C) Δ型等效電路為何？

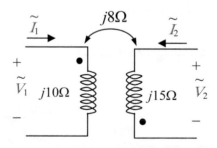

P7-17　在下圖之交流電路中，輸入為 $\widetilde{V}_s = 100\angle 45°$，各阻抗為 $Z_1=10-j5\Omega$，$Z_2=40+j24\Omega$，$Z_L=60-j45\Omega$，求負載電流 $\widetilde{I}_L=$？吸收的平均功率 $P_L=$？

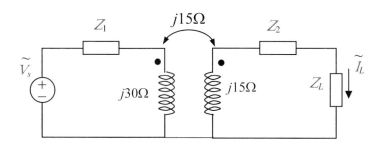

P7.18 下圖中有一理想變壓器，已知 $n_1=3000$ 匝，$n_2=1200$ 匝，若
$\tilde{V}_s = 60\angle 0°$，$Z_1=4+j10\Omega$，則當有最大實功率傳送至負載時，負
載阻抗 $Z_L=$？電流 $\tilde{I}_L=$？電壓 $\tilde{V}_L$？

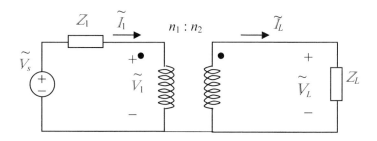

第8章

頻率響應

濾波器

在本章中將介紹拉氏轉換法的另一個應用—濾波器(filter)，所使用的技術稱為頻率響應，事實上，頻率響應是一種泛稱，也是在電機工程上常用的技術，被廣泛地使用在控制或通訊領域中，在本章中所將介紹的濾波器就是其中的一種技術，可用來過濾雜訊或取得所需的訊號。

要了解濾波器的工作原理，必須先了解一些重要的系統概念，在本章中的前幾節將做簡短的介紹，包括傅立葉轉換與波德圖，接著再進入濾波器設計，並引入經常使用的主動式元件—運算放大器。

8.1 傅立葉轉換

在十九世紀初期，法國數學兼物理學家傅立葉(Jean Baptiste Joseph Fourier, 1768-1830)，首先提出週期性函數的展開式—傅立葉級數(Fourier series)，後來被推廣至非週期性函數，並修正為傅立葉轉換(Fourier transform)，成為傅立葉分析技術的重要基礎。

■ 傅立葉級數

考慮一個週期為 T 的週期函數 $f(t)$，如圖 8.1-1 所示，根據數學理論，若 $f(t)$ 滿足下列之帝里屈立特條件(Dirichlet conditions)：

1. 在一個週期內，$f(t)$僅包含有限個不連續點。
2. 在一個週期內，$f(t)$僅包含有限個極大值與極小值。
3. 在一個週期內，$f(t)$為絕對可積，即 $\int_{-T/2}^{T/2} |f(t)| \, dt < \infty$

則可表為傅立葉級數，其表示法共有三種，第一種稱為三角傅立葉級數，表示式如下：

$$f(t) = \frac{a_0}{2} + \sum_{n=1}^{\infty} a_n \cos n\omega_0 t + \sum_{n=1}^{\infty} b_n \sin n\omega_0 t \qquad (8.1\text{-}1)$$

其中 $\omega_0 = \dfrac{2\pi}{T}$ 為此函數的基頻(fundamental frequency)，且係數為

$$a_0 = \frac{2}{T}\int_T f(t)dt \tag{8.1-2}$$

$$a_n = \frac{2}{T}\int_T f(t)\cos n\omega_0 t\, dt \tag{8.1-3}$$

$$b_n = \frac{2}{T}\int_T f(t)\sin n\omega_0 t\, dt \tag{8.1-4}$$

由(8.1-1)可知，週期性函數 $f(t)$ 可分解為無窮多個弦波訊號，且這些弦波訊號的頻率正好是基頻 ω_0 的整數倍，即 $\omega = n\omega_0$。

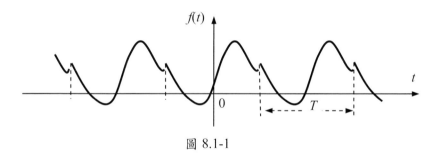

圖 8.1-1

再根據三角函數公式，可將(8.1-1)化為第二種表示法——餘弦傳立葉級數，其表示式如下：

$$f(t) = c_0 + \sum_{n=1}^{\infty} c_n \cos(n\omega_0 t - \theta_n) \tag{8.1-5}$$

其中 $c_0 = \dfrac{a_0}{2}$，$c_n = \sqrt{a_n^2 + b_n^2}$，$\theta_n = \tan^{-1}\dfrac{b_n}{a_n}$，此式代表 $f(t)$ 可分解為餘弦訊號的組合，當頻率 $\omega = n\omega_0$ 時，訊號的振幅與相位分別為 c_n 與 θ_n。

483

第三種表示法為複數傅立葉級數，根據 $e^{jn\omega_0 t} = cos\, n\omega_0 t + j\, sin\, n\omega_0 t$，可

得 $cos\, n\omega_0 t = \dfrac{1}{2}\left(e^{jn\omega_0 t} + e^{-jn\omega_0 t}\right)$ 與 $sin\, n\omega_0 t = \dfrac{1}{2j}\left(e^{jn\omega_0 t} - e^{-jn\omega_0 t}\right)$，代入(8.1-1)

後成為

$$f(t) = \frac{a_0}{2} + \sum_{n=1}^{\infty} \frac{1}{2}\left(a_n - jb_n\right)e^{jn\omega_0 t} + \sum_{n=1}^{\infty} \frac{1}{2}\left(a_n + jb_n\right)e^{-jn\omega_0 t} \quad (8.1\text{-}6)$$

令 $C_0 = \dfrac{a_0}{2}$，$C_n = \dfrac{1}{2}\left(a_n - jb_n\right)$，$C_{-n} = \dfrac{1}{2}\left(a_n + jb_n\right)$，其中 C_n 與 C_{-n} 為

複數且 $C_{-n} = C_n^{*}$，則(8.1-6)可進一步化為

$$\begin{aligned}
f(t) &= C_0 + \sum_{n=1}^{\infty} C_n e^{jn\omega_0 t} + \sum_{n=1}^{\infty} C_{-n} e^{-jn\omega_0 t} \\
&= C_0 + \sum_{n=1}^{\infty} C_n e^{jn\omega_0 t} + \sum_{n=-1}^{-\infty} C_n e^{jn\omega_0 t} \qquad (8.1\text{-}7) \\
&= \sum_{n=-\infty}^{\infty} C_n e^{jn\omega_0 t}
\end{aligned}$$

此式即複數傅立葉級數，其中

$$\begin{aligned}
C_n &= \frac{1}{2}\left(a_n - jb_n\right) = \frac{1}{T}\int_{T} f(t)\left(cos\, n\omega_0 t - j\, sin\, n\omega_0 t\right)dt \\
&= \frac{1}{T}\int_{T} f(t)e^{-jn\omega_0 t}\, dt
\end{aligned} \qquad (8.1\text{-}8)$$

此式代表 $f(t)$ 可分解為指數訊號的組合，當頻率 $\omega = n\omega_0$ 時，訊號的複數係數為 C_n，底下利用圖 8.1-2 中的週期性脈波訊號來說明。

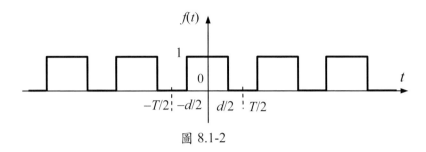

圖 8.1-2

觀察圖 8.1-2 可知 $f(t)$ 滿足帝里屈立特條件，因此可以表為(8.1-7)之複數傅立葉級數，係數為

$$C_n = \frac{1}{T}\int_{-d/2}^{d/2}e^{-jn\omega_0 t}dt = \frac{1}{T(-jn\omega_0)}e^{-jn\omega_0 t}\Big|_{-d/2}^{d/2}$$

$$= \frac{j}{2n\pi}\left(e^{-jn\omega_0 d/2} - e^{jn\omega_0 d/2}\right) = \frac{1}{n\pi}sin\left(\frac{d}{T}n\pi\right) \qquad (8.1\text{-}9)$$

$$= \frac{d}{T}\frac{sin\left(\dfrac{d}{T}n\pi\right)}{\dfrac{d}{T}n\pi} = \frac{d}{T}sinc\left(\frac{d}{T}n\pi\right)$$

其中 $\omega_0 = \dfrac{2\pi}{T}$ 為基頻且 $sinc(x) = \dfrac{sin\,x}{x}$。為了方便說明，再設 $d=T/2$，代入上式後可得

$$C_n = \frac{1}{2}sinc\left(\frac{1}{2}n\pi\right) \qquad (8.1\text{-}10)$$

其大小如圖 8.1-3 所示，描述 C_n 與頻率 ω 的關係：$f(t)$ 只有在頻率 $\omega=n\omega_0$ 時具有分量 $C_n e^{jn\omega_0 t}$。

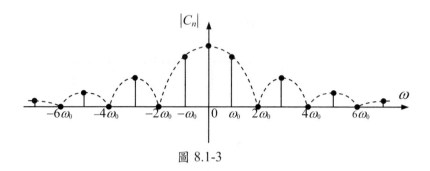

圖 8.1-3

■ 傅立葉轉換

　　在工程上經常處理的訊號並非是週期性訊號，如圖 8.1-4 所示，此時可將訊號的週期視為無窮大，即 $T \to \infty$，再將(8.1-8)代入(8.1-7)後成為

$$f(t) = \sum_{n=-\infty}^{\infty} C_n e^{j\frac{2n\pi}{T}t} = \sum_{\substack{n=-\infty \\ T \to \infty}}^{\infty} \left(\frac{\omega_0}{2\pi} \int_{-T/2}^{T/2} f(\tau) e^{-jn\omega_0\tau} d\tau \right) e^{jn\omega_0 t} \qquad (8.1\text{-}11)$$

在此式中為了避免混淆，已經利用啞變數 τ 來取代 C_n 中的變數 t，而且 C_n 中的 $\dfrac{1}{T}$

也根據 $\omega_0 = \dfrac{2\pi}{T}$ 轉換為 $\dfrac{\omega_0}{2\pi}$，在 $T \to \infty$ 的條件下，假設 $\omega_0 = \Delta\omega \to 0$，並將 $n\omega_0$

視為連續的頻率 ω，即 $n\omega_0 = n\Delta\omega \to \omega$，故(8.1-11)可改寫為

$$f(t) = \sum_{\substack{n=-\infty \\ T \to \infty}}^{\infty} \left(\frac{1}{2\pi} \int_{-T/2}^{T/2} f(\tau) e^{-j\omega\tau} d\tau \right) e^{j\omega t} \, \Delta\omega \qquad (8.1\text{-}12)$$

在極限的情況下，此式中的總和可表示為積分，且微變量 $\Delta\omega \to d\omega$，即

$$f(t) = \int_{-\infty}^{\infty} \left(\frac{1}{2\pi} \int_{-\infty}^{\infty} f(\tau) e^{-j\omega\tau} d\tau \right) e^{j\omega t} \, d\omega \qquad (8.1\text{-}13)$$

若定義

$$F(j\omega) = \int_{-\infty}^{\infty} f(t)e^{-j\omega t}\,dt \qquad (8.1\text{-}14)$$

則(8.1-13)成為

$$f(t) = \frac{1}{2\pi}\int_{-\infty}^{\infty} F(j\omega)e^{j\omega t}\,d\omega = \int_{-\infty}^{\infty}\left(\frac{1}{2\pi}F(j\omega)e^{j\omega t}\right)d\omega \qquad (8.1\text{-}15)$$

通常稱 $F(j\omega)$ 為非週期性函數 $f(t)$ 的傅立葉轉換,此式代表 $f(t)$ 可分解為無限多的指數訊號 $\dfrac{1}{2\pi}F(j\omega)e^{j\omega t}$ 的組合,其中 ω 為連續之頻率,當 $|F(j\omega)|$ 越大時,代表 $e^{j\omega t}$ 在 $f(t)$ 中所占的份量越重。此外,應注意的是,傅立葉轉換不僅可以使用在非週期性函數,也可以使用在一般的週期性函數。

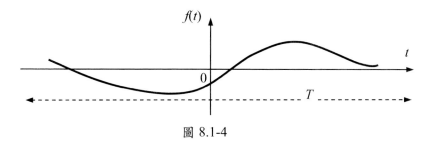

圖 8.1-4

　　傅立葉轉換 $F(j\omega)$ 是屬於複數型式,本身具有許多重要的性質,經常被使用來分析線性非時變系統,由(8.1-14)之定義可知

$$F(j\omega) = \int_{-\infty}^{\infty} f(t)e^{-j\omega t}\,dt = |F(j\omega)|e^{j\angle F(j\omega)} \qquad (8.1\text{-}16)$$

經共軛運算後可得

$$F^{*}(j\omega) = \int_{-\infty}^{\infty} f(t)e^{j\omega t}\,dt = |F(j\omega)|e^{-j\angle F(j\omega)} \qquad (8.1\text{-}17)$$

487

此外若是將 $j\omega$ 以 $-j\omega$ 取代,則(8.1-14)可寫為

$$F(-j\omega) = \int_{-\infty}^{\infty} f(t)e^{j\omega t}dt = \left|F(-j\omega)\right|e^{j\angle F(-j\omega)} \tag{8.1-18}$$

比較以上兩式可得

$$\left|F(-j\omega)\right| = \left|F(j\omega)\right| \tag{8.1-19}$$

$$\left|\angle F(-j\omega)\right| = -\angle F(j\omega) \tag{8.1-20}$$

顯然地,$F(j\omega)$ 的大小 $\left|F(j\omega)\right|$ 為偶函數,$F(j\omega)$ 的相位 $\angle F(j\omega)$ 為奇函數,根據這種奇偶函數的特性,當要描繪 $\left|F(j\omega)\right|$ 與 $\angle F(j\omega)$ 時,只需考慮 $\omega > 0$ 即可,在後面所介紹的波德圖(Bode plot)就是一例。

8.2 頻率響應

在第四章中曾經提及在本書中討論的電路都是屬於線性非時變系統,可利用常微分方程式(ODE)來描述電路的數學模式,表示式如下:

$$\begin{aligned} & y^{(n)}(t) + a_{n-1}y^{(n-1)}(t) + \cdots + a_1\dot{y}(t) + a_0 y(t) \\ & = b_m w^{(m)}(t) + b_{m-1} w^{(m-1)}(t) + \cdots + b_1 \dot{w}(t) + b_0 w(t) \end{aligned} \tag{8.2-1}$$

其中 $n>m$,$w(t)$ 與 $y(t)$ 分別為輸入與輸出。接著在第六章中引入拉氏轉換的分析技術,對(8.2-1)取拉氏轉換後成為

$$Y(s) = H(s)W(s) \tag{8.2-2}$$

其中 $W(s)$ 與 $Y(s)$ 為 $w(t)$ 與 $y(t)$ 的拉氏轉換,且轉移函數(transfer function) $H(s)$ 表為

$$H(s) = \frac{b_m s^m + \cdots + b_1 s + b_0}{s^n + a_{n-1}s^{n-1} + \cdots + a_1 s + a_0} = \frac{b_m (s - z_1) \cdots (s - z_m)}{(s - p_1) \cdots (s - p_n)}$$

(8.2-3)

其中 p_k, $k=1,2,...,n$，稱為極點(pole)，而 z_j, $j=1,2,...,m$, 稱為零點(zero)。應注意的是，在正常情況下的電路都是穩定系統，即極點 p_k, $k=1,2,...,n$ 都位在複數平面的左半面上，根據微分方程式的特性，系統初值不會影響到系統的穩態響應(這個觀點已在上一章的單頻響應中介紹過)，因此在(8.2-2)中不再考慮系統初值，亦即將系統初值予以忽略。

根據定義，輸入訊號 $w(t)$ 的拉氏轉換為 $W(s) = \int_{0^-}^{\infty} w(t)e^{-st}dt$，由於一般假定輸入訊號在起始時間 $t=0$ 之前並沒有作用，亦即當 $t<0$ 時 $w(t)=0$，因此可將 $W(s)$ 改寫為

$$W(s) = \int_{-\infty}^{\infty} w(t)e^{-st}dt$$

(8.2-4)

若是再令 s 為純虛數，即 $s=j\omega$，則可得

$$W(j\omega) = \int_{-\infty}^{\infty} w(t)e^{-j\omega t}dt$$

(8.2-5)

觀察(8.1-14)的定義可知上式即 $w(t)$ 的傅立葉轉換，換句話說，傅立葉轉換可視為拉氏轉換的特例。再由(8.1-15)可得

$$w(t) = \frac{1}{2\pi}\int_{-\infty}^{\infty} W(j\omega)e^{j\omega t}d\omega = \int_{-\infty}^{\infty} \left(\frac{1}{2\pi}W(j\omega)e^{j\omega t}\right)d\omega$$

(8.2-6)

此式代表 $w(t)$ 是由無限多的指數訊號 $\frac{1}{2\pi}W(j\omega)e^{j\omega t}$ 組合而成，其中 ω 為連續之頻率，當 $|W(j\omega)|$ 越大時，代表 $e^{j\omega t}$ 在 $f(t)$ 中所占的份量越重。同理可得輸出

$$y(t) = \frac{1}{2\pi} \int_{-\infty}^{\infty} Y(j\omega) e^{j\omega t} d\omega \tag{8.2-7}$$

其中 $Y(j\omega)$ 為 $y(t)$ 的傅立葉轉換，表為

$$Y(j\omega) = \int_{-\infty}^{\infty} y(t) e^{-j\omega t} dt \tag{8.2-8}$$

當 $|Y(j\omega)|$ 越大時，代表 $e^{j\omega t}$ 在 $y(t)$ 中所占的份量越重。

由以上之分析可得輸入訊號與輸出訊號的傅立葉轉換，若是將(8.2-2)中的 s 也以 $j\omega$ 取代，則可得

$$Y(j\omega) = H(j\omega)W(j\omega) \tag{8.2-9}$$

顯然地，轉移函數 $H(s)$ 也可以利用傅立葉轉換 $H(j\omega)$ 來取代，不過在本質上，$H(s)$ 是一個系統而不是訊號，似乎無法以時間函數表示，事實上，在系統理論中已經解決這個問題，並且採用脈衝響應 $h(t)$ 來代替系統，即

$$H(j\omega) = \int_{-\infty}^{\infty} h(t) e^{-j\omega t} dt \tag{8.2-10}$$

底下開始介紹脈衝響應 $h(t)$ 的意義。

■ 脈衝響應

當輸入訊號 $w(t)$ 進入線性非時變系統 $\mathcal{H}$ 後，假設所獲得的輸出為 $y(t)$，為了說明方便，令

$$y(t) = \mathcal{H}[w(t)] \tag{8.2-11}$$

在此式中，$\mathcal{H}[w(t)]$ 代表輸入 $w(t)$ 經由系統 $\mathcal{H}$ 映射至 $y(t)$。所謂脈衝響應(impulse response)就是指當系統輸入脈衝訊號 $\delta(t)$ 時所獲得的輸出 $h(t)$，即

$$h(t) = \mathcal{H}[\delta(t)] \tag{8.2-12}$$

關於脈衝訊號已在第六章介紹過，它必須滿足下列兩個條件：

$$\text{A. 當 } t \neq 0 \text{ 時，} \delta(t) = 0 \tag{8.2-13}$$

$$\text{B. 對任意} \varepsilon > 0 \text{，} \int_{-\varepsilon}^{\varepsilon} \delta(t)dt = 1 \tag{8.2-14}$$

此外，還有一個與 $\delta(t)$ 相關的重要性質，那就是輸入訊號 $w(t)$ 可以表為

$$w(t) = \int_{-\infty}^{\infty} w(\tau)\delta(t-\tau)d\tau \tag{8.2-15}$$

要驗證此式並不困難，只需計算右項 $\int_{-\infty}^{\infty} w(\tau)\delta(t-\tau)d\tau$，看看是否正好等於 $w(t)$ 即可，過程如下：

$$\begin{aligned}
\int_{-\infty}^{\infty} w(\tau)\delta(t-\tau)d\tau &= \int_{-\infty}^{\infty} w(t)\delta(t-\tau)d\tau \\
&= w(t)\int_{-\infty}^{\infty} \delta(t-\tau)d\tau = w(t)
\end{aligned} \tag{8.2-16}$$

顯然(8.2-15)是正確的。

■ 頻率響應

緊接著利用脈衝響應與(8.2-15)之事實，來說明為何一個線性非時變系統必須滿足(8.2-9)，首先將(8.2-11)改寫為

$$y(t) = \mathcal{H}\left[\int_{-\infty}^{\infty} w(\tau)\delta(t-\tau)d\tau\right] \tag{8.2-17}$$

其中 $\int_{-\infty}^{\infty} w(\tau)\delta(t-\tau)d\tau$ 可視為是由無限多個脈衝訊號組合而成，每一個脈衝訊號 $\delta(t-\tau)$ 的大小為 $w(\tau)$，因此在線性系統的條件下，(8.2-17)可化為

491

$$y(t) = \int_{-\infty}^{\infty} w(\tau) \mathcal{H}[\delta(t-\tau)] d\tau \qquad (8.2\text{-}18)$$

再根據非時變的條件，當輸入一個延遲的脈衝訊號 $\delta(t-\tau)$ 時，其輸出為 $h(t-\tau)$，即 $\mathcal{H}[\delta(t-\tau)] = h(t-\tau)$，故(8.2-18)可進一步化為

$$y(t) = \int_{-\infty}^{\infty} w(\tau) h(t-\tau) d\tau \qquad (8.2\text{-}19)$$

其中 $\int_{-\infty}^{\infty} w(\tau) h(t-\tau) d\tau$ 稱為 $w(t)$ 與 $h(t)$ 的迴旋積(convolution)，接著對(8.2-19) 取傅立葉轉換可得

$$\begin{aligned} Y(j\omega) &= \int_{-\infty}^{\infty} \left(\int_{-\infty}^{\infty} w(\tau) h(t-\tau) d\tau \right) e^{-j\omega t} dt \\ &= \int_{-\infty}^{\infty} \int_{-\infty}^{\infty} w(\tau) h(t-\tau) e^{-j\omega t} d\tau \, dt \end{aligned} \qquad (8.2\text{-}20)$$

令 $\alpha = t - \tau$，則

$$\begin{aligned} Y(j\omega) &= \int_{-\infty}^{\infty} \int_{-\infty}^{\infty} w(\tau) h(\alpha) e^{-j\omega(\alpha+\tau)} d\tau \, d\alpha \\ &= \left(\int_{-\infty}^{\infty} h(\alpha) e^{-j\omega\alpha} d\alpha \right) \left(\int_{-\infty}^{\infty} w(\tau) e^{-j\omega\tau} d\tau \right) \\ &= H(j\omega) W(j\omega) \end{aligned} \qquad (8.2\text{-}21)$$

此式驗證了一個事實：線性非時變系統必須滿足(8.2-9)。再由(8.2-7)可知

$$\begin{aligned} y(t) &= \int_{-\infty}^{\infty} \left(\frac{1}{2\pi} Y(j\omega) e^{j\omega t} \right) d\omega \\ &= \int_{-\infty}^{\infty} \left(\frac{1}{2\pi} H(j\omega) W(j\omega) e^{j\omega t} \right) d\omega \end{aligned} \qquad (8.2\text{-}22)$$

由於不同頻率的訊號具有相互獨立性，因此可以只考慮上式的單頻訊號，其結果如下：

$$\frac{1}{2\pi}Y(j\omega)e^{j\omega t} = \frac{1}{2\pi}H(j\omega)W(j\omega)e^{j\omega t}$$

$$= H(j\omega)\left(\frac{1}{2\pi}W(j\omega)e^{j\omega t}\right) \qquad (8.2\text{-}23)$$

此外

$$\left|Y(j\omega)\right| = \left|H(j\omega)\right|\left|W(j\omega)\right| \qquad (8.2\text{-}24)$$

$$\angle Y(j\omega) = \angle H(j\omega) + \angle W(j\omega) \qquad (8.2\text{-}25)$$

綜合言之，當輸入 $w(t) = \int_{-\infty}^{\infty}\left(\frac{1}{2\pi}W(j\omega)e^{j\omega t}\right)d\omega$ 時，可將其視為由無限

多個單頻訊號 $\frac{1}{2\pi}W(j\omega)e^{j\omega t}$ 組合而成，再根據(8.2-23)，每個單頻訊號進入系

統後，會產生相同頻率的輸出 $\frac{1}{2\pi}Y(j\omega)e^{j\omega t}$，由(8.2-24)與(8.2-25)可知此單頻

輸出的大小為輸入的 $\left|H(j\omega)\right|$ 倍，相位則比輸入多 $\angle H(j\omega)$，如圖 8.2-1 所示。

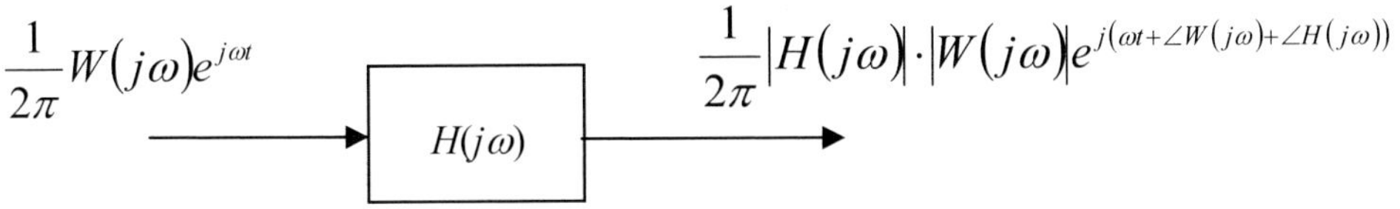

$$\frac{1}{2\pi}W(j\omega)e^{j\omega t} \qquad\qquad\qquad \frac{1}{2\pi}\left|H(j\omega)\right|\cdot\left|W(j\omega)\right|e^{j(\omega t+\angle W(j\omega)+\angle H(j\omega))}$$

$$\boxed{H(j\omega)}$$

圖 8.2-1

應注意的是，由(8.1-19)與(8.1-20)可知 $\left|W(j\omega)\right|$、$\left|H(j\omega)\right|$ 與 $\left|Y(j\omega)\right|$ 為偶

函數，$\angle W(j\omega)$、$\angle H(j\omega)$ 與 $\angle Y(j\omega)$ 為奇函數，所以在描述三者之關係時，

只需考慮 $\omega > 0$ 即可。

8.3 波德圖

在頻率響應中，波德圖(Bode plot)是一項重要的分析工具，它主要是將一個時域訊號 $f(t)$ 的傅立葉轉換 $F(j\omega)$，以大小 $|F(j\omega)|_{dB}$ 及相位 $\angle F(j\omega)$ 來表示，其中 $|F(j\omega)|_{dB}$ 稱為 $|F(j\omega)|$ 的 dB 值，定義如下：

$$\left|F\left(j\omega\right)\right|_{dB} = 20\log_{10}\left|F\left(j\omega\right)\right| \tag{8.3-1}$$

亦即必須經過對數的運算，在此採用 dB 值的主要目的是希望將乘法的運算轉換為加法運算，例如在(8.2-24)中，原本的輸出 $Y(j\omega)$ 是脈衝響應 $H(j\omega)$ 與輸入 $W(j\omega)$ 的乘積，無法以作圖法求得，若改用 dB 值則成為

$$\begin{aligned} 20\log_{10}\left|Y\left(j\omega\right)\right| &= 20\log_{10}\left(\left|H\left(j\omega\right)\right|\left|W\left(j\omega\right)\right|\right) \\ &= 20\log_{10}\left|H\left(j\omega\right)\right| + 20\log_{10}\left|W\left(j\omega\right)\right| \end{aligned} \tag{8.3-2}$$

亦即

$$\left|Y\left(j\omega\right)\right|_{dB} = \left|H\left(j\omega\right)\right|_{dB} + \left|W\left(j\omega\right)\right|_{dB} \tag{8.3-3}$$

變為簡單的加減法運算，更重要的是輸出可以在波德圖上直接作圖求取。至於(8.2-25)之相位部分，本來就是利用加減法，因此也可以利用作圖法求得。此外波德圖的橫座標為 $log_{10}\omega$，即頻率 ω 的對數值，由於傅立葉轉換的大小與相位具有奇偶性，因此只考慮 $\omega>0$ 之情況。

在分析或處理系統之訊號時，輸出訊號 $Y(j\omega)$ 會隨著輸入訊號 $W(j\omega)$ 的不同而改變，但是代表系統的脈衝響應 $H(j\omega)$ 則是固定的，因此 $H(j\omega)$ 的波德圖是處理頻率響應時非常重要的工具，由於 $H(j\omega)$ 可以視為 $H(s)|_{s=j\omega}$，底下將以 $H(s)$ 來表示系統，並且令 $H(s) = \dfrac{Q(s)}{P(s)}$，則 $H(j\omega)$ 的波德圖與 $Q(j\omega)$ 及 $P(j\omega)$ 的波德圖息息相關，分子的基本型態如下：

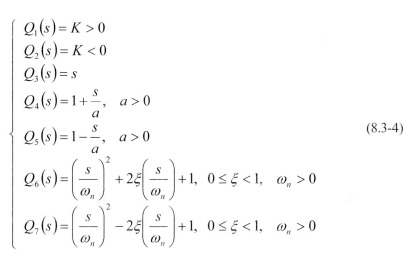

$$\begin{cases} Q_1(s) = K > 0 \\[4pt] Q_2(s) = K < 0 \\[4pt] Q_3(s) = s \\[4pt] Q_4(s) = 1 + \dfrac{s}{a}, \quad a > 0 \\[8pt] Q_5(s) = 1 - \dfrac{s}{a}, \quad a > 0 \\[8pt] Q_6(s) = \left(\dfrac{s}{\omega_n}\right)^2 + 2\xi\left(\dfrac{s}{\omega_n}\right) + 1, \quad 0 \le \xi < 1, \quad \omega_n > 0 \\[10pt] Q_7(s) = \left(\dfrac{s}{\omega_n}\right)^2 - 2\xi\left(\dfrac{s}{\omega_n}\right) + 1, \quad 0 \le \xi < 1, \quad \omega_n > 0 \end{cases} \tag{8.3-4}$$

而分母在穩定系統的條件下，具有下列兩種基本型態：

$$\begin{cases} P_1(s) = 1 + \dfrac{s}{a}, \quad a > 0 \\[10pt] P_2(s) = \left(\dfrac{s}{\omega_n}\right)^2 + 2\xi\left(\dfrac{s}{\omega_n}\right) + 1, \quad 0 < \xi < 1, \quad \omega_n > 0 \end{cases} \tag{8.3-5}$$

應注意的是，在訊號處理中所面對的系統屬於穩定系統，但是在一般控制理論中所處理的系統則不受此限，因此在分母型態部分也不相同，不過在本章中並不討論。

首先介紹分子基本型態(8.3-4)的波德圖，根據(8.3-1)可得 $Q_1(s) = K > 0$ 的 dB 值如下：

$$\left|Q_1(j\omega)\right|_{dB} = 20\log_{10} K = M \quad \text{dB} \tag{8.3-6}$$

當 $K>1$ 時，$M>0$；當 $K=1$ 時，$M=0$；當 $0<K<1$ 時，$M<0$。至於相位則是

$$\angle Q_1(j\omega) = 0° \tag{8.3-7}$$

故 $Q_1(j\omega)$ 的波德圖如圖 8.3-1(a)所示，其橫座標為 $\log_{10}\omega$。

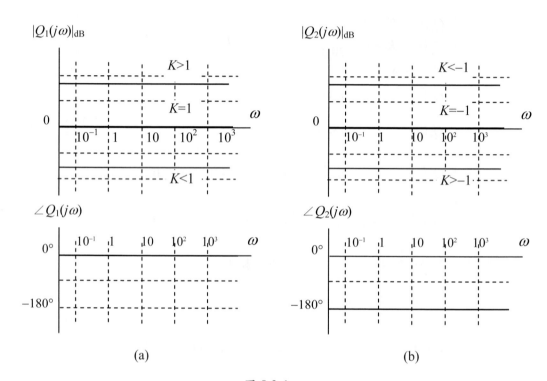

圖 8.3-1

接著考慮 $Q_2(s) = K < 0$ ，其傅立葉轉換為 $Q_2(j\omega) = |K| \angle \pm 180°$ ，顯然地，它的 dB 值與 $Q_1(j\omega)$ 相同，但相位可能是 $-180°$ 或 $180°$，$Q_2(j\omega)$ 的波德圖如圖 8.3-1(b)所示，相位取 $-180°$，不過在訊號處理時仍需依實際狀況來選取。

當分子具有 $Q_3(s) = s$ 之基本型態時，代表系統具有 $s=0$ 的零點，其傅立葉轉換為 $Q_3(j\omega) = \omega \angle 90°$ ，其相位為 $90°$，大小的 dB 值為

$$|Q_3(j\omega)|_{dB} = 20\log_{10}\omega \quad \text{dB} \tag{8.3-8}$$

496

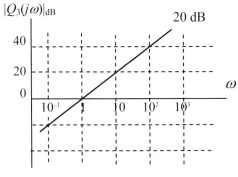

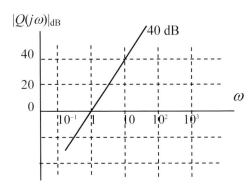

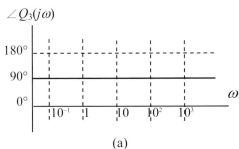

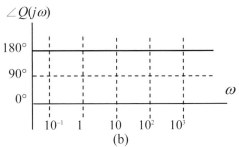

(a)

(b)

圖 8.3-2

由於橫座標為 $log_{10}\omega$，因此(8.3-8)的圖形是一條斜率為 20dB 的直線，且當 $\omega=1$ 時，$\left|Q_3(j1)\right|_{dB} = 0\,\text{dB}$，如圖 8.3-2(a)所示。若是分子具有 $Q(s) = s^n$ 之型態時，其傅立葉轉換為 $Q(j\omega) = \omega^n \angle (n \cdot 90°)$，其相位為 $n \cdot 90°$，大小的 dB 值為

$$\left|Q(j\omega)\right|_{dB} = 20\,log_{10}\,\omega^n = 20n\,log_{10}\,\omega \quad \text{dB} \tag{8.3-9}$$

其圖形是一條斜率為 20ndB 的直線，且當 $\omega=1$ 時，$\left|Q(j1)\right|_{dB} = 0\,\text{dB}$，圖 8.3-2(b) 為 $n=2$ 之情況。

497

當分子具有 $Q_4(s) = 1 + \dfrac{s}{a}$ $(a>0)$ 之基本型態時，代表系統具有 $s=-a<0$ 的零點，位在複數平面的左半面，其傅立葉轉換為

$$Q_4(j\omega) = 1 + j\frac{\omega}{a} = \sqrt{1 + \frac{\omega^2}{a^2}} \angle tan^{-1}\frac{\omega}{a} \qquad (8.3\text{-}10)$$

其相位為 $\angle tan^{-1}\dfrac{\omega}{a}$，大小的 dB 值為

$$\left|Q_4(j\omega)\right|_{dB} = 20\,log_{10}\sqrt{1 + \frac{\omega^2}{a^2}} = 10\,log_{10}\left(1 + \frac{\omega^2}{a^2}\right) \quad \text{dB} \qquad (8.3\text{-}11)$$

當 $\omega \rightarrow 0$ 時，

$$\begin{cases} \angle Q_4(j0^+) = \angle tan^{-1}\dfrac{0^+}{a} \rightarrow 0° \\[3mm] \left|Q_4(j0^+)\right|_{dB} = 10\,log_{10}\left(1 + \dfrac{0^+}{a^2}\right) \rightarrow 0 \ \text{dB} \end{cases} \qquad (8.3\text{-}12)$$

當 $\omega=a$ 時，

$$\begin{cases} \angle Q_4(ja) = \angle tan^{-1}\dfrac{a}{a} = 45° \\[3mm] \left|Q_4(ja)\right|_{dB} = 10\,log_{10}\left(1 + \dfrac{a^2}{a^2}\right) = 3.01 \ \text{dB} \end{cases} \qquad (8.3\text{-}13)$$

當 $\omega \rightarrow \infty$ 時，

$$\begin{cases} \angle Q_4\left(j\infty\right) = \angle tan^{-1}\dfrac{\infty}{a} \to 90° \\[4mm] \left|Q_4\left(j\omega\right)\right|_{dB,\omega\to\infty} = 10\,log_{10}\left(1+\dfrac{\omega^2}{a^2}\right)_{\omega\to\infty} \quad dB \end{cases} \tag{8.3-14}$$

在此式中的 dB 值可以進一步化為

$$\begin{aligned} \left|Q_4\left(j\omega\right)\right|_{dB,\omega\to\infty} &= 10\,log_{10}\left(\dfrac{\omega^2}{a^2}\right)_{\omega\to\infty} = 20\,log_{10}\left(\dfrac{\omega}{a}\right)_{\omega\to\infty} \\ &= 20\,log_{10}\,\omega\big|_{\omega\to\infty} - 20\,log_{10}\,a \end{aligned} \tag{8.3-15}$$

顯然地，當 $\omega\to\infty$ 時，(8.3-14)形成一條斜率為 20dB 的直線，且此直線向後延伸至 $\omega=a$ 時，會通過 0dB 的橫軸，如圖 8.3-3(a)所示，顯然地，此直線為 $Q_4\left(j\omega\right)$ 在 $\omega\to\infty$ 時的漸近線。

當分子具有 $Q_5\left(s\right)=1-\dfrac{s}{a}$ $(a>0)$ 之基本型態時，代表系統具有 $s=a>0$ 的零點，位在複數平面的右半面，其傅立葉轉換為

$$Q_5\left(j\omega\right)=1-j\dfrac{\omega}{a}=\sqrt{1+\dfrac{\omega^2}{a^2}}\angle\left(-tan^{-1}\dfrac{\omega}{a}\right) \tag{8.3-16}$$

其相位與 $\angle Q_4\left(j\omega\right)$ 異號，大小的 dB 值與 $\left|Q_4\left(j\omega\right)\right|_{dB}$ 相同，因此波德圖如圖 8.3-3(b)所示。

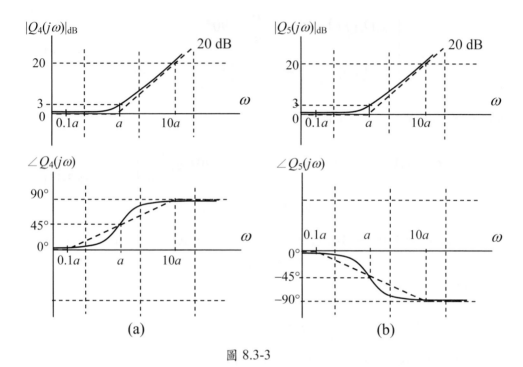

圖 8.3-3

當分子具有 $Q_6(s) = \left(\dfrac{s}{\omega_n}\right)^2 + 2\xi\left(\dfrac{s}{\omega_n}\right) + 1$ $(1 > \xi \geq 0,\ \omega_n > 0)$ 之基本型態時，代

表系統具有兩個共軛複數的零點，位在複數平面的左半面，其傅立葉轉換為

$$Q_6(j\omega) = \left(1 - \frac{\omega^2}{\omega_n^2}\right) + j2\xi\frac{\omega}{\omega_n}$$

$$= \sqrt{\left(1 - \frac{\omega^2}{\omega_n^2}\right)^2 + \left(2\xi\frac{\omega}{\omega_n}\right)^2}\ \angle\, tan^{-1}\left(\frac{2\xi\omega_n\omega}{\omega_n^2 - \omega^2}\right)$$

(8.3-17)

500

其相位為 $\angle tan^{-1}\left(\dfrac{2\xi\omega_n\omega}{\omega_n^2-\omega^2}\right)$，大小的 dB 值為

$$\left|Q_6(j\omega)\right|_{dB}=20\,log_{10}\sqrt{\left(1-\frac{\omega^2}{\omega_n^2}\right)^2+\left(2\xi\frac{\omega}{\omega_n}\right)^2}$$

$$=10\,log_{10}\left(1+\left(4\xi^2-2\right)\frac{\omega^2}{\omega_n^2}+\frac{\omega^4}{\omega_n^4}\right)\quad\text{dB}$$

(8.3-18)

當 $\omega\to0$ 時，

$$\begin{cases}\angle Q_6(j0^+)=\angle tan^{-1}\dfrac{0^+}{\omega_n^2}\to0°\\[4mm]\left|Q_6(j0^+)\right|_{dB}=10\,log_{10}\left(1+\left(4\xi^2-2\right)\dfrac{0^+}{\omega_n^2}+\dfrac{0^+}{\omega_n^4}\right)\to0\ \text{dB}\end{cases}$$

(8.3-19)

當 $\omega=\omega_n$ 時，

$$\begin{cases}\angle Q_6(j\omega_n)=\angle tan^{-1}\infty=90°\\[2mm]\left|Q_6(j\omega_n)\right|_{dB}=10\,log_{10}\left(4\xi^2\right)=6.02+20\,log_{10}\,\xi\ \text{dB}\end{cases}$$

(8.3-20)

當 $\omega\to\infty$ 時，

$$\begin{cases}\angle Q_6(j\infty)=\angle tan^{-1}\dfrac{\infty}{-\infty}\to180°\\[4mm]\left|Q_6(j\omega)\right|_{dB,\omega\to\infty}=10\,log_{10}\left(1+\left(4\xi^2-2\right)\dfrac{\omega^2}{\omega_n^2}+\dfrac{\omega^4}{\omega_n^4}\right)_{\omega\to\infty}\ \text{dB}\end{cases}$$

(8.3-21)

在此式中的 dB 值可以進一步化為

$$\left|Q_6\left(j\omega\right)\right|_{dB,\omega\to\infty} = 10\,log_{10}\left(\frac{\omega^4}{\omega_n^4}\right)_{\omega\to\infty} = 40\,log_{10}\left(\frac{\omega}{\omega_n}\right)_{\omega\to\infty} \quad (8.3\text{-}22)$$

$$= 40\,log_{10}\,\omega\big|_{\omega\to\infty} - 40\,log_{10}\,\omega_n$$

顯然地，當 $\omega\to\infty$ 時，(8.3-22)形成一條斜率為 40dB 的直線，且此直線向後延伸至 $\omega=\omega_n$ 時，會通過 0dB 的橫軸，如圖 8.3-4(a)所示，顯然地，此直線為 $Q_6\left(j\omega\right)$ 在 $\omega\to\infty$ 時的漸近線。

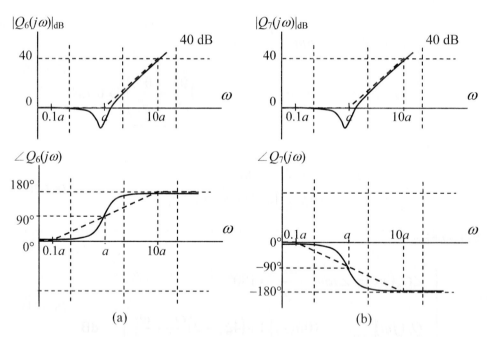

圖 8.3-4

502

當分子具有 $Q_7(s) = \left(\dfrac{s}{\omega_n}\right)^2 - 2\xi\left(\dfrac{s}{\omega_n}\right) + 1$ $(1 > \xi \geq 0,\ \omega_n > 0)$ 之基本型態時，代表系統具有兩個共軛複數的零點，位在複數平面的右半面，其傅立葉轉換為

$$
\begin{aligned}
Q_7(j\omega) &= \left(1 - \frac{\omega^2}{\omega_n^2}\right) - j2\xi\frac{\omega}{\omega_n} \\
&= \sqrt{\left(1 - \frac{\omega^2}{\omega_n^2}\right)^2 + \left(2\xi\frac{\omega}{\omega_n}\right)^2} \angle tan^{-1}\left(\frac{-2\xi\omega_n\omega}{\omega_n^2 - \omega^2}\right)
\end{aligned}
\tag{8.3-23}
$$

其相位與 $\angle Q_6(j\omega)$ 異號，大小的 dB 值與 $\left|Q_6(j\omega)\right|_{dB}$ 相同，因此波德圖如圖 8.3-4(b)所示。

接著介紹(8.3-5)的分母。當分母具有 $P_1(s) = 1 + \dfrac{s}{a}$ $(a > 0)$ 之基本型態時，代表系統具有 $s = -a < 0$ 的極點，位在複數平面的左半面，其傅立葉轉換為

$$
\frac{1}{P_1(j\omega)} = \left(1 + j\frac{\omega}{a}\right)^{-1} = \left(\sqrt{1 + \frac{\omega^2}{a^2}}\right)^{-1} \angle\left(-tan^{-1}\frac{\omega}{a}\right)
\tag{8.3-24}
$$

其相位為 $\angle\left(-tan^{-1}\dfrac{\omega}{a}\right)$，大小的 dB 值為

$$
\left|\frac{1}{P_1(j\omega)}\right|_{dB} = 20log_{10}\left(\sqrt{1 + \frac{\omega^2}{a^2}}\right)^{-1} = -10log_{10}\left(1 + \frac{\omega^2}{a^2}\right) \quad \text{dB}
\tag{8.3-25}
$$

其相位與 $\angle Q_4(j\omega)$ 異號，大小的 dB 值也與 $\left|Q_4(j\omega)\right|_{dB}$ 異號，因此波德圖如圖 8.3-5(a)所示。

當分母具有 $P_2(s) = \left(\dfrac{s}{\omega_n}\right)^2 + 2\xi\left(\dfrac{s}{\omega_n}\right) + 1$ $(1 > \xi > 0,\ \omega_n > 0)$ 之基本型態時，代表系統具有兩個共軛複數的極點，位在複數平面的左半面，其傳立葉轉換為

$$\frac{1}{P_2(j\omega)} = \left(\left(1 - \frac{\omega^2}{\omega_n^2}\right) + j2\xi\frac{\omega}{\omega_n}\right)^{-1}$$

$$= \left(\sqrt{\left(1 - \frac{\omega^2}{\omega_n^2}\right)^2 + \left(2\xi\frac{\omega}{\omega_n}\right)^2}\right)^{-1} \angle\left(-tan^{-1}\frac{2\xi\omega_n\omega}{\omega_n^2 - \omega^2}\right)$$

$$(8.3\text{-}17)$$

其相位為 $\angle\left(-tan^{-1}\dfrac{2\xi\omega_n\omega}{\omega_n^2 - \omega^2}\right)$ ，大小的 dB 值為

$$\left|\frac{1}{P_2(j\omega)}\right|_{dB} = 20log_{10}\left(\sqrt{\left(1 - \frac{\omega^2}{\omega_n^2}\right)^2 + \left(2\xi\frac{\omega}{\omega_n}\right)^2}\right)^{-1}$$

$$= -10log_{10}\left(1 + \left(4\xi^2 - 2\right)\frac{\omega^2}{\omega_n^2} + \frac{\omega^4}{\omega_n^4}\right) \quad \text{dB}$$

$$(8.3\text{-}18)$$

其相位與 $\angle Q_6(j\omega)$ 異號，大小的 dB 值也與 $\left|Q_6(j\omega)\right|_{dB}$ 異號，因此波德圖如圖 8.3-5(b)所示。

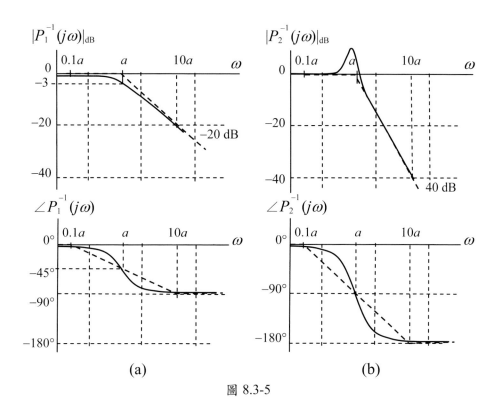

圖 8.3-5

　　從以上分子與分母之波德圖分析可知，若是使用實際的波德圖，則在處理頻率響應時將面對複雜的曲線，幸好在實際應用上，初步階段都只需近似的波德圖即可，即各圖中的虛折線，若是需要實際的頻率響應時，則可以直接借助電腦來繪圖。底下將利用範例來介紹如何畫出近似的系統波德圖。

《範例 8.3-1》

有一系統的轉移函數為 $H(s) = \dfrac{50\,s(s-2)}{(s+10)(s^2+8s+25)}$ ，試畫出其波德

505

近似圖。

解答：

首先將此轉移函數化為基本型態的組合，表示式如下：

$$H(s) = \frac{-0.4\, s\left(1 - \dfrac{s}{2}\right)}{\left(1 + \dfrac{s}{10}\right)\left(\left(\dfrac{s}{5}\right)^2 + 1.6\left(\dfrac{s}{5}\right) + 1\right)}$$

其傅立葉轉換為

$$H(j\omega) = \frac{-0.4\,(j\omega)\left(1 - j\dfrac{\omega}{2}\right)}{\left(1 + j\dfrac{\omega}{10}\right)\left(\left(1 - \dfrac{\omega^2}{5^2}\right) + j1.6\left(\dfrac{\omega}{5}\right)\right)}$$

包括五個基本型式：

$$Q_2(j\omega) = -0.4, \quad Q_3(j\omega) = j\omega, \quad Q_5(j\omega) = 1 - j\frac{\omega}{2}$$

$$P_1(j\omega) = 1 + j\frac{\omega}{10}, \quad P_2(j\omega) = \left(1 - \frac{\omega^2}{5^2}\right) + j1.6\left(\frac{\omega}{5}\right)$$

其中 $\left|Q_2(j\omega)\right|_{dB} = 20\log 0.4 = -7.96\,\text{dB}$ ，而相位取 $\angle Q_2(j\omega) = 180°$ ，故以上基本型態所相對應的近似圖如虛線所示，而 $H(j\omega)$ 之近似圖則以實線表示。

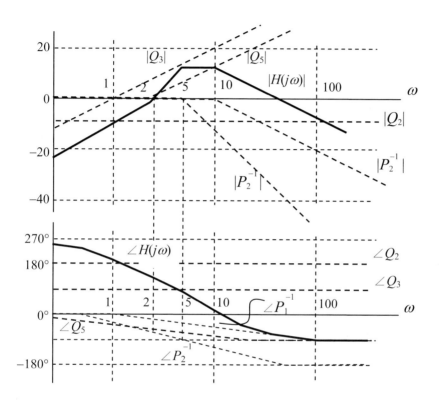

【練習 8.3-1】

有一系統的轉移函數為 $H(s) = \dfrac{30\,s(s+3)}{(s+5)(s^2+3s+9)}$ ，試畫出其波德近

似圖。

8.4 濾波器

根據傅立葉轉換，所有的輸入訊號 $w(t)$ 都可視為由各種不同頻率 ω 的弦波訊號 $W(j\omega)e^{j\omega t}$ 所組合而成，當通過系統 $H(j\omega)$ 後，所得到的輸出訊號 $y(t)$ 也是由相對應頻率 ω 的弦波訊號 $Y(j\omega)e^{j\omega t}$ 所組合而成，且 $Y(j\omega)=H(j\omega)W(j\omega)$，顯然地，輸出訊號會受到 $H(j\omega)$ 的影響，在電機工程中也利用這種特性來取得所需的訊號，或排除不需要的雜訊，所設計出來的電路就是所謂的濾波器(filter)。

事實上，濾波的概念不只是使用在電機工程，在日生活中也經常使用，最常見的隔音設備就是典型的實例，可用來處理聲波，如隔絕室外的噪音或避免室內的音響干擾到週遭環境。在本章中將介紹在三種電機工程中常使用的濾波器：低通(lowpass)、高通(highpass)與帶通(bandpass)濾波器，至於其他型式的濾波器，請自行參考濾波器設計的相關書籍。

■ 低通濾波器

顧名思義，低通濾波器就是指低頻訊號可以通過，而把高頻訊號濾除的電路，最簡單的低通濾波器就是圖 8.4-1 之 RC 電路，以拉氏轉換來表示可得數學模式如下：

$$V_o(s) = \frac{1/sC}{R+(1/sC)} V_s(s) = \frac{1}{1+sRC} V_s(s) \qquad (8.4\text{-}1)$$

其中 $V_s(s)$ 與 $V_o(s)$ 分別為輸入與輸出訊號，故轉移函數為

$$H(s) = \frac{V_o(s)}{V_s(s)} = \frac{1}{1+sRC} \qquad (8.4\text{-}2)$$

其頻率響應可由 $H(j\omega)$ 來決定。

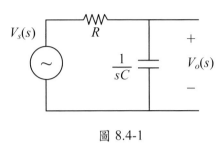

圖 8.4-1

令 $\omega_0 = \dfrac{1}{RC}$，則(8.4-2)可改寫為 $H(s) = \dfrac{1}{1 + \dfrac{s}{\omega_0}}$，此式即(8.3-24)的基本型

態，傅立葉轉換可表為

$$H(j\omega) = \frac{1}{1 + j\dfrac{\omega}{\omega_0}} = \frac{1}{\sqrt{1 + \left(\dfrac{\omega}{\omega_0}\right)^2}} \angle\left(-tan^{-1}\frac{\omega}{\omega_0}\right) \qquad (8.4\text{-}3)$$

而波德圖如圖 8.4-2 所示，由 $|H(j\omega)|_{dB}$ 可知當輸入訊號 $W(j\omega)e^{j\omega t}$ 的頻率 ω 高於 ω_0 時，所獲得的相對應輸出 $Y(j\omega)e^{j\omega t}=H(j\omega)W(j\omega)e^{j\omega t}$ 將大幅衰減，若高於 $10\omega_0$，則輸出 $Y(j\omega)e^{j\omega t}\approx 0.1W(j\omega)e^{j\omega t-84°}$，更衰減至小於 10%(或−20dB)，換句話說，高頻的輸入訊號無法通過此低通濾波器，由於 $\left|H(j\omega_0)\right|_{dB} \approx -3\,dB$，因此稱 ω_0 為 3dB 點(3dB point)或截止頻率(cutoff frequency)，有時也以 ω_0 為低通濾波器的頻寬(bandwidth)。

除了最簡單的 RC 低通濾波器以外，有時候也採用更高階的低通濾波器，例如 $H(s) = \dfrac{1}{1 + as + bs^2}$ 具有濾除高頻訊號的特性，且在截止頻率之後的濾除效果，遠優於一階的 RC 濾波器，其下降斜率為−40dB。

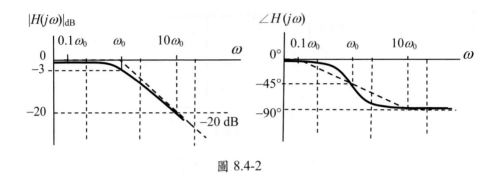

圖 8.4-2

《範例 8.4-1》

考慮二階的低通濾波器 $H(s) = \dfrac{1}{\left(1 + \dfrac{s}{10}\right)\left(1 + \dfrac{s}{40}\right)}$，試畫出其波德近似

圖，並說明在哪一頻率範圍，其輸出 $Y(j\omega)e^{j\omega t}$ 的大小 $|Y(j\omega)|$ 為輸入大小 $|W(j\omega)|$ 的 1% 以下？

解答：

此低通濾波器 $H(s) = \dfrac{1}{\left(1 + \dfrac{s}{10}\right)\left(1 + \dfrac{s}{40}\right)}$ 的傅立葉轉換為

$$H(j\omega) = \dfrac{1}{\left(1 + j\dfrac{\omega}{10}\right)\left(1 + j\dfrac{\omega}{40}\right)}$$

包括兩個基本型式：$\left(1 + j\dfrac{\omega}{10}\right)^{-1}$ 與 $\left(1 + j\dfrac{\omega}{40}\right)^{-1}$，其波德近似圖如下所示：

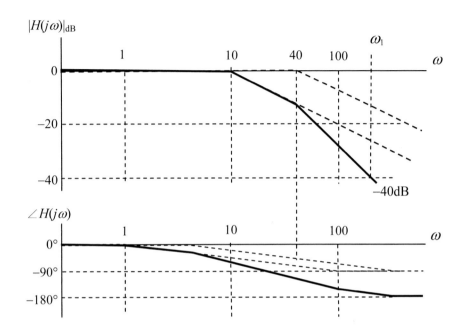

由題意欲求輸出大小下降至 1%以下，即在求-40dB 的頻率，如上圖所示，約在 ω_1 處，估算頻率約 $\omega_1 \approx 200$ rad/s，若直接計算，則為

$$\left|H\left(j\omega_1\right)\right| = \frac{1}{\left|1+j\dfrac{\omega_1}{10}\right| \cdot \left|1+j\dfrac{\omega_1}{40}\right|} = \frac{1}{\sqrt{\left(1+\dfrac{\omega_1^2}{100}\right)\left(1+\dfrac{\omega_1^2}{1600}\right)}} = 0.01$$

即 $\omega_1^4 + 1700\omega_1^2 - 1599840000 = 0$，求解後可得 $\omega_1 = 198$ rad/s，因此當頻率 $\omega > 198$ rad/s 時，輸出的大小 $|Y(j\omega)|$ 已是輸入大小 $|W(j\omega)|$ 的 1%以下。

【練習 8.4-1】

考慮二階的低通濾波器 $H(s) = \dfrac{1}{1 + 5\left(\dfrac{s}{10}\right) + 4\left(\dfrac{s}{10}\right)^2}$ ，試畫出其波德近

似圖，並說明在哪一頻率範圍，其輸出 $Y(j\omega)e^{j\omega t}$ 的大小 $|Y(j\omega)|$ 為輸入大
小 $|W(j\omega)|$ 的 1%以下？

◀◀◀

■ 高通濾波器

高通濾波器就是指只有高頻訊號可以通過，而把低頻訊號濾除的電路，圖
8.4-3 之 RC 電路是最簡單的高通濾波器，以拉氏轉換表示如下：

$$V_o(s) = \frac{R}{R + (1/sC)} V_s(s) = \frac{sRC}{1 + sRC} V_s(s) \tag{8.4-4}$$

轉移函數為

$$H(s) = \frac{V_o(s)}{V_s(s)} = \frac{sRC}{1 + sRC} \tag{8.4-5}$$

其頻率響應可由 $H(j\omega)$ 來決定。

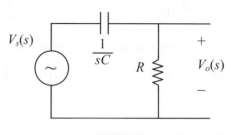

圖 8.4-3

令 $\omega_0 = \dfrac{1}{RC}$，則(8.4-4)可改寫為 $H(s) = \dfrac{s / \omega_0}{1 + \dfrac{s}{\omega_0}}$，此式包括(8.3-6)、(8.3-8)

與(8.3-24)三種基本型態，傅立葉轉換可表為

$$H(j\omega) = \frac{j\omega / \omega_0}{1 + j\dfrac{\omega}{\omega_0}} = \frac{\omega / \omega_0}{\sqrt{1 + \left(\dfrac{\omega}{\omega_0}\right)^2}} \angle\left(90° - tan^{-1}\frac{\omega}{\omega_0}\right) \quad (8.4\text{-}6)$$

若假設 $10 > \omega_0 > 1$，則波德圖如圖 8.4-4 所示，由 $|H(j\omega)|_{dB}$ 可知當輸入訊號 $W(j\omega)e^{j\omega t}$ 的頻率 ω 低於 ω_0 時，所獲得的相對應輸出 $Y(j\omega)e^{j\omega t} = H(j\omega)W(j\omega)e^{j\omega t}$ 將大幅衰減，若低於 $0.1\omega_0$，則輸出更衰減至小於 10% (或-20dB)，換句話說，低頻輸入訊號無法通過此高通濾波器，由於 $\left|H(j\omega_0)\right|_{dB} \approx -3\,\text{dB}$，因此稱 ω_0 為 3dB 點(3dB point)或截止頻率(cutoff frequency)。

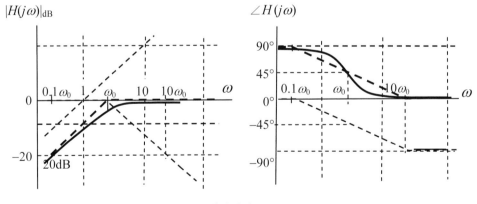

圖 8.4-4

除了最簡單的 RC 高通濾波器以外，有時候也採用更高階的高通濾波器，例如 $H(s) = \dfrac{bs^2}{1+as+bs^2}$ 具有濾除高頻訊號的特性，且在截止頻率之前的濾除效果，遠優於一階的 RC 濾波器，其上升斜率為 40dB。

◄◄◄

《範例 8.4-2》

考慮二階的高通濾波器 $H(s) = \dfrac{s^2/10}{\left(1+\dfrac{s}{2}\right)\left(1+\dfrac{s}{5}\right)}$，試畫出其波德近似

圖，並說明在哪一頻率範圍，其輸出 $Y(j\omega)e^{j\omega t}$ 的大小 $|Y(j\omega)|$ 為輸入大小 $|W(j\omega)|$ 的 1% 以下？

解答：

此高通濾波器 $H(s) = \dfrac{s^2/10}{\left(1+\dfrac{s}{2}\right)\left(1+\dfrac{s}{5}\right)}$ 的傳立葉轉換為

$$H(j\omega) = \frac{-\omega^2/10}{\left(1+j\dfrac{\omega}{2}\right)\left(1+j\dfrac{\omega}{5}\right)}$$

其波德近似圖如右所示：

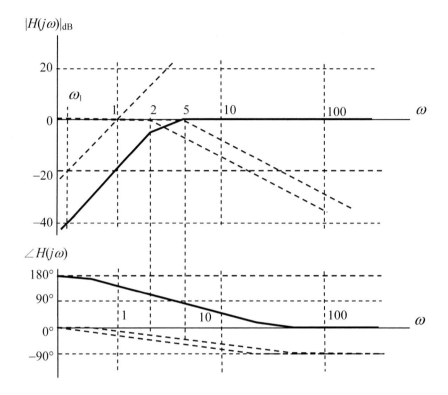

由題意欲求輸出大小下降至 1%以下，即在求–40dB 的頻率，如上圖所示，約在ω_1處，估算頻率約$\omega_1 \approx 0.3$ rad/s，若直接計算，則為

$$\left| H(j\omega_1) \right| = \frac{\omega_1^2/10}{\left| 1 + j\dfrac{\omega_1}{2} \right| \cdot \left| 1 + j\dfrac{\omega_1}{5} \right|} = \frac{\omega_1^2/10}{\sqrt{\left(1 + \dfrac{\omega_1^2}{4} \right)\left(1 + \dfrac{\omega_1^2}{25} \right)}} = 0.01$$

即 $9999\omega_1^4 - 29\omega_1^2 - 100 = 0$，求解後可得 $\omega_1 = 0.32$ rad/s，因此當頻率 $\omega < 0.32$ rad/s 時，輸出的大小$|Y(j\omega)|$已是輸入大小$|W(j\omega)|$的 1%以下。

【練習 8.4-2】

考慮二階的高通濾波器 $H(s) = \dfrac{s^2/16}{\left(1+\dfrac{s}{2}\right)\left(1+\dfrac{s}{8}\right)}$，試畫出其波德近似

圖，並說明在哪一頻率範圍，其輸出 $Y(j\omega)e^{j\omega t}$ 的大小 $|Y(j\omega)|$ 為輸入大小 $|W(j\omega)|$ 的 1% 以下？

◀◀◀

■ 帶通濾波器

　　圖 8.4-5 為帶通濾波器 $H(j\omega)$ 的示意圖，它結合了高通與低通濾波器的概念，只讓 $\omega_1 < \omega < \omega_2$ 特定頻率範圍的訊號通過，其中 ω_1 滿足 $\left|H(j\omega_1)\right|_{dB} \approx -3\,\mathrm{dB}$，稱為下 3dB 頻率，而 ω_2 滿足 $\left|H(j\omega_2)\right|_{dB} \approx -3\,\mathrm{dB}$，稱為上 3dB 頻率，兩者都是帶通濾波器的截止頻率，這兩個頻率所占有的寬度 $\omega_2 - \omega_1$ 稱為頻寬 (bandwidth)，以 BW 表示。由圖 8.4-5 可知帶通濾波器至少包括兩個極點。對於帶通濾波器，本書中不再做詳細的介紹，而將重點擺放在交流的共振電路，它也是屬於帶通濾波器的一種。此外對於二階的電路而言，由於低通濾波器的轉移函數為 $\dfrac{1}{1+as+bs^2}$，高通濾波器的轉移函數為 $\dfrac{bs^2}{1+as+bs^2}$，因此帶通濾波器的轉移函數應該表為 $\dfrac{as}{1+as+bs^2}$，這也是共振電路轉移函數的型式。

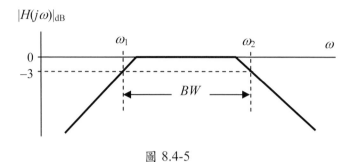

圖 8.4-5

■ 共振電路

共振電路是應用相當廣泛的交流電路，它允許特殊頻率通過時可獲得最大的輸出，一般的共振電路可分為兩型，即串聯的 RLC 電路或並聯的 RLC 電路，由於兩者在觀念上完全相同，因此底下只討論串聯的 RLC 電路，如圖 8.4-6 所示。

串聯 RLC 電路屬於帶通濾波器，根據圖中之電路串聯結構可知，自輸入端觀察的總電阻為

$$Z(s) = R + sL + (1/sC) \tag{8.4-7}$$

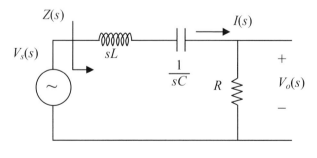

圖 8.4-6

由於通過各元件的電流為 $I(s) = \dfrac{V_s(s)}{Z(s)}$，因此輸出的電壓為

$$V_o(s) = RI(s) = \frac{R}{Z(s)} V_s(s) \tag{8.4-8}$$

故轉移函數為

$$H(s) = \frac{V_o(s)}{V_s(s)} = \frac{R}{Z(s)} \tag{8.4-9}$$

將 $s = j\omega$ 代入式可得頻率響應 $H(j\omega)$ 如下：

$$H(j\omega) = \frac{R}{Z(j\omega)} = \frac{R}{R + j\left(\omega L - \dfrac{1}{\omega C}\right)} \tag{8.4-10}$$

其大小為

$$\left|H(j\omega)\right| = \frac{R}{\sqrt{R^2 + \left(\omega L - \dfrac{1}{\omega C}\right)^2}} = \frac{1}{\sqrt{1 + \dfrac{1}{R^2}\left(\omega L - \dfrac{1}{\omega C}\right)^2}} \tag{8.4-11}$$

顯然地，當頻率滿足 $\omega L = \dfrac{1}{\omega C}$ 時，可得最大值 $\left|H(j\omega)\right| = 1$，令此頻率為 ω_0，

則 $\omega_0 L = \dfrac{1}{\omega_0 C}$，求解後可得

$$\omega_0 = \frac{1}{\sqrt{LC}} \tag{8.4-12}$$

通常稱 ω_0 為共振頻率(resonant frequency)。應注意的是，由(8.4-10)可知，當 $\omega = \omega_0$ 時，不僅是 $\left|H(j\omega_0)\right| = 1$，且相位角 $\angle H(j\omega_0) = 0°$，亦即 $H(j\omega_0) = 1$。再由

(8.4-7)可知處在共振頻率ω_0下的串聯阻抗為

$$Z(j\omega_0) = R + j\left(\omega_0 L - \frac{1}{\omega_0 C}\right) = R \qquad (8.4\text{-}13)$$

顯然地，$Z(j\omega_0)$變成純電阻性阻抗，這是求解共振頻率ω_0時可使用的重要條件。

在帶通濾波器中，除了共振頻率ω_0以外，還有上 3dB 頻率ω_2與下 3dB 頻率ω_1必須求算，兩者滿足$\left|H(j\omega_1)\right|_{dB} = \left|H(j\omega_2)\right|_{dB} \approx -3\,\text{dB}$，也就是說，$\omega_1$與$\omega_2$必須滿足下式：

$$\left|H(j\omega)\right| = \frac{1}{\sqrt{1 + \dfrac{1}{R^2}\left(\omega L - \dfrac{1}{\omega C}\right)^2}} = \frac{1}{\sqrt{2}} \qquad (8.4\text{-}14)$$

經整理後可得$\dfrac{1}{R}\left(\omega L - \dfrac{1}{\omega C}\right) = \pm 1$，亦即

$$\omega^2 - \omega\frac{R}{L} - \frac{1}{LC} = 0 \qquad (8.4\text{-}15)$$

$$\omega^2 + \omega\frac{R}{L} - \frac{1}{LC} = 0 \qquad (8.4\text{-}16)$$

由於$\omega_2 > \omega_1 > 0$，因此只需要考慮正根，經計算後可得(8.4-15)與(8.4-16)的正根分別為

$$\omega_2 = \frac{1}{2}\left(\frac{R}{L} + \sqrt{\frac{R^2}{L^2} + \frac{4}{LC}}\right) \qquad (8.4\text{-}17)$$

$$\omega_1 = \frac{1}{2}\left(-\frac{R}{L} + \sqrt{\frac{R^2}{L^2} + \frac{4}{LC}} \right) \tag{8.4-18}$$

兩者的差距稱為頻寬 BW，即

$$BW = \omega_2 - \omega_1 = \frac{R}{L} \tag{8.4-19}$$

此外若將兩頻率相乘，則

$$\omega_1\omega_2 = \frac{1}{4}\left(\left(\frac{R^2}{L^2} + \frac{4}{LC} \right) - \left(\frac{R}{L} \right)^2 \right) = \frac{1}{LC} = \omega_0^2 \tag{8.4-20}$$

即共振頻率 ω_0 為 ω_1 與 ω_2 的幾何平均數，在取對數尺度的橫軸上，正好位在 ω_1 與 ω_2 的中點，因此有時也稱 ω_0 為中央頻率，如圖 8.4-7 所示，此圖為串聯 RLC 電路的 $\left| H(j\omega) \right|$ 示意圖，具有帶通濾波器的特性，應注意的是在此圖中的縱軸並未採用 dB 值，不過橫軸仍然是對數尺度。

由於設計帶通濾波器時都先設定共振頻率 ω_0，因此為了方便討論帶通濾波器的品質，通常將頻寬 BW 定義為 ω_0 的關係式如下：

$$BW = \frac{\omega_0}{Q} \tag{8.4-21}$$

由(8.4-19)與(8.4-21)可得串聯 RLC 電路的品質因素為

$$Q = \frac{\omega_0 L}{R} = \frac{1}{\omega_0 RC} \tag{8.4-22}$$

顯然地，當 R 越小時 Q 越大，共振電路的品質越好。底下利用範例來說明共振電路的特性。

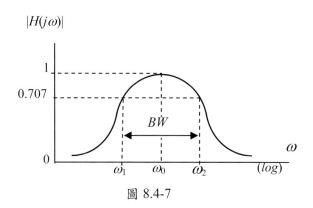

圖 8.4-7

《範例 8.4-3》

下圖所示為一共振電路，所將輸入之電壓為 $v_s(t) = \cos \omega t$，若 $R=10\Omega$，

$L=2\text{mH}$，$C=0.2\mu\text{F}$，則

(A) 共振頻率 $\omega_0 =$ ？

(B) 若 $\omega = \omega_0$，則輸出電流 $i_o(t) =$ ？

(C) 品質因素 $Q =$ ？

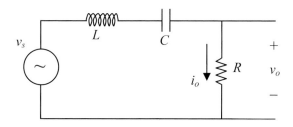

解答：

(A) 取拉氏轉換後，此帶通濾波器自輸入端觀察的電阻為

521

$$Z(s) = sL + \frac{1}{sC} + R$$

其傅立葉轉換為

$$Z(j\omega) = j\omega L + \frac{1}{j\omega C} + R = R + j\left(\omega L - \frac{1}{\omega C}\right)$$

由於在共振頻率 ω_0 時之 $Z(j\omega_0)$ 必須是電阻性阻抗，因此

$$\omega_0 L - \frac{1}{\omega_0 C} = 0 \text{，即 } \omega_0 = \frac{1}{\sqrt{LC}} = \frac{1}{\sqrt{2m \times 0.2\mu}} = 5 \times 10^4 \text{ rad 。}$$

(B) 題意在求輸出電流 $i_o(t)$，但仍應先以電阻之電壓為輸出，因此

根據分壓公式可得

$$V_0(s) = \frac{R}{sL + \frac{1}{sC} + R} V_s(s)$$

因此轉移函數為

$$H(s) = \frac{V_0(s)}{V_s(s)} = \frac{sRC}{s^2 LC + sRC + 1}$$

其傅立葉轉換為

$$H(j\omega) = \frac{j\omega RC}{1 - \omega^2 LC + j\omega RC}$$

當 $\omega = \omega_0$ 時，可得 $H(j\omega_0) = 1$，故輸出電壓與輸入電壓，即

$$v_0(t) = \cos\omega_o t \text{ V，故 } i_0(t) = \frac{v_0(t)}{R} = 0.1\cos\omega_o t \text{ A}$$

(C) 當 $|H(j\omega)| = \frac{1}{\sqrt{2}}$ 時，$1 - \omega^2 LC = \pm\omega RC$，即

$$\omega^2 \pm 5 \times 10^3 \omega - 2.5 \times 10^9 = 0 \text{，其解為 } \omega_1 = 47562 \text{ rad/s，} \omega_2 = 52562 \text{ rad/s，}$$

故頻寬 $BW = \dfrac{\omega_0}{Q} = \omega_2 - \omega_1$，經整理後可得

$$Q = \frac{\omega_0}{\omega_2 - \omega_1} = \frac{5 \times 10^4}{52562 - 47562} = 10 \text{。}$$

也可以直接利用(8.4-22)，求得 $Q = \dfrac{w_o L}{R} = \dfrac{5 \times 10^4 \times 2 \times 10^{-3}}{10} = 10$

【練習 8.4-3】

右圖所示為一共振
電路，所將輸入之電
壓為
$v_s(t) = \cos \omega t$，若
R=20Ω，L=8mH，
C=0.2μF，則

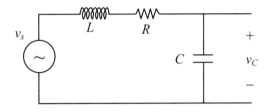

(A) 共振頻率 ω_0= ?
(B) 若 $\omega = \omega_0$，則輸出電壓 $v_C(t)$= ?
(C) 品質因素 Q= ?

◀◀◀

8.5 運算放大器

在實際應用濾波器時，若是只使用 RLC 等被動元件，則經常必須面對負
載的變動問題，以圖 8.5-1 中的一階電路做說明，當 RC 濾波器設計完成之後，

在負載為開路的情況下，即 $R_L \to \infty$，其截止頻率 $\omega_0 = \dfrac{1}{RC}$ 可視為固定。不過當要擷取出訊號時，通常必須加入負載 R_L，在此情況下當然產生不同的輸出訊號，根據分壓定律可知，取拉氏轉換後的輸出電壓為

$$V_L(s) = \frac{\left(sC + R_L^{-1}\right)^{-1}}{R + \left(sC + R_L^{-1}\right)^{-1}} V_s(s) \tag{8.5-1}$$

整理後可得轉換函數為

$$H(s) = \frac{V_L(s)}{V_s(s)} = \frac{R_L}{R + R_L} \frac{1}{1 + \dfrac{s}{\omega_0}} \tag{8.5-2}$$

其中截止頻率變成 $\omega_0 = \dfrac{R + R_L}{R_L RC}$，顯然地，原先濾波器所設計的截止頻率會隨著負載的不同而改變，在此影響下可能導致濾波器無法達到預定的功效。為了避免這個問題，運算放大器成了最佳的選擇。

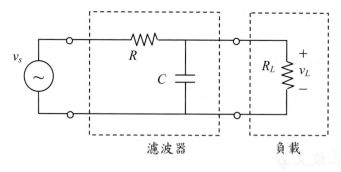

圖 8.5-1

■ 電壓放大器

　　將微小的電壓訊號加以放大，是電路設計經常採用的技術，例如在家用的音響系統中，就必須有電路能將聲音所產生的微小電壓訊號放大，以驅動喇叭，此種電路通常稱為放大器，在正式探討運算放大器之前，首先來看看一般電壓放大器的特性。

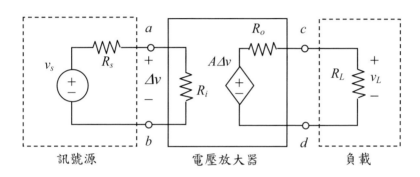

圖 8.5-2

　　電壓放大器的基本架構為雙埠電路，如圖 8.5-2 所示，其左埠 *a-b* 端接受訊號源發送之微小電壓變化$\Delta v(t)$，加以放大後經由右埠 *c-d* 端傳送至負載 R_L。電壓放大器的等效電路包括左埠的輸入電阻 R_i，右埠的壓控電壓源 $A\Delta v(t)$ 與輸出電阻 R_o，其中 A 稱為開迴路電壓增益(open-loop voltage gain)，首先利用分壓公式可求得輸入電壓$\Delta v(t)$與輸出電壓 $v_L(t)$，分別表示如下：

$$\Delta v(t) = \frac{R_i}{R_i + R_s} v_s(t) \tag{8.5-3}$$

$$v_L(t) = \frac{R_L}{R_o + R_L} A \Delta v(t) \tag{8.5-4}$$

整理以上兩式可得

$$v_L(t) = \left(\frac{R_L}{R_o + R_L} \right) \left(\frac{R_i}{R_i + R_s} \right) A v_s(t) \tag{8.5-5}$$

顯然地，輸出電壓 $v_L(t)$ 與電壓源 $v_s(t)$ 成比例關係，其倍率除了與增益 A 有關外，也受訊號源電阻 R_s 與負載電阻 R_L 的影響，通常為了減抑 R_s 與 R_L 的影響，在設計電壓放大器時，都儘可能滿足以下兩個條件：

$$R_i \to \infty \tag{8.5-6}$$

$$R_o \approx 0 \tag{8.5-7}$$

也就是說，讓電壓放大器擁有極高的輸入電阻 R_i 與極小的輸出電阻 R_o，根據上述條件可得

$$v_L(t) = \left(\lim_{R_o \to 0} \frac{R_L}{R_o + R_L} \right) \left(\lim_{R_i \to \infty} \frac{R_i}{R_i + R_s} \right) A v_s(t) = A v_s(t) \tag{8.5-8}$$

即放大倍率趨近於定值，不需考慮訊號源電阻 R_s 與負載 R_L 的影響，通常稱具有此種特性的放大器為理想電壓放大器。底下以 *npn* 電晶體放大器為例做說明，由於電晶體本身的特性並非電路學之研究對象，這裡只做粗略的解說，有興趣者請自行參考與電子學相關的書籍。

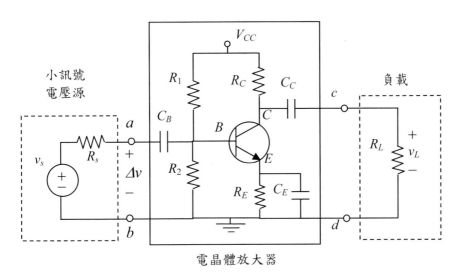

電晶體放大器

圖 8.5-3

　　考慮圖 8.5-3 之 *npn* 電晶體放大器，由於電晶體本身屬於非線性元件，因此在設計時都採行線性化的概念，先分析直流訊號電路，再分析交流訊號電路，在此必須提出說明的是電路中的三個電容 C_B、C_C 與 C_E，都已經過特別設計，當分析直流訊號時，三個電容可視為開路，而進行交流訊號分析時，可視為短路。

　　首先進行直流訊號分析，此時電容視為開路，因此在三個電容的隔離作用下，僅需設計直流電源 V_{CC} 以及四個電阻 R_1、R_2、R_C、與 R_E，根據圖 8.5-4(a) 的負載線(load line)與電晶體特性曲線，可求出適當的工作點 Q，即圖中的交點 (V_{CEQ}, I_{CQ})，假設此工作點 Q 所相對應的設計結果為 $R_1=10k\Omega$、$R_2=5k\Omega$、$R_C=4k\Omega$ 與 $R_E=1k\Omega$。

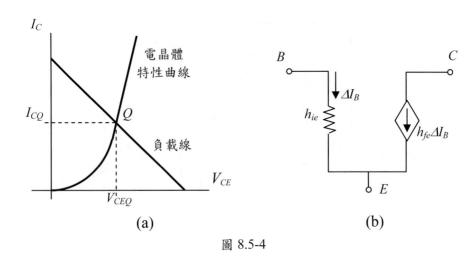

(a)　　　　　　　　　　　　(b)

圖 8.5-4

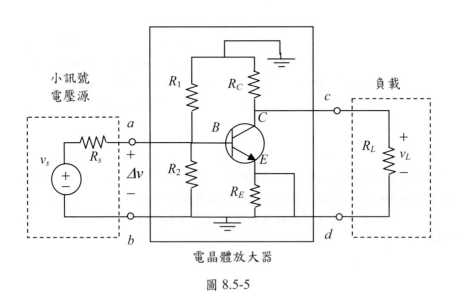

電晶體放大器

圖 8.5-5

接著進行交流訊號分析，輸入為小訊號電壓源 $v_s(t)$，此時三個電容可視為短路，而電路也因為已調整至工作點 Q，所以不再考慮直流電壓源 V_{CC}，換句話說，可將原來的電路加以簡化，如圖 8.5-5 所示，此外在小訊號電壓源的條件下，電晶體本身可以直接利用圖 8.5-4(b)之小訊號模型來取代，為了方便說明，假設模型中的係數為 $h_{ie}=1k\Omega$，$h_{fe}=100$。將此模型代入圖 8.5-5 後可得圖 8.5-6 之等效電路，其中由於電容 C_E 已視為接地，故將電阻 R_E 予以忽略。

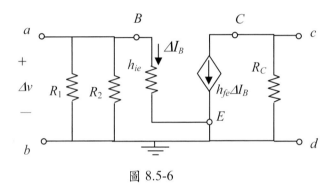

圖 8.5-6

觀察圖 8.5-2 與圖 8.5-6 可知，電晶體放大器的等效電路屬於電壓放大器，將它左邊三個電阻 R_1、R_2 與 h_{ie} 並聯後可得輸入電阻

$$R_i = \left(R_1^{-1} + R_2^{-1} + h_{ie}^{-1}\right)^{-1} = \frac{R_1 R_2 h_{ie}}{R_1 R_2 + R_1 h_{ie} + R_2 h_{ie}} = 770\,\Omega \qquad (8.5\text{-}9)$$

而右邊的非獨立電流源 $h_{fe}\Delta I_B$ 可參考(3.2-4)與(3.2-5)的電源轉換技巧，將它轉換為非獨立電壓源，所求得的輸出電阻為

$$R_o = R_C = 4k\,\Omega \qquad (8.5\text{-}10)$$

非獨立電壓源為

$$v_z(t) = -h_{fe}R_C\,\Delta I_B(t) = A\,\Delta v(t) \qquad (8.5\text{-}11)$$

由於 $\Delta v(t)=h_{ie}\Delta I_B(t)$，所以開迴路增益

$$A = -h_{fe}R_C / h_{ie} = -400 \qquad (8.5\text{-}12)$$

故圖 8.5-6 的等效電路如圖 8.5-7 所示。根據(8.5-5)可得負載的輸出電壓為

$$\begin{aligned}
v_L(t) &= \left(\frac{R_L}{R_o + R_L}\right)\left(\frac{R_i}{R_i + R_s}\right) A v_s(t) \\
&= \left(\frac{500}{4000 + 500}\right)\left(\frac{770}{770 + 40}\right)(-400)v_s(t) \qquad (8.5\text{-}13) \\
&= -42.25 v_s(t)
\end{aligned}$$

即放大倍率為 $\dfrac{v_L(t)}{v_s(t)} = -42.25$，很明顯地，此倍率遠低於開迴路增益 $A = -400$，

會受到訊號源電阻 R_s 與負載 R_L 的影響，所以單一的電晶體放大器也不是理想電壓放大器。不過，目前的電子技術已能夠製造近於理想的電壓放大器，例如常用的運算放大器(operational amplifier)就是其中之一。

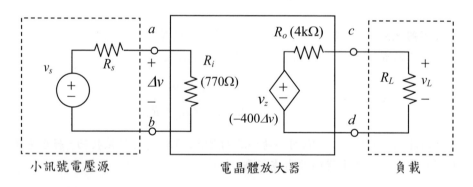

圖 8.5-7

■ 理想運算放大器

一般的電壓放大器為了達到近似於理想放大器的特性，在設計時會以(8.5-6)

與(8.5-7)的條件為目標，目前被廣泛使用的運算放大器(簡稱 OP-amp)即擁有以上兩種特性，輸入電阻 R_i 在 MΩ左右，甚至更大，而輸出電阻 R_o 則在 100Ω以下。

　　最常見的 OP-amp 是積體電路晶片，如圖 8.5-8(a)所示，此晶片共有 8 隻接腳，各接腳依位置排列為：

1. 補償零值(offset null)
2. 反相輸入(inverting input)
3. 非反相輸入(noninverting input)
4. 負電源

8. 空接
7. 正電源
6. 輸出(output)
5. 補償零值(offset null)

其中接腳 8 並未使用，OP-amp 的連接方式如圖 8.5-8(b)所示，其中 OP-amp 元件符號以三角形來表示。在使用 OP-amp 前宜先校準，通常可將接腳 2 與接腳 3 分別接地，再利用可變電阻 R_v 來調整，直到 $v_o(t)=0$，完成校準步驟之後，OP-amp 便可正常使用。

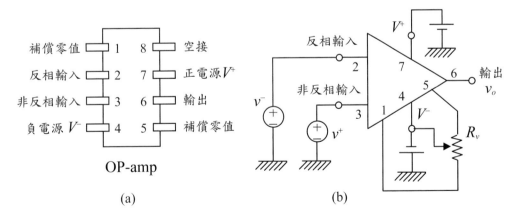

圖 8.5-8

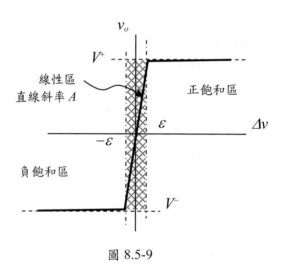

圖 8.5-9 為 OP-amp 的特性曲線圖，其中 $\Delta v(t)=v^+(t)-v^-(t)$ 為兩輸入端的差異值，$v_o(t)$ 為輸出電壓，當 $-\varepsilon < \Delta v(t) < \varepsilon$ 時，$v_o(t)$ 與 $\Delta v(t)$ 成正比，此時 OP-amp 處於線性區域，其直線斜率即開迴路電壓增益 $A=v_o(t)/\Delta v(t)$，此增益值相當高，約在 10^5 至 10^8 的級數；當 $|\Delta v(t)| > \varepsilon$ 時，輸出 $v_o(t)$ 由於受限於正負電源 V^+ 與 V^-，不再以 A 的倍率增高，而呈現飽和狀態。

圖 8.5-9

一般而言，電路設計時大多是利用 OP-amp 線性區域的高增益特性，但也有採用飽和區域之情況，如電壓比較器(voltage comparator)，使用時可將欲比較之電壓 $v_A(t)$ 與 $v_B(t)$ 分別加在非反相輸入端與反相輸入端，即 $v^+(t)=v_A(t)$ 與 $v^-(t)=v_B(t)$，當兩者的差異滿足 $|v_A(t)-v_B(t)| > \varepsilon$ 時，即 $|\Delta v(t)| > \varepsilon$，在此情況下，由於 OP-amp 處在飽和區域內，所以輸出 $v_o(t)$ 只能等於 V^+ 或 V^-，數學式如下：

$$v_o(t) = \begin{cases} V^+ & \text{當 } v_A(t) > v_B(t) \\ V^- & \text{當 } v_A(t) < v_B(t) \end{cases} \tag{8.5-14}$$

顯然地，利用輸出值 $v_o(t)$ 的正負號，即可判斷 $v_A(t)$ 與 $v_B(t)$ 的大小關係，達到比較電壓的功能。由於本章主要在介紹放大作用，因此只探討線性區域的應用。

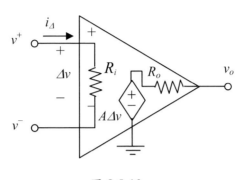

圖 8.5-10

　　當 OP-amp 處在線性區域$-\varepsilon < \Delta v(t) < \varepsilon$時，其等效電路如圖 8.5-10 所示，包括高輸入電阻 R_i、壓控電壓源 $A\Delta v(t)$ 與低輸出電阻 R_o，由於增益 A 相當大，而正負電壓源只有約 10 至數十伏特，因此輸入$\Delta v(t)$必須很小，再加上輸入電阻 R_i 極高，使得輸入電流 $i_\Delta(t)=\Delta v(t)/R_i$ 相當小，甚至可以忽略，換句話說，在線性區域使用 OP-amp 時，通常假設

$$R_i \rightarrow \infty \tag{8.5-15}$$

使得

$$i_\Delta(t) \rightarrow 0 \tag{8.5-16}$$

這是 OP-amp 的第一個基本特性。其次是輸出電阻 R_o 較小，在線性區域中可忽略它的壓降，換句話說，通常假設

$$R_o \approx 0 \tag{8.5-17}$$

使得

$$v_o(t) = A\,\Delta v(t) \tag{8.5-18}$$

這是 OP-amp 的第二個基本特性。雖然由(8.5-15)與(8.5-17)可知 OP-amp 已經滿足理想電壓放大器的兩個特性，可是放大倍率 A 仍無法任意改變。為了能夠設

計出任意倍率的電壓放大器，通常採行兩項措施，其一是設法大幅提高開迴路電壓增益 A，視為

$$A \to \infty \tag{8.5-19}$$

因為輸出 $v_o(t)$ 為有限值，根據(8.5-18)可得

$$\Delta v(t) \approx 0 \tag{8.5-20}$$

這是 OP-amp 的第三個基本特性；其二是利用負回授(negative feedback)技術來設計所需的放大倍率，底下先簡述負回授的概念。

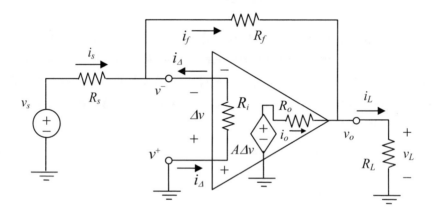

圖 8.5-11

　　為了在電路圖上更清楚地表達負回授技術，在圖 8.5-11 中，刻意把 $v^+(t)$ 與 $v^-(t)$ 對調，與圖 8.5-10 中輸入端的擺置方式不同，此外將非反相輸入端 $v^+(t)$ 接地，再讓輸入電壓 $v_s(t)$ 與電阻 R_s 串聯後，連結至反相輸入端 $v^-(t)$，而在輸出端部分除了接上負載電阻 R_L 外，還利用電阻 R_f 將輸出電壓 $v_o(t)$ 的變化，回授至 OP-amp 的反相輸入端 $v^-(t)$，隨時調整 $\Delta v(t)$，進而修正輸出電壓 $v_o(t)$，換句話說，當電壓 $v_o(t)$ 有增大趨勢時，經由 $\Delta v(t)$ 的調整可抑制其增大，當電壓 $v_o(t)$ 有減小趨勢時，經由 $\Delta v(t)$ 的調整可提升其值，此種修正方式就是所謂的負回授技術。

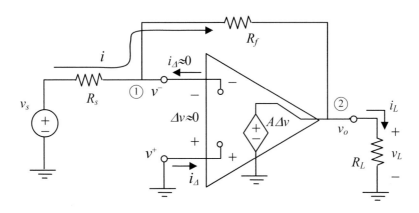

圖 8.5-12

為了有效表達 OP-amp 的三個基本特性，包括 $R_i \to \infty$、$R_o \approx 0$ 與 $\Delta v(t) \approx 0$，再將圖 8.5-11 進一步簡化，如圖 8.5-12 所示，其中因為 $R_i \to \infty$ 與 $\Delta v(t) \approx 0$，所以在 OP-amp 輸入端的電流 $i_\Delta(t) \approx 0$，換句話說，$i_s(t) = i_f(t) = i(t)$，根據此特性可求得

$$i(t) = \frac{v_s(t) + \Delta v(t)}{R_s} = -\frac{v_o(t) + \Delta v(t)}{R_f} \qquad (8.5\text{-}21)$$

進一步整理後成為

$$\Delta v(t) = -\frac{R_s}{R_s + R_f} v_o(t) - \frac{R_f}{R_s + R_f} v_s(t) \qquad (8.5\text{-}22)$$

由(8.5-18)可知 $\Delta v(t) = \dfrac{v_o(t)}{A}$，代入上式後可得

$$v_o(t) = -\frac{A R_f}{R_s + R_f + A R_s} v_s(t) \qquad (8.5\text{-}23)$$

在 $A \to \infty$ 的條件下，輸送至負載的電壓為

$$v_L(t) = v_o(t) = -\frac{AR_f v_s(t)}{R_s + R_f + AR_s}\bigg|_{A \to \infty} = -\frac{R_f}{R_s} v_s(t) \qquad (8.5\text{-}24)$$

顯然地，負載電壓 $v_L(t)$ 與電壓源 $v_s(t)$ 成比例，且兩者的比值由 R_s 與 R_f 決定即可，而與 OP-amp 的 A、R_i、R_o 或負載電阻 R_L 都無關。換句話說，若 OP-amp 滿足三個基本特性：$R_i \to \infty$、$R_o \to 0$ 與 $A \to \infty$，則放大器的放大倍率不再受增益 A 的限制，此類型的 OP-amp 稱為理想運算放大器，其等效電路再度簡化為圖 8.5-13(a)，若將此理想模型置入圖 8.5-12，則可轉換為圖 8.5-13(b)，其中反相輸入端可視為開路且接地，通常稱為虛擬接地，特以虛線的接地符號來表示。在本章中所探討的理想運算放大器應用，都將以圖 8.5-13(a)為 OP-amp 的等效電路。

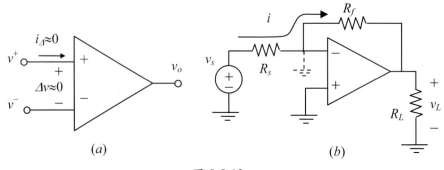

圖 8.5-13

常見的基本運算放大器電路，計有：反相反放大器、非反相反放大器、加法器、減法器、積分器與微分器，這些電路最大的特色就是以圖 8.5-13(a)之理想 OP-amp 為基本元件，並且利用負回授技術，來達到設計電路的要求，為了更凸顯理想 OP-amp 的特性，將圖 8.5-13(a)重畫於圖 8.5-14 中，其中輸入兩端視為開路，且輸入兩端點的電壓相同，皆表為 $v_1(t)$。

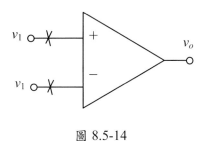

圖 8.5-14

■ 反相放大器

首先介紹反相放大器(inverting amplifier)，事實上，在說明負回授技術時，已經介紹這個放大器，如圖 8.5-15 所示，其中 OP-amp 利用圖 8.5-14 來取代。

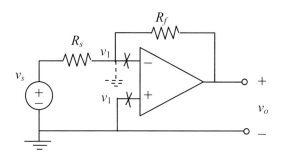

圖 8.5-15

為了求得輸出電壓 $v_o(t)$ 與輸入電壓 $v_s(t)$ 的關係，首先利用 KCL 於反相輸入(–)端，方程式如下：

$$\frac{v_1(t) - v_s(t)}{R_s} + \frac{v_1(t) - v_o(t)}{R_f} = 0 \tag{8.5-25}$$

由於非反相輸入(+)端接地，使得 $v_1(t)=0$，將其代入上式後可得

$$v_o(t) = -\frac{R_f}{R_s} v_s(t) \tag{8.5-26}$$

其中輸出訊號 $v_o(t)$ 與輸入訊號 $v_s(t)$ 的符號相反，且電壓增益為

$$A_v = \frac{v_o(t)}{v_s(t)} = -\frac{R_f}{R_s} \tag{8.5-27}$$

由於電壓增益為負值，因此稱圖 8.5-15 之電路為反相放大器。

◀◀◀

《範例 8.5-1》

右圖是一個反相放大器，若 R_s=4kΩ 與 R_f=20kΩ，則當 $v_s(t)$=2V 時，輸出電壓 $v_o(t)$=？電流 $i_f(t)$=？若加入負載 R_L=1kΩ，則負載上的電流 $i_L(t)$=？自 OP-amp 輸出的電流 $i_o(t)$=？

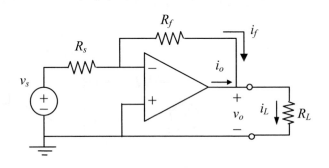

解答：

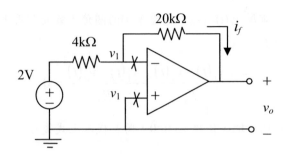

將反相放大器重畫於上圖中，根據(8.5-26)可得輸出電壓

$$v_o(t) = -\frac{20k}{4k} \times 2 = -10 \text{ V}$$

由於 OP-amp 反相輸入(−)端視為接地，即 $v_1(t)=0$，故

$$i_f(t) = \frac{0-(-10)}{20000} = 0.5\text{mA}$$

此外因為輸出電壓與負載無關，所以負載電阻上的電壓也是 $v_o(t) = -10\text{V}$，故負載電流為

$$i_L(t) = \frac{-10}{1000} = -10\text{mA}$$

利用 KCL 可得 OP-amp 的輸出電流

$$i_o(t) = i_L(t) - i_f(t) = -10 - 0.5 = -10.5\text{mA}$$

【練習 8.5-1】

下圖是一個反相放大器，若 $R_s=3k\Omega$ 與 $R_f=10k\Omega$，則當 $v_s(t)=1\text{V}$ 時，輸出電壓 $v_o(t)=$? 電流 $i_f(t)=$? 若不加入任何負載則自 OP-amp 輸出的電流 $i_o(t)=$?

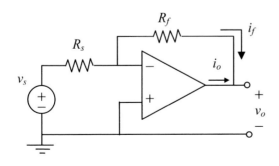

■ 非反相放大器

若將圖 8.5-15 中的電壓源移至非反相輸入(+)端，如圖 8.5-16 所示，則稱此電路為非反相放大器(noninverting amplifier)，為了求得輸出電壓 $v_o(t)$ 與輸入電壓 $v_s(t)$ 的關係，首先利用 KCL 於反相輸入(−)端可得

$$\frac{v_1(t)}{R_s} + \frac{v_1(t) - v_o(t)}{R_f} = 0 \tag{8.5-28}$$

由於非反相輸入(+)端連接電源 $v_s(t)$，因此 $v_1(t) = v_s(t)$，代入上式後可得

$$v_o(t) = \left(1 + \frac{R_f}{R_s}\right) v_s(t) \tag{8.5-29}$$

輸入訊號 $v_s(t)$ 與輸出訊號 $v_o(t)$ 的符號相同，且電壓增益為

$$A_v = \frac{v_o(t)}{v_s(t)} = 1 + \frac{R_f}{R_s} \geq 1 \tag{8.5-30}$$

由於電壓增益為不小於 1 的正值，故稱圖 8.5-16 之電路為非反相放大器。

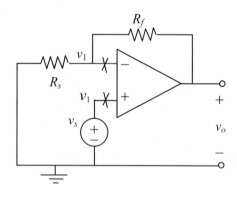

圖 8.5-16

　　若是 $R_f=0$ 或 $R_s=\infty$，如圖 8.5-17(a)所示，則根據(8.5-29)可得 $v_o(t)=v_s(t)$，即電壓增益 $A_v=1$，可當作緩衝器(buffer)，用來串接不同的電路，並有效阻隔兩者間的負載效應，如圖 8.5-17(b)所示。

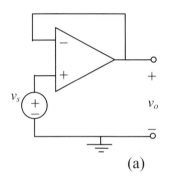

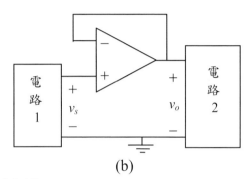

(a)　　　　　　　　　　　　　　　　(b)

圖 8.5-17

◄◄◄

《範例 8.5-2》

右圖為一非反相放大器，求輸出電壓 $v_o(t)=$？

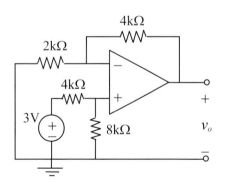

解答：

　　將非反相放大器重畫於下圖中，在非反相輸入(+)端，利用電阻串聯的分壓公式可得

$$v_1(t)=\frac{8k}{4k+8k}\times 3=2V$$

再利用 KCL 於反相輸入(−)
端可得

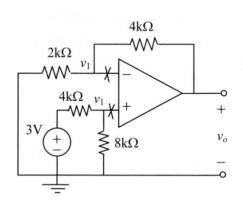

$$\frac{v_1(t)}{2k} + \frac{v_1(t) - v_o(t)}{4k} = 0$$

將 $v_1(t) = 2V$ 代入上式
後，輸出電壓為

$$v_o(t) = 3v_1(t) = 6V$$

【練習 8.5-2】

下圖為一非反相放大器，求輸出電壓 $v_o(t)$＝？

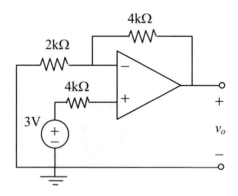

■ 加法器

在訊號處理上，除了將訊號放大外，有時也需要將不同的訊號做相加的運算，為了達到這個運算功能，可以利用反相放大器，所不同的是將原來的單一電壓源，擴展為多個電壓源，以圖 8.5-18 為例，該電路具有三個電壓源 $v_{s1}(t)$、$v_{s2}(t)$ 與 $v_{s3}(t)$，分別以電阻 R_{s1}、R_{s2} 與 R_{s3} 連接至反相輸入(−)端，底下開始說明此電路如何完成相加的運算。

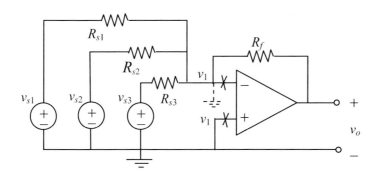

圖 8.5-18

為了求得輸出電壓 $v_o(t)$ 與三個輸入電壓 $v_{s1}(t)$、$v_{s2}(t)$ 與 $v_{s3}(t)$ 的關係，首先利用 KCL 於反相輸入(−)端可得

$$\frac{v_1(t)-v_{s1}(t)}{R_{s1}}+\frac{v_1(t)-v_{s2}(t)}{R_{s2}}+\frac{v_1(t)-v_{s3}(t)}{R_{s3}}+\frac{v_1(t)-v_o(t)}{R_f}=0 \quad (8.5\text{-}31)$$

由於非反相輸入(+)端接地，因此 $v_1(t)=0$，代入上式後整理可得

$$v_o(t)=-\left(\frac{R_f}{R_{s1}}v_{s1}(t)+\frac{R_f}{R_{s2}}v_{s2}(t)+\frac{R_f}{R_{s3}}v_{s3}(t)\right) \quad (8.5\text{-}32)$$

故輸出訊號 $v_o(t)$ 為輸入訊號 $v_{s1}(t)$、$v_{s2}(t)$ 與 $v_{s3}(t)$ 的反相加權總和，故稱此電路為加法器。此外當 $R_{s1}=R_{s2}=R_{s3}=R_f$ 時可得

$$v_o(t) = -\left(v_{s1}(t) + v_{s2}(t) + v_{s3}(t)\right) \quad\quad (8.5\text{-}33)$$

其輸出訊號 $v_o(t)$ 為輸入訊號 $v_{s1}(t)$、$v_{s2}(t)$ 與 $v_{s3}(t)$ 的反相總和。

《範例 8.5-3》

下圖為一加法器，求輸出電壓 $v_o(t)$ = ？

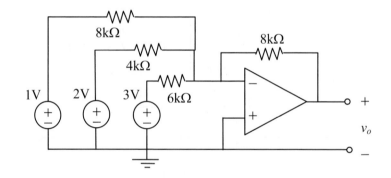

解答：

根據(8.5-32)可得

$$v_o(t) = -\left(\frac{8k}{8k} \times 1 + \frac{8k}{4k} \times 2 + \frac{8k}{6k} \times 3\right) = -9\text{V}$$

【練習 8.5-3】

下圖為一加法器，求輸出電壓 $v_o(t)$ = ？

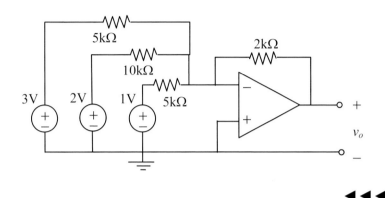

◀◀◀

■ 減法器

已經介紹了訊號的放大與相加電路,接著介紹如何將兩個訊號相減,亦即如何求算兩個訊號的差異值,為了達到這個運算功能,可以直接將反相放大器與非反相放大器相結合,如圖 8.5-19 所示,該電路具有兩個電壓源 $v_{s1}(t)$ 與 $v_{s2}(t)$,分別以電阻連接至反相輸入(−)端與非反相輸入(+)端,底下開始說明此電路如何完成相減的運算。

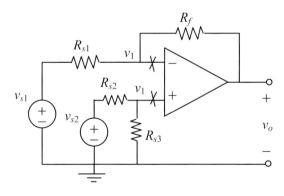

圖 8.5-19

為了求得輸出電壓 $v_o(t)$ 與兩個輸入電壓 $v_{s1}(t)$ 與 $v_{s2}(t)$ 的關係，首先利用 KCL 於反相輸入(−)端可得

$$\frac{v_1(t) - v_{s1}(t)}{R_{s1}} + \frac{v_1(t) - v_o(t)}{R_f} = 0 \tag{8.5-34}$$

再利用分壓公式於非反相輸入(+)端可得

$$v_1(t) = \frac{R_{s3}}{R_{s2} + R_{s3}} v_{s2}(t) \tag{8.5-35}$$

代入(8.5-34)式後整理可得

$$v_o(t) = \frac{R_{s3}(R_f + R_{s1})}{R_{s1}(R_{s3} + R_{s2})} v_{s2}(t) - \frac{R_f}{R_{s1}} v_{s1}(t) \tag{8.5-36}$$

$$= \frac{R_f}{R_{s1}} \left(\frac{1 + (R_{s1}/R_f)}{1 + (R_{s2}/R_{s3})} v_{s2}(t) - v_{s1}(t) \right)$$

故輸出訊號 $v_o(t)$ 為輸入訊號 $v_{s2}(t)$ 與 $v_{s1}(t)$ 的加權差異值，稱此電路為減法器。再由(8.5-36)可知，當 $\dfrac{R_{s1}}{R_f} = \dfrac{R_{s2}}{R_{s3}}$ 時可得

$$v_o(t) = \frac{R_f}{R_{s1}} (v_{s2}(t) - v_{s1}(t)) \tag{8.5-37}$$

當 $R_{s1} = R_f$ 且 $R_{s2} = R_{s3}$ 時，此式進一步化為

$$v_o(t) = v_{s2}(t) - v_{s1}(t) \tag{8.5-38}$$

即成為一般的減法器。

《範例 8.5-4》

右圖為一減法器，求輸出
電壓 $v_o(t)=$？

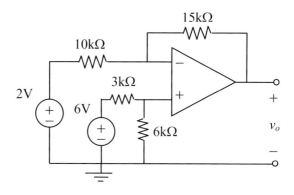

解答：

根據(8.5-36)可得

$$v_o(t) = \frac{6k(15k+10k)}{10k(6k+3k)} \times 6 - \frac{15k}{10k} \times 2 = 7\text{V}$$

【練習 8.5-4】

下圖為一減法器，求輸出電壓 $v_o(t)=$？

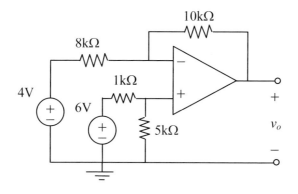

《範例 8.5-5》

設計一減法器，其輸出與輸入電壓之關係式為 $v_o(t)=-4v_{s1}(t)+3v_{s2}(t)$。

解答：

根據 (8.5-36) 可知 $\dfrac{R_f}{R_{s1}}=4$ ， $\dfrac{R_{s3}\left(R_f+R_{s1}\right)}{R_{s1}\left(R_{s3}+R_{s2}\right)}=3$ ，整理後可得

$R_f=4R_{s1}$ 與 $R_{s3}=\dfrac{3}{2}R_{s2}$ ，若是取 $R_{s1}=5\mathrm{k}\Omega$ 與 $R_{s2}=10\mathrm{k}\Omega$ ，則可

得 $R_f=20\mathrm{k}\Omega$ 與 $R_{s3}=15\mathrm{k}\Omega$ ，故減法器如下圖所示：

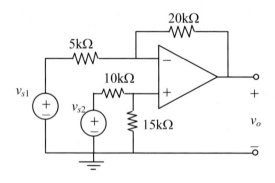

【練習 8.5-5】

設計一減法器，其輸出與輸入電壓之關係式為 $v_o(t)=5v_{s1}(t)-3v_{s2}(t)$。

◀◀◀

■ 積分器

從電容的特性可知，其電壓與電感之間存在著積分或微分的關係，在這裡

所要介紹的積分器(integrator)就是利用這種特性，其電路結構如圖 8.5-20 所示，它的主體仍然是反相放大器，不過其中的回饋元件以電容 C 取代，為了推導輸出電壓 $v_o(t)$ 與輸入電壓 $v_s(t)$ 的積分關係，首先寫出電容的元件方程式

$$i_C(t) = C\frac{dv_C(t)}{dt} = C\frac{d}{dt}(v_1(t) - v_o(t)) \tag{8.5-39}$$

利用 KCL 於反相輸入(−)端可得

$$\frac{v_1(t) - v_s(t)}{R_s} + i_C(t) = \frac{v_1(t) - v_s(t)}{R_s} + C\frac{d}{dt}(v_1(t) - v_o(t)) = 0 \tag{8.5-40}$$

由於非反相輸入(+)端接地，使得 $v_1(t)=0$，將其代入上式整理後成為

$$\frac{dv_o(t)}{dt} = -\frac{v_s(t)}{R_s C} \tag{8.5-41}$$

故

$$v_o(t) = -\frac{1}{R_s C}\int_0^t v_s(\tau)d\tau + v_o(0) \tag{8.5-42}$$

其中輸出的初值為 $v_o(0) = -v_C(0)$，由電容的初值所決定，顯然地，輸出電壓 $v_o(t)$ 是輸入電壓 $v_s(t)$ 的加權積分，且兩者存在反相關係。當 $R_s C=1$ 且 $v_C(0)=0$ 時可得

$$v_o(t) = -\int_0^t v_s(\tau)d\tau \tag{8.5-43}$$

即輸出電壓 $v_o(t)$ 是輸入電壓 $v_s(t)$ 的反相積分。

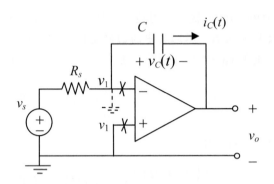

圖 8.5-20

　　積分器在訊號處理與控制技術中是非常重要的電路，通常被用來設計濾波器，稱為主動式濾波器，在下一節中再來詳細介紹。

◀◀◀

《範例 8.5-6》

右圖是一個積分器，若 R_s=40kΩ與 C=20μF，且電容的初值電壓為 0，則當 $v_s(t)$=3cos5t mV 時，輸出電壓 $v_o(t)$= ？

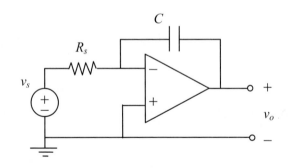

解答：

　　根據(8.5-42)可得

$$v_o(t) = -\frac{1}{R_s C} \int_0^t v_s(\tau) d\tau + v_o(0)$$

$$= -\frac{1}{0.8} \int_0^t \left(3 \times 10^{-3} \cos 5\tau\right) d\tau$$

$$= -0.75 \sin 5t \text{ mV}$$

【練習 8.5-6】

下圖是一個積分器，若 R_s=20kΩ與 C=10μF，且電容的初值電壓為 1mV，則當 $v_s(t)$=2$\cos$10t mV 時，輸出電壓 $v_o(t)$= ？

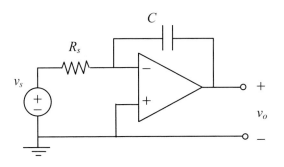

◄◄◄

■ 微分器

　　由於使用微分器(differentiator)時容易引發高頻雜訊，所以它並不是一個實用的電路，其結構主要還是利用反相放大器，但是將其中的電阻 R_s 以電容 C 取代，如圖 8.5-21 所示，同樣地，為了推導輸出電壓 $v_o(t)$與輸入電壓 $v_s(t)$的微分關係，首先寫出電容的元件方程式

$$i_C(t) = C\frac{dv_C(t)}{dt} = C\frac{d}{dt}\big(v_s(t) - v_1(t)\big) \qquad (8.5\text{-}44)$$

利用 KCL 於反相輸入(−)端可得

$$\frac{v_1(t) - v_o(t)}{R_f} - i_C(t) = \frac{v_1(t) - v_o(t)}{R_f} - C\frac{d}{dt}\big(v_s(t) - v_1(t)\big) = 0 \quad (8.5\text{-}45)$$

由於非反相輸入(+)端接地,使得 $v_1(t)=0$,將其代入上式整理後可得

$$v_o(t) = -R_f C\frac{dv_s(t)}{dt} \qquad (8.5\text{-}46)$$

故輸出電壓 $v_o(t)$是輸入電壓 $v_s(t)$的加權微分,且兩者存在反相關係。當 $R_fC=1$ 時可得

$$v_o(t) = -\frac{dv_s(t)}{dt} \qquad (8.5\text{-}47)$$

即輸出電壓 $v_o(t)$是輸入電壓 $v_s(t)$的反相微分。

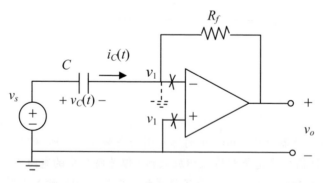

圖 8.5-21

◀◀◀

《範例 8.5-7》

下圖是一個微分器，若 R_f=40kΩ與 C=20μF，則當 $v_s(t)$=3cos5t mV 時，輸出電壓 $v_o(t)$= ?

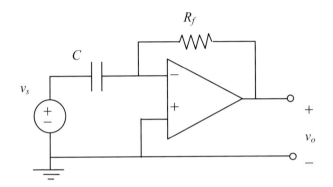

解答：

根據(8.5-46)可得

$$v_o(t) = -R_f C \frac{dv_s(t)}{dt} = 12\sin 5t \text{ mV}$$

【練習 8.5-7】

下圖中是一個微分器，若 R_f=20kΩ與 C=5μF，則當 $v_s(t)$=2cos10t mV 時，輸出電壓 $v_o(t)$= ?

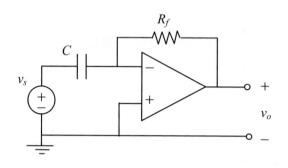

◀◀◀

■ 串接式放大器

　　由於 OP-amp 具有高輸入電阻與低輸出電阻的特性，所以當多個 OP-amp 電路串接時，可以將負載效應忽略，而且串接後的總增益可以視為各個放大器增益的連乘積，底下以一些範例來做說明。

◀◀◀

《範例 8.5-8》

當設計一個增益 A_v=0.5 的電壓放大器時，由於增益值小於 1，因此無法使用非反相放大器，而必須使用下圖之串接式放大器，該電路是由兩個反相放大器串接而成，試選擇 R_s、R_1、R_2 與 R_f 以達成增益 $A_v = \dfrac{v_o(t)}{v_s(t)} = 0.5$ 的設計目標。

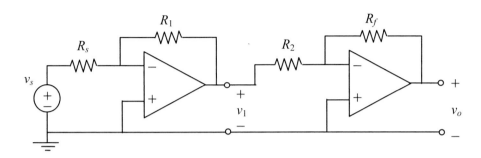

解答:

根據反相放大器(8.5-26)可知

$$v_1(t) = -\frac{R_1}{R_s}v_s(t)$$

$$v_o(t) = -\frac{R_f}{R_2}v_1(t)$$

整理後可得

$$v_o(t) = \left(-\frac{R_1}{R_s}\right)\left(-\frac{R_f}{R_2}\right)v_s(t) = \frac{R_1 R_f}{R_s R_2}v_s(t)$$

選取 $R_1 = R_2 = R_f = 1\text{k}\Omega$ 與 $R_s = 2\text{k}\Omega$,則

$$A_v = \frac{v_o(t)}{v_s(t)} = \frac{R_1 R_f}{R_s R_2} = 0.5$$

合於所求。

【練習 8.5-8】

在下圖中試選擇 R_s、R_1、R_2 與 R_f 以達成增益 $A_v = \dfrac{v_o(t)}{v_s(t)} = 0.8$ 的設計目標。

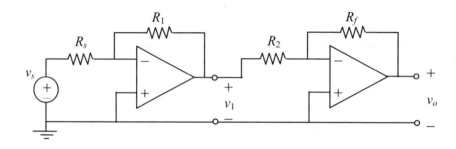

《範例 8.5-9》

試用反相放大器與加法器來設計減法器，使得 $v_o(t) = v_{s1}(t) - v_{s2}(t)$。

解答：

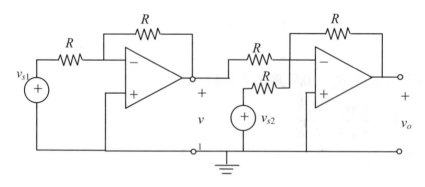

由於反相放大器與加法器都會產生與輸入訊號反相的輸出，即輸出訊號
與輸入具有不同的數值符號，因此為了達成減法器的功能，必須讓被減

訊號 $v_{s1}(t)$ 先通過一個反相放大器再進入加法器，而訊號 $v_{s1}(t)$ 則直接連接至加法器即可，如上圖所示，其中所有的電阻 $R=1k\Omega$ 都相同。利用加法器(8.5-33)可得

$$v_o(t) = -v_1(t) - v_{s2}(t)$$

再由(8.5-26)可知

$$v_1(t) = -v_{s1}(t)$$

故整理以上兩式可得

$$v_o(t) = -v_1(t) - v_{s2}(t) = v_{s1}(t) - v_{s2}(t)$$

合於所求。

【練習 8.5-9】

試用反相放大器與加法器來設計運算式 $v_o(t) = v_{s1}(t) + v_{s2}(t) - v_{s3}(t)$。

◀◀◀

《範例 8.5-10》

在下圖中，若 $R=10k\Omega$，$C=10\mu F$，則輸出 $v_o(t)$ 為何？假設電容的初始電壓為 0V。

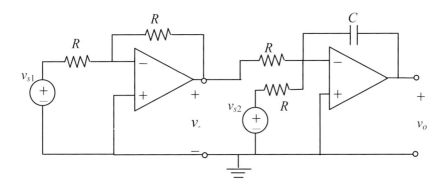

解答：

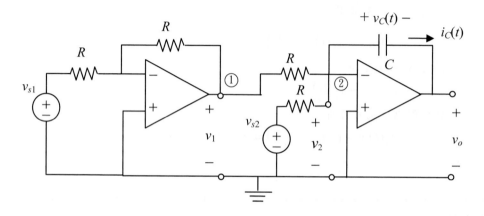

將題中電路重畫於上圖，設定節點①與節點②，其中節點電壓 $v_2(t)=0$，視為接地。根據反相放大器(8.5-26)可得節點電壓

$$v_1(t)=-v_{s1}(t)$$

再利用 KCL 於節點②，其方程式為

$$\frac{-v_1(t)}{R}+\frac{-v_{s2}(t)}{R}=i_C(t)$$

其中

$$i_C(t)=C\frac{d(-v_o(t))}{dt}=-C\dot{v}_o(t)$$

以上兩式整理後成為

$$\dot{v}_o(t)=\frac{v_1(t)}{RC}+\frac{v_{s2}(t)}{RC}$$

再由 $v_1(t)=-v_{s1}(t)$ 可得

$$\dot{v}_o(t)=-\frac{v_{s1}(t)}{RC}+\frac{v_{s2}(t)}{RC}=-10v_{s1}(t)+10v_{s2}(t)$$

其中 RC=10k×10μ=0.1s，取積分後輸出為

$$v_o(t) = v_o(0) - 10\int_0^t v_{s1}(\tau)d\tau + 10\int_0^t v_{s2}(\tau)d\tau$$

其中輸出的初值為 $v_o(0) = -v_C(0) = 0$，故

$$v_o(t) = -10\int_0^t v_{s1}(\tau)d\tau + 10\int_0^t v_{s2}(\tau)d\tau$$

【練習 8.5-10】

在下圖中，若 R=10kΩ，C=20μF，則輸出 $v_o(t)$ 為何？(忽略電路中所有的初始效應)

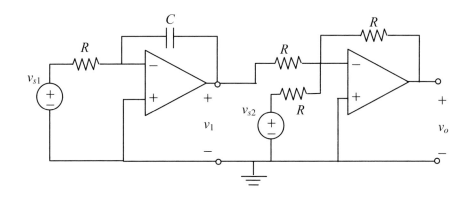

◄◄◄

8.6 主動式濾波器

在本章第四節中介紹了由 RLC 等被動元件所組合而成的濾波器，稱為被動式濾波器，由於此類型的濾波器特性會隨著外接的負載改變，因此容易造成使

559

用上的困擾與設計上的難度，為了改進此缺點，OP-amp 便成了最佳的選擇，因為它具有高輸入電阻與低輸出電阻的特性，所以能夠不受負載變化的影響，底下將利用 OP-amp 來設計濾波器，由於 OP-amp 為主動式元件，因此稱其為主動式濾波器。此外，濾波器的設計方式很多，在本節中所將介紹的都是反相式濾波器，這類型的濾波器是以圖 8.5-15 之反相放大器為基本架構，再依據設計的需求加入電容，由於電容的阻抗為 $\dfrac{1}{j\omega C}$，它在高頻時的阻抗會變小，而在低頻時的阻抗會變大，因此可以利用電容阻抗的頻率特性來達成濾波的功能。

■ 一階低通濾波器

　　最簡單的主動式一階低通濾波器如圖 8.6-1(a)所示，它是在反相放大器的回授電阻 R_2 上並聯一個電容 C，若單純從電容的阻抗來看，可知在高頻時電容 C 可視為短路，使得輸出端的電壓 $v_o(t)$ 與節點①的電壓相同，由於節點①為虛擬接地，所以 $v_o(t)=0$，即高頻的輸入訊號會被濾除；而在低頻時電容 C 可視為開路，此時整個電路形同反相放大器，使得輸出訊號與輸入訊號反相，但大小成正比，即輸入訊號可以順利通過且放大，根據以上的觀察與分析，可以知道圖 8.6-1(a)確實是一個低通濾波器。

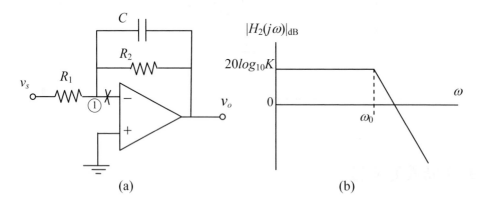

圖 8.6-1

接著利用拉氏轉換之數學模型來分析此電路的轉移函數,從圖 8.6-1(a)可知節點①之反相端(−)為虛擬接地,因此電壓為 0,且輸入電流等於流經 R_2 與 C 的電流和,表示式如下:

$$\frac{V_s(s)}{R_1} = \frac{-V_o(s)}{R_2} + \frac{-V_o(s)}{1/sC} \tag{8.6-1}$$

進一步整理後可得轉移函數為

$$H(s) = \frac{V_o(s)}{V_s(s)} = -\frac{R_2}{R_1}\left(\frac{1}{1+sR_2C}\right) = -\frac{K}{1+\dfrac{s}{\omega_0}} \tag{8.6-2}$$

其中增益常數 $K = \dfrac{R_2}{R_1}$,截止頻率 $\omega_0 = \dfrac{1}{R_2C_2}$,其頻率響應 $|H(j\omega)|$ 如圖 8.6-1(b)

所示,屬於低通濾波器,低頻的放大倍率為 $K = \dfrac{R_2}{R_1}$,通常取 $K>1$,即 $R_2 > R_1$,

故 $|H(j0)|_{dB}=20log_{10}K>0$。

若是想要設計輸出訊號與輸入訊號同相的低通濾波器時,只需要在圖 8.6-1(a)的輸出端再接上一個單位增益的反相放大器即可,如圖 8.6-2 所示,由於圖中反相放大器的增益為−1,故此電路的轉移函數正好是(8.6-2)乘上−1,即

$$H(s) = \frac{K}{1+\dfrac{s}{\omega_0}} \tag{8.6-3}$$

也就是說,輸出訊號與輸入訊號同相。

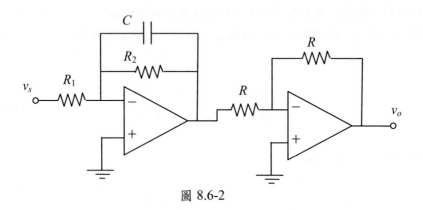

圖 8.6-2

◀◀◀

《範例 8.6-1》

下圖是一階低通濾波器，其輸出與輸入之關係式為

$$\dot{v}_o(t) + 300\, v_o(t) = 20\, v_s(t)，求 R_1 = ? \ C = ?$$

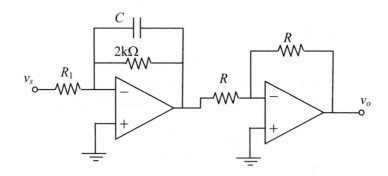

解答：

由於 $\dot{v}_o(t) + 300\, v_o(t) = 20\, v_s(t)$ 之拉氏轉換為

$sV_o(s) + 300V_o(s) = 20V_s(s)$，故轉移函數為

$$H(s) = \frac{V_0(s)}{V_s(s)} = \frac{20}{s+300} = \frac{20}{300} \cdot \frac{1}{1+\dfrac{s}{300}}$$

其中 $K = \dfrac{2k}{R_1} = \dfrac{20}{300}$，以及 $\omega_0 = \dfrac{1}{(2k)C} = 300$，故 $R_1 = 30\,\text{k}\Omega$，

$C = 1.67\,\mu\text{F}$。

【練習 8.6-1】

下圖是一階低通濾波器，其輸出與輸入之關係式為

$\dot{v}_o(t) + 400\,v_o(t) = 30\,v_s(t)$，求 $R_2 = ?$ $C = ?$

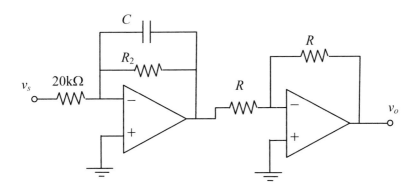

■ 一階高通濾波器

　　最簡單的主動式一階高通濾波器如圖 8.6-3(a)所示，它是在電阻 R_1 上串聯一個電容 C，同樣地可利用拉氏轉換之數學模型來分析此電路之轉移函數。

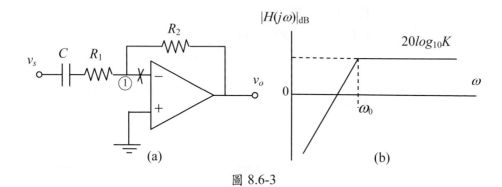

圖 8.6-3

從圖 8.6-3(a)可知節點①之反相端(−)為虛擬接地，其電壓為 0，且輸入電流與經過回授電阻 R_2 的電流相等，表示式如下：

$$\frac{V_s(s)}{R_1 + \dfrac{1}{sC}} = \frac{-V_o(s)}{R_2} \tag{8.6-4}$$

故轉移函數為

$$H(s) = \frac{V_o(s)}{V_s(s)} = -\frac{R_2}{R_1 + \dfrac{1}{sC}} = -\frac{K(s/\omega_0)}{1 + \dfrac{s}{\omega_0}} \tag{8.6-5}$$

其中增益常數 $K = \dfrac{R_2}{R_1}$，截止頻率 $\omega_0 = \dfrac{1}{R_1 C}$，其頻率響應 $|H(j\omega)|$ 如圖 8.6-3(b) 所示，屬於高通濾波器，高頻的放大倍率為 K，通常取 $K>1$，即 $R_2 > R_1$，故 $|H(j\infty)|_{dB} = 20 log_{10} K > 0$。

若是想要設計輸出訊號與輸入訊號同相的高通濾波器時，仍然只需要在圖 8.6-3(a)的輸出端再接上一個單位增益的反相放大器即可，如圖 8.6-4 所示，由於圖中反相放大器的增益為−1，故此電路的轉移函數正好是(8.6-5)乘上−1，即

$$H(s) = \frac{K(s/\omega_0)}{1 + \dfrac{s}{\omega_0}} \tag{8.6-6}$$

也就是說，輸出訊號與輸入訊號同相。

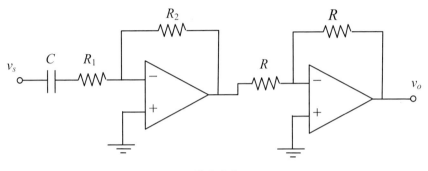

圖 8.6-4

◀◀◀

《範例 8.6-2》

下圖是一階高通濾波器，其轉移函數為 $H(s) = \dfrac{20s}{s+300}$，求 $R_1 =$? $C =$?

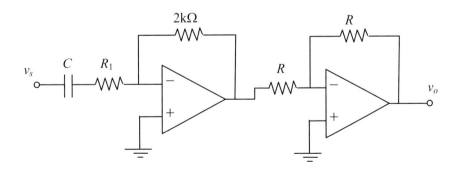

解答：

轉移函數為

$$H(s) = \frac{20s}{s+300} = \frac{20(s/300)}{1 + \dfrac{s}{300}}$$

其中 $K = \dfrac{2\text{k}}{R_1} = 20$ ，以及 $\omega_0 = \dfrac{1}{R_1 C} = 300$ ，先由 $\dfrac{2\text{k}}{R_1} = 20$ 求得

$R_1 = 100\,\Omega$ ，再由 $\dfrac{1}{100C} = 300$ ，求得 $C = 33.3\,\mu\text{F}$ 。

【練習 8.6-2】

下圖是一階高通濾波器，其轉移函數為 $H(s) = \dfrac{10s}{s+400}$ ，求 $R_2 = ?$ $C = ?$

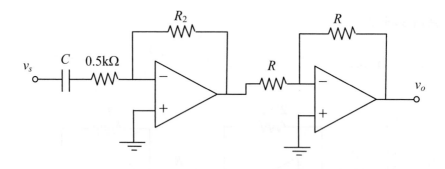

■ 二階帶通濾波器

　　主動式二階帶通濾波器如圖 8.6-5(a)所示，它在反相放大器的電阻 R_1 上串聯一個電容 C_1，同時在電阻 R_2 上並聯一個電容 C_2，接著利用拉氏轉換之數學模型來分析此電路之轉移函數。

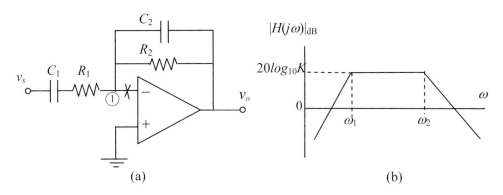

(a)　　　　　　　　　　　　　　　　　(b)

圖 8.6-5

　　從圖 8.6-5(a)可知節點①之反相端(−)為虛擬接地，其電壓為 0，且輸入電流與流經電阻 R_2 與電容 C_2 的電流和相等，表示式如下：

$$\frac{V_s(s)}{R_1 + \dfrac{1}{sC_1}} = -V_o(s)\left(\frac{1}{R_2} + sC_2\right) \tag{8.6-7}$$

故轉移函數為

$$H(s) = \frac{V_o(s)}{V_s(s)} = -\frac{1}{\left(R_1 + \dfrac{1}{sC_1}\right)\left(\dfrac{1}{R_2} + sC_2\right)}$$

$$= -\frac{K(s/\omega_1)}{(1 + s/\omega_1)(1 + s/\omega_2)}$$ (8.6-8)

其中增益常數 $K = \dfrac{R_2}{R_1}$，截止頻率 $\omega_1 = \dfrac{1}{R_1 C_1}$ 與 $\omega_2 = \dfrac{1}{R_2 C_2}$，取 $\omega_2 > \omega_1$，則 (8.6-8)可改寫為

$$H(s) = -\left(\frac{K(s/\omega_1)}{1 + s/\omega_1}\right)\left(\frac{1}{1 + s/\omega_2}\right)$$ (8.6-9)

此式表示 $H(s)$ 是由兩個一階濾波器串接而成，其中 $\dfrac{K(s/\omega_1)}{1 + s/\omega_1}$ 為高通濾波器，

$\dfrac{1}{1 + s/\omega_2}$ 為低通濾波器，其頻率響應如圖 8.6-5(b)。

　　濾波器設計是一種相當重要的技術，當使用不同的元件時，設計的方法也會有所不同，只是此項技術屬於其他課程的內容，在此不再贅述。

《範例 8.6-3》

下圖是二階帶通濾波器，其轉移函數為 $H(s) = -\dfrac{1000s}{s^2 + 250s + 10000}$，求 $R_1 = ?$ $C_1 = ?$ $C_2 = ?$ 截止頻率 $\omega_1 = ?$ $\omega_2 = ?$ 增益值 $K = ?$

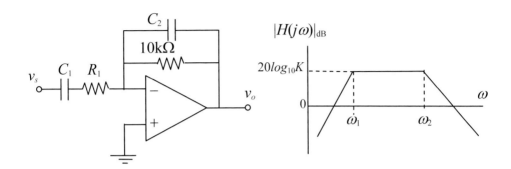

解答：

將轉移函數化為

$$H(s) = -\frac{1000s}{s^2 + 250s + 10000} = -\frac{1000s}{(s+50)(s+200)}$$

$$= -\frac{5(s/50)}{\left(1 + \dfrac{s}{50}\right)\left(1 + \dfrac{s}{200}\right)} = -\frac{K(s/\omega_1)}{(1 + s/\omega_1)(1 + s/\omega_2)}$$

由 (8.6-8) 可知 $K = \dfrac{R_2}{R_1} = 5$ ， $\omega_1 = \dfrac{1}{R_1 C_1} = 50$ rad/s ，

$\omega_2 = \dfrac{1}{R_2 C_2} = 200$ rad/s ，將 $R_2 = 10\text{k}\Omega$ 代入以上各式，可得

$R_1 = 2\text{k}\,\Omega$ ， $C_1 = 10\,\mu\text{F}$ ， $C_2 = 0.5\,\mu\text{F}$ 。

【練習 8.6-3】

下圖是二階帶通濾波器，其轉移函數為 $H(s) = -\dfrac{1000s}{s^2 + 250s + 10000}$ ，求 $R_1 = ?$ $C_1 = ?$

$C_2 = ?$ 截止頻率 $\omega_1 = ?$ $\omega_2 = ?$ 增益值 $K = ?$

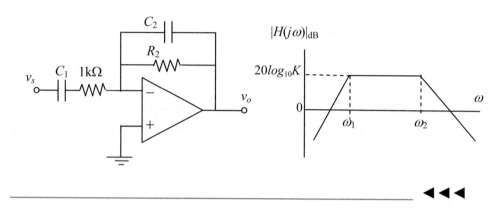

■ 一般 *OP-amp* 頻率響應分析

當 OP-amp 電路的結構較複雜時，通常都先將電路取拉氏轉換後，再利用節點分析法來求其輸出與輸入間的轉移函數，底下以圖 8.6-6 為例，說明求解該電路之轉移函數 $H(s)$ 的過程。

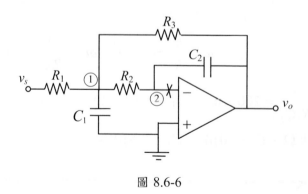

圖 8.6-6

首先選取節點①與節點②，如圖 8.6-6 所示，其中節點②為虛擬接地，因此電壓 $V_2(s)=0$，且流經電阻 R_2 與電容 C_2 的電流相等，表示式如下：

$$\frac{V_1(s)}{R_2} = -V_o(s)(sC_2) \qquad (8.6\text{-}10)$$

即

$$V_1(s) = -sR_2C_2V_o(s) \qquad (8.6\text{-}11)$$

再利用 KCL 於節點①，方程式為

$$\frac{V_1(s)-V_s(s)}{R_1} + V_1(s)(sC_1) + \frac{V_1(s)}{R_2} + \frac{V_1(s)-V_o(s)}{R_3} = 0 \qquad (8.6\text{-}12)$$

將(8.6-11)代入後可得

$$\left(s^2 R_2 C_1 C_2 + sR_2 C_2\left(\frac{1}{R_1} + \frac{1}{R_2} + \frac{1}{R_3}\right) + \frac{1}{R_3}\right)V_o(s) = -\frac{V_s(s)}{R_1} \quad (8.6\text{-}13)$$

故轉移函數為

$$H(s) = \frac{V_o(s)}{V_s(s)} = -\frac{1/R_1R_2C_1C_2}{s^2 + s\dfrac{1}{C_1}\left(\dfrac{1}{R_1} + \dfrac{1}{R_2} + \dfrac{1}{R_3}\right) + \dfrac{1}{R_3R_2C_1C_2}} \qquad (8.6\text{-}14)$$

顯然地，此電路為二階低通濾波器。底下再以範例來說明。

《範例 8.6-4》

如下圖所示，若 $R_1=R_2=1\text{k}\Omega$，$C_1=10\mu\text{F}$，$C_2=5\mu\text{F}$，求轉移函數 $H(s)=$ ？

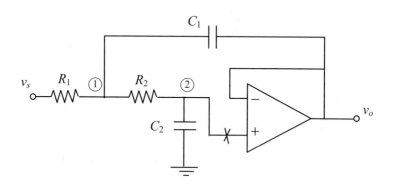

解答：

圖中節點②之電壓與輸出電壓相同，即 $V_2(s)=V_o(s)$，且自節點②流入 OIP-amp 的電流為 0，換句話說，流經電阻 R_2 與電容 C_2 的電流相等，表示式如下：

$$\frac{V_1(s) - V_o(s)}{R_2} = V_o(s)(sC_2)$$

即

$$V_1(s) = (1 + sR_2C_2)V_o(s)$$

再利用 KCL 於節點①，方程式為

$$\frac{V_1(s) - V_s(s)}{R_1} + \frac{V_1(s) - V_o(s)}{R_2} + (V_1(s) - V_o(s))(sC_1) = 0$$

(8.6-12)

將 $V_1(s) = (1 + sR_2C_2)V_o(s)$ 代入上式後可得

$$\left(s^2 R_2 C_1 C_2 + sR_2 C_2 \left(\frac{1}{R_1} + \frac{1}{R_2} \right) + \frac{1}{R_1} \right) V_o(s) = \frac{V_s(s)}{R_1}$$

故轉移函數為

$$H(s) = \frac{V_o(s)}{V_s(s)} = \frac{1/R_1 R_2 C_1 C_2}{s^2 + s\frac{1}{C_1}\left(\frac{1}{R_1} + \frac{1}{R_2}\right) + \frac{1}{R_1 R_2 C_1 C_2}}$$

將 $R_1=R_2=1\mathrm{k}\Omega$，$C_1=10\mu\mathrm{F}$ 與 $C_2=5\mu\mathrm{F}$ 代入上示可得

$$H(s) = \frac{20000}{s^2 + 200s + 20000}$$

【練習 8.6-4】

如下圖所示，若 $R_1=R_2=5\mathrm{k}\Omega$，$C_1=1\mu\mathrm{F}$，$C_2=0.4\mu\mathrm{F}$，求轉移函數 $H(s)=$？

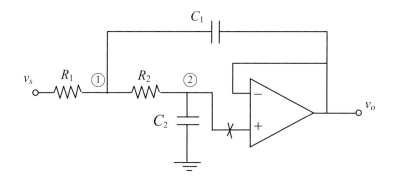

◀◀◀

習題

P8-1 有一系統的轉移函數為 $H(s) = \dfrac{20(s+1)}{(s+5)(s^2+2s+4)}$，試畫出其波德近似圖。

P8-2 考慮二階的低通濾波器 $H(s) = \dfrac{1}{\left(1+\dfrac{s}{10}\right)\left(1+\dfrac{s}{20}\right)}$，試畫出其波德近似

圖，並說明在哪一頻率範圍，其輸出 $Y(j\omega)e^{j\omega t}$ 的大小 $|Y(j\omega)|$ 為輸入大小 $|W(j\omega)|$ 的 1%以下？

P8-3 考慮二階的高通濾波器 $H(s) = \dfrac{s^2/8}{\left(1+\dfrac{s}{2}\right)\left(1+\dfrac{s}{4}\right)}$，試畫出其波德近似圖，

並說明在哪一頻率範圍，其輸出 $Y(j\omega)e^{j\omega t}$ 的大小 $|Y(j\omega)|$ 為輸入大小 $|W(j\omega)|$ 的 1%以下？

P8-4 右圖所示為一共振電路，所將輸入之電壓為 $v_s(t) = sin\,\omega t$，若 R=20Ω，
L=4mH，C=0.1μF，則
(A) 共振頻率 ω_0=？
(B) 輸出電壓
$v_C(t)$=？
(C) 品質因素 Q=？

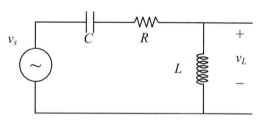

P8-5 下圖是一個反相放大器，若 R_s=2kΩ與 R_f=10kΩ，則當 $v_s(t)$=2V 時，輸出電壓 $v_o(t)$=？電流 $i_f(t)$=？若加入負載 R_L=2kΩ，則負載上的電流 $i_L(t)$=？自 OP-amp 輸出的電流 $i_o(t)$=？

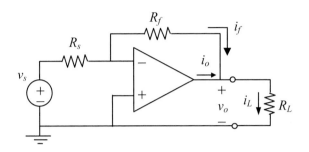

P8-6 下圖為一非反相放大器，求輸出電壓 $v_o(t)=$？負載電流 $i_L(t)=$？

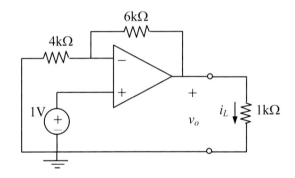

P8-7 下圖為一加法器，求輸出電壓 $v_o(t)=$？

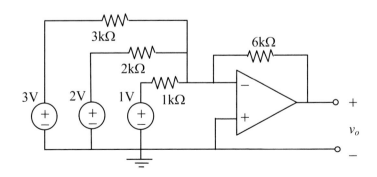

P8-8　下圖為一減法器，求輸出電壓 $v_o(t)=$？

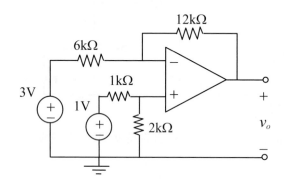

P8-9　設計一減法器，其輸出與輸入電壓之關係式為 $v_o(t)=3v_{s1}(t)-v_{s2}(t)$。

P8-10　下圖是一個積分器，若 $R_s=10\text{k}\Omega$ 與 $C=5\mu\text{F}$，且電容的初值電壓為 0.4mV，則當 $v_s(t)=\sin 20t$ mV 時，輸出電壓 $v_o(t)=$？

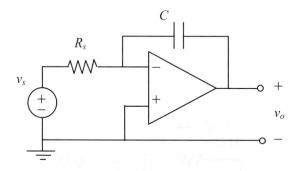

P8-11　下圖中是一個微分器，若 $R_f=10\text{k}\Omega$ 與 $C=10\mu\text{F}$，則當 $v_s(t)=1.2\cos 20t$ mV 時，輸出電壓 $v_o(t)=$？

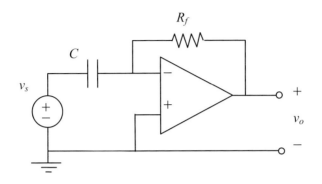

P8-12 在下圖中試選擇 R_s、R_1、R_2 與 R_f 以達成增益

$$A_v = \frac{v_o(t)}{v_s(t)} = 0.3 \text{ 的設計目標。}$$

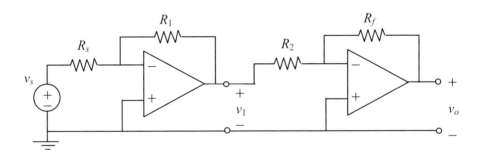

P8-13 試用反相放大器與加法器來設計運算式 $v_o(t) = v_{s1}(t) - v_{s2}(t) + v_{s3}(t)$。

P8-14 在下圖中，若 R=20kΩ，C=10μF，則輸出 $v_o(t)$ 為何？假設電容的初始電壓為 0V。

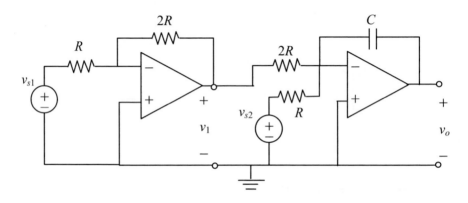

P8-15 一階低通濾波器如下圖所示，且滿足 $\dot{v}_o(t) + 100 v_o(t) = 12 v_s(t)$，求 $R_2= ?$ $C= ?$

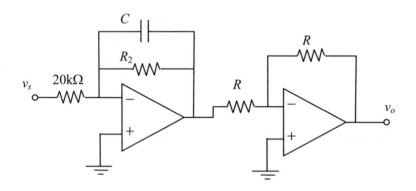

P8-16 下圖中是一階高通濾波器，其轉移函數為

$$H(s) = \frac{5s}{s+200}$$，求 $R_2= ?$ $C= ?$

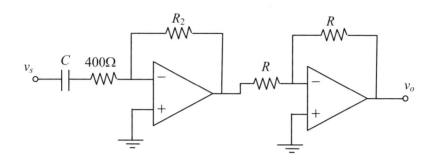

P8-17 下圖中是二階帶通濾波器，其轉移函數為

$$H(s) = -\frac{1000s}{s^2 + 290s + 10000}$$，求 R_1=？C_1=？C_2=？截止頻率 ω_1=？

ω_2=？增益值 K=？

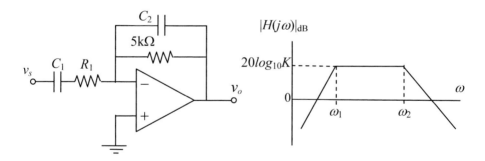

P8-18 如下圖所示，若 $R_1=R_2=R_3=1k\Omega$，$C_1=10\mu F$，$C_2=5\mu F$，求

轉移函數 $H(s)=$ ？

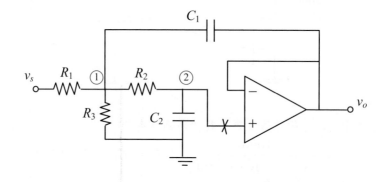

練習題
解答

第一章

1.3-1 略

1.3-2 (A) $q(t) = -0.2\cos 2t + 0.5\sin t + 0.3e^{-2t} - 0.1$ mC

   (B) $i(t) = 8\cos t - 80\sin 2t + 50e^{-5t}$ μA

1.3-3 −4.0mC

1.3-4 4.415×10^{-9} m/s

1.4-1 (A) $3.1416\left(\cos\dfrac{\pi}{3}t + 1\right)$ W   (B) 3.1416 W

1.4-2 (A) $-9e^{-4}$ W   (B) 提供 $9(e^{-4} - e^{-5})$ J

1.5-1 略

1.6-1 L_1：$v_{b5}(t) + v_{b2}(t) + v_{b3}(t) + v_{b6}(t) = 0$

   L_2：$v_{b8}(t) - v_{b6}(t) - v_{b7}(t) = 0$

1.6-2 S_1：$i_{b1}(t) + i_{b3}(t) + i_{b4}(t) - i_{b5}(t) = 0$

   S_2：$i_{b6}(t) - i_{b3}(t) - i_{b7}(t) = 0$

1.7-1 $p_1 = -12$W、$p_2 = 6$W、$p_3 = 6$W

   $p_4 = 4$W、$p_5 = -15$W、$p_{2nd} = 11$W

1.8-1 $v_1(t) = -1$V、$v_2(t) = 2$V、$i_3(t) = -1$A、$i_4(t) = -1$A

1.9-1 25Ω

1.9-2 9Ω

1.9-3 120Ω

1.9-4 $R_4 = 20\Omega$、$R_5 = R_6 = 30\Omega$

1.9-5 $v_L(t) = 3.2$V、$p_L(t) = 5.12$W

1.10-1 略

1.10-2 $C_1 = 0.488$μF、$C_2 = 0.61$μF

1.11-1 略

1.11-2 $L_1 = 0.08$mH、$L_2 = 0.141$mH

第二章

2.2-1 $i(t) = 0.7322$ A

2.3-1 $i_x(t) = 0.3026$ A

2.4-1 $i(t) = 0.3975$ A

2.6-1 $i(t) = 0.0952$ A

2.7-1 $i(t) = 0.3287$ A

2.8-1 $v(t) = 0.5424$ V

第三章

3.1-1 $v_0(t) = -1.7727$ V

3.2-1 $v_1(t) = 5.0339$ V，$v_2(t) = 2.7458$ V，$v_3(t) = 1.3729$ V

3.3-1 $v_T(t) = 0.8$ V，$i_N(t) = 0.05$ A，$R_T = R_N = 16$ Ω

3.3-2 $v_T(t) = 2.4$ V，$i_N(t) = 0.24$ A，$R_T = R_N = 10$ Ω

3.3-3 $v_T(t) = 1.1429$ V，$i_N(t) = 0.2667$ A，$R_T = R_N = 4.2857$ Ω

3.4-1 $R_L = 10$ Ω，$P_{L,max} = 0.4$ W

3.5-1 略

第四章

4.1-1 $y(t) = e^{-t} + 3$

4.1-2 $\lambda = -1$(穩定)，$\tau = 1$ s，$y(t) = 7e^{-t} - 3$

4.2-1 (A) 由 $p_1(t)$、$p_2(t)$、$p_4(t)$ 組成

(B) $y(t) = u(t) + 2u(t-1) - 3u(t-2) - 2u(t-4) + 2u(t-5)$

4.3-1 (A) $\dot{v}_C(t) + 0.5v_C(t) = 0$，$\tau = 2$ s

(B) $v_C(t) = e^{-0.5t}$ V，$i_R(t) = 50e^{-0.5t}$ μA

(C) $i_R(t) + 0.5i_R(t) = 0$, $i_R(0) = 50$ μA

(D) $i_R(t) = 50e^{-0.5t}$ μA

(E) 略

4.3-2 (A) $\dot{v}_C(t) + 50v_C(t) = 100$，$\tau = 20$ ms

(B) $v_C(t) = -2e^{-50t} + 2$ V，$i_C(t) = e^{-50t}$ mA

(C) $\dot{i}_C(t) + 50i_C(t) = 0$, $i_C(0) = 1$ mA

(D) $i_C(t) = e^{-50t}$ mA

(E) $v_C(\infty) = 2$ V，$i_C(\infty) = 0$ mA

(F) $k = 5$

4.4-1 (A) $\dot{i}_L(t) + 125i_L(t) = 0$，$\tau = 0.008$ s

(B) $i_L(t) = -e^{-125t}$ A，$v_R(t) = 25e^{-125t}$ V

(C) $\dot{v}_R(t) + 125v_R(t) = 0$, $v_R(0) = 25$ V，$\tau = 0.008$ s

(D) $v_R(t) = 25e^{-125t}$ V

(E) 略

4.4-2 (A) $\dot{i}_L(t) + 200i_L(t) = 100$，$\tau = 5$ ms

(B) $i_L(t) = -0.5e^{-200t} + 0.5$ A，$v_L(t) = 5e^{-200t}$ V

(C) $\dot{v}_L(t) + 200v_L(t) = 0$, $v_L(0) = 5$ V

(D) $v_L(t) = 5e^{-200t}$ V

(E) $i_L(\infty) = 0.5$ A，$v_L(\infty) = 0$ V

(F) $k = 5$

4.5-1 (A) $\dot{i}_L(t) + 4i_L(t) = 1$，$\tau = 0.25$ s，$i_L(t) = -0.25e^{-4t} + 0.25$ A

(B) $v_2(t) = 0.5 + 0.5e^{-4t}$ V，$v_2(\infty) = 0.5$ V

(C) $k = 5$

(D) $\dot{v}_2(t) + 4v_2(t) = 2$，$v_2(0) = 1$ V，是

4.5-2 (A) $\dot{v}_C(t) + \dfrac{18}{7}v_C(t) = -\dfrac{48}{7}$ ， $\tau = \dfrac{7}{18}$ s ， $v_C(t) = \dfrac{8}{3}e^{-\frac{18}{7}t} - \dfrac{8}{3}$ V

(B) $v_2(t) = \dfrac{16}{21}e^{-\frac{18}{7}t} + \dfrac{8}{3}$ ， $v_2(\infty) = \dfrac{8}{3}$ V

(C) $k = 5$

(D) $\dot{v}_2(t) + \dfrac{18}{7}v_2(t) = \dfrac{48}{7}$ ， $v_2(0) = \dfrac{24}{7}$ V ，是

4.6-1 (A) $i_L(t) = 0.4e^{-2t}$ A

(B) $i_R(t) = \dfrac{2}{7}\left(1 - e^{-2}\right)e^{-\frac{10}{7}(t-1)}$ A

(C) $i_R(\infty) = 0$

(D) 是

4.6-2 (A) $i_L(t) = \left(i_L(2k) - 1\right)e^{-(t-2k)} + 1$ A

$\quad i_L(2k) = 0.0183^k I_L + 0.0321\left(1 - 0.0183^k\right)$

(B) $i_L(t) = i_L(2k+1)e^{-3(t-(2k+1))}$ A

$\quad i_L(2k+1) = 0.3679 I_L\left(0.0183^k\right) + 0.6439 - 0.0118 \times 0.0183^k$

(C) $i_L(2k) = 0.0321$ ， $i_L(2k+1) = 0.6439$ ，無關

第五章

5.1-1 (A) $\alpha = 3$ ， $\omega_n = \sqrt{5}$ ， $\xi = \dfrac{3}{\sqrt{5}}$

(B) 過阻尼

(C) $y(t) = 2e^{-(t-2)} - 0.4e^{-5(t-2)} - 0.6$

[直接令 $y(t) = A_1 e^{-(t-2)} + A_2 e^{-5(t-2)} - 0.6$ ，可簡化計算]

5.1-2 (A) $\alpha = 3$ ， $\omega_n = 3$ ， $\xi = 1$

電路學原理與應用

(B) 臨界阻尼

(C) $y(t) = \dfrac{4}{3} e^{-3(t-2)} + 4(t-2)e^{-3(t-2)} - \dfrac{1}{3}$

[直接令 $y(t) = A_1 e^{-3(t-2)} + A_2(t-2)e^{-3(t-2)} - \dfrac{1}{3}$，可簡化計算]

5.1-3 (A) $\alpha = 3$，$\omega_n = 3\sqrt{2}$，$\xi = \dfrac{1}{\sqrt{2}}$

(B) 欠阻尼，$\omega_d = 3$

(C) $y(t) = e^{-3(t-2)}\left(\dfrac{7}{6} \cos 3(t-2) + \dfrac{7}{6} \sin 3(t-2)\right) - \dfrac{1}{6}$

[直接令 $y(t) = e^{-3(t-2)}\left(A_1 \cos 3(t-2) + A_2 \sin 3(t-2)\right) - \dfrac{1}{6}$，可簡化計算]

5.2-1 (A) $v_C(t) = e^{-t}\left(2\cos\sqrt{3}t - 2\sqrt{3}\sin\sqrt{3}t\right)$ V

(B) $i_L(t) = e^{-2t} + 4te^{-2t}$ A

(C) $i_R(t) = -2.5e^{-t} + 5e^{-4t}$ A

5.3-1 (A) $i_L(t) = e^{-t}\left(-3\cos\sqrt{3}t + \dfrac{2}{\sqrt{3}}\sin\sqrt{3}t\right)$ A

(B) $v_C(t) = e^{-2(t-1)} - 10(t-1)e^{-2(t-1)}$ V

(C) $i_R(t) = 0.0877e^{-0.5359(t-1)} - 3.0877e^{-7.4641(t-1)}$ A

5.4-1 (A) $i_L(t) = 1 + 1.1547e^{-t}\sin\sqrt{3}t$ A

(B) $v_C(t) = 2e^{-2t} - 4te^{-2t}$ V

(C) $i_R(t) = -\dfrac{5}{6}e^{-t} + \dfrac{10}{3}e^{-4t}$ A

5.5-1 (A) $i_L(t) = -\dfrac{1}{\sqrt{3}}e^{-(t-1)}\sin\sqrt{3}(t-1)$ A

(B) $v_C(t) = 1 + (2t - 1)e^{-2(t-1)}$ V

(C) $i_R(t) = -0.1443e^{-0.5359(t-1)} + 0.1443e^{-7.4641(t-1)}$ A

第六章

6.1-1 (A) $F(s) = \dfrac{1}{s} - \dfrac{2}{s+4} = \dfrac{-s+4}{s^2+4s}$

(B) $G(s) = \dfrac{6}{s^2+9} - \dfrac{4}{s+3} = \dfrac{-4s^2+6s-18}{s^3+3s^2+9s+27}$

6.1-2 $F(s) = \dfrac{2s^3 - 24s}{(s^2+4)^3}$

6.1-3 $F(s) = \dfrac{(sin\,2)s + cos\,2}{s^2+1}e^{-2s}$

6.1-4 $F(s) = \dfrac{1 + (4s+2)e^{-2s}}{s^2}$

6.1-5 $f(0) = 0$，$g(0) = 1$，$f(\infty) = -1$，$g(\infty)$ 不存在

6.2-1 $f(t) = \left(-2 + 7e^{-2t} - 5e^{-3t}\right)u(t)$

6.2-2 $f(t) = \left(-3 + 7te^{-2t} + 3e^{-2t}\right)u(t)$

6.2-3 $f(t) = \left(te^{-2t} - 7t^2e^{-2t}\right)u(t)$

6.2-4 $f(t) = \left(2.5e^{-t} - 1.5e^{-2t}\,cos\,t - 8.5e^{-2t}\,sin\,t\right)u(t)$

6.4-1 $v_C(t) = e^{-0.5t}u(t)$ V，$i_R(t) = 5e^{-0.5t}u(t)$ mA

6.4-2 (A) $v_C(t) = \left(2 - 2e^{-50t}\right)u(t)$ V

(B) $v_C(t) = \left(1.6e^{-50t} - 1.6\,cos\,25t + 3.2\,sin\,25t\right)u(t)$ V

6.4-3 $i_L(t) = -e^{-125t}u(t)$ A，$v_R(t) = 2\!$

6.4-4 (A) $i_L(t) = \left(0.5 - 0.5e^{-200t}\right)u(t)$

(B) $i_L(t) = (0.08e^{-200t} - 0.08\cos100t + 0.16\sin100t)u(t)$ A

6.4-5 (A) $v_2(t) = (0.5 + 0.5e^{-4t})u(t)$ V

(B) $v_2(t) = \left(-\dfrac{20}{41}e^{-4t} + \dfrac{20}{41}\cos5t + \dfrac{66}{41}\sin5t\right)u(t)$ V

6.4-6 (A) $v_2(t) = \left(\dfrac{16}{21}e^{-\frac{18}{7}t} + \dfrac{8}{3}\right)u(t)$ V

(B) $v_2(t) = \left(2.674e^{-\frac{18}{7}t} + 2.469\cos4t - 4.159\sin4t\right)u(t)$ V

6.5-1 $v_C(t) = e^{-t}(2\cos\sqrt{3}t - 2\sqrt{3}\sin\sqrt{3}t)u(t)$ V

6.5-2 (A) $i_L(t) = \left(1 + \dfrac{\sqrt{3}}{3}e^{-t}\sin\sqrt{3}t\right)u(t)$ A

(B) $i_L(t) = (-0.656\cos3t + 0.787\sin3t)u(t)$
$+ e^{-t}(1.656\cos\sqrt{3}t + 0.170\sin\sqrt{3}t)u(t)$ A

6.5-3 $i_L(t) = e^{-(t-1)}\left(-3\cos\sqrt{3}(t-1) - \dfrac{2}{\sqrt{3}}\sin\sqrt{3}(t-1)\right)u(t-1)$ A

6.5-4 (A) $i_L(t) = \left(-\dfrac{\sqrt{3}}{3}e^{-t}\sin\sqrt{3}t\right)u(t)$ A

(B) $i_L(t) = (0.456\cos3t + 1.139\sin3t)u(t)$
$- e^{-t}(0.456\cos\sqrt{3}t + 1.184\sin\sqrt{3}t)u(t)$ A

6.6-1 $v_C(t) = 14.8(e^{-0.3379t} - e^{-24.66t})u(t)$ V

6.6-2 $i_L(t) = \left(\dfrac{11}{5} - \dfrac{8}{3}e^{-2t} + \dfrac{16}{15}e^{-5t}\right)u(t)$ A

6.6-3 $v_1(t) = (12 - 1.867e^{-t/3} - 15.2e^{-2t})u(t)$ V

588

電路學原理與應用

著　　者：陳永平
出 版 者：國立交通大學出版社
發 行 人：張懋中
社　　長：盧鴻興
執 行 長：李佩雯
執行編輯：程惠芳
封面設計：蘇品銓
地　　址：新竹市大學路 1001 號
讀者服務：03-5736308、03-5131542
(週一至週五上午 8:30 至下午 5:00)
傳　　眞：03-5728302
網　　址：http://press.nctu.edu.tw
e-mail：press@cc.nctu.edu.tw
出版日期：民國 103 年 3 月二版一刷／105 年 9 月二版二刷
定　　價：620 元
ISBN：9789866301643
GPN：1010300310

展售門市查詢：
國立交通大學出版社 http://press.nctu.edu.tw
三民書局（臺北市重慶南路一段 61 號）
網址：http://www.sanmin.com.tw
電話：02-23617511
或洽政府出版品集中展售門市：
國家書店（臺北市松江路 209 號 1 樓）
網址：http://www.govbooks.com.tw
電話：02-25180207
五南文化廣場臺中總店（臺中市中山路 6 號）
網址：http://www.wunanbooks.com.tw
電話：04-22260330

國家圖書館出版品預行編目(CIP)資料

電路學原理與應用／陳永平著.—再
版.--新竹市： 交大出版社, 民 103.03
　面; 17x23 公分

ISBN(平裝)9789866301643

1.　電路

448.62　　　　　　　　103002024